庆祝河南大学建校110周年

内容提要

本卷选编自《河南大学学报(社会科学版)》"编辑学研究"栏目2010至2021年所刊文章。所选25篇文章,涵盖媒体变革时代的学术评价与期刊评价、学术期刊发展、出版改革等研究,既有名家大作,也有新秀佳篇。从中既可以领略不同学者的风采风格,感受这10余年来媒体融合与编辑出版创新的节拍,又能了解本栏目的学术品质和责任担当。

总 主 编　李伟昉
副总主编　赵建吉　张先飞

媒体变革与编辑创新
教育部学报名栏编辑学研究卷2

主编　姬建敏

静斋行云书系

河南大学出版社
HENAN UNIVERSITY PRESS
·郑州·

图书在版编目(CIP)数据

媒体变革与编辑创新 / 姬建敏主编. --郑州：河南大学出版社，2022.12

（静斋行云书系；6. 教育部学报名栏编辑学研究；卷2）

ISBN 978-7-5649-5394-2

Ⅰ.①媒… Ⅱ.①姬… Ⅲ.①编辑学-中国-文集 Ⅳ.①G232-53

中国版本图书馆CIP数据核字（2022）第255331号

责任编辑	马　博　时二凤			
责任校对	肖凤英			
封面设计	陈盛杰			
封面摄影	靳宇峰			

出版发行　河南大学出版社
　　　　　地址：郑州市郑东新区商务外环中华大厦2401号　　邮编：450046
　　　　　电话：0371-86059701（营销部）
　　　　　　　　0371-22860116（人文社科分公司）
　　　　　网址：hupress.henu.edu.cn

排　版	郑州市今日文教印制有限公司		
印　刷	广东虎彩云印刷有限公司		
版　次	2022年12月第1版	印　次	2022年12月第1次印刷
开　本	787 mm×1092 mm　1/16	印　张	24.75
字　数	439千字	定　价	698.00元（全8册）

（本书如有印装质量问题，请与河南大学出版社营销部联系调换）

序

从 1912 年到 2022 年,河南大学走过了 110 年不平凡的发展历程,《河南大学学报》伴随着河南大学的发展也度过了 88 个春秋,并将迎来 90 周年刊庆。值此之际,河南大学学报编辑部编选的"静斋行云书系"也将面世。这既是对学校 110 周年庆典的献礼,又是对新世纪第二个十年学报编辑工作的回顾和小结。

"静斋行云书系"共分 8 卷,分别是《新时代、新理论、新思维(哲学、政治与社会学卷)》《城乡经济发展与转型(经济学管理学卷)》《法律的理论之思与制度之辨(法学卷)》《上下求索的文明考辨(历史学卷)》《品风骚之美 鉴思辨之光(文学艺术学卷)》《教育转型与教育创新(教育学卷)》《编辑学理与出版史论(教育部学报名栏编辑学研究卷1)》《媒体变革与编辑创新(教育部学报名栏编辑学研究卷2)》,其中所编选的论文均刊发于 2010 年至 2021 年的《河南大学学报(社会科学版)》。这些论文对近年来相关学科领域所关注的理论问题、学术热点多有反映和探讨,具有一定的代表性。我们之所以取新世纪第二个十年这个节点来编选该套书系,主要是因为中国在这十年里,方方面面都发生了有目共睹的巨大变化,特别是进入了习近平中国特色社会主义新时代,我们正面临的这个百年未有之大变局的动荡变革期,为中华民族伟大复兴的战略全局提供了难得的历史机遇。中国所倡导的和平发展、积极构建人类命运共同体的价值理念,因顺应当今人类社会的大趋势和总主题而不可逆转。在这一现实环境下,《河南大学学报(社会科学版)》在原有基础上迎来了新的发展与突破,获得了良好的学术品牌和学术影响,先后入选中文社会科学引文索引来源期刊(CSSCI)、教育部高校哲学社会科学学报名栏建设期刊、"中国人文社会科学综合评价 AMI"核心期刊、中国人民大学《复印报刊资料》重要转载来源期刊、河南省哲学社会科学基金资助期刊,荣获了"全国高校文科名刊""致敬创刊七十年"(社会科学版与自然科学版)等荣誉称号。

这套书系按学报设置栏目为类别分别编辑,论文收录每卷控制在20篇上下。这些论文既有来自著名学者的力作,也有出于年轻学者的新构,都体现了鲜明的问题意识和创新意识,某种程度上代表着各自相关学术领域创新的思考,其中多篇被各种相关转载机构的期刊所转载。而且,透过这些学术文字,可以感知社会的发展,时代的进步,变化的焦点等等。虽然说这是对学报目前已有成绩的阶段性展示,不过,成绩面前,我们丝毫不敢懈怠自满,我们清醒地认识到,在不少方面尚有待继续改进和提升。"坚守初心、引领创新,展示高水平研究成果",这是习近平总书记给《文史哲》编辑部的回信中对编辑工作者的殷切期望,他明确指出了期刊引领创新的重要价值和意义,为办好哲学社会科学期刊指明了方向。我们当牢记这一嘱托,提高政治站位,坚持高质量办刊,让期刊发挥支持培养学术人才成长、展现文化思想价值、促进文明交流互鉴的功能与作用。

这里有必要交代一下该套书系为何取名"静斋行云"。从河南大学南门进入右转,前行十余米,即可看到一条向北延伸的林荫小路。这条小路叫"静斋路",路边由南向北依次排列着十幢三层斋楼,古朴典雅,别有韵味,东临明清城墙,北望千年铁塔。这十幢斋楼和周边的大礼堂、6号楼、7号楼等构成全国重点文物保护的"近代建筑群"。其中的东二斋就是编辑部的办公地址。"行云"寓意时间如空中流动的云烟,喻指过去的十年时光与绵延的思绪。常年工作在东二斋的编辑们,和这所大学里的老师们一样,有着自己的职业追求,有着编辑的智慧和情怀,同样有"又得书窗一夜明"的辛勤付出。他们怀着一颗虔诚之心,默默耕耘,敬畏学术的神圣,呵护学人的平台,坚守学报的初心,守望可期的未来。他们持之以恒地每天都做着同样单调的事情:审文稿,纠错字,改标点,核注释,通语句,润文笔,他们不人云亦云,随波逐流,却常常在文中与作者对话,在深思熟虑中帮助作者提升文章的高度与深度,带着宽阔的学术视野与前瞻眼光,用追求完美的工匠精神甘为他人作嫁衣裳。这是一种状态，一种生活，一种修炼，一种境界。"静斋"默默地矗立在"行云"般流动的岁月里，或无语沉思，或静默遐想，"静斋""行云"相看两不厌，唯有执着情。自然，这套小书凝结着编辑们的辛勤汗水，见证着他们的认真严谨。愿这套小书成为他们精神世界的折射和内心追求的表征。

明天适逢教师节、中秋节并至，借此机会，向编辑部全体同仁道一声：双节快乐！

书系编选过程中，分管学报工作的孙君健副校长很关心这项工作，多次问询进展情况，并给予出版经费鼎力支持，在此表示由衷的感谢！

是为序。

李伟昉

2022年9月9日

目 录

学术评价与期刊评价

学术发表中同行评议的伦理基础 …………………… 何云峰（ 3 ）
期刊评价中引文索引几个亟待解决的问题 …………… 袁培国（ 18 ）
基于同行评议的复合型人文社科学术评价
　　——以复印报刊资料为例 ……………………… 钱　蓉（ 31 ）
外行评价何以可能
　　——基于开放式评价的分析 …………………… 刘益东（ 45 ）
从核心期刊评价之争看我国学术期刊评价体系建设
　　………………………………………………… 张志强（ 59 ）
马太效应调控视角下的学术评价机制改进…… 杨红艳　蒋　玲（ 74 ）

学术期刊与高校学报

对中国人文社科学术期刊国际合作模式的思考 ……… 徐　枫（ 91 ）
学术期刊数字出版的价值反思与改革取向 …………… 赵文义（110）
数字网络环境下学术期刊创新发展研究 ……………… 王华生（124）
欧美学术期刊的诞生、发展及其启示 ………………… 刘永红（152）
学术期刊的智库功能与定位 …………………………… 江　波（168）
我国学术期刊空间格局及其生态环境评价…… 乔家君　刘晨光（178）

学术期刊微信出版的相关特性研究……………………赵文义（205）
学术期刊"身份固化"表征与思考 ……………周 萍 胡范铸（215）
怎样才是富有生命力的优秀学术期刊………………张学文（230）
期刊学术引文不规范现象的成因探析与应对方略
　　………………………………………………李宗刚 孙昕光（240）
大学学报的综合性之困及其路径选择………………李孝弟（254）
对我国大学学报倾向性认识的反思
　　……………………………尹玉吉 徐文明 鲁守博（268）
学术期刊编辑的理性诉求与实践智慧
　　——从高校社科学报编辑身份焦虑谈起…………陈寿富（288）
学报编辑出版环境论
　　——从媒介生态学出发 ………………………………姬建敏（299）

传统出版与数字出版

网络时代传统出版业的生存困境与发展出路 ………刘 捷（313）
媒介形态嬗变与出版方式创新………………………王华生（327）
融合背景下中国媒介集团发展的困境与对策 …………李玉中（350）
撤销论文制度及出版伦理建设问题研究 ……陈国剑 王振铎（360）
提升文化软实力打造出版强国之策略研究……张文彦 肖东发（375）

学术评价与期刊评价

学术发表中同行评议的伦理基础

何云峰[①]

今天的国际[②]学术期刊已经普遍采用同行评议制度对所有研究性论文的质量进行把关。国际学界普遍认为,同行评议既可以提高期刊的办刊水平,"还可以反过来对研究者提供帮助,如可以为研究者提供反馈让其修正完善已有的研究工作,激励研究人员生产出最好的论文"[③]。但与国际期刊高度重视同行评议的采稿流程不同,国内期刊(指国内中文人文社会科学学术期刊)实行同行评议的并不十分普遍,这可能跟国内学术期刊主要以约稿为主有关。况且在有限的国内同行评议期刊中,往往也不是公开性的同行评议,而是单向或双向匿名性的审稿居多。可以说,国内期刊相对于国际期刊而言,对同行评议的态度和采纳方式差异巨大。笔者以为,国际期刊的同行评议制度很值得在

[①] 作者简介:何云峰,哲学博士,教育学博士;上海师范大学知识与价值科学研究所所长,哲学与法政学院马克思主义哲学专业教授,博士生导师;上海师范大学期刊社社长,《高等学校文科学术文摘》主编。研究方向马克思主义哲学、社会管理和教育心理学。

[②] 本文所说"国际"有两个内涵。国际学术界主要指的是地理概念,即中国大陆以外的所有地区。国际期刊不是一个地理概念,是指刊物的国际化程度。中国国内也有刊物属于国际刊物,而且也进入了 SCI、SSCI 系统。所有国际期刊都根据 SCI、SSCI 的要求,一律采用同行评议,而且编委和审稿人必须是多个国家的。国际刊物甚至要求作者也要来自多个国家。

[③] 杜杏叶、李贺、王玲等:《中国学者对学术论文公开同行评议的接受度研究》,《图书情报工作》,2018 年第 2 期。

国内学术发表①中推广，这是因为同行评议背后有着非常深刻的知识论基础，从而给推行同行评议制度奠定了很好的理论依据。本文试图从同行评议制度设计的使命伦理、程序伦理和美德伦理三个方面讨论这种制度的合理性。

一、同行评议的使命伦理假设：促进人类知识增长

国际上最通用的学术期刊编辑出版过程中的学术论文遴选办法是推行同行评议制度。国际学界普遍认为，只有采用同行评议制度的学术期刊才是真正可接受的学术发表形式。所以，SCI、SSCI在收录其来源期刊的时候，同行评议被当作入门标准之一。采纳同行评议的学术期刊不一定都是SCI收录刊，但不采纳同行评议制度的刊物绝对不可能被SCI、SSCI收录。也就是说，同行评议已经被作为学术刊物的标配制度之一在国际学界备受推崇。

近年来，国内学术期刊②也纷纷学习国际期刊的同行评议制度，开始实行匿名审稿制度，有的刊物甚至实行双向匿名审稿。但不是国内所有期刊都采取了匿名审稿制度。据笔者跟刊界同行的交流可知，只有少数期刊实行不完全的匿名审稿制度，即对部分稿件进行匿名审稿，对约稿、组稿、特稿基本上不进行匿名审稿。显然，不完全的匿名审稿制度带有明显的身份标签。国内期刊之所以这样做，可能跟其大量地发表约稿而非自然来稿有很大关系——编辑约来的稿件如果被审稿人否定了，的确有些尴尬，所以就干脆不审稿了。没有同行评议或者部分稿件有同行评议，从国际视角看，是不符合平等发表的价值追求的。所

---

① "学术发表"概念外延比较大，一般以期刊学术论文发表为最典型的形式。在国际学术界，严谨的学术发表都要遵循同行评议制度，特别是期刊和出版社的发表，都会有比较严格的同行评议环节。在非正式的学术发表场合，如学术报告和学术会议发言等，会设置评议人，其意图也是同行评议制度的一种变通。

② 本文所使用的国内学术期刊指中国大陆编辑出版的中文人文社会科学学术期刊，有特别说明的除外。

以,有学者建议,应该大力鼓励中文人文社科学术期刊重视同行审稿的制度建设。"重视匿名审稿专家的遴选,建立动态的匿名审稿专家库,强化稿件的登记管理及初审,加强稿件的复审及重视主编的终审是使双向匿名专家审稿制度发挥应有作用的重要保障。"①

无论同行评议还是匿名审稿制度,都有一个价值取向的问题。也就是制度背后有合理性根基的问题:为什么学术期刊发表论文要用同行评议或匿名审稿制度?中外学术界为什么都会推崇这种制度?这里面的价值目标可能在中外期刊的学术发表中有差异,对于中国的学术期刊来讲,匿名审稿的实施在很大程度上是为了避免关系稿、人情稿,当然也有对论文质量把关的目的在其中。对于国际学术期刊来讲,同行评议制度的运用意图可能有些不一样,他们更多的是从知识论视角考虑同行评议的必要性。

大家知道,学术期刊的编辑出版离不开一些基本的人员要素——主编、编辑、审稿人(同行评议专家)、编委会成员以及作者等,只有这些人相互分工、协同合作,才能把杂志办好。从正常的运作秩序来说,编辑只是对论文做形式审查,包括注释格式是否符合要求,论文是不是研究性论文,有没有原创性,等等。这些形式审查非常重要,决定着论文能否进入审稿程序,如果编辑的初审关过不了,那就完全没有可能发表。如果论文的形式审查过了,就由编辑负责分派给同行评议专家去进行内容审查了。所以,同行评议是在编辑初审之后的第二个环节引入的。如果同行评议专家一致同意(或修改后最终同意)接受论文,那就最后由编委会集体决定了。所以,整个流程中主编是组织者和协调者,编辑是主编的助手,决策权在编委。而国际期刊大都采纳自然来稿,加上基本上是专业期刊,一般通过专家评议的稿件很难设置栏目。通过评议后的自然来稿涉及主题多、不集中,这就是国际期刊发表研究性论文的时候很少设置固定栏目的原因。当然,即使有固定栏目,也是审稿人、编辑按自然来稿内容分配到固定栏目里面,或者是作者按现有栏目投的稿,他们很少向作者约研究性论文稿件。约稿主要集中在书

---

① 康敬奎:《论学术期刊双向匿名专家审稿制度》,《继续教育研究》,2011年第12期。

评、研究性述评等非原创性论文稿件上。根据笔者对国际学术期刊运作模式的了解,其采稿程序大致可以用图1来表示。

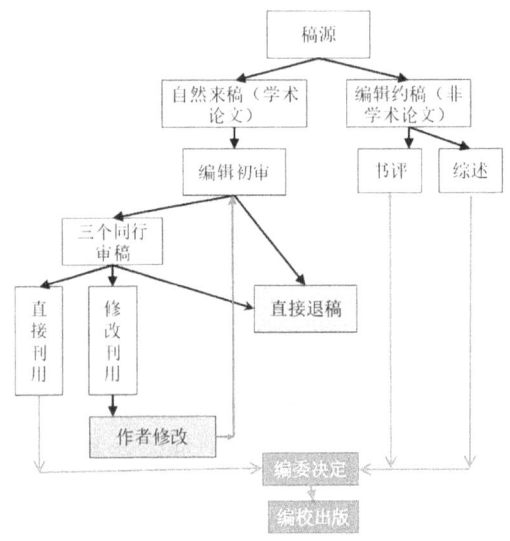

图1 国际学术期刊采稿流程图

而国内绝大部分期刊主要采用约稿或组稿的方式获得稿源,自然来稿采稿率非常低。据了解,个别所谓顶级刊物的自然来稿采稿率几乎可以忽略不计。在现有的期刊评价体制下,国内期刊以主编和编辑主动约稿为主,很多稿件并不要经过专家审稿,而是直接进入编校程序。编委会在不同期刊的作用也有很大差别,许多国内期刊一般都不需要经过编委讨论的环节,而是主编直接签署终审意见决定稿件采用与否(见图2)。当然,也有少部分期刊采用了其他一些采稿决策机制。

对比图1、图2可知,国内学术期刊跟国际期刊的采稿流程还是有很大差异的。归纳起来表现为:(1)自然来稿为主还是约稿为主;(2)同行评议的普遍采用还是较少采用;(3)编委会决策机制引进还是不引进,引进程度多大;等等。

同样是学术期刊,为什么中外差异这么大?这可能跟期刊的使命定位不同有很大关系。从现状看,中文人文社科学术期刊采稿的时候更多偏重文章的政治立场正确,作者是名家,论文的学术价值在许多情况下要让位于政治立场、作者层次、选题策划等非学术因素。与中文学

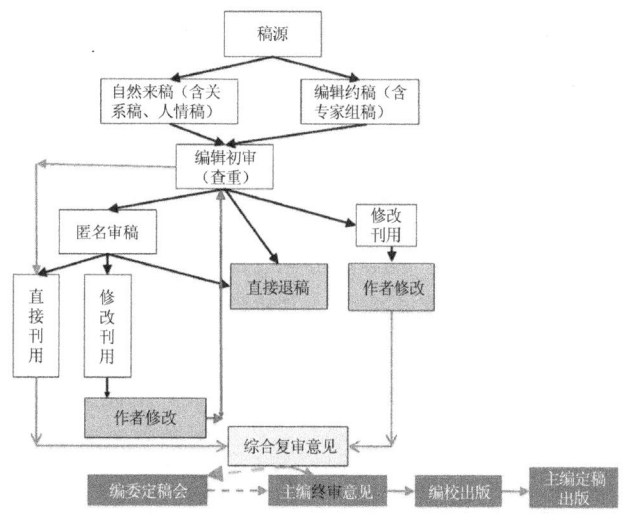

图 2　国内学术期刊采稿流程图

术期刊不同,国际学术期刊强调的是学术发表以促进人类知识增长为唯一使命,跟学术发表相关的所有人的所有行为均以促进人类知识增长为伦理价值判断标准。换句话说,在国际学术期刊界看来,促进人类知识增长是采稿的唯一标准,政治立场、作者层次等不会被纳入考虑之列。选题策划可能偶尔会有,但一般都不会常态化,即使策划了选题,文章还是通过广泛征集由作者自然投稿而来。

为了切实承担起促进人类知识增长的使命,国际期刊界形成了知识论的学术发表共识:(1)研究性论文好坏的唯一标准是看论文是否对人类新知识有贡献;(2)只有真正的同行能够判别学术论文是否对人类新知识有贡献;(3)同行专家应该而且都会自觉地敬畏知识,保持价值中立原则,真正从学术论文是否对人类新知识有贡献的角度去评议;(4)研究者必须在已有知识发展的基础上推进知识发展(所以必须要有文献综述);(5)所有研究者在知识生产过程中一律平等,包括平等创新、平等发表、平等竞争、平等传播等,各个环节都以促进知识增长为统一标准。结合人类知识生产流程中的平等价值观(见图 3),可以看出,这些学术共识都是指向学术发表的使命伦理定位的——学术发表以促进人类知识为唯一使命。

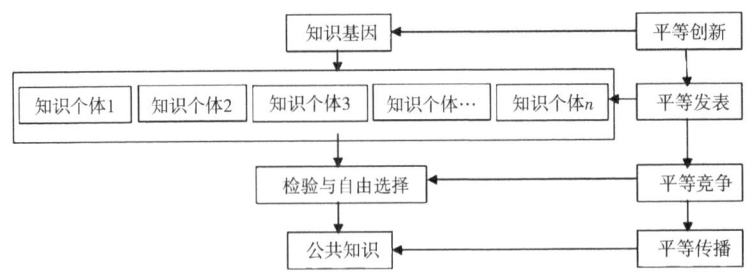

图 3　人类知识生产流程中的平等价值观

　　国际期刊界以促进知识增长的使命伦理约束所有学术发表的参与者和相关者，这既体现了公平正义的原则——无论作者的身份和地位如何，都一律纳入同行评议的制度之中；也体现了伦理价值标准的统一——评价标准不因人而异，不因时而异，也不因地而异。这样，就把学术问题完全限定在知识论范围内予以讨论。只有同行专家能够评判学术文章的质量好坏，也是一种对学术共同体的信任。国内学术界在采纳知识论的学术发表伦理共识方面，尚未跟上国际学界的步伐，尚有待于进一步统一认识。学术发表的关键不在于用什么文字为载体，也不在于发表在国内期刊还是国际期刊上，而在于它是否以促进人类知识增长为最高的使命。同行评议制度的实质正在于此。

　　总之，在国际期刊的学术发表中，同行评议是最常见的学术质量把关制度，其价值目标和使命是促进人类知识增长。所以，从使命伦理的角度来说，同行评议是一种超阶级、超民族、超国家、超个人的真理发现方法，符合马克思主义的真理面前人人平等的原理，值得国内学术界认真学习和借鉴。

二、同行评议的程序伦理原则：信守价值中立原则

　　同行评议制度的实施需要许多配套的伦理制度建设，其中，程序伦理规则是首先涉及的问题。西方的正义观把程序公正看得非常重要。对于学术发表来说要贯彻平等价值观，就必须坚持程序公正的伦理标准。具体来说，同行评议的切实执行必须要贯彻价值中立原则。所谓

价值中立原则，就是在学术发表的各个环节都必须按照促进知识增长的统一尺度去进行稿件遴选、编校和发表工作，不应该有个人的主观偏见、门户之见或其他个人因素掺杂于其中。学术发表的每个环节都必须信守价值中立原则。

首先，作者投稿的价值中立。作者投稿应当按照知识论标准选择适当的期刊，这是学术发表的第一个重要环节。而同行评议制度的实施，必须假设每个作者都是理性人，他们在投稿环节看中的是期刊的性质、特点和风格与其学术论文的匹配度。同行评议制度蕴含的预设是作者选择期刊投稿是一种自觉选择。也就是说，作者并不是盲目地、感情冲动地投稿，他们一般都会对拟投稿的期刊做一些必要的分析和研究。事实上，国际上著名的 SCI 和 SSCI 引文索引的初心就是帮助作者投稿选择刊物参考用的，并不是为了评价刊物好坏。当研究者按照科学而可验证的程序将自己的科学发现写成研究报告的时候，他们就对自己的文章是否以及多大程度上有知识增长方面的原创贡献及其他可能的价值有清晰的自我认知。以此为基础，研究者再去分析哪些刊物最适合发表，最后选择投稿。所以，作者不会依据刊物的主办单位、主编名气、作者层次、跟主编或编辑有无熟人关系等非知识增长因素去选择刊物，其选择标准是按照知识增长因素去建构的，包括拟投稿论文的知识创新程度与期刊自身是否相匹配，期刊采稿率高低，刊发周期长短等。作者投稿的这种中立态度对于期刊的同行评议制度实施是基础性的工作，因为国际期刊主要刊登自然来稿，如果不能吸引作者的稿源，同行评议就"无米可炊"。

其次，期刊评价的价值中立。同行评议能否实施到位在很大程度上要依赖于期刊评价对同行评议制度的认可。如果期刊评价不把同行评议制度纳入评价标准体系之中，期刊举办者就可能会忽略对同行评议制度的重视。国际期刊界普遍把同行评议作为学术期刊被认可的入门条件。例如，SCI 引文报告就要求"来源刊物必须实行同行评议"。为了让作者按照知识创新的标准去选择合适的期刊投稿，就需要有好的期刊评价机制。所以，国际学界的通用做法倾向于先拟定符合知识论的学术发表期刊标准，然后再建立相应的评价指标，对期刊进行评价。知识论标准是学术期刊的入门要求，包括编委的国际化程度，同行评议的执行率,出版周期的稳定性,文献综述的规范性,研究方法的可回溯性,传播语言的通用性,等等,这些是知识生产必备的元素。学术期刊只有具备这些元素,才能进入期刊评价的"法眼"。SCI、SSCI的基本标准分为期刊形式质量、内容质量和引文质量(影响力)三个大的方面,总共28个指标进行信息搜集。主要分四步进行期刊评价:第一步:期刊基础性审查,主要是要求刊物的基本信息要全面准确,包括期刊的刊号、刊名、出版单位信息、期刊的互联网网址,已发表的论文可被上网全文查阅,所有原创性内容必须经过同行评议后发表的审稿政策,期刊的详细地址及联系方式等,所有信息必须翔实可靠。如果这一步审查没有通过的话,可以随时重新提交申请,没有时间间隔的约束。第二步:期刊编辑质量审查,主要是要求期刊的学术性要强,包括所刊文章必须具有学术性和原创性,文章的标题和摘要要用英文,参考文献信息要齐全,文章语言表述要清晰,按预定刊期及时出刊,刊物的网站功能要齐全(如网页必须可查阅编辑委员会名单、同行评议程序等信息、投稿须知翔实无差错),刊物拟采纳的是《赫尔辛基宣言》或者其他何种版本的学术规范,要公开透明,主编、副主编、编委会成员等编辑队伍的名单、国别和所属机构信息要翔实,所刊文章所有作者的单位信息要翔实。如果这一步审查没有通过的话,可以随时重新提交,同样不受时间间隔的限制。第三步:期刊内容质量评估,主要是要求期刊的办刊质量要高,包括编委会组建方式和遴选程序要公开透明,所刊发文章有无抄袭和剽窃等疑似学术不端现象,严格执行同行评议制度的证据,所刊文章的内容与刊物定位的相关度高,论文受研究基金资助的信息完整,符合学术共同体的认知标准,作者来源要多样化,对文献的引用要适当。如果这一步审查没有通过的话,必须两年后重新提出申请。第四步:期刊影响力评价,主要目的是评价各个学科的核心期刊,重点考察期刊的引用情况,包括与其他同类期刊相比较的引文情况,所刊论文的作者引文情况,编委会成员的引文情况,有重大学术影响即对知识增长有贡献的文章数量。① 这四个步骤对所有期刊都是一视同仁的。其中,前三步是客观事实报道,秉持价值中立原则,任何刊物只要符合这些标准,都

---

① 该资料来自 SCI/SSCI 官方网站。

会有引文数据,从而进入第四步。每一步的期刊评价因子都强调的是事实,即期刊的实际情况,尽量减少主观性因素的影响。以作者多样性标准来说,强调的并不是作者层次高低(作者层次高低的判断具有很强的主观色彩),而是作者分布情况,包括不同层次作者的比例情况,作者来自不同国家和地区以及主办单位内外的客观分布。作者越多样化,说明刊物在学界越具有价值中立性。相反,如果刊物的作者过于集中在某些层次或者某些机构,则刊物的影响力就会降低。由此可见,国际期刊评价把同行评议作为主要的评价标准之一加以重视,并以此为基础建立以价值中立原则为基础的期刊评价体系,具有一定的科学性和合理性。

再次,同行评议专家的价值中立。同行评议制度的有效实施要依赖于专家的积极参与,同行评议专家必须坚持价值中立原则,客观地认真审阅每一篇论文,这是对所有参与评议的专家提出的基本学术伦理要求。不过,近年来人们也发现,学术论文的同行评议可能会导致学术发表的不平等性问题。从初衷看,同行评议是由懂行的专家来对学术论文进行把关。这是一种理想主义的假设:同行专家是同一个研究领域的专家,他们知道哪些知识创新属于真知识创新的范畴,能够判断学术论文的质量和价值,在判断的时候会自觉地坚持价值中立原则。而且,每个专家都是学术共同体的一员,学术共同体意识会促使他们认真负责地对所评议的论文进行有效的学术质量评估。然而,在现实层面上却可能不会这么尽如人意,同行评议可能会包含不平等(违背价值中立原则)的因素。即使坚持了价值中立,同行误判也可能会发生。最近发生的一个误判例子是美国华裔科学家潘卓华与卡尔·戴瑟罗斯和爱德华·博伊登之间关于光遗传学发明人的著名争议,其中所折射出的学术期刊在审稿时的"误差判断",对创新成果的平等发表造成了极大伤害。① 因此,有学者认为,虽然同行评议在制度设计上追求公平对待所有来稿,以便更好地担当促进人类知识增长的使命,但实际上却存在这样或那样的不诚实评议。其中的根源可能跟评议专家违背价值中立

---

① 沈楠、徐飞:《科学优先权:门户之见、投稿策略、保密与营销》,《科学学研究》,2018年第9期。

原则有很大关系。例如,来自专家的门户之见,来自同行专家的不认真,或者来自评议专家不愿意对期刊宗旨等进行细致考量。与此同时,同行评议的结论如何被期刊采纳,也是一个值得研究的问题。国际上很多期刊(特别是采稿率低的期刊)往往要求所有评议专家意见一致才能采纳稿件。国内的期刊对此持有不同的观点:"如果期刊编辑一味拘泥于审稿人的单方面意见,那么势必会影响对于论文内容更加客观、全面和综合的考量。"①无论如何到目前为止,同行评议仍然是被国际学术界首肯的履行使命伦理的有效方法。既然其设计初衷是通过价值中立原则的确立去促进平等发表,从而使所有待发表成果按照真知识创新的一致标准进行审查后被公开发表,那么偶有不诚实评议和同行误判,总体上不会影响到具有真知识创新性成果的发表。于是,如何避免不诚实评议和同行误判,就成为学界更应关心的话题。在评议过程中,专家要保持价值中立,主动回避各种利害关系,以纯客观的态度去对待相应的科学研究和知识探求成果,必须践行科学精神,尊重科学结论,尊重科学规律,避免任何主观臆断,尤其是要注意克服各种主观成见,尊重不同门户、门派、师统在话语方式、研究范式等各方面的特殊性和多样性,公正对待各种与己不同的观点、理论、学派、流派、个人和团体。各种门户、门派、师统之间的差异性不应当成为不公正、不公平、歧视、排挤等的借口。近年来,由于担心同行评议可能无法做到最大限度的价值中立,学界开始提倡开放性的同行评议,也就是将评议人的信息完全公开,而不是匿名审稿。"同行评议还可以反过来对研究者提供帮助,如可以为研究者提供反馈让其修正完善已有的研究工作,激励研究人员生产出最好的论文。"②总之,参与同行评议的专家一定要秉着促进人类知识增长的崇高使命,价值中立地进行审稿,这是专家应有的学术道德修养。

最后,编辑的价值中立。学术发表过程中编辑的作用非同小可。

---

① 沈楠、徐飞:《科学优先权:门户之见、投稿策略、保密与营销》,《科学学研究》,2018 年第 9 期。

② 杜杏叶、李贺、王玲等:《中国学者对学术论文公开同行评议的接受度研究》,《图书情报工作》,2018 年第 2 期。

编辑应该是一个比较大的概念，包括主编、副主编、编委会成员、责任编辑、文字校对编辑等促使期刊以印刷或者电子形式公开出版发行的人员。编辑要有基本的职业操守，遵守基本的编辑伦理规范，其中最主要的是价值中立原则的信守和贯彻执行。稿源的扩大，同行评议制度的实施，编校出版质量的把控等，都需要编辑全身心投入，且坚持价值中立。从国际学术期刊的运作经验来看，一般要求编辑从以下几个方面去贯彻价值中立原则：

(1)要努力做好读者服务，要给作者提供各种投稿服务，要方便作者做投稿选择。国际期刊禁止用高稿酬去吸引稿件，但可以从服务上给作者好感，以便有更多的同领域研究者来踊跃投稿。正因为这样，国际期刊一般对作者指引（投稿须知）有很高的要求，具有直接可操作性，而且刊物的邮箱、联系方式等各种信息必须真实可靠，及时更新。(2)定期公布来稿采纳率和审稿周期。一般是每年更新一次。期刊跟同领域其他期刊是平等竞争的关系，期刊编辑应该把作者最关心的关于采稿方面的信息明确告知作者，以便作者投稿的时候做出恰当的决定。这实际上仍然属于做好作者服务的范畴。有的刊物甚至还会将本刊的版面费标准予以公开。这些也是有助于作者做选择的重要因素。(3)公开告知明确的排版格式要求。每个刊物采纳的排版格式都是不一样的，英文文科期刊采用 APA 和 Chicago 格式最为普遍。这些排版格式就像学术论文的著录标准，每个研究者在投稿的时候必须自己认真地按照这个标准将拟投稿件的格式弄好，否则编辑会拒绝将稿件走同行评议程序，甚至直接拒稿。一般来说，这些格式要求都会在给作者的指引里面说得清清楚楚。在网络已经普及的今天，编辑给所有潜在作者提供的这些服务都应该清晰地在期刊网站上可以查阅得到。有的期刊还会有专门的科学研究伦理规范要求，例如，被调查者的知情同意书样本，调查问卷原始数据保存 5 年以上，等等。任何作者来稿都会被一视同仁地对待，都需要遵守刊物规定的科研规范。国际期刊蓬勃发展的历史经验表明，编辑在整个刊物编辑出版过程中坚持价值中立，对于研究者高质量地进行人类知识生产是非常重要的。

总之，学术期刊编辑出版的所有环节、所有人员都必须秉持公平正义的原则。只有这样，学术发表促进知识增长的使命才能很好地完成。

三、同行评议的美德伦理规范：
追求自觉履责道德境界

前面提到，同行评议制度实施过程中，评议专家必须坚持价值中立的原则参与审稿，这是对所有学者的一种责任伦理要求。这种要求属于学术共同体的"标配义务"。也就是说，一个研究者要在学术共同体被其他研究者认可，他就必须担负最基本的伦理责任。价值中立地参与同行评议，必要时主动回避利益冲突关系，就属于学术共同体每个成员必须要具备的底线素养。在不少国家，"如果评议人故意隐瞒利益冲突关系，会对评议结果产生重要影响，因此未提前告知组织利益冲突的评议人，将会受到严厉的处置"[①]。因此，同行评议制度的建构还需要很多具体的伦理规范来支持。价值中立原则以及其他规范的制约涉及的是同行评议专家的道德境界问题，它要求每个学者都要努力在遵守学术规范的基础上进一步建立广泛的学术诚信。

从国际期刊的通行做法看，同行评议都是免费的学术志愿者工作。学术共同体是所有学者的共同体，需要每个成员自觉地加以维护。每个人都应该有一种共同体意识和责任，每个学者不能把学术发表园地——学术期刊纯粹当作工具使用，不能只是想着自己要利用期刊发表自己的知识创新成果，还应该考虑自己为这个共同体贡献了什么，能为期刊做什么。在这种双向的责任担当中建构研究者和期刊之间的共同体关系。期刊离不开研究者贡献知识创新作品和其他智慧，研究者也离不开期刊的学术发表功能正常发挥，提供宝贵的发表机会以及其他相关的学术发表服务，这是一种相互的共生共存关系。

同行评议制度引入学术发表中来迄今已有300多年的历史了。"同行评议从17世纪英国皇家学会《哲学会刊》编辑出版开始，逐渐形成一种制度，并在默顿所创立的科学社会学中，作为科学评价过程中的

---

① 崔晓彤、赵勇：《国外同行评议专家信用管理模式的比较研究》，《评价与管理》，2017年第3期。

一项重要内容得到了系统地阐述。"①这个制度之所以能够得以长期坚持,在很大程度上是因为国际学界不断地对其操作规程和相关的配套制度加以完善。尤其是学界不断对同行评议专家的行为进行规范,这种规范逐渐形成了共识,这些共识已经成为国际学界的常识,深入地印入每个研究者的脑海中。任何研究者要在职业科学研究中获得生存机会,就必须遵循这些共识。它就像行规一样,每个科学研究者必须自觉遵守,否则在科学殿堂里就难有立足之地。这些共识也构成评议人的美德德行修养。

国际学术界的同行审稿人在秉持价值中立原则的基础上必须遵守的基本伦理规范大致(但不限于)包括以下 6 个方面:

第一,自觉养成科学研究者普遍人格的品质。科学研究应当尊重人的生命、维护人类尊严和全人类普遍价值观,不参与并竭力阻止任何有损全人类普遍价值、尊严和生命的科学成果的应用和意图;应当主动维护各种社会公正和伸张正义,敢于揭露和反对科学探求和知识获取过程中的不公正现象;能够维护科学公平,在科学探求和知识获取领域里不进行和反对任何形式的歧视、排挤和报复,不用个人或集体权威、权势压制不同观点和理论以及坚持这些观点和理论的个人和团体;在科学面前人人平等,不试图获得并且反对科学面前的任何特权和例外。

第二,树立良好的个人信用。在审稿以及各种科学研究和知识探求过程中(例如在各种基金资助申请获得批准之后),应当信守所做的所有口头或书面的承诺;审稿和参与期刊编校过程中,填写包括表格、报表、申请书、撰写简历、自我介绍、自我评价等需要提供的有关信息的时候,所有内容应当诚实填写,做到完全真实、可靠。

第三,客观而具体地表达专业性审稿意见。敢于和善于坚持真理,不人云亦云,不被已有知识所左右;坚持学术独立,敢于抵制各种损害科学事业的行为;以促进知识生产的态度对待审稿行为;同行评议意见应该有助于作者完善论文,审稿人应当提出具体的改进意见;在遇到有科学争议稿子的时候,要敢于和谨慎地表达自己的专业观点。审稿过

---

① 张建中、夏亚梅:《专著出版同行评议:特点与启示》,《科技与出版》,2020年第 1 期。

程中,必须就事论事,对事不对人;审稿意见应措辞严谨、准确,使用"国内领先""国际领先""世界先进水平""填补重大空白""重大突破"等评价词语的时候应当列举相关证据;涉及专利推广运用或有其他社会效益与经济效益前景的研究开发或相关活动,应当如实报告相关研究开发或活动的重要性、可能的商业活力及其潜在的威胁和其他不足。

第四,必须做到角色到位,高度投入地履行职责。在期刊担任主编、副主编或区域性联络主编等各种义务性或非义务性、名义性或实质性的兼职或名誉职务、职位时,应当符合相关职责要求,名副其实地担当相应角色;在所接受的任何兼职中都应当切实按有关承诺发挥实际作用,否则应当辞去兼职。

第五,坚持独立审稿,信守审稿秘密。审稿过程中不应当就被审稿的内容同其他研究者进行交流和讨论,审稿人有义务不泄露被评议的研究成果,不能将被评议成果直接或间接地据为己有或者让与他人;不应当同被审稿作者进行直接或间接的联系,交流、讨论有关审稿的任何事宜;不应当以任何方式直接或间接地接受作者的纪念品、礼品及其他物质或非物质性的赠予或买卖;不应当以任何方式向任何机构和个人泄露跟审稿有关的任何信息;不应当以直接或间接的方式反馈给作者,无论该作者是否属于坚持价值中立原则的回避对象。有的同行评议发起单位还可能会要求同行评议人签署保密协议,并配套其他保密措施,包括对不遵守审议保密的惩罚措施。"从保密性措施而言,从个人方面来说,专家在评议之前应签署保密协议,确保所接触的信息和文件不外泄,不得为其他目的使用提案中提供的任何信息,以及不将评论给申请人或任何第三方的审阅者。从机构方面来说,在审查会议结束时,会将所有审核材料交给主管官员加以保管或将其销毁,以此来保证文件的保密性和安全性。"[1]

第六,敢于承认错误和纠正错误,并对自己的错误采取力所能及的补救措施。无论评议人如何认真负责,非故意的审稿误判也是很难百分之百避免的。"同行评议是依靠旧知识来评价新知识,本身就具有误

---

[1] 崔晓彤、赵勇:《国外同行评议专家信用管理模式的比较研究》,《评价与管理》,2017年第3期。

判的可能性。当代科技分工越来越细,还造成专家知识的主观性和有限性,进一步造成了同行评议局限性。"①这也就是说,同行评议的误判不可能完全避免,如果偶尔出现审稿误判,审稿人应该认真自我反思,防止类似的错误再犯。有些知识创新的价值可能偶尔被误判所埋没,这对人类知识增长来说的确有些悲剧色彩。因此,评议人要敢于正视自己的过错,在以后的审稿中避免再犯类似错误,这是一种必备的科学精神。正因为评议人有自觉的纠正错误德行,所以同行评议制度仍能很好地在学术发表中发挥作用。"尽管评议人体制具有其不足,但……它目前的形式对科学的有效发展是非常重要的。"②

此外,国际学界一般都是实行免费审稿,而且大都不实行双向匿名审稿。关于是否实行匿名或单向匿名或双向匿名审稿的同行评议政策,一般是由期刊的编委决定的。

原载于《河南大学学报(社会科学版)》2020年第3期;《新华文摘》2020年第20期论点转载,《社会科学报》"学术看台"2020年7月30日论点转载

---

① 杨正瓴:《同行评议的局限性和改进之策》,《科技中国》,2019年第11期。
② R.K.默顿著,鲁旭东、林聚任译:《科学社会学:理论与经验研究》下册,北京:商务印书馆,2003年,第634页。

期刊评价中引文索引几个亟待
解决的问题

袁培国①

一、历史回顾

随着科学技术的发展,近现代科学技术新成果不断涌现,知识更新速度不断加快,为了了解科研动态、掌握科研进程、获取新知识,科研工作者个人、机构、地区和国家的领导对信息的需求越来越迫切。伴随学术交流的需要,学术期刊自17世纪问世以来,历经三百余年,各个学科专业和领域都产生了一批学术含量不等、质量高低不同、水平参差不齐、受众各有侧重的专业和普及刊物。在文献激增、期刊不断增加的情况下,文献的查找和利用成为科学研究工作的一大重要问题。为了方便利用、快速查找文献,文摘、索引等二次文献出现了。图书馆为了以有限的经费最大限度地满足用户的需求,图书采访特别是期刊订购的选择面临越来越大的挑战。

研究学科专业文献在期刊中分布特性的核心期刊概念——"布拉德福定律"在20世纪30年代问世;为了适应多学科跨学科研究的需求,加菲尔德在20世纪60年代和70年代先后推出《科学引文索引》《社会科学引文索引》和《人文学科与艺术引文索引》等系列引文索引。随着文献研究分析工作的向前推进,20世纪60年代末英国人A.普里

---

① 作者简介:袁培国,南京大学图书馆情报咨询部研究员。研究方向图书馆学和文献计量学。

查德提出文献计量学，苏联科学学家多勃罗夫和纳利莫夫分别提出科学计量学等术语。文献计量学指标应用于期刊选择决策亦逐渐普及。

20世纪90年代以来，期刊评价问题的讨论在中国越来越热，关心期刊评价问题的不仅有期刊编辑和负责期刊订购收藏的图书馆界，期刊论文作者、科研管理部门的关注程度也是前所未有的，甚至某些期刊主办单位的领导也亲自出马过问。个中原因，最重要的是科研成果评价量化的盛行。

20世纪80年代后期，中国科技信息研究所的《中国科技论文统计与分析》报告（俗称"学术榜"）问世以后，人们对《科学引文索引》（SCI）来源期刊和中国科技论文统计源期刊的关注程度越来越强。其原因是在这一报告中按照上述来源期刊收录论文的多少对高校和科研机构进行了排名，各高校在职称评审和年终奖励中也多以此为据，甚至研究生有没有《科学引文索引》收录的论文也成为能不能拿到学位证书的必要条件。因而，人们投稿首先要看是不是SCI来源期刊，是不是中国科技论文统计源期刊。对"来源刊"的关注度一再升温，以至于中国科学院院士不止一次地在《光明日报》等媒体上发表文章。① 图书馆学和文献计量学工作人员也应声而起，中文核心期刊和引文索引陆续出炉，北京大学《中文核心期刊要目总览》1992年问世，中国科学院《中国科学引文数据库》、中国社会科学院《中国人文社会科学引文数据库》、南京大学《中文社会科学引文索引》陆续面世。尤其是《中文核心期刊要目总览》和《中文社会科学引文索引》在我国人文社会科学研究工作成果评审中影响更大、更广泛。

在我国人文社会科学界，对期刊评价问题讨论和责难的主要诱因来自《中文核心期刊要目总览》和《中文社会科学引文索引》来源期刊，而其更深层的原因是科研管理部门，特别是高校的职称评审和绩效评价奖励采用了它们的入选期刊作为主要甚至唯一的指标，更有甚者以

---

① 王业宁、王绶琯、甘子钊等：《正确评价基础研究成果》，《光明日报》，1996年1月13日；邹承鲁：《衡量学术刊物水平的客观标准：影响因子》，《光明日报》，1997年12月19日；邹承鲁：《发表科学论文要遵循国际惯例》，《光明日报》，1998年4月21日。

期刊影响因子大小对其刊载的论文给予不同的赋值,并以此作为业绩考核和奖励的主要甚至唯一的依据。在自然科学界,用作评价和奖励根据的主要是《科学引文索引》(SCI)来源期刊和工程索引(Ei)收录的部分论文。它们的编辑出版单位都在国外,再多的意见和责难也找不到编辑出版单位。因此大家便把意见集中到管理部门,国家科技部为此也曾不止一次地召开过专门会议,而中国科学院《中国科学引文数据库》的数据主要用于科研项目、科研经费申请,中国社会科学院《中国人文社会科学引文数据库》主要是为中国社会科学院系统内部使用而编制的,它们在社会上并未得到像《中文核心期刊要目总览》和《中文社会科学引文索引》来源期刊那样的广泛应用,因此对它们的讨论和责难也相对平静得多。

目前,我国对期刊评价的关心,更确切点说是对科研成果评价采用什么标准的关心。严格地讲,期刊评价和科研成果评价是不同的两件事,把两者混为一谈本身就是错误的,而以期刊或期刊影响因子评价取代对科研成果——论文的评价更是不可取的。

二、引文索引研创者如是说

引文索引是美国文献信息学家 Eugene Garfield 在 20 世纪 60 年代研制开发的文献信息检索工具。Garfield 先生在 1994 年曾著文说明:引文索引原本的目的主要是信息检索,这个数据库通过引文联系主要但并非排他地使你能够以独特的方法驾驭文献;其结果是不管语言、题名词或其他关键词而能找到相关论文;它具有各种以引文为基础的检索策略:包括文献耦合、通过共有参考文献的论文联结(相关记录)、附加关键词及其他。[①]

期刊影响因子原是为《科学引文索引》选择来源期刊(统计源)而研制的。Eugene Garfield 2005 年在芝加哥同行评审和生物医学出版国际

---

① Eugene Garfield," The Concept of Citation Indexing: A Unique and Innovative Tool for Navigating the Research Literature," *Current Contents: Clinical Medicine*, January 3,1994.

大会上谈到影响因子的起因时说:"在 1960 年代早期,Irving H. Sher 和我创建了期刊影响因子来帮助进行新的《科学引文索引》(来源)期刊的选择……我们需要一种不受刊物大小和引用频次影响的简单的刊物比较方法,这样我们便创建了期刊'影响因子'。"①

为选择文献信息检索工具统计源而研制的期刊影响因子的专指性决定了它的应用范围和局限性。Scientific Business of Thomson Reuters 公司 2008 年特别强调指出:"本公司在整个历史中始终坚持:期刊影响因子有有限的用途,并且不能断章取义地使用","期刊影响因子公式远比理解和应用的复杂性要简单得多。在不同的、复杂的研究领域之中应用一个内在简单、通用的公式,语境就成为决定性因素。公式的简单要求它必须以非常专门的参数用于非常专门的目的,超出其原意的应用可能带来误导"。②

Garfield 先生早在 1994 年就强调"明智地使用影响因子","影响因子可用于对人们发表论文的刊物的声誉进行粗略的估价(gross approximation)。这种做法最好结合诸如同行评审、生产量、学科专业引文率等使用"。"本公司在评估期刊的用处时并不只依赖影响因子;其他任何人也不应仅仅依赖影响因子。影响因子的应用必须小心注意那些影响引文率的诸多现象"。"影响因子的使用应该与了解情况的同行评审相结合。在终身任职资格的学术评审中有时用来源期刊的影响来评估近期发表的论文的预期被引次数(expected frequency)是不够的"。③

在 1998 年 Garfield 致德国 Unfallchirurg 期刊编辑的信中,评论这种非预期的用期刊影响因子作为评价个人的工具时说:"对期刊影响因子的大量担心来自它们被误用来评审个人……我发现,在欧洲许多国

---

① Eugene Garfield," The Agony and the Ecstasy: The History and Meaning of the Journal Impact Factor,"Presented at the fifth International Congress on Peer Review and Biomedical Publication, Chicago, September 16,2005.

② "Preserving the Integrity of the Journal Impact Factor Guidelines from the Scientific Business of Thomson Reuters 08-12-2008,"http:// forums. thomsonscientific. com/t5/Citation-Impact-Center,2010 年 8 月 20 日.

③ Eugene Garfield,"Impact Factor,"*Current Contents*,June 20,1994.

家为简化查找研究人员实际引文数的工作,期刊影响因子被用作替代去估算被引次数。我一直警告不要这样使用。"①

Thomson Scientific 产品开发副总裁 Jim Pringle 2008 年在回答"使用影响因子做评价时应该注意什么"时说:"最根本的是:在《期刊引用报告》(JCR)中的所有计量数据只能用于评价期刊,这听起来简单,但却如此的重要。所有比较应该是对期刊,而不是对个人或部门(departments)。另一个重要的警告是:期刊的比较只能与类似的期刊比较,特别是要在同一学科内进行比较。这不仅是因为学科间影响因子差别很大,而且在不同业界间引用形态和倾向也是大为不同的。"②

Thomson Reuters 公司 2008 年特别著文强调"维护期刊影响因子的完整性","在评价期刊时考虑的不仅仅只是期刊影响因子,《期刊引用报告》的目的是通过客观统计数据提供一个'完全图景',使用户可做出完美评价性判断。这也就是为什么在期刊影响因子之外《期刊引用报告》还提供了其他计量指标,诸如:瞬时指数、总引文数、总论文数、引文半衰期,这些在期刊的多维评估中都是有用的"。③

通过上述引文可以清楚看出:引文索引和期刊影响因子的研创者和公司高管们对期刊影响因子生成的目的、语境关系及其适用对象、应用条件和注意事项都做了明确的说明、诚恳的忠告。这可能比笔者的论述更具说服力和更高的可信度。④ 在此笔者还要加以补充的是,在上述所有引文中"期刊"的英文原文均为"journal",ISI(现在的 Thomson

---

① "Preserving the Integrity of the Journal Impact Factor Guidelines from the Scientific Business of Thomson Reuters 08-12-2008,"http:// forums. thomsonscientific. com/ t5/Citation-Impact-Center,2010 年 8 月 20 日。

② "Thomson Scientific speaks with Jim Pringle, about Impact Factor 06-26-2008,"http://community. thomsonreuters. com/t5/ Citation-Impact-Center/Thomson-Reuters-speaks-with-Jim-Pringle-about-Impact-Factor/ ba-p/ 715,2010 年 8 月 20 日。

③ "Preserving the Integrity of the Journal Impact Factor Guidelines from the Scientific Business of Thomson Reuters 08-12-2008," http://forums. thomsonscientific. com/t5/Citation-Impact-Center,2010 年 8 月 20 日。

④ 袁培国、吴向东、马晓军:《论引文索引数据用作评价工具的科学性和局限性》,《学术界》,2009 年第 3 期。

Reuters)公司的释义为:"通常致力于专门学科专业学术知识的连续出版物或期刊。"也就是说,这里的"期刊"是指"学术期刊",并非一般意义的期刊。其次,上述论述主要是《科学引文索引》的有关情况,也即针对的是通常说的自然科学的情况。

三、期刊评价工作中的三"位"现象

笔者认为,当前,我国期刊评价中存在的主要问题是文献计量学越位,科研管理不到位,期刊界缺位。以期刊评价替代论文评价,更加剧了期刊评价的难度和对期刊编辑不应有的压力。

1. 文献计量学越位

文献计量学原本是利用数学和统计学的方法研究图书馆系统内部和相互之间书刊等知识载体利用情况的科学。[①] 随着图书情报学和科学计量学的发展,文献计量学的应用越来越广泛,因此有人把它解释为:文献计量学是借助文献的各种特征的数量,采用数学与统计学方法来描述、评价和预测科学技术的现状与发展趋势的图书情报学分支学科。[②] 文献计量学是通过直接研究文献及其使用情况来间接研究科学研究和科学发展的,它的最大特点是把科学研究工作中复杂的问题简化以定量的数据表达出来,把非线性的客观事物线性化。在根据评价目的选择指标恰当、数据可靠的情况下,它反映的是某类客观事物的共性、普遍性,而事物的个性、特殊性的问题则不易得到客观、公正的表现。这也是为什么取样规模越大、时间越长,量化指标的可靠性、准确性越好,反之则越差的原因。然而科学研究的创造、发明和创新通常都是个别人、少数人所为,不是绝大多数研究者都认识到的普遍性、共性的问题。量化指标的这一致命缺陷恰巧常常被人们忽视或掩盖。

文献计量学工作人员在宣传、推广文献计量学指标的应用时,往往强调其科学的一面,有意无意地忽视或掩盖其局限性的一面,甚至沾沾

[①] L. M. Harrod and R. J. Prytherch,*Harrod's Librarians' Glossary and Reference Book*(Gower Publishing Company,1984).

[②] http://oldweb.cqvip.com/serveCenter/wxjx.htm,2010 年 8 月 20 日。

自喜于"不少大、专院校和科研院、所的学位管理和职称评定部门也以……作为依据,评价有关人员所发表的论文的质量"①。各种"学术影响力报告"陆续问世,个别人甚至说"再不靠谱的定量指标也比定性指标靠谱",甚至有专门传授如何提高期刊影响因子的培训讲座。

《科学引文索引》"原本的目的主要是信息检索",期刊影响因子是为"帮助进行《科学引文索引》(来源)期刊选择"而研创的。它收录的文献中有 1/4 左右并不是原创性论文,其中会议摘报就占收录总数的 16% 以上。如果论文发表时有错误,以后发表的订正也收录为一篇,1982—1991 年收录的订正文章占收录总数 0.8%。②《科学引文索引》来源期刊之期刊影响因子的计算中,分子和分母数据的统计源也是不同的,分子的被引次数包括对所有收录文章的引用次数,分母的发文数只计原创性论文、综述和技术快报的合计数,也就是说只计收录文章数的 3/4 左右。这些问题在我国文献计量学的应用中,极少有人明确的说明,至于"公式的简单要求它必须以非常专门的参数用于非常专门的目的,超出其原意的应用可能带来误导"、"影响因子的使用应该与了解情况的同行评审相结合"、"在评价期刊时考虑的不仅仅只是期刊影响因子"、"诸如:瞬时指数、总引文数、总论文数、引文半衰期,这些在期刊的多维评估中都是有用的",这些忠告多成为耳边风了。

在国际上通常用做科学评价指标的是期刊和论文的被引用情况,很少有用发表论文数作评价指标的。统计表明,相当多的文章发表以后就石沉大海,1981—1990 年 ISI 标引的全世界 872 万多篇论文中,在 1981—1993 年间从未被引用过的就达 48.8%。③《中文社会科学引文索引》1998—2007 年收录的论文在同期被引用过的不到 25%。用《工程索引》收录论文作为科学评价指标,中国恐怕也是少数仅有的。

2. 科研管理不到位

---

① 林被甸、张其苏主编:《中文核心期刊要目总览》(第二版),北京:北京大学出版社,1996 年,"本版前言"第 5 页。

② P. Bourke, Linda Butler, "Standards Issues in a National Bibliometric Database: The Australian Case," *Scientometrics*, no. 2(1996).

③ J. Leta and L. De Meis, "A Profile of Science in Brazil," *Scientometrics*, no. 1 (1996).

近年来各种评价结果层出不穷,许多期刊编辑觉得无所适从,有的老编辑感叹"当了数十年的编辑,现在不知怎么办刊啦"。国家有关部委对期刊评价管理也发布过标准规定,如1994年国家科技部(原国家科委)公布了"五大类科技期刊质量要求及评估标准",1996年国家新闻出版总署期刊管理司公布了《中国社会科学期刊质量标准》(这项标准包括"社会科学期刊质量标准""社会科学期刊评分原则和方法""政治质量标准评估办法"三大部分),但十多年的现实表明,人们对这些标准规定的关注远不如对各种"来源期刊"和"核心期刊"重视。每次核心期刊目录或来源期刊目录的变动都是期刊界关注的焦点,每次核心期刊目录或来源期刊目录的公布都会在期刊界和学术界引起波澜。科技部为《科学引文索引》收录论文和影响因子用做评价指标也先后召开过数次研讨会,但学术界和期刊界关注的问题却一如既往、依然故我。科研管理部门和领导管理不到位的最明显表现是只画线,不作具体分析,拿来主义盛行,缺乏具体分析、区别对待。最典型的例子是以《科学引文索引》和《工程索引》收录文章篇数作为奖励和申报××资格的依据。因原论文有误而发的订正和原创论文同样均计为一篇论文,同一篇论文同时被《科学引文索引》和《工程索引》收录就计为2篇。管理学有一条重要的法则"例外管理",管理者除按政策法规进行管理外,一项重要的工作就是对政策法规没有明确规定的情况进行研究、采取措施,具体情况具体分析,区别对待,不断地补充完善管理政策法规。只是按线一刀切的管理,显然是不尽职的管理。

3. 期刊界缺位

俗话说:鞋子合不合脚只有脚知道。期刊编辑是期刊专家,期刊如何,编辑最清楚。但是在现实中,有关期刊评价标准指标,很少听到期刊编辑的声音。在一次座谈会上有编辑当面质问:"你们有什么资格对期刊评头论足?"笔者回答道:"您说得非常好,我们文献计量学工作者的确没有资格对期刊评头论足。我们所做的工作就是把论文作者们对期刊论文和书籍等文献的利用情况收集综合统计出来,提供给你们专家学者去研究分析。至于研究分析结论那是你们专家学者的工作,不是我们文献计量学工作者能力所及的。"遗憾的是,期刊专家学者们自己没有拿出得到业界和社会公认的评价标准指标,结果就出现"蜀中无大将,廖化做先锋"的局面。

在期刊评价和期刊规范化方面,在遏止期刊编辑工作某些异常"策划"方面,期刊学会组织是否可以发挥其行业组织的职能作用,回答应该是肯定的。

四、加强规范化建设是搞好文献计量学工作的前提,也是期刊评价的需要

在中文期刊特别是人文社会科学期刊评价中,除了前述的三个问题外,作为期刊评价重要量化指标的文献计量学工作有以下几个问题亟待解决:期刊分类、期刊规范化,统计标准规范化,数据准确性,图书目录规范记录等。

1. 期刊规范化

由于历史的原因,我国人文社会科学期刊的报批分类有些名不副实,有些文史类期刊报批的却是综合性的。期刊本身就是多作者、多专业、综合性的出版物,典型的是高校学报和社科院、社科联主办的刊物。近年来,随着高校的升格发展,多学科综合性刊物有增无减,有些单科性院校变为多学科,学报亦由单一型变为综合型,比较典型的某外语学院学报有相当多旅游学论文,在被引次数中旅游学论文占半数以上。应该说,不同学科专业论文的被引率和篇均被引次数差距悬殊,图书情报学论文的篇均被引次数是宗教学论文的10倍。因此,期刊刊载论文的学科专业及其数量对期刊影响因子有直接重大作用,期刊的学科专业归类对期刊按影响因子排序有重大影响。

由于论文的学科专业属性对期刊影响因子的重大影响,有些期刊便采取相应对策,加大被引概率高的学科专业论文比,减少甚至停发那些被引概率低的学科专业论文。有的期刊为了提高影响因子进行多种"策划",有的在参考文献上做手脚,有的期刊动员有关人员多引其刊载论文,有的期刊的自引率高达60%以上;有的期刊花钱买引用;有些期刊之间的引用大大超出常规,某个多学科综合性期刊被另一个多学科综合性期刊的引用次数竟占到其被引总次数的50%—60%以上。这些不规范做法,不仅给文献计量学统计数字带来虚假,直接影响文献计量

学定量指标的准确可靠性,而且更严重的是违背期刊的宗旨,败坏了学风,干扰了正常的科研管理和学术研究。

2. 引文规范化

由于学风浮躁、急功近利,缺乏认真的态度、严谨的作风,引文著录随意性很大,借用不核对、转引不注明、缩略不规范,同音字、异体字混用等现象比较突出。笔者曾查对过 2002－2007 年引用美国著名学者萨丕尔同一句话的 5 篇论文,均注明:转引自《语言导报》1986 年第 7 期。经多方查核查明该条引文早在 1989 年出现为"转引自《语文导报》1986 年第 7 期",直到 1994 年在《外国语》上有人引为《语言导报》1986 年第 7 期,此后就一直错为《语言导报》了。

由于引文著录的错误或不规范而产生的统计数据的差误,对个体作者和论著的影响非常大,这种差误使个别期刊影响因子的误差很大,甚至达到减半。2003 年就有《中国社会经济史研究》、《云南大学学报》(法学版)、《扬州大学学报》(高教版)等近 70 种期刊的影响因子受到较大的影响。这方面的问题笔者此前已做过一些讨论,①此不赘述。

3. 文献计量学工作规范化

文献计量学工作规范化包括指标设置和数据统计工作。任何一项评价的指标设置和数据的采集都应该符合科学、合理的原则,其结果应该基本符合客观实际,如果出现异常现象,尤其是重大异常,与客观事实严重不符,那就要认真检讨,加以讨论,探究原因,做出修正和改正。文献计量学的工作绝对不是想出几个指标、公布一批数据就了事的。在 2004－2006 年高校人文社科综合性学报学术规范量化指标综合值(前 100 名)中,北京大学学报居然未进入前 100 名,北京师范大学学报名列第 81 名,中国人民大学学报排在第 65 名。② 这种评价结果不仅期刊界不能接受,就是常人也是不可理解的。这种结果不是数据有问题,就是指标有问题,但文中未见任何讨论与说明。

---

① 袁培国、吴向东、马晓军:《论引文统计分析的重要性和引文规范化方面的问题》,《学术界》,2005 年第 6 期。

② 鞠秀芳:《高校人文社科综合性学报学术规范评价指标前 100 名统计分析》,《西南民族大学学报(人文社科版)》,2008 年第 6 期。

文献计量学的指标设置必须以评价目的为根据,不仅要科学合理,而且必须经过大样例的反复验证、修正。数据统计源、统计口径、统计方法、加权系数等直接影响统计结果,必须交代清楚。但在相当多的定量评价论文中,不但不做交代说明,而且常常混淆概念。在"——基于CSSCI的分析"的部分有关论文中,带有小数的发文篇数实际是在对多作者论文按作者顺序加权后的数值;有些机构发文篇数实际是该机构发文人篇次数,如2005—2006年发表管理学论文100篇以上的机构排序第一的西安交通大学发文数量(篇)1074,①实际是西安交通大学2005—2006年发表管理学论文的1074人篇次。在篇均被引次数的统计上被引次数和发文篇数的统计口径也是不统一的,如2005—2006年考古学发文6篇以上机构的论文篇均被引前55名序号第一的南京博物院被引篇次42、发文篇数6、篇均被引7.0000(次),②实际是南京博物院1998—2006年被CSSCI收录的论文在2005—2006年的被引次数与南京博物院2005—2006年被CSSCI收录的论文篇数之比。

　　在2010—2011年CSSCI来源期刊遴选原则中明确写明:"入选的来源期刊必须……所刊载的学术论文应列有参考文献或文献注释","规范性审查主要内容是:出版时效和文献引用量和期刊版本","文献引用量的审查重点是篇均引文量"。③但2010—2011年扩展版来源期刊目录历史学三种期刊为:中国史研究动态、贵州文史丛刊和文史知识,④其中《中国史研究动态》和《文史知识》基本无参考文献或文献注释,2008年《中国史研究动态》83篇文章,其中54篇无任何引文,有引

---

　　①　陈传明:《管理学研究领域学者和机构学术影响分析:基于CSSCI(2005—2006年)数据》,《西南民族大学学报(人文社科版)》,2009年第1期。
　　②　张学锋:《中国考古学研究领域作者、机构和地区的学术影响分析:基于CSSCI的分析》,《西北大学学报(哲学社会科学版)》,2008年第6期。
　　③　《CSSCI(2010—2011)来源期刊遴选原则与方法》,http://cssci.nju.edu.cn/news,2010年8月30日。
　　④　《中文社会科学引文索引(2010—2011年)扩展版来源期刊目录》,http://cssci.nju.edu.cn/news,2010年8月30日。

文的 29 篇文章每篇也仅有引文一条。①

　　文献计量学统计数据的准确性直接影响应用它的评价结果。"质量是产品的生命线",数据的准确性是应用于评价的文献计量学的核心问题之一。影响数据准确性的因素除前述的诸多不规范行为外,数据整理核校的标准化和统一工作也是至关重要的,并且它是既耗时又严谨细致的工作,这项工作离开多种数据库的积累和规范化、标准化也是难以完成的。世界上最早也是最大的 Thomson Reuters(原 ISI)引文数据库里,仅期刊刊名字典中,一种期刊刊名平均有 20 种变异型,多的达 100 多种,②在统计数据中必须要将它们统一到一起,否则就会影响有关期刊在排序中的位次。该公司用 1961—1976 年之间的引文数据库资料对 300 名科学家做引文分析,前后用大型计算机、数万美元、750 个工作小时的代价完成了这项工作。③ Thomson Reuters 公司 1992 年就有员工 500 多名。④ 从身处世界科技最发达的美国且具有近 60 年历史的 Thomson Reuters 公司的工作和员工人数,可窥见引文数据库建设和引文分析的巨大工作量和严谨、缜密的工作要求。

　　在我国,人文社会科学期刊的规范性近年有很大的改进,但由于历史和现实的多种原因,我国期刊的标准化、规范化大大落后于西方发达国家,在国内科技期刊的情况好于人文社会科学期刊,由于学科的历史和习惯,人文学科期刊的情况比社会科学期刊的情况更为复杂。我国期刊管理是审批制,除国家新闻出版总署审批的期刊外,各省市区又有一批准字的内部期刊;近几年随着科研工作的加强,一大批以书代刊的"集刊"涌现出来;一名多刊、一号多版、不同单位的相同刊名同时或交替出现。高校的扩建和升格,刊名亦随之变动,加之我国到目前为止还

---

　　① 《中文社会科学引文索引数据库 2008》,http:// cssci. nju. edu. cn,2010 年 8 月 30 日。

　　② Janet Robertson,"Cited Title Unification,"http:// thomson reuters. com / products_services/ science/ free/ essays/,2010 年 8 月 25 日。

　　③ 杨世明:《论引文索引及评估功能》,《情报科学》,2003 年第 4 期。

　　④ Rodney Yancey, "Fifty Years of Citation Indexing and Analysis," http:// thomson reuters . com/ products_services/ science/ free/ essays/ 50_years_citation_indexing/,2010 年 8 月 20 日。

没有全国性的书目规范记录,这给期刊的管理提出了严峻的挑战,大大加剧了文献计量学统计工作的难度,增大了工作量。影响期刊统计数据准确性的因素除上述外,作者的随意性也带来统计的难度和工作量增大,在刊名变化前后仍沿用老刊名或完全以新刊名替代老刊名的现象屡见不鲜,刊名字词颠倒,以栏目名取代刊名,刊名字词随意省略或添加等等。

为了期刊的健康发展,对期刊的评价必须规范化、正常化。规范化、正常化的首要条件是要有科学的评价系统。科学的评价系统应该由管理机构、期刊界和评价部门共同合作制订,评价指标必须要经过科学验证和鉴定,评价结果应该是定量与定性相结合的产物。目前的政出多门、片面强调定量指标、简单化画线管理的局面必须得到遏制、改正。另外,造成目前期刊评价复杂化的以期刊评价、特别是以期刊影响因子替代论文评价的过分简单化管理必须得到纠正。为了更好地发挥文献计量学指标的科学性和准确性,必须规范各有关方面的工作。在图书情报学界,亟待解决的是建立和完善书目、作者等一批全国范围的规范记录。在信息化、数字化的大潮中,一个标准化、规范化的字库是必不可少的,目前书目系统由于字库而出现的开天窗现象与我们的国力、国情是不相称的。

原载于《河南大学学报(社会科学版)》2011年第1期,人大复印报刊资料《出版业》2011年第4期全文转载

基于同行评议的复合型人文社科学术评价
——以复印报刊资料为例

钱 蓉[①]

学术评价历来是人文社科领域科研管理的重点、热点与难点，也是学术发展、学科建设中的重要一环。目前，同行评议法和文献计量法是学界通行的主要方法。文献计量法更适用于自然科学；人文社会科学具有更强的自由性研究特征，成果转化时间长，社会价值难以在短时间内显现，因此，同行评议更符合人文社会科学的研究特点和规律，也有利于及时发现成果。

同行评议产生于17世纪中叶，它是指学科专家利用自己的专业知识对评价对象的内容做出专业性的评价。英国皇家学会在评议会员的学术论文时，率先采取了类似于今天同行评议的方法。20世纪30年代，美国把同行评议使用在科研项目的经费评审中，此后一直作为一种有效的学术评价机制存在，"成为科学界的一个惯例，而且始终处于科学检查、评审过程的中心地位……深深地植根于科学的结构和活动之中"[②]。但之后由于计量工具的引进导致了过度追求量化指标的趋势，对量化评价的质疑声也越来越大，2012年，美国科学促进会等几十家科研机构和百余位科学家签署了《旧金山宣言》，认为应停止使用影响

[①] 作者简介：钱蓉，中国人民大学书报资料中心副总编辑，中国人民大学人文社会科学学术成果评价研究中心编审。研究方向图书情报与文献计量学。
[②] 蒋国华、方勇、孙诚：《科学计量学与同行评议》，《中国科技论坛》，1998年第6期。

因子评价研究产出,要针对科学内容而不是计量指标进行评价,提出了同行评议的重要性问题。我国学术界和科研管理部门也越来越意识到学术评价必须从重数量过渡到重质量的阶段。2011年,《教育部关于进一步改进高等学校哲学社会科学研究评价的意见》指出,要"完善以同行专家评价为主的评价机制"。与此同时,相关学者也围绕同行评议的定义、同行专家的遴选、同行评议的局限及改进对策、网络同行评议等问题进行了探讨。但他们的探讨偏重理论问题而较少实证研究,而复印报刊资料基于同行评议的复合型人文社科学术成果评价的实践引起了社会和学术界的广泛关注。

本文即以复印报刊资料选文过程中定性、定量相结合的评价理念和指标体系为例,探讨基于同行评议的复合型人文社科学术评价体系。

一、中国人文社会科学学术评价发展概况

近20年来,人文社会科学各领域对学术评价越来越重视,使学术评价在推动人文社会科学繁荣发展中的作用越来越凸显。南京大学、北京大学、武汉大学、中国社科院、中国人民大学、中国知网等机构相继成立了评价研究机构,凭借各具特色的理论体系推出了各自的评价产品,一定程度上反映了中国人文社会科学学术期刊评价的概况。

(一)学术评价推动人文社科繁荣发展

众多科研机构已将学术评价作为管理科研活动、提升科研生产力的重要手段,尤其是在SSCI、CSSCI、大学排名等评价成果出现之后。高等院校、社科院、党政干部院校等学术研究机构都设置了专门的科研管理部门或人员,开展了大量科研项目评审、各类成果评审与评奖、职称评审、科研人才发展评估等学术评价活动,评价的导向、理念、标准、方法,也逐渐成为科研部门和学者关心的重要内容。与此同时,许多人文社科学者成为评价活动中的评审者、被评审者、评价组织者,学术界对评价活动的关注度也越来越高。在这一过程中,相关学者开始审视和反思学术评价对于人文社会科学发展的影响,不断提出质疑、疑问、优化建议,使学术评价在科学性、合理性、公信力等方面进一步完善。

2011年,教育部颁布多项促进人文社会科学学术发展的重要文件,将学术评价列入《高等学校哲学社会科学繁荣计划(2011—2020年)》,明确要求完善以创新和质量为导向的科研评价制度,并建议选择部分地区和高等学校开展学术评价改革试点;①在《教育部关于进一步改进高等学校哲学社会科学研究评价的意见》中指出,充分认识以创新和质量为导向的科研评价对繁荣发展哲学社会科学的重要意义,强化注重理论创新和实际应用价值的质量评价导向,实施科学合理的分类评价,加强同行评议为主的评价方式,完善诚信公正的评价制度,并采取有力措施将改进科研评价工作落到实处。② 这与中国学术评价在推动学科繁荣发展的作用越来越凸显、各级科研管理部门对学术评价要求越来越高的客观实际相符。在今后相当长的一段时期内,学术评价对提高科研管理水平、优化资源配置、全面提高中国科研实力还将发挥更加积极的作用。

(二)专业评价机构对人文社科学术评价产生重要影响

近20年来,南京大学、北京大学、武汉大学、中国社会科学院、中国知网、中国人民大学等纷纷成立专业评价研究机构,对人文社科学术评价的理论方法开展了深入研究,一系列有影响力的评价成果也相继发布,对中国人文社科学术评价的发展产生了重要和深远的影响。

首先,专业评价机构建立了中国人文社科学术评价基本理论方法。这些评价研究机构,对国内外的学术评价理论方法进行了大量的梳理总结和对比分析,从不同视角探讨了文献计量和同行评议、定性评价和定量评价、外在指标与内在指标、直接评价与间接评价等各类评价理论方法的内涵与实用性及其相关关系;同时,结合评价实践,对人文社科学术评价中面临的一系列问题,从理论层面展开了大量讨论,得出了诸

---

① 教育部、财政部:《高等学校哲学社会科学繁荣计划(2011—2020年)》,http://www.moe.edu.cn/ewebeditor/uploadfile/2011/11/09/20111109103051635.pdf,2015年11月12日。

② 教育部:《教育部关于进一步改进高等学校哲学社会科学研究评价的意见》,http://www.moe.edu.cn/publicfiles/business/htmlfiles/moe/A13_zcwj/201111/126301.html,2015年11月12日。

多有价值的判断和结论。比如,如何控制同行评议专家的主观随意性,如何改进并科学地使用引文计量指标,等等。这些努力使中国人文社会科学学术评价基本理论方法体系得以形成,也直接确立了当前中国人文社科评价"以文献计量为主、同行评议为辅"的基本框架。

其次,专业评价研究机构推出了一系列评价产品,为中国人文社会科学的管理部门、出版者、政策制定者提供了大量可用的评价工具和数据,为各项活动提供了基本依据。如南大评价中心 CSSCI、武汉大学的大学排名、中国人民大学复印报刊资料的转载数据等,成为高校机构与基地评估、成果评奖、项目立项、名优期刊评估、人才培养等方面的重要依据;同时,这些机构的评价数据库积累的丰富的评价数据,也为政府改进学术管理政策、为学术研究和学术评价工作提供了有价值的数据支撑,尤其是文献计量方面的数据支撑。

最后,专业评价机构提升了中国人文社会科学的国际话语权。一方面,这些评价研究机构发布的符合中国人文社科发展需要的评价成果,在国内得到了广泛应用,使我们具备了与国际上其他国家和地区在学术评价上进行平等对话的条件;另一方面,一些评价研究机构通过举办国际性的学术会议,探索国际化学术成果评价的方式,为其他国家和地区了解中国的学术发展提供了便利,促进了我国与世界各国的学术交流,同时也在一定程度上提升了中国在全球的学术影响力和话语权。

(三)学术评价存在的问题和改进方向

尽管学术评价已在推动中国人文社会科学发展方面发挥了不小的积极作用,但其弊端和不足也十分明显,受到来自学术界尤其是学者的颇多质疑和诟病。评价研究者、评价组织者、科研管理者也开始对学术评价进行反思和修正。

中国高等院校和科研机构推行的量化考核,使数字指标为核心的考评体系已成为学术管理的重要依据。学者的研究成果被量化为一个个具体的数字,这些考核与每一位学术研究者的切身利益直接挂钩,职称评定、科研经费划拨和行政升迁等都与所完成的科研数量紧密相关。中国发表的学术论文总量名列世界前茅,但每篇论文的被引率却和世界平均水平有着很大的差距。由于过分追求科研项目和论文数量,助长了论文抄袭、专利造假等不良学术风气,造成了数量激增与高水平成果稀缺的尴尬反差,制造了大批低水平重复的"学术垃圾",更影响了评价结果的准确性与公正性,严重损害了中国的学术形象和学术竞争力。

另外,用发表载体判断成果质量一定程度上恶化了学术生态。突出表现是利用核心期刊开展学术评价,把对学术期刊的评价等同于对学术论文的评价。核心期刊的原始研制目的及其应用领域引入中国后发生了异化,尤其是多家评价研究机构定期发布各类核心期刊之后,其用来评价科研工作者业绩的功能日益凸显。国内各大评价机构发布的核心期刊目录已然成为一种评价学术成果的尺度。但期刊质量和影响力不等于论文质量,"以刊评文"方式的科学性具有"先天缺陷",其负面影响蔓延到了期刊界和整个学术界,本该慎重对待的论文内容质量评价被简化为"期刊等级",评价的公正性和准确性大打折扣;科研人员竞相在核心期刊上发表文章,致使非核心期刊稿源稀缺,核心期刊杂志社以核心期刊作为金字招牌,发人情稿或收取高额版面费,等等,这些随之而来的问题,说明学术评价已走到非改不可的境地。

同时,过于强调文献计量影响学术评价尤其是人文社科学术评价的科学性。文献计量方法是通过计算期刊在一定时期内所载成果的被引用数据,如影响因子、他引频次等对期刊进行评价的。这种方法的局限在于,由于期刊来源范围广阔,一些论文由于种种原因发表在非统计源的期刊上,各评价机构均不可能完全收集涉及本学科的所有论文;由于引用动机不同,被引用并不完全等于被认可,更有期刊部门为提升引文指标,人为干涉引用数据导致自引、互引、循环引等恶劣行为不断。不仅如此,人文社会科学学术成果具有研究范式多样、真理性与价值性显现慢、大量运用思辨方法、影响很难辨识和测量等特征,将适合科技成果评价的文献计量学方法运用在人文社会科学学术成果评价上,评价的科学性必然有偏差。

不论是对论文的评价,还是对期刊的整体评价,最终都应回归到对其学术质量的评价,评价的主体应当是文章内容所涉及学科领域的同行专家。而在当前的学术评价过程中,偏重文献计量的方式使同行专家在学术评价中缺位,未能充分发挥其主导作用,同行专家的定性评价仅仅起到补充说明作用;即使在同行专家参与的评价活动中,评价流程和规范也常常较为粗糙,失范、失当、失效现象比较严重,常常不能确保较科学的评价效果。实际上,对人文社会科学学术成果而言,由于其复杂性和多样性,同行评议更适合其发展规律。同行评议虽然容易受到主观因素的干扰,但其智能性、灵活性、直接性、综合性更强,更适合人文社会科学成果的评价,应当突出专家与同行在成果评价中的主导地位。当然,在定性评价中,如何保证评价专家的透明性、评价过程的公平性以及评价结果的权威性,也是亟须解决的问题。

当前人文社科学术评价理论方法的研究和实践,总体水平仍是停留在20年前、甚至更早时期的认识,多数只是对文献计量和同行评议两大方法进行细枝末节的补充和完善,能够实现理论方法突破或超越的情况非常之少。这种状况直接导致评价实践缺乏理论方法的必要指导、效果严重偏离初衷,一些重要的实践问题在现有的理论框架内很难得到解决。比如,评价体系简单照搬理科评价和工程评价,对人文社会科学来说适用性较差;由于样本范围不一,评价指标数量、权重分配上存在差异,不同评价体系在方法上同质化严重,而且评价结论耦合度差,使一线管理者不知如何选择和应用;针对不同的评价对象、不同的学科领域、不同的研究类型的评价对象,分类评价体系不科学、不健全甚至非常混乱,忽视了不同对象的特性、规律等,这些问题的解决仍然任重而道远。

国际化是学术评价的大趋势,科研机构、评价机构都比较重视国际化的探索,加强国际合作。中国现行的学术期刊评价体系,主要是以欧美学术界主导的几大引文索引为参照模式和评价标准而制定的,虽然引进西方的评价体系客观上对中国的人文社会科学发展产生了一定的积极作用,但这一评价体系与中国学术的不适应性也逐渐显示出来,尤其是导致了一些学科在国际化过程中丧失话语权和评价标准的制定权,不利于中国人文社会科学的自主发展。

总之,加强学术评价的创新和质量导向,完善公正开放的同行专家评价制度,实施科学合理的分类评价,注重国际合作共赢发展,应是我国学术评价的发展方向。

二、复印报刊资料的论文精选

复印报刊资料系列学术刊是从中国公开出版的报刊上搜集、精选人文社会科学学术论文和相关信息,由学科专家和学术编辑共同遴选,并按学科门类进行转载的规模化、专业化、标准化、体系化的精品刊群。它汇集中华学术、精选千家报刊的特性,使它从20世纪60年代创立之初就具备了评价的雏形,其转载量(率)被学术界和期刊界视为人文社科领域中影响广泛、客观公正的学术评价标准之一。

(一)人文社科学科覆盖齐全

目前,复印报刊资料每年收集、整理国内公开出版的近4000种报刊上约40万篇人文社科学术论文,从中精选出1.5万—2万篇优秀论文转载。复印报刊资料学术系列期刊按学科门类编辑出版,基本覆盖了中国所有人文社会科学二级学科,对于一些交叉性较强的学科和边缘性学科,也设有相应期刊或栏目与之对应。复印报刊资料包括了马克思主义理论类、哲学宗教类、社会学民族学类、政治学类、法学类、经济学类、管理学类、语言文学类、艺术学类、历史类、文化类、新闻传播学类、图书情报档案类、教育体育类以及专题类的期刊,近百种复印报刊资料学术刊群组成了一个有着内在紧密逻辑联系的整体,综合、全面地反映了中国人文社科各学科的研究现状和发展趋势,这为以复印报刊资料转载数据为基础开展的学术成果评价,提供了全面的数据样本。

(二)专业的学科编辑和编委

复印报刊资料依托的中国人民大学书报资料中心拥有100多名各学科高水平编辑组成的专业队伍和150余位学界知名专家顾问组成的专业团队,这种通过编辑和专家共同选文、评文的过程是直接对单篇论文进行专业化、标准化、规模化、持续性的评选过程,实质上就是对学术成果进行同行评议,为中国人文社科成果评价提供了崭新视野。

(三)同学科比较的科学评审

人文社科各学科之间在研究方法和研究性质上均存在较大差异,必须针对内容之间的差异性进行分类评估、同类比较。复印报刊资料学科编辑首先要将同一专题、同一时间段内的所有论文汇集齐全,在此基础上再将其中同学科、同专业论文进行反复比较、评选,确定优质论文进行编排。中国人民大学人文社会科学学术成果评价研究中心根据选文经验,按照论文体裁和所属学科的不同,设置多套不同的权重分配方案进行分类评价、同类比较,使质量越高的论文越能得到精细的评价。

(四)层层精选的规范流程

复印报刊资料拥有一整套完整、严格的编选流程和质量监控机制,按照学术共同体公认的评价指标体系,注重论文的学术创新程度、论证完备程度、社会价值、难易程度,经过各学科的责任编辑、学术顾问,通过内评、外审等多个流程对论文质量进行比较、评价,每一篇论文的确定都经过了多环节、多评委,相互制约,确保所选论文的学术水平。

三、定性定量相结合的评价理念和指标体系

(一)同行专家的定性评估

复印报刊资料的选文标准采用的是"人文社会科学论文质量评估指标体系"[①]。该体系由评价研究中心自主研制而成,它将人文社会科学论文作为直接评估对象,坚持"同行评议为主、文献计量为补充"的评价原则。

首先,评估指标体系以学术论文为直接评估对象,有效规避"以刊评文"带来的种种弊端。指标体系的设计强调对论文内容质量的评估,

---

① 评价研究中心:《人文社会科学论文质量评估指标体系及实施方案》,http://www.zlzx.org/files/other Files/2011rssi.pdf,2015年11月12日。

把"有效反映论文质量"作为遴选指标的必要条件,主要表现在:以直接反映论文内容质量的定性指标为主,如学术创新程度、论证完备程度、社会价值、难易程度;以间接反映论文质量的指标为辅,如课题立项、发表载体等。

其次,坚持同行评议的主体地位。当前,我国各学科论文水平评估中,文献计量评估占据主导地位。然而,实践表明,同行评议更符合人文社会科学的研究特点和规律,更有利于及时有效地发现优秀成果。文献计量评估则有利于弥补同行评议主观随意性的不足。"人文社会科学论文质量评估指标体系"坚持同行评议定性评价的主体地位,兼顾论文数据定量评估的优势,既顺应了学术评估领域的客观需求,又有利于弥补当前我国人文社会科学论文评估的不足。

再次,"指标通用、分类设置权重、分步评估"。同行评议指标是本体系的重点,为使该指标体系既能较为合理地体现不同学科和类型论文的特质,又具有较强的可操作性,体系采用了"指标通用、分类设置权重、分步评估"的评价模式。从学术共同体的"共识性评估标准"中,提取出普适性较高的标准,设置通用的指标,用于评估所有论文。针对论述体裁和学科领域的差异,分类形成不同的指标权重分配方案。设置三个评估实施环节,首先通过"初评"评估论文的学术性质和基本水平,筛选掉非学术性论文;之后通过"复评"判断论文基本的"优劣等级",筛选掉质量较差的论文;最后通过"终评"对质量较好的学术论文进行再次评估。

(二) 量化的评估指标体系

同行评议是对主观印象的表达,为对主观判断进行量化分析,体系把主观印象通过设定的打分表予以量化。打分表解决的核心问题是尽量准确地获得评估主体印象,减少主观印象表达和量化过程中的损失。心理学研究表明,人的短时记忆从 4—9 个信息单位不等,评分过程也符合短时记忆容量的规律。① 因此,分表选择了两个5分量表嵌套的"21分量表"②(见图1),要求评委在打分时,先判断论文水平处于五个基本等级中的哪一级,再左右微调论文的最终得分。这种方法避免了因分级过少而强行做出选择时造成的评估信息丢失,或因分级过多导致超出评委判断能力造成的失误。

图1 "21分量表"示意图

通过以上指标和评分体系,同行专家对论文的定性评估转化成为可量化的数值,在此基础上进行定量的统计和分析。

复印报刊资料论文质量评估指标体系中学术创新程度、论证完备程度、社会价值、难易程度、课题立项、发表载体等评估指标都分别按照21分量表对每篇论文进行打分,见表1。

按照"指标通用、分类设置权重"的原则,复印报刊资料对不同学科设置不同的权重。不同学科的科研成果,其各项指标的构成比重依学科特征而有所不同,有些基础研究学科,成果学理性很强,其直接的社会效果并不明显;有些与实践结合紧密,具体解决社会现实问题的学科,社会价值巨大,但理论深度欠缺,所以,在评价不同学科的学术成果价值时,需结合学科特点区别对待。每篇论文的得分结果,按照各自所属的学科指标权重,经过加权求和的计算公式,最终形成直接的、即时的、量化的评估结果和原始数据,见表2。

每一篇论文的原始得分,需再经过合成计算和数据修正。原始得分的合成计算,即根据各学科的6项指标的不同权重分别统计,以管理学研究论文为例,某位专家对某篇论文评估后的得分为:$0.85 \times (0.29 \times$ 学术创

---

① 米勒(G. Miller)于1956年提出,人的短时记忆容量为7±2个信息单位。这一短时记忆容量又叫短时记忆广度。1974年西蒙(H. A. Simon)提出,人的实际工作记忆广度小于7,只有4或5个信息单位。

② 卜卫、周海宏、刘晓红:《社会科学成果价值评估》,北京:社会科学文献出版社,1999年,第157页。

新程度+0.29×论证完备程度+0.30×社会价值+0.12×难易程度)+0.15×(0.47×课题立项+0.53×发表载体)。

为减少不同专家打分尺度的主观差异性,还需通过计算公式对每位评委的所有评分结果进行修正纠偏,再对所有专家的修正分数进行平均后,才能得出某一篇论文的最终分数。这样,可以消除专家个体对评分标准的内涵认识和打分松紧尺度差异而导致的影响,最大限度地得到归一化、平均化,把主观误差控制在可接受的范围内的同行评议量化结果,使评议结果更加趋于真实,符合整个专家团队的主体意见。

四、基于论文精选的学术成果评价产品体系

经过10余年的探索,书报资料中心和学术成果评价研究中心已逐步推出了系列学术成果评价产品。首先,自2000年始,连续发布年度复印报刊资料转载指数排名,这是以复印报刊资料转载论文为基础数据,集科学性和规范性于一体的专业人文社科期刊和机构评价成果。现已由单一的转载量排名发展成以论文转载量、转载率、同行评议得分、综合指数等为基础的多种维度、多个指标、共计160余张排名表组成的体系。

表 1 同行评议指标的含义与评估内容

类别	评估指标	指标内涵	评估内容
主要指标	学术创新程度	论文提供的新知识对学术发展的促进程度	以下内容对学术发展的促进程度：提出新的(或修正完善已有的)学说、理论、观点、问题、阐释等；提出新的(或改进运用已有的)方法、视角等；发现新的资料、史料、证据、数据等；对已有成果做出新的概括、评析(仅指综述文章)
主要指标	论证完备程度	论文的研究规范程度和严谨程度	研究方法有效性：研究方法科学性；研究方法适当性(对于研究问题)
主要指标	论证完备程度	论文的研究规范程度和严谨程度	论据可靠性：资料占有全面性；资料来源真实性；资料引证规范性
主要指标	论证完备程度	论文的研究规范程度和严谨程度	论证逻辑性：理论前提科学性；概念使用准确性；论证过程系统性；逻辑推理严密性
主要指标	社会价值	论文对社会发展进步可能产生的推动作用及大小	对解决经济、政治、社会建设中问题的推动作用；对思想道德文化建设的促进作用
主要指标	难易程度	论文研究投入劳动的多少	论题复杂度：理论难点的多少；实证研究的难度
主要指标	难易程度	论文研究投入劳动的多少	资料难度：资料搜集难度；资料处理难度
辅助指标	课题立项	论文来源的课题立项情况	国家级(21分)；省部级(14分)；其他立项(8分)；无立项(1分)
辅助指标	发表载体	论文发表载体的学术影响力	核心报刊(21分)；非核心报刊(11分)

表2 各学科研究论文的指标权重分配

类别	指标	哲学	理论经济学	应用经济学	法学	政治学	社会学	民族学	马克思主义理论	教育学	心理学	体育学	中国语言文学	外国语言文学	新闻传播学	艺术学	历史学	地理学	管理科学与工程	工商管理	农林经济管理	公共管理	图书情报档案
主要指标85%	学术创新程度	38%	36%	41%	32%	33%	36%	36%	34%	37%	39%	34%	41%	41%	38%	46%	34%	34%	29%	29%	29%	29%	39%
	论证完备程度	28%	27%	24%	24%	24%	25%	25%	21%	24%	21%	25%	24%	24%	23%	24%	25%	25%	29%	29%	29%	29%	25%
	社会价值	8%	21%	22%	26%	28%	23%	23%	31%	21%	29%	24%	18%	18%	28%	18%	26%	26%	30%	30%	30%	30%	25%
	难易程度	16%	16%	13%	18%	15%	16%	16%	14%	18%	11%	17%	17%	17%	11%	12%	15%	15%	12%	12%	12%	12%	11%
辅助指标15%	课题立项	33%	53%	40%	40%	47%	53%	53%	40%	50%	40%	40%	53%	53%	47%	33%	50%	50%	47%	47%	47%	47%	47%
	发表载体	67%	47%	60%	60%	53%	47%	47%	60%	50%	60%	60%	47%	47%	53%	67%	50%	50%	53%	53%	53%	53%	53%

其次,依托复印报刊资料转载数据,采用转载分析法为主、同行评议定性分析法为辅,研制发布"复印报刊资料重要转载来源期刊""复印报刊资料重要转载来源机构"等有关期刊评价、机构评价成果,按单位系统和所属学科分别展示期刊和机构在不同领域的影响力。

再次,多年来与《学术月刊》《光明日报》共同主办人文社科十大学术热点评选活动,以学术性、社会性为主,适当兼顾学科平衡,评选出年度最为重要、最具影响力的学术热点,总结年度学术研究的成果,折射显示社会焦点问题和改革发展的深层问题,对人文社会科学研究具有重要的启示意义。

此外,评价研究中心还组织了"文化创意产业论文评优""基础教育教学领域复印报刊资料重要转载来源期刊"评选等活动,与科研机构或期刊社合作,发布各学科领域的评价产品,使学术评价在这些学科领域产生了重要影响。

未来几年,评价研究中心将以"质量导向、引导创新、面向服务"为宗旨,对以往评价产品进行拓展和丰富,形成期刊评价、机构评价、作者评价、论文评价、学科评价共5类9项评价产品的完整体系。

结　语

"任何事物都是质和量的统一,把事物的量作为一种测量的工具,对质进行精确的量化,不但可信,而且有利于对质的系统研究和了解。"① 所以,学术评价不仅要对内容性质等方面进行考察,同样也要对其数量关系进行研究,只有这样,才能达到对研究目标的全面认识和科学评价。同行评议本是一种基于固有知识的主观判断,评议结果是其学术水平与其他素质的综合反映,在具体评议的过程中,会受到各种内在的、外在的与学术的、非学术的影响,如专家的学术水平和背景、知识结构和思维定势,利益关系和人际关系的缺陷等都不可能完全克服。因此,主观定性评价或多或少有些偏差,但迄今还没有找到可以替代它的更好的评价方法。为防止同行评议的随意性,构建一套科学、规范、严密、可操作的指标体系是必要前提。复印报刊资料的选文指标及体系,以质量和创新为导向,坚持了公认的同行评议的定性评价主体地位,兼顾了定量评估的优势,将论文研究成果的内在特征进行数量化操作,再根据数值的大小来评价论文的水平高低和质量优劣,以计量方法弥补同行评议的随意性不足,实现两者的有效结合,既顺应了学术评价领域的客观需求,又有利于弥补当前我国人文社会科学论文评估的不足。

原载于《河南大学学报(社会科学版)》2016年第5期,人大复印报刊资料《社会科学总论》2016年第4期全文转载

---

① 孙瑞英:《从定性、定量到内容分析法:图书、情报领域研究方法探讨》,《现代情报》,2005年第1期。

外行评价何以可能
——基于开放式评价的分析

刘益东①

在许多领域外行评价屡见不鲜,例如,文学评论家评价作家、乐评人评价作曲家、影评人评价导演等,他们可以是伯乐与千里马的关系。在学术界则通常认为必须是同行才能评价,因为学术研究的专业性强、很深奥,外行不懂,不能评价。学术界的金科玉律是"同行承认是硬通货",同行评议一直是最主要的评价方法。尽管同行评议存在多种缺陷,但国内外的学术界、学术评价界的主流共识仍然认为同行评议是最好的学术评价方法。至于对其缺陷的克服通常从两个方面入手:一是通过对同行评议专家的遴选、评议规范与流程的监管、网络技术及大数据的利用等来完善同行评议本身;二是与文献计量方法结合形成定性与定量相结合的评价方法来完善学术评价方法,特别是后者已经成为国内外克服同行评议缺陷的主流共识和方法。笔者认为,同行评议和文献计量法均存在根本缺陷,即对问世不久的创新性成果难以做出及时、准确的评价,经常出现非共识的评价结果,也因此要"以刊评文"、要以出身是否名校论英雄(反之,对于问世时间较长而经受了历史考验的论文和学者则就不再"以刊评文"、以出身论英雄了)。因此,笔者提出

---

① 作者简介:刘益东,中国科学院自然科学史研究所研究员,博士生导师。研究方向文献计量学。

开放式评价法作为同行评议的替代方案。① 开放式评价继承了同行评议的优点,高效合理,而且在此基础上又增加了一些特定条件,使得外行评价成为可能,实现了公众理解科学、公众监督科学以及学术市场的建立健全,甚至引发一场科学革命——云科学革命。② 本文主要论述在学术领域里外行评价何以可能的问题。

一、开放式评价法:替代同行评议的新方案

开放式评价面向包括同行在内的学术界与社会,规范展示参评成果,由同行专家、评估专家及相关专家共同组成评议组,用规范确认或依据其他程序进行评价,并公开评价程序和结论。开放式评价包括规范展示、规范确认、规范胜出等环节,其核心是"展示""定位""查新""挑错""荐优""比较""综合"七个要素。评价者为同行专家、评估专家及相关专家,同行专家主要负责挑颠覆性错误,评估专家等主要负责规范认定、查新、定位等其他环节,开放式评价可以做到"通过公开实现公平公正,通过公开实现高效合理",特别适合评价问世不久的成果。开放式评价比现行的主要评价方法明显优越,现行的主要评价方法是封闭式评价,与开放式评价的对比见表1。

表1 封闭式评价与开放式评价的特征比较

序号	封闭式评价(同行评价=同行评议+同行引用)	开放式评价
1	面向同行	面向包括同行在内的学术界与社会,在网上公开展示,并接受咨询与互动
2	针对研究成果	针对研究成果和研究能力

---

① 刘益东:《试论超越同行评议的复合型学术评估法》,《自然辩证法研究》,2004年第1期;刘益东:《开放式评价与前沿学者负责制:胜出机制变革引发的云科学革命》,《未来与发展》,2013年第12期。

② 刘益东:《从山科学到云科学:即将发生的科学革命和人才革命》,《科技资讯》,2011年第14期。

续表

序号	封闭式评价(同行评价＝同行评议＋同行引用)	开放式评价
3	胜出标准:以新成果的学术水平为评价的主要标准。短期内难以得出合理评价,据此难以及时评鉴学者的创造力	胜出标准:以新成果的创新力度为评价的首要标准,据此可及时评鉴学者的创造力
4	朦胧学术 公开发表与笼统展示:通常只展示发表的论文论著清单 笼统报告:学术报告没有统一格式创新点和突破点等实质贡献淹没其中,雾里看花	阳光学术 公开发表与规范展示:展示发表的论文论著清单并规范展示其作为核心贡献的创新点或突破点 规范报告:集中对核心内容(问题－研究思路－结论)和突破点四要素进行阐述 强调创新点与突破点等实质性的学术贡献,创造的新知识很快可以得到凸显。突破点也是对比点、排序点。
5	长期、中期、短期均以同行承认为"硬通货"。 同行承认与引用	长期:同行承认是"硬通货";中短期:规范确认是"硬通货"。 规范确认与推荐传播,加入基本参考文献数据库
6	不发表就死亡(POP, Publish or Perish) 面向小同行获得学术声望	不发表就死亡(POP, Publish or Perish)＋不展示就靠边站(SOS, Show or Sideline) 面向包括小同行在内的学术界和社会获得学术声望。公开规范展示突破点对于学术带头人是必要条件
7	主要评价方法: 同行评价(主观评价。同行评议是主观的,引用与否也是主观的,同行评议实际上就是资深高层同行的评议,与以后来者居上为特征的学术竞争活动有些冲突,可能压制人才)	主要评价方法: 开放式评价(评价者为同行专家＋评估专家＋相关专家。同行专家主要负责挑颠覆性错误,评估专家等主要负责其他环节)＋学术推荐系统。同行专家包括但不限于资深和高层同行

续表

序号	封闭式评价(同行评价=同行评议+同行引用)	开放式评价
8	否认推定:没有得到普遍承认就是没被承认,对独创性成果不利,会受到"是否首创、是否正确、是否有价值、是否获得普遍承认的质疑"	承认推定:没被普遍否认、没有发现颠覆性错误,就应被暂时承认,就应被推荐与传播。对独创性成果有利,受到尽快地规范确认而获得承认与传播
9	杰出人才标准是"高门槛 & 窄门框"	杰出人才标准是"高门槛 & 宽门框"
10	非受控评价:短期内主观性强,评价结果不可重复	受控评价:客观性性强,评价结果可重复,不因人而异
11	传播方式:发表、宣讲与同行引用,论文1.0	传播方式:发表、宣讲与包括引用在内的学术推荐系统的推荐,传播媒体+学术新媒体,论文1.0+论文2.0
12	无差异化评价:对不同等级的成果用同样方法和标准,不利于高水平创新性成果的及时胜出,不利于拔尖创新人才的及时胜出	差异化评价:中低端成果可侧重数量、引用率、发刊的等级、课题的等级等;对高端成果,则以质量取胜,特别有利于突破性成果的胜出
13	被动胜出,自荐不受重视。发表和宣讲、宣传后往往只能被动等待同行引用和承认	申请推荐,可主动胜出,自荐同样有效。可主动申请优先权保护、开放式评价和学术推荐系统推荐
14	不重视研究成果的展示、交流和传播普及,把它视为科研之处的事情	重视研究成果的展示、交流和传播普及,把它视为科研之内的事情
15	学术带头人的界定比较模糊	学术带头人是且只是前沿学者
16	只有具备一定学术地位的专家才能成为评议专家,有主观发挥的空间	只要具备基本学术资格,遵循规范程序和流程就可以成为评议专家,主观发挥的空间很小
17	评价以闭门会议的方式完成,票决制有时神秘莫测	闭门进行与公开进行两种方式,均公开透明地在网上规范展示,接受质询和互动
18	权威来源:权威机构的公信力	权威来源:合理程序的公信力
19	科学形态:科学1.0,科学2.0,科学3.0	科学形态:科学1.0,科学2.0,科学3.0,科学4.0
20	公众理解科学	公众理解科学,公众监督科学

通过表1的对比，可以看出开放式评价的特点。① 开放式评价是对所评对象进行规范确认，而非主观评价。由于学者对自己的成果及其价值都认识比较充分，甚至往往会高看自己的成果，而且有规范展示的格式化要求，因此，这种"确认制"通常不会低估成果的价值。规范确认可以避免主观评价造成的种种弊端，公开透明的规范流程又避免了被评成果的自吹自擂，评价结果可重复，不需要回避特定专家。例如，要评价一款产品，规范确认是逐项确认厂家在产品包装上标注的配方，如果全部属实，就该承认该厂家申请的质量等级，而同行评价则是要对配方等的好坏做出评价，结果会因人而异。学术成果获得同行承认、引用、甚至获奖的目的是使其得到更好、更快的广泛传播和应用，规范确认则能够同样实现这一目标，而且可以更有效地让没有颠覆性错误的新成果快速、准确、广泛地推送到用户面前。学术推荐系统、基本参考文献数据库等就是高效实现这一目标的工具。②

开放式评价法是程序化的公开，是受控评价，即只要按照公开的评价规范与流程，无论谁来评价都会得到可重复的评价结果。因此，开放式评价的问世犹如受控实验的出现一样，对科学发展将产生革命性的影响，甚至是一场科学革命。

二、开放式评价及其九个特点：使外行评价成为可能

基于开放式评价法及其笔者提出或总结的一些评价与研究的特点，就可以在学术领域里使外行评价成为可能。这种方法可以称之为基于开放式评价的"外行评议法""外行评价法"或者"公众评价法""公众评议法"，至于哪种称呼更合适，由实施评价的主体是谁决定。"外

---

① 刘益东：《开放式评价与前沿学者负责制：胜出机制变革引发的云科学革命》，《未来与发展》，2013年第12期；刘益东：《开放式评价：替代同行评议的新方案》，《甘肃社会科学》，2015年第4期。

② 刘益东：《试论超越同行评议的复合型学术评估法》，《自然辩证法研究》，2004年第1期。

行"可以是公众,也可以是不同学科的专家。强调"公众"作为主体时,则是指公众对学术界、科技界的批评、评价。

(1) 规范展示:突出创新点和突破点。遵从学术规范,在网上展示成果的问题—思路—结论,对于突破性成果还要进一步用突破点四要素加以展示,即突破什么(学术定论、主流共识、思维定势、研究范式、现行做法、权宜之计、学术僵局。其中之一或几个);怎么突破的(问题—突破思路);突破的创见(主要结论);突破的前景(开拓新域)。突破点四要素体现了既"破"又"立","破""立"结合,前两者是"破",后两者是"立"。① 由于学者都强调问题意识,都知道提出好问题、巧思路、新结论的重要性,因此,这种展示最能够突出成果的核心贡献。眼高手低、人多眼尖、网上互动,又使得更多水平不高但是同样有较高鉴别能力的学者可以进行有效的甄别、评价。

(2) 好问题与巧思路难得易懂,突破性成果难以假冒。好问题与巧思路难得易懂的意思是提出好问题和巧思路很难,但是理解它们却比较容易。例如,阿基米德发现揭露皇冠掺银的方法就是如此,阿基米德一旦想出来、说出来,所有人都能理解、接受。发表突破性成果之后学者往往都津津乐道,愿意公开展示其突破点(至少也乐见他人帮助予以公开展示),可谓是金子就乐于发光,有突破就愿意分享。对于职业学者来说,是否做出新突破是心知肚明的,因为只有想到、做到,才能说得清楚周到,真正做出了新突破,就很容易填写出突破点四要素,而假冒则很难,就像假冒高难动作而很难不露出破绽一样。

(3) 规范查新:学术研究是竞争性创新,创新绝非易事。笔者对何谓学术研究进行了重新认识,提出"学术研究是全世界研究者在同一规范和流程的约束下的知识生产和优先权竞争""规范的研究就是约束条件下的竞争性创意或竞争性创新""提出新创见要跨越优先权壁垒因此绝非易事""做出新创见就是战胜或局部战胜或暂时战胜了全世界的同题研究者,问题越重要做出新创见的学者的研究能力就越强",以此说明创新性与研究能力之间的直接关系,即研究能力越强的学者越会去

---

① 刘益东:《设立战略家工作室,创建世界一流思想库》,《科技创新导报》,2014年第14期。

挑战重要的学术难题。以创新力度为评价的首要标准,可以准确地反映出成果的学术价值、学者的研究能力和学术水平。① 规范查新就是现行的查新结果与相近的结果共同规范展示(包括网上规范展示),独创与否,一目了然。竞争性创新这一特点,还可以让公众通过审视学者能否原创性地提出重要问题来判断其能力强弱、水平高低。因为,所有学者都强调问题意识,都知道提出好问题的重要性,如果没有提出好问题,就是提不出来而非忽视所致。能否提出新的好问题,就成为甄别学者是否优秀的试金石,好问题难得易懂,所以,外行可以甄别和评价。

(4) 同行专家负责挑颠覆性错误。同行专家主要负责挑颠覆性错误,发现有颠覆性错误则要在规定的范围内公开地具体指出,并接受回应和修补。有无这样重大错误是很明显的,比评价成果水平高低的主观性要小得多,主观任意的空间较小,容易实现评价的客观公正。

(5) 研究进展前沿图谱:成果定位一目了然。经过查新、挑颠覆性错误两个环节,通过则确认该成果具有新颖性与合理性,具有学术价值,接下来是要确定该成果的价值大小,也就是细分研究领域的具体定位,通过研究进展前沿图谱可以明确予以标识。细分领域的重要性较易把握,无论是内行还是外行,都可以通过分析该成果在其细分领域的地位和细分领域在学术界的地位来总体把握该成果的价值和意义。

(6) 荐优比较易于判断。经过上述5个环节,外行也可以做出正确评价。当然,创新性很强的突破性成果不容易得到公认,因此,还可以进一步进行比较分析,请包括同行在内的各界人士推荐与该突破性成果同类、相近且已经得到公认的成果,用同样的格式(突破点四要素)进行并列展示。不怕不识货,就怕货比货,这句俗话揭示了一个不俗的道理:同类比较降低了判断的难度。互联网的一大功能就是货比多家,经过荐优比较,让突破性成果及杰出人才及时胜出。

(7) 抓大放小,前沿学者特征鲜明。如上所述,外行评价特别适用于特征鲜明的突破性成果,而做出突破性成果者即为前沿学者、学术带

---

① 刘益东:《伽利略式的革命:创新点展示评估法与查新识人才引发的人才革命和科学革命》,《时代教育》,2008年第5期;刘益东:《创新力度:评价学术成果的首要标准》,《科技创新导报》,2009年第36期。

头人,因此,外行评价可以高效合理地甄选学术带头人。学术带头人的重要性众所周知,笔者表述为:其一,只要科技体制机制不是特别差,有一定经费保障,学术带头人的作用就是决定性的;其二,研究团队、课题组的水平取决于学术带头人的水平,而不取决于团队或课题组中水平最高的学者的水平;其三,只有学术带头人是名副其实的前沿学者,才可能取得前沿突破,团队或课题组中的其他成员也才可能发挥相应的作用。① 前沿学者是当下在细分的研究领域内因做出突破性进展而成为最好或最好之一,或至少在学术前沿占有一席之地的学者,该突破性工作得到公认或规范确认。② 前沿学者因做出突破性进展而特征鲜明,容易识别和评价。前沿学者都有标志性工作和作为学者标识的标志点,都可以进行"学者-标志点"关联展示(如"库恩-范式""科斯-交易费用""钱三强-三分裂、四分裂")。③ "抓大放小"甄别前沿学者,使之成为学术带头人,自组团队、自主管理,让学术带头人甄选、考核自己团队的成员。"抓大"就是抓学术带头人,"放小"就是把普通学者、青年学者的评价交给学术带头人。任何学者一旦做出前沿突破,就接受开放式评价,可以自立门户,成为学术带头人。

(8) 伯乐识才避免同行相轻。外行评价成为可能,可成就与学者没有同行关系的学术伯乐,他们不会与学者同行相轻,有积极性及时甄别优秀成果和优秀人才。学术伯乐可以成为学术评论家,可以成为科研项目经理等。学术伯乐这一新职业的出现,可以改善学术生态环境。

(9) 用户精明,成全优秀人才。真正的高手都喜欢公开透明、公平竞争,而且还喜欢精明懂行的用户,这样才突出自己的竞争优势。迈克尔·波特指出,日本之所以有成功的世界级企业,是因为日本国内挑剔

---

① 刘益东:《云科学革命:从科学 3.0 到科学 4.0 的跃升》,《科技资讯》,2015 年第 20 期。

② 刘益东:《开放式评价与前沿学者负责制:胜出机制变革引发的云科学革命》,《未来与发展》,2013 年第 12 期。

③ 刘益东:《以突破论英雄,以思想评智库:创建一流智库从甄选一流智库专家开始》,载谢曙光主编:《智库评论(第 1 辑)》,北京:社会科学文献出版社,2015 年,第 59—86 页。

而懂行的用户锻造了企业的竞争力。① 在高标准、严要求且公开透明的条件下,高手才如鱼得水,优化资源配置才得以实现。反之,鱼目混珠的结果一定是"功夫在学外"者胜出,学术平庸者继续吞噬大量科研经费。高端智库的核心特征是出思想,只有用户重视且能够甄别新思想,智库思想家才如鱼得水,否则建设世界一流智库就是一句空话。

综上所述,在上述条件下外行评价就成为可能。在读图时代、在可视化时代,利用研究进展前沿地图标注五步法即可清楚明了地确认突破性新成果的学术地位。笔者所说的研究进展前沿地图与目前常见的基于引证分析绘制的"科学前沿图谱"不同,因为引证分析在长时间尺度范围内可以大致描绘出科学发展概况,但是不能及时地反映出前沿动态。不少前沿突破性成果是曲高和寡,并非立刻就有众多学者引用跟进,而且引用率也不能准确地反映成果的质量和性质,引用率相同的成果的学术水平可以相差很大。例如,有的突破性成果与跟进补充性成果在引用率方面不相上下,甚至还不如跟进性成果的引用率高,但是两者在学术前沿的地位却大相径庭。研究进展图谱五步法的第一步是确定研究工作所在的细分领域;第二步是勾画该领域研究进展图谱脉络,以系列里程碑式的成果为主线,可兼顾补充次一级的成果,构成学术研究进展图谱(或称之为学术前沿地图);第三步是呈现学术前沿当前的那些主流理论及成果;第四步是规范展示受评的突破性成果及其突破点四要素,所谓突破就是突破当前的主流理论及成果或相关成果(即突破点四要素中第一要素所包括的七项内容);第五步是用开放式评价对突破点四要素进行规范确认,同时也可以用基于开放式评价的外行评议法来评价。当然,这套方法可以与人工智能、人机对话、电子服务等结合,实现人工智能化的学术成果与人才的(初步)评价,可用于构建学术推荐系统。

---

① 迈克尔·波特著,李明轩、邱如美译:《国家竞争优势》,北京:华夏出版社,2002年,第132页。

三、以突破双刃剑思维定势研究为例：外行评价何以可能

科技风险研究是一个专业性很强的研究领域，但是如果按照上述基于开放式评价的外行评议或公众评议方法，对于做出突破性进展的研究工作同样可以给出合理的评价。开放式评价具有客观性，评价结果可重复，因此，可以举贤不避亲，自荐同样有效。这里以笔者尝试做出的突破双刃剑思维定势的研究为例予以说明，主要以突破点四要素为核心加以介绍。

（1）突破什么？突破了主流共识和思维定势。把科技或技术视为双刃剑是人们长期以来的主流共识和思维定势，但是，双刃剑思维是错误的，因为双刃剑思维有三个特征。一是在态度上接受科技的负面作用，任何事情都有两面性，不要大惊小怪，强调要充分发挥科技的正面作用，让科技最大限度地造福人类，尽量避免负面作用，要扬长避短，但是并没有深入地去分析到底能不能够做到扬长避短，也没有注意到科技正面作用和负面作用能不能够相互抵消，双刃剑实际上成了迁就科技负面效应的一个借口。二是把知识的创造者（铸剑者）与应用者（用剑者）分开，把科技的负面效应的产生归咎于应用者，效果好坏取决于使用知识的人，把人当作解决问题的关键。实际上，许多情况下是知识诱使或迫使人来应用，面对科技，身不由己。知识与应用具有连锁效应，人们根本无法阻止。三是不区分普通负面效应和极端负面效应，许多普通负面效应是可以正负抵消的，而极端正负效应却无法抵消（如核电站与核武器），不能抵消负面效应的就不是双刃剑，而是单刃斧。这种双刃剑思维是当今社会与科技界的主流共识和主流思维定势，是人们正确认识科技风险的最大障碍。突破双刃剑思维如此重要，以至于无论用何种视角、何种方法、何种理论来研究科技风险，如果不直面双刃剑思维，不彻底批判双刃剑思维，不真正突破双刃剑思维定势，就不可能解决科技风险问题，就不可能实现防范与治理科技风险的目的。突破双刃剑思维是深入研究科技风险的必要条件和必经之路，因为科学家、科研人员、决策者和公众都是用双刃剑思维来思考科技风险的，

如果不能说服他们放弃双刃剑思维,用新的思维武装头脑,那么再精妙深奥的理论也无济于事,仅仅是社科学者之间彼此唱和欣赏的理论是不能解决科技风险问题的。①

(2) 怎么突破的? 认识的误区必须突破,笔者是通过研究科技风险和科技知识的增长,特别是研究其中一类破坏力极大的科技知识——致毁知识,来突破双刃剑思维模式的。具体讲就是提出"致毁知识"概念,区分尖端科技负面作用与普通科技负面作用,明确三个前提,然后提出并解决一个问题来突破这一思维定势。这三个前提是"尖端科技知识正负效应不可抵消、科技知识增长不可逆、知识与应用具有连锁效应";提出的问题是"在科技知识增长的同时,能否阻止其中一类破坏力极大的科技知识——致毁知识——的增长与扩散?"这一套问题的意义在于自然条件与知识增长是人类文明演进的两个最基本条件,前者的危机催生了环境保护与可持续发展思潮及运动;后者的危机却远未引起应有的重视。科技知识增长是知识增长的主力,以科技危机为核心的知识危机是更深刻的危机,也是人类面临的最大挑战。笔者研究的结论是在目前世界主流科技发展模式和社会发展模式下,不能够阻止致毁知识的增长、扩散与应用,原因共有 26 项。致毁知识积累、扩散到一定程度必然会发生毁灭性灾难,而且这种不可逆增长的危险累进方式,使得毁灭性灾难发生的概率越来越大,直到爆发。如果再考虑到恐怖主义,考虑到人们在认识上存在的种种误区,考虑到急功近利的企业和创客(基因玩家等)越来越成为尖端科技的发源地而更加难以监管、控制,就知道人类的处境是何等凶险了。②

(3) 突破的结果。不破不立,突破了双刃剑思维定势,确立了"单

---

① 刘益东:《人类面临的最大挑战与科学转型》,《自然辩证法研究》,2000 年第 4 期;刘益东:《智业革命:致毁知识不可逆增长逼迫下的科技转型、产业转型与社会转型》,北京:当代中国出版社,2007 年,第 142—200 页;刘益东:《跳出双刃剑思维陷阱:研究致毁知识突破科技风险的认识误区》,http://www.casmooc.cn/,微课程,2015 年 8 月。

② 刘益东:《人类面临的最大挑战与科学转型》,《自然辩证法研究》,2000 年第 4 期;刘益东:《智业革命:致毁知识不可逆增长逼迫下的科技转型、产业转型与社会转型》,北京:当代中国出版社,2007 年,第 142—200 页。

刃斧思维"或"致毁知识思维"方式,使人们得以重新认识科技的负面作用及其应对之策。

（4）开拓新的研究领域。初步开拓了科技巨风险研究、限时STS、限时科技伦理研究、限时社会风险研究、科技的总体安全观、低危技术、低危经济、粗放式创新、可持续创新、知识安全学、科商管理、科技与商业（STB）以及科技转型、产业转型和社会转型等一系列新的研究领域。①

根据上述外行评价的原理,公众借助查新报告就能够做出比较准确的评价,包括三点:一是上述观点是否成立或基本成立,通过阅读分析及网络互动讨论即可完成,因为"难得易懂""眼高手低",所以即使外行也可能理解和甄别。二是通过查新确认上述观点是否新颖,查新报告可以由作者本人提供,也可以由第三方提供,也可以由网友提供。如无查新报告,也可以通过网络检索、询问有关专家来初步认定其新颖性。通常提供查新报告是外行评价得以实施的必要条件。三是对其中主要的创新点、突破点进行重点审读和同类比较。这里是对双刃剑思维分析的认定,对是否存在其他学者此前也开展过批评并替代双刃剑思维研究的查新及认定,对提出的一套问题（三个前提与一个问题）及结论的合理性与新颖性进行认定,如果有同类或近似的成果则可以比较哪个更合理、更高明和优先权。笔者对上述主要观点（"致毁知识"概念、有无替代双刃剑思维的方案、一套问题及结论等）进行过查新,已初步确认其新颖性,提出问题的重要性是学者皆知的,所以都会尽力提出好问题,如果没做到,就是"非不为也,实不能也"。问题的高度决定了结论的高度,两者又共同决定了研究成果的高度。因此,问题与结论是有效的比较点。在新颖性得到确认的前提下,包括同行、大同行在内的学界及公众,实际上是可以对这项工作做出判断和评价的。只要把国

---

① 刘益东:《智业革命:致毁知识不可逆增长逼迫下的科技转型、产业转型与社会转型》,北京:当代中国出版社,2007年,第201－352页;刘益东:《开放式评价与前沿学者负责制:胜出机制变革引发的云科学革命》,《未来与发展》,2013年第12期;刘益东:《试论粗放式创新、致毁创新、可持续创新理论与知识安全学》,《科技资讯》,2014年第25期;刘益东:《致毁知识与科技危机:知识创新面临的最大挑战与机遇》,《未来与发展》,2014年第4期。

内外研究科技风险的学者所提出的问题与结论在网上罗列出来加以比较,孰高孰低,一目了然。如果此项工作的新颖性与合理性得到确认,即可认定其在科技风险研究这一细分领域居于学术前沿地位。

四、主要结论与政策建议

同行评议与文献计量因不能合理评价问世不久的成果而存在根本缺陷,故提出开放式评价法予以替代,在此基础上,笔者进一步提出凸显贡献点的规范展示、好问题与巧思路难得易懂与突破性成果及突破点四要素难以假冒、凸显独创性的规范查新、同行专家挑颠覆性错误、研究进展前沿图谱定位一目了然、荐优比较易于判断、抓大放小甄别前沿学者、伯乐识才避免同行相轻、用户精明成全优秀人才等9个条件,在这些特定条件下使得外行评价成为可能。利用研究进展前沿地图标注五步法,更能够让突破性新成果的地位一目了然。据此形成了基于开放式评价的"外行评议法""外行评价法"或者"公众评议法""公众评价法"(简称"外行评议法"),对于刚出现的新学科、新研究领域的学术成果及学者,在还没有或鲜有同行的情况下,也可以给予有效的评价。利用互联网、大数据等大IT,使得开放式评价加上这9个条件(1+9)可形成开放式评价与网民监督系统,这不仅可产生学术伯乐这一新职业,更可以实现公众理解科学、公众监督科学,形成由懂行的用户构成的学术市场、思想市场,这也是首次真正建立起学术市场和思想市场,让优秀成果和优秀人才及时竞争胜出。人们常说"是骡子是马拉出去遛遛",开放式评价及相关分析解决了遛什么、怎么个遛法的问题,甚至只要在网上规范展示突破点四要素、进行"学者-标志点"关联展示,人们就能快速甄别学者的水平。在比较同一领域学者的水平高低时,集中比较他们各自在代表作中提出的问题与结论(而不是比较整部代表作),是简明易行又比较准确的有效方法。这种新的科研信息公开方式能产生立竿见影的奇效,让优秀成果、优秀人才和学术带头人及时竞争胜出。政策建议是创建学术与创新特区,实行前沿学者负责制,①成为深化科技体制改革和创新驱动发展战略实施的突破口。其启动方案是利用开放式评价和外行评议法,明确学术竞争新规则:凡是自认为和被认为做出前沿突破的学者,通过自荐或他荐,利用研究进展前沿图谱标注五步法,规范展示突破性成果及突破点四要素,接受包括同行在内的学术界及社会各界人士的规范确认与评议。此举可以让突破性成果一目了然,让真正做出前沿突破的前沿学者及时胜出。"所谓大学者,非谓有大楼之谓也,有大师之谓也。"我国极力争取建成世界一流大学、世界一流学科,其最核心的特征和最主要的指标只有一个,就是拥有前沿学者的数量。也许,在我国最早建成世界一流大学的是云科学革命形成的网络大学,在那里能够设置教授工作室的每位教授都是作为前沿学者的世界一流教授,他们在互联网上规范展示自己的突破性成果及突破点四要素及其在学术前沿地图上的位置,让同事和学生清楚了解该教授当下在国际学术前沿的地位。②

原载于《河南大学学报(社会科学版)》2016年第5期,人大复印报刊资料《社会科学总论》2016年第4期全文转载

---

① 刘益东:《开放式评价与前沿学者负责制:胜出机制变革引发的云科学革命》,《未来与发展》,2013年第12期。

② 刘益东:《云科学革命:从科学3.0到科学4.0的跃升》,《科技资讯》,2015年第20期。

从核心期刊评价之争看我国学术期刊评价体系建设

张志强①

引 言

2017年1月17日南京大学《中文社会科学引文索引(CSSCI)来源期刊及集刊(2017—2018)目录》公示,一石激起千层浪。1月20日凤凰网"冰川思想库"刊载某刊物主编的一封公开信,震动全国;同一天"澎湃新闻社"刊载又一知名高校学报主编致作者的一封信,自我问责;1月25日《光明日报》"理论视野"专版刊文,全视角审视;《澳门理工学报》也以最快速度组织专栏进行"期刊评价与学术评价中的CSSCI"深度讨论。这次CSSCI公示,期刊界反应之迅速、关注度之高、参与争论媒体量级之大都属首次。一个单一学术评价专业机构的评价成果怎么就能够挑动学术界的神经,撼动整个期刊界?笔者认为,这是我国关于学术期刊评价10多年来争论的升级。这种升级,已经突破了评价方法之争的历史话题,包含着关于中国学术期刊发展的丰富信息。

早在20世纪八九十年代核心期刊评价在我国刚一出现,就犹如打开了潘多拉盒子一样,一场关于核心期刊是与非的争论就此拉开了序幕。前期的争论仅局限在评价方法层面;2010年后,有学者对学术评

---

① 作者简介:张志强,《河南社会科学》总编,编审。研究方向教育心理学、编辑出版学。

价专业机构的主体资格提出质疑,①甚至对核心期刊评价机构的评价动机和目的进行批评。②但此时并没有引起期刊界重视,也没有引发共鸣。随着核心期刊评价尤其是南京大学 CSSCI 评价影响力的提升,其"无意间"成了学术期刊发展的指挥棒、方向标和荣誉榜。核心期刊评价功能在实践中的严重异化与滥用,引起了学术期刊主编强烈的内心冲突:一方面希望自己永远在核心期刊列表中,被"标准"认可(带有业界认同的意味),以争取更多的办刊资源、享受其带来的荣誉;另一方面又不认同其科学性,尤其恼怒于被其绑架。也就是说,如果不承认核心期刊影响力的现实存在,期刊就很可能被踢到圈外,失去很多现实利益。至于学术期刊评价体系建设,如果仅拘泥于评价方法之争并以此来寻求问题的答案,就可能只见树木不见森林。鉴于此,本文梳理核心期刊评价之争的历史,分析期刊评价所引发的期刊界心理焦虑之现状,并在此基础上,提出学术期刊评价体系建设之拙见。

一、历史:核心期刊评价之争

当前学术期刊评价之争主要表现为对学术评价专业机构的核心期刊评价的争论。核心期刊评价是西方的舶来品,在国外,学者对核心期刊评价方法的科学性一直存疑,如"旧金山宣言"就是例子。在国内,核心期刊之争一开始也主要表现在评价方法的科学性上,即以影响因子为核心指标的影响力大小定量评价(形式评价)的科学性是每次争论的焦点。在争论中,学者对缺少定性评价也提出过批评,对评价机构的主体资格、动机目的等也有质疑,但这些好像都不是引发情绪失控的核心问题。

---

① 朱剑:《量化指标:学术期刊不能承受之轻:评〈全国报纸期刊出版质量综合评估指标体系(试行)〉》,《清华大学学报(哲学社会科学版)》,2013 年第 1 期。
② 吴俊:《学术期刊评价的内在困境与外在影响》,《西南民族大学学报(人文社会科学版)》,2014 年第 12 期。

（一）核心期刊评价争论的历史脉络

我国的核心期刊评价实践兴起于 20 世纪 80 年代的自然科学领域。20 世纪 90 年代，随着北京大学图书馆中文核心期刊的研制，社会科学学术期刊评价问题渐入学者的研究视野，循着我国社会科学核心期刊发展和争论两条线索进行分析，学术期刊评价的发展可划分为五个阶段：

1. 探索尝试阶段（1992—1996）

这一阶段以中文核心期刊、中国人文社会科学核心期刊研制为标志。1992 年北京大学发布《中文核心期刊要目总览》，开始了我国社会科学学术期刊的评价；1996 年中国社会科学院评选"中国人文社会科学核心期刊"。这一时期，期刊界对核心期刊认识较浅，一般乐于接受；对核心期刊的争论主要表现在专业研究者层面。

2. 创新发展阶段（1997—2009）

1997 年南京大学着手编制"中文社会科学引文索引来源期刊"；2009 年武汉大学开始定期发布"中国学术期刊评价研究报告"，至此有重要影响力的学术评价专业机构全部亮相。1999 年南京大学 CSSCI 评价成果的推出，是中国社会科学核心期刊评价的核心节点。之后，核心期刊影响力迅速提升，一方面，工具性价值得到全面开发（科研成果管理、职称评定、学术机构绩效考核等广泛应用）；另一方面，评价功能出现严重异化，引发社会各种批评之声。这一时期对核心期刊评价研究形成热点。胡小洋、邱均平在研究中国学术期刊演进热点的特征时分析，从 2002—2005 年，出现了关于学术期刊质量评价与之相关的学术评价的高频短语。① 从中国知网载文分析，这一阶段关于核心期刊的批评性文章最多最激烈，请核心期刊"走下神坛，走向终结"之声屡见诸媒体。②

---

① 胡小洋、邱均平：《比较视角下的中国学术期刊发展问题研究》，《中国科技期刊研究》，2015 年第 1 期。

② 邢东田：《"核心期刊"的是是非非》，《社会科学报》，2004 年 3 月 4 日。

3. 指标体系完善阶段(2010—2014)

针对期刊界的关切,学术评价专业机构对期刊评价开始结合中国社会科学评价实践,从学科分类遴选到评价内容扩展都作了进一步完善,2014年中国社会科学院发布的"中国人文社会科学期刊综合评价指标体系(AMI)"是这一阶段的显著成果。但由于缺少"体系性"思考(仍局限于评价指标体系),研究仅停留在就问题论问题的阶段。这一阶段社会各方对核心期刊争论较为平静和理性,批评性的文章明显减少。

4. 科学体系建设觉醒阶段(2015—2016)

从中国知网研究文献分析,这一阶段相关研究从批评核心期刊以及定量方法的科学性开始转向,评价体系建设类的研究居多,学术界尤其是期刊界隐藏在核心期刊评价背后的"爱恨情仇"与无奈情绪显露较多,表现为核心期刊焦虑。

5. 核心期刊体系建设阶段(2017年至今)

2017年年初CSSCI公示引发期刊界强烈反应,开始越出评价方法之争审视评价之评价问题,并从"意义"层面意识到体系建设的重要性,开启我国核心期刊评价的新阶段——基于新的历史方位的评价体系建设。

(二)核心期刊评价争论中的主要问题

梳理核心期刊评价争论,主要围绕评价科学性与权威性及实践中的功能异化问题展开。

1. 能否以影响因子对期刊质量进行全面评价

定量评价的基本理念是利用各种数理方法对著者、论文等研究对象的引用和被引用现象进行分析,并据此进行"影响力大小"排序,得出核心期刊列表。评价中经常使用的指标是总被引频次、影响因子、他引率、载文量、被引半衰期等,即"引用"是一个关键词,"影响因子"是评价的核心概念。对CSSCI等评价机构引证报告的纷争,基本上都是针对影响因子作为重要评价指标对学术期刊或学术成果的客观性和准确性的质疑。首先,人们质疑定量评价不是评价的全部,它不能对学术期刊的质量进行全面评价,尤其是社会科学,因为其涉及价值判断、历史判断和性质判断。① 其次,人们还认为当前学术期刊评价只重视引文量的统计,缺少了对论文"质"的创新力,所谓质量的评价。最后,人们认为不同学科影响因子存在重大区别,以影响因子作为重要评价指标的影响力大小的评价,缺少可比性和严谨性。李频认为:"CSSCI 缺失本该有的学科导向自觉。如果缺乏学科建设、学科导向的逻辑前提,学术界、学术期刊界的有识之士难以公开支持 CSSCI 的期刊评价。"②在本次争论中,高校综合学报的发声尤为集中且强烈,认为用整体评价法评价所有高校综合类学报是不恰当的,因为社会科学中人文学科相比非人文学科引文率较低,但这并不意味着前者的影响力就低,对影响因子评价的局限性和适用性提出质疑。影响因子虽然可在一定程度上表征其学术质量的优劣,但它与学术质量之间并非呈线性正向关系。比如,不能说影响因子为 3.0 的期刊一定优于影响因子为 2.0 的期刊,影响因子不具有这种对学术质量进行精确定量评价的功能。

2. 核心期刊评价是否公平公正

有学者在质疑影响因子评价方法时,抛出的另一个问题就是核心期刊评价"暗藏猫儿腻"。③ 客观上说,近几年的确有一些学术期刊为了挤进核心期刊采用不正当手段,如互引、假引、自引甚至更为恶劣的花钱买引用等,但由于这些行为具有很大的隐蔽性,学者的质疑往往也难以实证。学术不端行为是 10 多年来比较突出的问题,一些学者的怀疑自然也在情理之中。该问题的实质应在于核心期刊评价缺乏相关制度建设、缺乏程序的公开公正。

3. 核心期刊评价能否取代学术评价

当前,各学术评价专业机构的核心期刊评价被学术机构拿来作为学术评价过度使用已是不争的事实,"以刊评文"成为学术界普遍的现象。针对这种现象,南京大学沈固朝先生在论述引文索引的选刊和评

---

① 叶青、彭辉:《人文社科领域学术成果认定与评价方法的研究进展》,《社会科学》,2013 年第 3 期。

② 李频:《CSSCI 期刊评价功能异化的内在机理》,《澳门理工学报》,2017 年第 3 期。

③ 郑晋鸣:《期刊评定有"猫儿腻"吗》,《光明日报》,2017 年 1 月 25 日。

价作用时特别强调:"引文索引作为评刊工具,到目前为止还主要是一种基于形式的量的比较(如论文的聚类度、相关度、规范化、价值的持久性等等),而非对期刊学术价值的质的评价。"①邢东田认为:"学界目前对核心期刊的'非议',主要集中在论文评价问题上。很显然,用核心期刊评价论文,不是遏制而是'促进'了学术腐败。"②还有学者认为,"以刊物是否'核心'来评判论文学术水平的高低,不仅直接导致科研评价体系的异化,而且与科学研究所崇尚的科学精神相悖"③。

二、现实:核心期刊焦虑心理

行为理论认为,一切行为都是心理的映照,并受心理的支配。2017年CSSCI公示引起个别落选期刊主编强烈的情绪反应,是核心期刊评价引发的核心期刊焦虑的表现,是学术期刊主编核心期刊心理情结与核心期刊利益现实双重压迫的产物。

从理性自觉看,当前CSSCI等评价行为已现实地影响着中国期刊业业态及其发展,学术期刊进入核心期刊列表与否,直接关系着其资源分配与占有,主编们对此极其敏感。尤其是自身刊物(核心期刊)忽然被踢出局时,其潜在的焦虑情绪就很容易被瞬间激发。就事实而论,核心期刊评价的科学性广受质疑并非毫无根据,有学者通过对各学术评价专业机构的核心期刊列表进行对比研究,发现了大相径庭的结果,④这无疑使核心期刊评价的权威性大打折扣。学术期刊主编走向前台发声是一种应然,也是一种必然。

从非理性的层面看,一些主编不能接受落选的事实,情绪化的发声是其矛盾心态的表现,它更多地表露出的是对期刊界的无奈。这种无

---

① 沈固朝:《期刊评价与学术评价中的CSSCI》,《澳门理工学报》,2017年第3期。

② 邢东田:《"核心期刊"的是是非非》,《社会科学报》,2004年3月4日。

③ 周向华:《核心期刊概念的演变及影响》,《大学图书情报学刊》,2008年第1期。

④ 袁宝龙:《中国人文社科类学术期刊评价体系的科学构建》,《图书馆理论与实践》,2014年第5期。

奈,只是事件的导火索,真正的原因还是情绪复合体所给出的综合信息。

(一) 对 CSSCI 强大的社会影响力缺少心理准备

早在北京大学推出第一期《中文核心期刊要目总览》的时候,期刊界开始认识并产生核心期刊情结。1996 年中国社会科学院推出"中国人文社会科学核心期刊"时,期刊界也仍然视它为新生事物,并将其作为办刊目标。但由于其非官方的身份,人们并没有真正重视它。1997 年南京大学开始编制"中文社会科学引文索引来源期刊",随后部分 211 高校、985 高校将其作为科研成果评价的标准,并迅速在全国各高校蔓延。核心期刊评价的影响力和对社会的异化作用是期刊界始料不及但又极其无奈的。CSSCI 公示中一些刊物被"踢出",个别主编的情绪失控就是缺少心理准备的应然。

(二) 对评价主体"比""评"的质疑与愤怒

在传统观念中,评价是国家相关机构的职能,并已成思维定势。CSSCI 评价所形成的社会影响力之事实,使期刊人对期刊评价机构的主体资格提出了质疑,认为其有越位之嫌,并产生排斥心理。有学者指出,评价机构并不能因为其提供了评价工具或建立了指标体系或组织了某种评价活动就成为适合的评价主体。"评价机构既不懂期刊,也不懂各学科专业,只能涉及学术期刊的某些外在形式,而无力深入到学术期刊的内容层面进行令学术共同体信服的评价,故其并不具备独立评价学术期刊的资格和能力。"①尽管各学术评价专业机构一再回避评价过程的"比""评",但由于要产生核心期刊列表,其间的"比""评"则是必然之过程。南京大学评价中心的沈固朝先生对此直言不讳,CSSCI 评价过程是对评审对象的"比"而非"评"。② 如果说"评"之要义更多指向

---

① 臧莉娟:《学术期刊评价主体的越位、缺失与回归》,《评价与管理》,2014 年第 4 期。

② 沈固朝:《期刊评价与学术评价中的 CSSCI》,《澳门理工学报》,2017 年第 3 期。

的是根据标准进行合格评价的话,那么"比"就是相对评价、"好坏"的评价,就是竞争。"比""评"显然突破了各学术评价专业机构的初衷。但凡有竞争的场域,当事方没有压力是不现实的,尤其是当期刊界处于被动状态的情况下,期刊主编更难以接受这一事实。

(三)对学术期刊评价不良生态反抗的情绪投射

近些年来,学术界学术不端行为有目共睹,学术界的浮躁之风也常受鞭挞。在期刊界,也时常耳闻"跑转载""跑核心期刊"之说,笔者虽然不能苟同这一观点,但其反映出的问题则是需要认真对待的,其中"跑"就直指期刊界的不良生态。应该说,人们对定量评价的认同,暗含了对学术腐败的反抗。在理性范畴内,学术界的心态一般遵从于中国传统文化的中庸之道,对这种学术腐败更多的还是无奈,反抗形式只能选择投射式的心理反抗,因为现实中一些腐败行为具有很大的隐蔽性难以坐实。期刊人的非理性情绪,缘于其对期刊界的学术不端行为有所了解,但又无可奈何的逻辑。

(四)期刊人办刊压力的"应激"释放

核心期刊评价影响面广、力度大,不仅影响着期刊的社会声誉,而且在实践中直接决定着期刊资源和利益的占有与分配。进入核心期刊列表者得意扬扬,得万般宠爱;未入者只能仰而望之。CSSCI公示引发的强烈情绪反应,是期刊主编长期以来巨大心理压力的应激释放。

1. 媒体新业态的压力

期刊工作者长期以来为我国社会科学的繁荣做出了突出贡献,但由于社会科学学术期刊发展规模小,很少有话语权,尤其是当今互联网的迅猛发展,新媒体的发展势力又极大地挤占了传统媒体的发展空间,对期(报)刊人形成了全方位的压力。近年国家虽然在科研方面的投入有较大增长,但在期刊发展上的投入却严重不足,人们戏称国家报刊行业政策是"跛脚先生",一条腿长一条腿短(管理要求多、政策支持不足)。目前尚有许多期刊在为生存而奔波,压力巨大。

2. 核心期刊评价压力

核心期刊评价压力表现在两个层面:"创"核心期刊和"保"核心期

刊,其中又以"保"核心期刊压力为大。所谓"创"即培育核心期刊,期刊尚未进入列表;"保"即当前是核心期刊,希望继续留在核心期刊列表上。压力源自上级主管部门、期刊评价指标和期刊主编的自我肯定需要等方面。作为学术期刊评价的客体对象,学术期刊在评价过程中始终处于受动状态,由于其自身的核心期刊心理情结,被评为核心期刊者处于学术期刊质量的前端,不仅对这种受动状态更加敏感,而且也特别在意自己在列表中之排名。

3. 自身发展的压力

在一般人心目中,期刊人尤其是期刊主编学富五车,是饱学之士,是精神层面的先生,这反映出社会对知识的尊重。但在现实社会中,期刊人也是现实的人,也是吃五谷杂粮的世俗人,其自身也有很多常人的一般需要,特别是自身发展的需要,如职称、职位、自我实现等。当这些需要与现实冲突时,期刊人往往显得力不从心。在马斯洛的需要层次理论中,尊重和自我实现的需要都处在需要的较高层级,落选 CSSCI 的现实将直接摧残办刊人的事业心,伤害学术期刊主编的自尊。

三、思考:评价体系建设的关键性问题

当前,我国社会科学核心期刊评价较为有影响的有:南京大学 CSSCI 来源期刊、北京大学中文核心期刊、中国社会科学院中国人文社会科学核心期刊、武汉大学中国核心期刊。在学术期刊评价实践中,影响力最为显著的当属南京大学 CSSCI 评价和北京大学中文核心期刊评价,即人们日常所说的"双核心"。学术界把核心期刊作为评价工具使用,助推了核心期刊的社会影响力。2000 年后 CSSCI 等评价广泛被政府部门作为学术评价工具借鉴、采信,又使这种影响力在政府层面发挥作用(如国家社会科学基金资助项目、学术期刊的评审等)。有研究表明,核心期刊评价所形成的影响力是学术界自然选择的过程,是时代对学术评价工具性价值诉求的应然。面对批评之声,有学者指出,无论哪一种工具,在用于评价时都会暴露出自身的缺陷,无论采用哪些评价指

标,"都可以找到反例来批判说明这些评价标准不恰当的地方"①。因此,正确认识核心期刊评价的历史贡献,并多方构建评价体系具有重要的意义。

(一) 正确看待核心期刊评价

当前如何正确看待学术评价专业机构的核心期刊评价,不仅涉及整个期刊发展的导向问题,而且还涉及期刊学界的研究风气。存在即是合理。必须透过非理性情绪认识到当前核心期刊评价存在的合理性。

1. 正确看待学术评价专业机构的核心期刊评价行为

马克思历史唯物主义是我们看待事物和处理问题的基本方法。核心期刊评价在期刊界甚至学术界功能过度使用或者异化,是社会的非理性选择,并非学术评价专业机构使然,对此必须理性地给予公论。

首先,核心期刊评价开辟了中国学术期刊计量评价的先河。从我国报刊业管理实践来看,20世纪80年代以来中国期刊业迅猛发展,政府层面对此似乎准备不足;20世纪90年代,政府对文化生活类刊物关注较多,对学术期刊发展相对关照不够,期刊评价处在经验阶段。② 当党的十四大确立社会主义市场经济体制以后,社会生产力获得极大解放,人们的竞争意识、效率意识空前提高,反映在科学研究事业中,科研成果海量增加,学术期刊也获得巨大发展。如何指导中国学术期刊向着精品期刊、向着国际化的方向迈进,对于中国政府来说面临巨大挑战。特别是当20世纪90年代学术腐败问题暴露以后,定性评价的模糊性、公正性问题也凸显出来,一方面受行业管理倒逼作用,另一方面也是学术评价专业机构主动站位,或以科研项目开始,或以指导本行业科研管理诉求起步,开始了我国学术期刊计量评价的实践。这在学术期刊评价历史上具有划时代的意义,它标志着我国学术期刊评价向前

---

① 覃红霞、张瑞菁:《SSCI与高校人文社会科学学术评价之反思》,《高等教育研究》,2008年第3期。

② 冯春明、郑松涛:《对学术期刊评价中若干问题的思考》,《河北师范大学学报(哲学社会科学版)》,2010年第2期。

大大迈进了一步。

其次,核心期刊评价功不可没。虽然核心期刊评价是随着各项社会事业的发展,因学术成果评价、人才选拔、科研绩效考核等的倒逼而生,但其在引导期刊办刊方向、促进学术创新发展、优化学术生态环境以及提升国家整体学术水平等方面发挥了积极的作用。因为计量评价的方法,核心期刊只能是某学科少数精品期刊,因此这一评价方法的研究与引入也引发了整个期刊界的"鲶鱼效应",无形中形成了业界的动力机制。同时核心期刊评价为学术期刊在行业发展中树立了标杆,在人们心目中,核心期刊就是品牌期刊,期刊界也必然凝心聚力向着这一目标努力,打造学术精品。核心期刊计量评价的客观性对其工具性价值的开发发挥了巨大效用,工具性价值之所以能够发挥效用是因为它首先满足了时代诉求。

2. 正确看待影响因子定量评价的科学性

我国学术评价专业机构的核心期刊评价均属于定量评价范畴。由于其沿用了西方核心期刊评价的原理及方法,因此在人们的一般概念中,核心期刊评价与影响因子定量评价是画等号的,实际上从严谨的概念审视,各学术评价专业机构的核心期刊评价均为定性与定量相结合,只不过在评价中定性权重较小或标准较为模糊不起决定作用而已。就国际视野来看,虽然在历史发展过程中人们对影响因子计量评价批评之声不断,甚至过激,但核心期刊评价如 SCI 产品直到今天还被国际社会广泛采用,影响着世界范围内科技期刊的发展。20 世纪 90 年代初,我国从北京大学中文核心期刊开始了中国社会科学的评价实践;南京大学 CSSCI 评价虽然起步较晚,但它却把我国核心期刊评价影响力推向了顶峰,使学术界对影响因子的争论形成热议话题。针对 CSSCI 等计量评价,一些学者如是分析:引文分析当然不是解决所有评价问题的万能钥匙,但研究表明引文统计分析的结果与使用单项或多项定量、定性评价指标的评估结果有很高的相关性,经过长期和广泛的实践检验,迄今没有更有效的工具取而代之。[①] "响应'旧金山宣言',在科研评价

---

① 袁培国、吴向东、马晓军:《论引文索引数据用作评价工具的科学性和局限性》,《学术界》,2009 年第 3 期。

中停止使用基于期刊的计量指标,如期刊影响因子？或者遵循'莱顿宣言'的原则,请'核心期刊'走下神坛？……在不触动评价体制的情况下单纯取消工具,不仅无助于解决问题,还会把暴露的问题又重新掩盖起来。"①定量评价有如下优势：(1)客观性。通过被引指数从影响强度、影响时限、影响广度等多方面来分析学术期刊及科研成果的学术影响力,能够尽可能排除个人主观因素的干扰和其他非科学因素的影响。(2)便于把握学术前沿。通过引文索引数据库的检索和查询,揭示已知理论的应用情况。(3)提供权威学术资讯。从定量视角评价地区、机构、学科以及学者的研究水平。②

定量评价中不同学科存在不同影响因子,确实需要研究学科分类评价问题；结合中国的本土实践,必须高度重视社会科学的价值判断等问题,把握好政治方向、学术导向。然而,也不能对学术评价中"以刊评文"导致的问题简单迁怒于核心期刊评价。不能因为其中的一些问题"一竿子打翻一船人",否定定量评价的科学性。目前各学术评价专业机构态度是积极的,他们也正在中国学术期刊评价本土化道路上努力着。南京大学中国社会科学评价中心一直致力于定量评价完善的研究；北京大学为了对影响因子纠偏,在 2017 年最新公布的评价体系中引入了"特征影响因子"的概念,对同样一个量上的引文索引又进一步分析,并以其实际的影响力参与评价权重。近期,中国社会科学院评价中心加强评价指标体系各学科(30 个类别)专家委员会建设也应是对期刊界的积极回应。

(二) 发挥学术评价机构的学术引领作用

鉴于核心期刊评价已现实地在国家层面对学术期刊全行业发生着影响,其社会站位必须突破其原有建立数据库的功能定位,这是实践诉求,不能忽视。近几年各大学术评价专业机构频遭学者批评,表面原因

---

① 沈固朝：《期刊评价与学术评价中的 CSSCI》，《澳门理工学报》，2017 年第 3 期。

② 叶青、彭辉：《人文社科领域学术成果认定与评价方法的研究进展》，《社会科学》，2013 年第 3 期。

是以影响因子为重要指标的核心期刊评价方法缺少科学性,深层原因则是它的评价功能被无限放大及异化的问题,南京大学 CSSCI 评价方一再强调,"引文索引的本质是检索工具","很多人将引文索引视为评价工具,忽略了引文索引的特殊检索功能,这实在是使用这类数据库的一大损失"。① "中文核心期刊总览"也曾用黑体字专门强调"中文核心期刊表只是一种参考工具书"。虽然我们不否认核心期刊评价的初衷,但随着其影响力的提升,它在某种程度上左右了学术期刊发展的各种利益,并且现实地成为期刊界的风向标、指挥棒、荣誉榜,尤其是评价功能被异化后,这种解释就显得极其苍白无力。如果我们还无视这种社会事实,停留在所谓的科研性一面,显然不合时宜。

当前学术评价专业机构核心期刊评价缺少"中国"层面的价值关照。学术评价专业机构应站在国家层面对体系建设进行价值思考,即以国际的视野、国家的站位提升蕴含在学术期刊评价体系中正确发展导向方面的价值诉求,既要体现学术期刊发展的规律性,又要体现国家对学术期刊发展的使命性要求,使其"中国"之冠名名副其实。

(三) 重视制度建设,满足本土化需求

所谓的制度建设,应有三个核心要义:一是为了"秩序",二是"依照"法律、法令、政策,三是保证"各项政策的顺利执行和各项工作的正常开展"。如果用这个定义审视我国学术评价专业机构的核心期刊评价,存在的问题是显而易见的。当前各学术评价专业机构向社会公布的均是评价指标体系,如南京大学"CSSCI 来源期刊指标体系"。指标体系是制度建设的必要内容,但不是制度建设的全部。笔者认为,在学术期刊评价体系中,制度建设是评价体系运作与有效执行的保证,制度建设既是学术期刊评价体系科学性的内在要求,也是增强自身公信力的外在需要。制度建设是从评价主体、评价内容、评价方法到评价结果发布、评价监督等一系列环节进行的科学制度和程序规范。我国关于期刊评价从初始探索至今已走过 20 余年的路,但支撑其发展的基础理

---

① 沈固朝:《期刊评价与学术评价中的 CSSCI》,《澳门理工学报》,2017 年第 3 期。

论却依然薄弱,无论是政府新闻报刊管理部门主导的报刊质量评估合格评价,或是学术评价专业机构核心期刊评价,其研究成果大多是针对问题的碎片化研究,学术评价专业机构核心期刊评价更多关注于评价方法、指标体系。关于学术期刊评价体系建设,虽然学者的研究中也多有提及,但学术评价专业机构在实践中并没有真正重视这一问题。2017 年南京大学 CSSCI 公示之所以出现如此强烈的情绪反应,问题的症结即在制度建设的缺失。

我国社会正处于深刻转型时期,期刊发展过程中面临的问题极其复杂,期刊的生存环境、期刊人的生存样态都呈现出一些新特点,如果在学术期刊评价体系中只简单搬用西方计量统计的硬规则而缺少变通和包容,则可能事与愿违。以核心期刊列表比例为例,核心期刊评价原理的比例是 20%,我们能否根据中国现实情况把比例上调至 25%,以激发和满足多数优秀期刊成为精品期刊的需要?以我国现有 2800 余种社会科学学术期刊计算,核心期刊掌握在 700 种左右是否可行?笔者认为,CSSCI 列表比例过小,这不仅增加期刊主编的焦虑,而且容易导致"以刊评文"学术评价的简单化。如果提高比例,既可以在一定程度上缓解期刊人的压力,又可以相对削弱其工具性价值,使学术评价回归定性与定量的有机统一上去。

本土化即指核心期刊评价理论中国化。中国化既要考虑到评价价值导向的具体内容,也要顾及东西方民族心理的不同特点,评价的目的应该是引导学术期刊向着品牌化、国际化迈进,而不能仅仅停留在评价阶段以及评价结果的产生上。当然,包容性不能失却极其严格的学术规范要求,甚至在主要问题上应从制度层面采取一票否决制。2017 年下半年南京大学 CSSCI 列表公布,没有按影响力大小排序,而是按汉语拼音排列顺序,即是一种进步,体现出了对期刊人的心理包容性。充分把握中国学术期刊的生存态势,在共识中创造和谐的学术生态是其目的。

(四)注重政府第三方监督管理责任

从目前来看,核心期刊评价已经从学术评价专业机构的科研产品变成为名副其实的中国社会科学评价产品,其对学术期刊的引导力在一定程度上已经超过了政府的合格评价,也影响了政府的学术期刊发展政策,如国家期刊奖评选、国家社会科学基金资助项目、学术期刊评审等。鉴于核心期刊评价的影响力,政府管理层面必须发声(要求及监管等),政府部门是管理者,同时也是服务者,既不能越位包办,也不能缺位。政府的责任主要是两方面:一是指导和要求,主要是按照国家诉求、行业发展、学术期刊发展规律对学术期刊评价的政策性引导;二是必要的监督管理,主要是检查评价制度安排以及执行层面的合规合法性(公开公正性、规范性操作)等事项。在政府管理层面具体操作上可以引入第三方机构进行评审监督管理。

中国社会科学学术期刊评价体系建设还有很长的路要走,笔者的论述也仅仅是指出了现有评价体系中评价的局限性,表达了期刊界对核心期刊评价的现实诉求,提出了评价体系建设的一些关键性问题。但愿更多的人能对此进行研究,但愿我国学术期刊评价体系建设的路越走越好。

原载于《河南大学学报(社会科学版)》2018 年第 5 期,《新华文摘》2019 年第 2 期论点转载

马太效应调控视角下的学术评价机制改进

杨红艳　蒋　玲①

　　著名社会学家 R. K. 默顿根据《新约圣经·马太福音》中的典故,将人类社会发展中的一类现象归纳为马太效应,表示成功导致成功、失败导致失败,富者越富、穷者越穷的事物累积发展规律。事实上,这一规律存在于包括学术领域在内的社会多个领域中。在自然发展的状态下,马太效应对学者成长、学术研究、学术期刊和科研管理等方面均产生了重要影响,且积极影响和消极影响兼而有之。

　　在学术发展中,对马太效应形成的原因主要有两种主流解释:一是以默顿等为代表的具有"普遍主义"取向的解释,将其归结为自致性而非先赋性因素作用的结果,并认为学术界内部的精英主义价值取向和不平等结构具有合理性;②二是以马尔凯等为代表的带有社会建构论的"特殊主义"取向的解释,将其归因于毕业机构、就职机构、导师关系等外在支持条件和因素。③ 将两类解释融合起来进行定义更为贴切,

---

①　作者简介:杨红艳,管理学博士,中国人民大学人文社会科学学术成果评价研究中心、书报资料中心编审。蒋玲,管理学博士,中国人民大学图书馆馆员。
②　R. K. 默顿著,鲁旭东、林聚任译:《科学社会学:理论与经验研究》(上册),北京:商务印书馆,2003 年,第 369 页。
③　Palonen T., Lehtinen E., "Exploring Invisible Scientific Communities: Studying Networking Relations within an Educational Research Community. A Finnish Case," *Higher Education*, no. 4(2001).

既要认可马太效应既是学术个体①努力奋斗所呈现出来的一种不可避免的现象,也要承认其发展状态也受外在因素的影响和人为干预。基于这样一种认识,马太效应既是"自发"的,又是"应控且可控"的。因此,有必要通过调控确保马太效应适度、合理,并在学术发展中发挥积极作用。

学术界已对马太效应开展了不少研究,这些研究重点围绕马太效应对科研经费分配的影响、跨学科研究中的马太效应、马太效应在期刊中的表现、中文学术期刊如何避免马太效应、青年学者成长与马太效应的关系等问题展开。在与马太效应相关的众多因素中,学术评价这一因素具有重要地位,但尚未引起学术界的足够重视。从马太效应调控这一视角出发,本文将对此进行讨论。

一、学术发展中马太效应的表现及影响

(一) 马太效应在学术发展中的主要表现

受到多种因素的影响,在不同时空、领域的学术发展中,马太效应的属性和发展状态存在差异且处于动态变化之中。比如,马太效应引发的集中程度有大有小,马太效应的发展速度有快有慢,马太效应的作用力度有强有弱,马太效应的结果有优有劣。然而,通过观察可以发现,学术发展中的马太效应通常体现在如下三个方面,即学术资源的"向少数绩优者集中"趋势、学术系统的"金字塔"结构以及学术个体的"竞争合作"状态。虽然这些现象未必是马太效应单一作用的结果,但却集中表现了马太效应的发展规律与特征。

关于学术资源"向少数绩优者集中"的问题,正是马太效应的最显著表现。这里的学术资源既包括人、财、物,也包括各类信息与知识。比如,论文集中趋势产生了高产作者群的马太效应,文献集中趋势产生了核心期刊的马太效应,作者集中趋势产生了知名学者的马太效应,学

---

① 本文中的"学术个体"是指组成学术共同体的各类基本单位,比如学者、科研机构、学术期刊社等。

术研究的时间集中趋势产生了论文老化加快的马太效应等。以期刊领域的马太效应为例,据南京大学"中国社会科学研究评价中心"统计,我国人文社科学术期刊约为2700余种,但被列为CSSCI来源期刊的仅为500余种;①据中国人民大学"复印报刊资料"统计,每年约收录来自近4000种报刊的人文社科论文约30万篇,其中只有1600种期刊发表的约1.5万篇优秀论文被转载,其余超过一半的期刊从未被转载。②洛特卡定律、布拉德福定律、齐夫定律、普赖斯定律等文献计量学经典理论,在本质上也反映出学术资源的不均衡分布状态。这种状态虽与学术个体的先天差异有关,但在更大程度上却是马太效应长期累积的表现。

通过思考不难发现,学术系统中学术共同体和学术资源的结构可形象地展示为"双金字塔"(见图1)。这种结构通常是学术系统自然发展的结果,但同时也是马太效应作用的体现。

如图1所示,学术共同体和学术资源两个金字塔的方向相反、层级相对应。在学术共同体金字塔中,越靠近金字塔上层,学术个体的能力越强、数量越少,越靠近金字塔下层,能力越弱、数量越多;只有位于塔尖的少数学者、期刊或机构能够成为学术精英、权威期刊或名牌高校。学术资源金字塔为学术共同体金字塔相应层级输送资源,越靠近金字塔上层,平均每个学术个体享有的学术资源越多;越靠近金字塔下层,平均每个个体享有的学术资源越少。少数处于学术共同体金字塔塔尖的学术个体,不仅享有学术资源金字塔上最多的研究经费,而且享有最权威的知识和最优的学术交流渠道。比如,优秀的期刊更容易受到作者、读者和管理部门的关注,因而往往能够拥有更优质的稿源和其他发展资源,这种状况就使越靠近学术个体金字塔上层的期刊,影响力或质量相对较高、数量相对较少。若将引用频次作为判断期刊影响力或质量的基本标准,各领域的期刊大体上符合"二八"划分,即约20%的期

---

① 南京大学:《中国社会科学研究评价中心网站》,http://cssci.nju.edu.cn,2013年12月10日。

② 中国人民大学人文社会科学学术成果评价研究中心:《2010年度〈复印报刊资料〉转载学术论文指数研究报告》,2011年3月29日发布。

刊累计被引频次达到该领域总被引频次的约80%,在不同领域中这一比例略有浮动。①

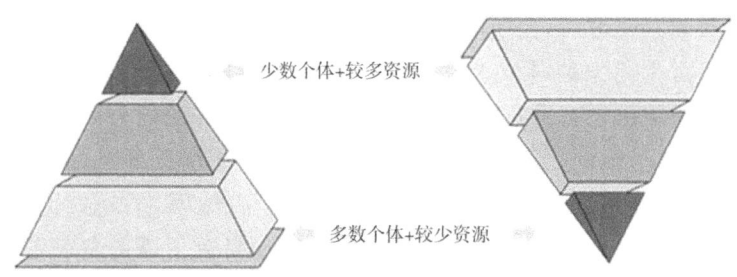

图1 学术系统的"双金字塔"结构

学术个体的"竞争合作"状态是显而易见的,也是马太效应的另一个重要表现。在图1所示的金字塔结构中,劣势并不是绝对不变的,在特定阶段和条件下,劣势就可以转化为优势;虽然每个个体的"起跑线"不同,但努力程度对其在金字塔上的高度至关重要。由于金字塔上层的个体数量总是少于下层,为了占据更高的高度和享有更多的学术资源,较下层的学术个体必须具有足够的竞争意识,才能超越同层个体向上层发展。优秀的成绩是进步的重要条件,为了取得这样的成绩,金字塔上的学术个体可能根据层级分工开展跨层合作或同层互补合作。各类职称评审、期刊评奖等充分体现了马太效应驱使下学术个体的竞争状态,各类科研项目申报中组建的"梯队式"或跨学科协同创新团队是跨层合作和互补合作形式的典型代表。在这种竞争合作状态下,学术共同体将实现优胜劣汰、更新换代,确保学术知识体系的持续生产,大体保持学术系统的"双金字塔"结构。

(二)马太效应对学术发展的重要影响

在自然发展状态下,马太效应的影响常常是一把双刃剑,对学术资源配置、学术知识生产和学术共同体发展产生双向影响。若是缺少对马太效应的必要调控,在极端情况下可能导致平均主义或垄断主义,致

---

① 姜晓辉主编:《中国人文社会科学核心期刊要览(2013年版)》,北京:社会科学文献出版社,2014年,第12页。

使马太效应彻底失灵,严重阻碍学术的正常发展。

对学术资源配置来讲,马太效应既可能优化资源配置,也可能带来不公平垄断。一方面,由于学术资源常常处于稀缺状态,优化配置能促使稀缺资源为优秀的科研人员所用。在马太效应驱使下,当学术资源按照金字塔结构进行分配时,最有利于实现学术资源的分配效益最大化,提高学术个体的创新能力,同时也有利于集中优秀学术信息资源、突出重点,提升学术信息和知识的检索效率。① 然而,另一方面,马太效应驱使下的金字塔的形状并不总是理想的,当金字塔的斜率超出预期或形状不规则时,也可能带来资源分配不公和垄断。由于马太效应的存在,绩优个体不仅可直接获得荣誉、设备和经费,还将间接获得更广泛的同行关注、更便捷的信息获取途径、更高层的知识交流渠道以及更权威的学术话语权。在这种状况下,若是缺乏对绩优个体的监督,就容易出现学术霸权等不公平现象,另一部分弱势者(含潜力者)"只能为霸权者'打工',在一定程度上造成了资源浪费";一些一流大学、期刊依仗马太效应带来的优势,想方设法对金字塔下层的人才进行"挖角",虽然有其合理的一面,但也是一种变相的资源垄断,会损害"被挖角"个体的发展。②

对学术知识生产来讲,马太效应既可能提高生产效率与质量,也可能阻碍创新。一方面,马太效应能加速学术共同体内部的分层分类,迅速有效地树立学术权威,形成错落分化的格局。由于学术个体的分工更加细致,专业化水平和个体优势会得到提升,这既有利于优化分工、互补合作和分类分层开展学术知识生产活动,也有利于增强学术个体之间的竞争,保持科研活力,提高学术知识生产的效率和质量。另一方面,马太效应也可能降低知识生产的组织性,阻碍某些领域或层级上的知识创新。当马太效应过大时,容易导致金字塔上层的学术个体不珍惜、不努力,减少实质上的科研创新;处于中下层的学术个体需要很大

---

① 张堉、高淑桂、刘春华等:《论期刊工作的马太效应》,《编辑学报》,1996年第2期。

② 张慧玲、刘文雅:《美国高校科研竞争中"马太效应"现象研究》,《世界教育信息》,2008年第2期。

的努力才能在金字塔上提升一小步,科研积极性不高;一些"学霸"还可能压制后起之秀的创新活动。比如,一些高职院校的学者因所处层级较低,往往自降身价,不敢申报高级别的项目和奖项,不敢向优质期刊投稿;即使敢于挑战高级别的项目和优质期刊,也很可能会因身份直接被"枪毙",①因为有些知名期刊也坐享马太效应带来的关注度,不主动帮助研究者提升成果的创新性和质量,②甚至对发文作者的职称、所在单位层级等设置了较高的门槛,活生生地切断了这批学者的创新积极性。当马太效应过小时,金字塔上层的优势对下层学术个体的吸引力不足,也不足以推动其全力奋斗。如我国有些高校对优秀科研成就的奖励过小,使许多教师宁愿把大量精力花费在"走穴"、担任社会兼职等收效快、回报大的事项上,也不愿意搞科研;有些期刊主办单位对期刊发展不够重视,当编辑觉得办好办坏一个样时,也会丧失创先争优的积极性。

对学术共同体来讲,马太效应既可能提升积极性,也可能抑制学术个体的成长。一方面,马太效应在本质上反对平均主义,为愿意进步的学术个体提供了超越同类的成长机会,使之有可能通过努力在金字塔上更上一层楼。马太效应所产生的"荣誉追加"和"荣誉终身"等现象所产生的巨大吸引力,促使无名者为之不懈奋斗,③通常会为了脱颖而出表现出超凡的积极性。在马太效应作用下,当每个学术个体都愿意为了追求个体最优而努力时,学术共同体的总体实力也会持续提升,实现个体和群体发展的统一。另一方面,马太效应也可能带来两极分化、抑制某些个体的成长,进而影响学术共同体的协调发展。"赢家通吃"现象就是典型代表:"学霸"们利用掌控的资源和影响力阻碍学术的全面发展和科研新生代的快速成长,低层个体的研究成果可能因高层个体掌控话语权而得不到认可,甚至直接被高层个体占有。比如,沃特斯顿

---

① 宋嵘嵘:《论高职院校科研工作中的"马太效应"》,《教育与职业》,2008年第35期。

② 杨红艳:《学术评价如何推动成果创新:对人文社科学术评价机制的探讨》,《澳门理工学报(人文社会科学版)》,2014年第4期。

③ 张慧玲、刘文雅:《美国高校科研竞争中"马太效应"现象研究》,《世界教育信息》,2008年第2期。

有关分子速度的经典论文,当时被认为"一派胡言";傅里叶的热传导经典论文也等了13年才得以发表;在一流高校中高产的科研人员,比在较低层级的高校中有同样产出的科研人员获得的认可(引用)更多等。① 长此以往,金字塔就会出现断层、断代现象,使某些领域缺少中生代或新生代,甚至后继无人;若是此时处于顶层的养尊处优者依仗累积优势,原本的科研动力渐渐冷却,就会使该领域的学术发展雪上加霜,影响学术的协调和可持续发展。

二、马太效应与学术评价的互动机制

与马太效应密切相关的因素很多,比如,学术政策、学者素养、学术环境、学术评价等,都会影响马太效应的发展状态,其中学术评价这一因素不容忽视。学术评价在微观层面是评价主体对学术成果、作者、机构等对象进行价值判断的活动,在宏观层面则体现为学术发展中的一种内在机制,它在构建学术知识金字塔、促进学术生产、分配学术资源、协调学术发展等方面均发挥着重要作用。事实上,马太效应与学术评价之间存在着相互影响和制约的互动机制:一方面学术评价是影响马太效应的重要因素,为调控马太效应提供了不可或缺的依据和工具;另一方面,马太效应反过来也制约着学术评价的效果和公正性。

(一)学术评价是影响马太效应的重要因素

首先,学术评价能促使学术发展中的马太效应显性化。马太效应是学术系统运作的后台机制,发挥着潜在作用,其作用的效果是隐性的,但学术评价却使马太效应的结果显现出来。比如,前文所述的学术资源向少数集中的趋势、学术系统的"双金字塔"结构、学术个体的竞争合作状态等,虽然在发展中受到马太效应的驱使,但是若无学术评价活动,其马太效应的运行效果很难如此清晰地展现出来。通常,学术资源的分配方案、学术系统的层级划分、学术个体的发展水平,都是依据学

---

① Crane D., "Scientists at Major and Minor Universities: A Study of Productivity and Recognition," *American Sociological Review*, no. 5(1965).

术评价结果来确定的。当然,学术评价也是一个动态的过程,在学术发展过程中勾勒出马太效应的动态变化轨迹。马太效应显性化,为我们认识和调控马太效应提供了重要前提和条件。

其次,学术评价为调控马太效应提供了基本依据和工具。如前所述,对马太效应的程度、态势和影响进行调控是有必要的,因为这样可以抑制马太效应的消极影响、保障其积极影响,使其保持有利于学术发展的状态。然而,马太效应的程度、态势和影响处于怎样的状态才算合理,在不合理时应确定怎样的调控目标,调控是否达到了促进学术发展的目的?学术评价可以为判断这些问题提供较准确的依据和较便利的工具。比如,学术评价可以为学术资源的动态分配、实现学术系统的分级、调控学术个体水平和竞合状态等提供基本依据。根据学术评价结果我们可以判断,在马太效应作用下学术金字塔的结构是否合理、某一层次个体或资源的数量是否太多或太少,以便做出更科学的调控决策。此外,学术评价结果还会影响其他因素对马太效应的作用力,比如,学术政策的制定要参考学术评价结果、学术环境氛围需评价理念的引导、学者的素养和科研积极性受评价导向的影响等,这就使学术评价在调控马太效应中比其他要素显得更重要。

再次,科学评价是马太效应合理性的重要保障。马太效应本身是中性的,从理论上讲,是否促进和在多大程度上促进学术的良性发展,是判断马太效应合理性的关键标准。在特定条件下,马太效应的属性,如集中程度、发展速度等应存在一定的量化区间,在这样的区间内可认为马太效应是合理的,能够最大限度地促进学术的良性发展。马太效应的合理性与学术评价结果的科学性密不可分。科学的评价结果有利于形成促进学术发展的马太效应,反之,不科学甚至错误的评价结果将使马太效应对学术发展产生负面影响,对存在严重学术不端、造假现象的学者进行褒奖,就是此类现象的极端案例,如2012年7月爆出的某"闽江学者"学历造假和职称造假案。在马太效应的驱使下,该称号使该学者之后几年在优质期刊上发表多篇论文,主持多个科研项目,指导了多名研究生,还获得了多项国家专利。虽然该学者事实上存在资质欠缺的问题,但早期未被及时发现,学术评价系统还给予其过高的认可。这种不科学的评价带来的负面影响是广泛而深刻的。可设想,若当初"闽江学者"的评价足够科学,该学者就不可能当选,而分配给他的学术资源就可以分配给另外更有潜力的学者,并可能创造出更有价值的成果,更遑论这种错误评价给学术氛围、学者信心等方面造成的伤害。

(二)马太效应也制约着学术评价活动的开展

马太效应制约着社会发展的许多领域,学术评价也是其中之一。在学术发展中,学术评价承担着分配学术资源、激励学术创新、促进学术持续发展等重要功能。虽然每次学术评价活动通常具有特定的目的和影响范围,但从长远来看,学术评价是一项不间断的工作。在马太效应的影响下,不应该将学术评价活动看成"一锤子买卖",而应考虑到学术评价的深远影响,因为马太效应是学术评价结果的"放大镜",可使学术评价的作用和影响产生累积和叠加效应。比如,一旦某期刊被认可为权威期刊,不仅其影响力立即上升,而且还将为其带来更好的声誉、更优质的稿源和资助资源等,同时也意味着它将挤占其他未被认可期刊的资源。可见,马太效应放大的不仅是正确的评价结果,也包括不当、甚至是错误的评价结果,显然,前者有利于学术发展,后者则可能造成学术资源分配不合理、学术系统结构失衡、学术个体发展受阻等恶果。学术评价差之毫厘,马太效应就会使其谬以千里。

若是马太效应控制不当,很可能影响学术评价的公正性。一般来讲,学术评价包括内容评价、形式评价和效用评价三大类。① 学术评价活动常常既要对成果的内容和效用进行直接评价,也要参考一些外在条件进行形式评价。比如,成果的课题立项级别、发表期刊级别、出版社知名度、作者的职称、作者及单位的知名度等,这些外在条件集中体现了学术发展的累积效果,即马太效应。在评价中如何对待评价对象的外在条件,也是控制马太效应对学术评价结果影响的关键因素之一。

在评价实践中,因上述形式评价而产生的"名效应""官本位"以及"优待"或"歧视"等不公正现象时有发生,有研究表明,期刊权威性和作

---

① 叶继元:《人文社会科学评价体系探讨》,《南京大学学报(哲学·人文科学·社会科学版)》,2010年第1期。

者知名度都对论文的关注度有正向影响;评价结果常受到作者行政职务的影响。① 如2009年教育部评出的百位高校名师中,只有10%无行政职务,其余90%都拥有校长、书记等头衔。② 在同等情形下就职于较高声誉机构的学者,所获得的认可比就职于不知名机构的学者要多,也更易于更快发文、更多被引用。③ 有的期刊在接收作者投稿时,明确规定没有高级职称的作者论文不刊发、非国家级基金资助论文不刊发;有的课题在申报时规定申报者必须具有高级职称或来自"211院校",有的机构规定非核心期刊发表论文不算成果;有些评价虽未明确规定,但在实际操作中却常常偏向于各种马太效应带来的名气较高者。这些做法均体现了对马太效应的高度重视。不得不承认,马太效应对学术评价公正性的影响和挑战无时无处不在。

事实上,学术发展中的马太效应既具有动态性,又具有相对静态性。动态性是指在马太效应的驱使下,学术个体的优劣势、群体的分布集中度等都是不断变化的;相对静态性是指在一定时空范围内,学术资源的分配比例、学术系统的金字塔结构、学术个体的水平等相对稳定。因此,对马太效应的调控应追求一种动态平衡和相对合理,而非绝对确定。这就要求学术评价的各要素都要根据马太效应的变化和学术发展的需要做出动态选择。比如,评价理念是以成果直接评价为主,还是把外在条件也作为参考依据?评价方法是以文献计量等定量评价为主,还是以同行评议等定性评价为主?评价标准是以成果的创新、质量等定性指标为主,还是以文献计量、成果数量等定量指标为主?评价过程中是否对评价数据进行核实确认,是否对同行专家的主观随意性进行控制?只有对这些问题做出动态的优化选择,才能达到优化平衡,确保学术评价的公正性。

由于马太效应与学术评价间存在着如上所述的互动机制,因此,忽

---

① 侯佳伟、黄四林、刘宸:《学术论文的"马太效应":基于2009年度CSSCI人口学期刊的分析》,《人口与发展》,2011年第5期。
② 马健生、孙珂:《高校行政化的资源依赖病理分析》,《北京师范大学学报(社会科学版)》,2011年第3期。
③ R.K.默顿著,鲁旭东、林聚任译:《科学社会学:理论与经验研究》(上册),北京:商务印书馆,2003年,第622页。

略学术评价的影响,将很难对学术发展的马太效应进行合理调控,忽略马太效应的规律,也将很难做到科学的学术评价。只有深入认识和积极应对学术评价对马太效应的作用,才能使马太效应的调控建立在科学评价基础上,同时也只有正确对待马太效应的制约作用,也才能确保学术评价的科学性和公正性。

三、通过科学评价调控马太效应

基于前文的讨论可知,改进学术评价机制,调整学术评价的理念、模式、方法、程序、工具等各要素及其相互关系,提升学术评价的科学性,是十分必要的,这有利于使学术评价从自发地影响马太效应,转向有序地调控马太效应,使马太效应达到最有利于学术发展的状态。调控活动既要充分发挥学术评价对马太效应的调控力,又要兼顾马太效应对学术评价的制约力。

(一)强化开放评价,弱化马太效应的负面影响

开放评价是指超越本位主义的局限性,开展跨地区、跨系统、跨单位的学术评价;封闭评价是指将评价活动局限在本地区、本系统、本单位的小范围内的学术评价。开放评价因评价范围更宽、评价视角更多样、评价主体更多元,则更易产生较为合理的马太效应;封闭评价则因人情关系、范围狭窄等原因更易导致不合理的马太效应,甚至抑制学术创新。

一些学术期刊在办刊过程中,由于受地方保护主义的影响,容易更多地刊发本地区、本系统、本单位作者的论文,编委会和评审专家也容易集中在这一范围内,若长期如此,就会导致稿源质量下降、"学术近亲"繁殖,进而失去发展活力。对于科研机构来讲也是如此,若是本机构的成果仅由本机构人员来评价,就会形成以偏概全的僵化模式,就会滋生人情关系式评价,评审者也容易因被评成果作者的名气、职称、行政职务等外在因素而给出不公正的评价,并导致不合理的马太效应。开放评价则能有效减缓或避免这一状况。目前,许多高校的学位论文、职称成果评审,强行规定必须有校外专家参评,有些期刊也将邀请跨地

域编委、顾问、审稿专家等,这些均有助于抑制"人情关系"和评价偏颇,使马太效应趋于合理。

(二) 推行分类分层评价,规避马太效应过度化和单一化

在学术金字塔的不同层级上,学术个体的能力、话语权、分工和所能掌控的学术资源都有所差异,且不同层级之间存在逐层递进关系。一些评价活动把择优表彰当作主要目标,致使有些学者、机构或期刊集中了某领域的绝大多数奖项和资助,其他个体被认可的却寥寥无几。比如,CSSCI每版入选期刊的更新率仅为6%—7%,[1]国内各知名核心期刊评价结果中,重叠率高达近80%。[2] 依据这样的评价结果只能使"塔尖上"的少部分个体得到过度激励和资助,金字塔中间和下层的大部分个体被忽略。若长期、单纯地推行这样的学术评价,将造成塔尖个体的马太效应过度膨胀,中下层个体发展受阻,影响学术的可持续发展。学术评价不能以点代面,而是要以完善的科技奖励制度为依据,论功行赏,努力避免科技项目研发中青年教师的贡献与应得奖励不相匹配现象的发生。[3]

控制和避免此局面的重要措施之一是开展分类分层评价,使更多类型、更多层级上的更多个体受益。分类评价目前已基本得到学术评价领域的认可,但分层评价尚未受到重视。分层评价强调要在学术共同体金字塔不同层级上,分别制定评价标准并进行单独的同类比较。这就可以通过分层的马太效应使金字塔各层均呈现出蓬勃生机,使不同层级上的优秀者均有机会获得激励和资助,积极性均得到有效提高。此外,在不同层级上也要采取不同的评价模式,在"塔尖上",有必要制定抑制学术霸权的措施,在中间层应侧重引导潜力者脱颖而出,底层则应注重普适性。当前国家社科基金委对西部地区实行单独的项目评审

---

[1] 数据来源于2014年9月对南京大学中国社会科学研究评价中心的调查。
[2] 中国人民大学人文社会科学学术成果评价研究中心、中国人民大学书报资料中心:《"复印报刊资料"重要转载来源期刊(2014年版)》(第11页),2015年3月31日发布。
[3] 樊桂清、贾相如:《高校科研领域内"马太效应"对青年教师发展影响研究》,《高校教育管理》,2013年第2期。

政策,各类评奖中区分老、中、青不同年龄段进行评审,在期刊资助中的地域均衡策略等,都是对分类分层评价的重要探索。

(三)改进匿名评价方式,减少人为的马太效应

是否能够最大限度地激发潜在学术人才的成长,对于判断学术评价机制是否科学公正具有重要而深远的意义。然而,过于注重外在条件的形式评价,常常导致人为的而非自发的马太效应,也很难公正体现学术个体的努力程度,甚至会伤害学术个体的积极性。应对此类状况的有效措施之一是实施匿名评价制度。研究表明,采用真正双向匿名审稿的稿件录用率只有5.5%,而采用假双向匿名审稿(指可通过其参考文献辨别出作者)的稿件录用率为16.4%,采用单向匿名审稿的稿件录用率达到15%。[①] 学术界和评价界也普遍认同,当评审者不参考任何外在因素、"只以成果论英雄"的时候,更容易得出对成果质量的公正评价结论。

然而,如何通过匿名评价调控马太效应仍需进一步探讨。首先,当前真正实行匿名评价的学术活动并不多,因为有些评价仅限于名义上,通过一些信息仍可辨别出作者或评审者。因此,完善并推行匿名评价的监督机制任重而道远。其次,采用何种类型的匿名评价,也需深入探究。当前学术界大部分人推崇双向匿名,即作者不知评审者,评审者也不知作者,但从调控马太效应的角度而言,这种制度也许并非最优,因为当评审者不知作者时,可有效规避外在因素的影响;但当作者不知评审者时,却不利于学术交流和对评审行为的监督。而"成果作者匿名、评审过程透明"的模式也许更为有利于在调控马太效应的视角下促进学术发展。

(四)提高学术评价的测度性,降低马太效应调控的主观性

在现实生活中,我们有时会感到某领域马太效应过度,各类奖项和资源都集中在极少数,或者某领域马太效应很弱,核心区不明显,应该

[①] Elisabeth S. C., Walter W. P., Kris M., et al., "Careers in Print: Books, Journals, and Scholarly Reputations," *American Journal of Sociology*, no. 2(1995).

加强调控。但这种主观感觉是正确的判断还是一种错觉,马太效应调控到何种状态是最优的?要回答这些问题单纯地依靠拍脑袋、想当然并不可行,这就需要加强学术评价的测度,给出更为准确的数据依据。比如,当前林林总总的核心期刊目录,每个版本的新上榜率是多少,榜单排名位次调整率是多少,这些数据与其他国家同类数据的对比情况怎样,这些数据处于怎样的范围内最有利于学术发展?对这些数据进行准确测度,对于有的放矢地调控核心期刊马太效应十分关键。然而,这却是当前学术评价领域较为忽视和缺失的。

事实上,中国的一些学术评价数据库已积累了大量有价值的数据,在此基础上,围绕调控马太效应的需要,增加学术评价数据库的测度对象和指标、扩大测度范围、完善测度手段和工具,不失为改进学术评价机制的一个有效途径。有了这些测度数据,才可能有效调控马太效应,避免因利益不均而引发的学术界内部矛盾冲突,也才有可能更好地兼顾效率与公平,形成科学合理、公平公正的学术评价机制和科研环境。

结　语

上述围绕马太效应和学术评价两者之间的二维关系我们进行了一些讨论,并尝试提出了马太效应调控视角下学术评价机制的改进策略。然而,学术发展处于复杂多变的社会发展之中,变量之间的关系错综联系,马太效应和学术评价之间的互动机制也会受到许多其他变量的影响和干扰,改进学术评价仅能作为调控马太效应的可选路径之一。因此,希望未来的研究能够扩展研究变量的范围,综合考量多种因素的作用结果。

此外,从马太效应角度讨论学术评价机制改进的研究尚为数不多,本文也仅从理论层面分析发现问题并提出初步改进策略,策略的可行性仍待更深入的实证研究。

原载于《河南大学学报(社会科学版)》2015年第5期,人大复印报刊资料《社会科学总论》2016年第1期全文转载

学术期刊与高校学报

对中国人文社科学术期刊国际合作模式的思考

徐 枫[①]

引 言

改革开放迄今,中国的影响力已不限东亚一隅,世界对中国的影响及中国对世界的影响正日益增长,并呈双向互动的良性态势。任何一个国家的经济发展到一定程度,必然会重视文化传播。中国作为一个地域性大国,不仅要在全球布局自己的经济利益、政治利益,也需要布局自身的文化利益。全球化进程需要各国进行文化交流、学术互动。可以说,构建高水平的国际学术期刊交流与合作平台,推进中国哲学社会科学研究走向世界,是中华文化"走出去"战略的重要组成部分,也是中国期刊人的理想和追求,并得到政府的大力倡导和支持。

据中华人民共和国新闻出版总署2012年7月公布的数据,截至2011年,全国共出版期刊9 849种,总印数32.9亿册,其中哲学社会科学类期刊总印数占42.3%,位居第一。[②] 虽然我国学术期刊的国际影响力与发达国家相比仍存在很大差距,但从数量上看已成为世界期刊大国,并正在成为国际出版业的重要力量。

[①] 作者简介:徐枫,文学博士,《浙江大学学报(人文社会科学版)》执行总编,编审。研究方向编辑出版学。

[②] 《2011年新闻出版产业快速稳步增长(上)》,http://www.bkpcn.com,2012年7月12日。

在出版国际化方面,近年来,国内学术期刊也纷纷走出国门,以不同形式尝试与信誉良好的国际知名出版集团进行合作,期望通过"借船出海"提升自身的国际影响力和核心竞争力。但与中国图书及科技期刊"走出去"的步伐相比,我国人文社科类学术期刊整体而言还处于起步阶段。如何整体谋划,切实将中国社科学术期刊"走出去"放到国家发展战略的高度来考量,去完善机制,加大投入,积极稳妥推进"走出去"工作,尤其是如何变"借船出海"为建设中国自主性的国际学术期刊平台,应成为未来我国期刊出版事业发展的重要着眼点。2011年,国家新闻出版总署颁布的《新闻出版业"十二五"时期发展规划》(以下简称《规划》)首次推出了"国家重点学术期刊建设工程",明确要在"十二五"期间着手"建立学术期刊科学遴选和培育机制,重点支持代表我国学术水平、具备国际办刊能力、具有良好发展前景的学术期刊发展;培育20种国际一流学术水平的国家重点学术期刊,培育一批有影响力的优秀学术期刊,推动我国学术期刊整体学术水平和国际影响力的提升"。"重点学术期刊建设工程"明确将"国际办刊能力""国际影响力""国际一流学术水平"作为未来期刊发展的目标和扶持重点。《规划》还同时推出多项国际性的出版工程、营销渠道拓展工程及海外发展扶持工程,提出要"以版权输出和出版合作等方式,实现对外出版发行,进入国外主流发行渠道,提高中国出版物出版水平和国际竞争力";《规划》特别强调了人文社科期刊的国际化发展问题,提出要"向国际市场推广我国优秀思想文化、精神文明以及历史成就"。新闻出版总署的一系列措施无疑将有力推动中国人文社科学术期刊的国际化进程。

2011年11月,教育部也颁布了《高等学校哲学社会科学"走出去"计划》(2011[5]号文件),该计划除了涉及图书出版的"当代中国学术精品译丛""中华文化经典外文汇释汇校"等项目外,首次提出要重点建设一批国际知名的外文学术期刊。

在国家基金方面,国家自然科学基金重点学术期刊专项基金资助早在1999年即已设立,每两年(偶数年)受理一次,十多年来,在稳步推进中国科技期刊的国际化进程方面起了重要作用。2012年6月,国家社科规划办则首次推出了专门面向人文社科学术期刊的国家基金期刊资助项目,"国家社科基金学术期刊资助管理办法"明确将建设"国际知名或国内一流"的学术期刊列入"管理目标与要求",经费预算还将外文翻译费列为专项,并与稿费、审稿费等主要开支并列,全力扶持和助推中国学术期刊走向世界。此前的2010年,立足学术层面的国家社科基金"中华学术外译项目"也已设立,该项目主要资助我国哲学社会科学研究优秀成果以外文形式在国外权威出版机构出版,进入国外主流发行传播渠道,以增进国外对当代中国以及中国传统文化的了解,推动中外学术交流与对话,提高中国哲学社会科学的国际影响力。

关于学术期刊的国际合作研究,目前主要集中在自然科学期刊,其中较多为单个期刊的经验介绍,也有对某类期刊或某院、所期刊群国际合作情况的调研,代表作为郭玉等的《与国际出版集团合作的中国SCI期刊出版状况分析》(《编辑学报》2011年第6期)、沈华等的《中国科学院科技期刊国际合作调查与思考》(《中国科技期刊研究》2011年第6期)、马建华等的《我国科技期刊国际合作基本模式探析》(《中国科技期刊研究》2011年第6期)等。由于人文社科学术期刊的国际化发展相比自然科学期刊更为缓慢,因而,一直以来我国有关人文社科学术期刊国际化问题的研究性论文相对较少。近年来,随着人文社会科学类英文学术期刊创刊种类的显著增加以及我国"走出去"步伐的加快,有关人文社会科学学术期刊国际化问题研讨的文章逐渐增加,如郑瑞萍的《中国人文社会科学学术期刊国际化的理论与实践》(《社会科学管理与评论》2010年第3期)以《外国文学研究》及《浙江大学学报(人文社会科学版)》为例探讨了社科期刊的国际化问题。检视近年来社科期刊国际化研究论文,内容多偏于学术期刊国际化的内涵式发展理路或编委国际化、作者国际化、发行国际化等方面,也有的把视角延伸到国际出版商网络数据运作模式方面,如杨海平等的《国外学术期刊数据出版商的运作模式研究》(《出版科学》2012年第2期),但均未涉及国际合作问题。有关人文社科学术期刊国际合作问题仅散见于零散的办刊经验介绍、媒体访谈或调研报告等短文中,尤以《中国社会科学报》的贡献最为突出。该报近年来刊发了不少期刊国际化问题的系列文章,其中《中国学术期刊国际化现状调查》(2011年5月18日)、访谈文章《借船出海提升中国学术期刊国际知名度》(2011年7月8号)等对中国人文社科学术期刊的国际合作模式有涉及。但相关专文研究尚未见到。

一、人文社科学术期刊国际合作概况

在经济全球化、政治多极化、文明多样化的今天，人文社会科学的理论发展和对策性研究与探索已愈来愈迫切地需要超越地域性的交流与沟通，国际学术共同体之间也需要有更多的互动与对话。由此，国内的一些人文社科学术期刊纷纷开始筹办英文刊，积极谋求"走出去"的途径，尝试与国际大型出版商合作，"借船出海"，走向世界。另一方面，随着我国综合国力的提升，国际大型出版商也纷纷看好中国学术市场的未来发展，主动与我国英文学术期刊寻求合作，共谋发展。

目前，我国与国际大型出版商合作的期刊出版单位主要有出版社及高校、科研机构、行业协会主办的学术期刊。国际合作对象主要为著名的大型出版集团，如斯普林格（Springer）出版公司、爱思唯尔（Elsevier）出版社、牛津大学出版社（OUP）、威立-布莱克维尔（Wiley Blackwell）出版集团、泰勒-弗朗西斯（Taylor & Francis）出版集团、自然出版集团（NPG）、英国物理学会出版社（IOPP）等。据不完全统计，截至 2011 年，中国大陆与国际出版集团合作的期刊至少在 160 种以上，其中以自然科学期刊为主仅中国科学院的国际合作期刊就达 59 种，而人文社科类学术期刊参与国际合作的仅 16 种左右。人文社科类期刊的合作方主要有施普林格出版公司、泰勒-弗朗西斯出版集团、牛津大学出版社，以及哈珀-柯林斯、企鹅等国际出版集团。[①] 近年来，不少著名国际出版商还通过北京国际图书博览会等渠道与中国人文社科外文学术期刊进行合作，哈珀-柯林斯、企鹅等国际出版集团即由此与《青年与社会》《管理学报》《政治与法律》等达成合作协议。

总体而言，与中国大陆学术期刊合作最多的国际出版机构为施普林格，其次是爱思唯尔。施普林格不仅是与中国科技期刊合作最多的出版公司，也是迄今与中国人文社科期刊合作最多的著名国际出版机

---

① 李文珍：《"中国学术期刊国际化现状调查"之一：英文学术期刊基本状况调查》，《中国社会科学报》，http://www.sinoss.net/2011/0511/32703.html，2011年5月11日。

构。早在20世纪70年代,施普林格即开始与中国期刊合作,致力于中国期刊的国际化运作,并创建了"中国在线科学图书馆"。几十年来,施普林格与中国共同合作出版了90多种学术期刊;与我国科学出版社、高等教育出版社、浙江大学出版社、清华大学出版社等建立了合作伙伴关系,积极将中国出版的英文期刊推介给世界各地的学术机构、图书馆、科学家及研究人员,并通过SpringerLink在线全文数据库提供世界范围内的全文访问,成为把中国研究成果推介到西方的主要国际出版商。爱思唯尔于2005年开始与中国科技期刊建立合作关系(Chinese Journal Cooperation Program,CJCP),但其合作对象目前仅限于我国英文版的自然科学期刊,约40种左右,社科期刊基本没有。

与大型国际出版集团合作的人文社科类学术期刊数量极少,究其原因,客观上离不开语言因素。目前来看,大型国际出版集团基本只与中国的英文版人文社科学术期刊进行合作,如施普林格出版公司强调致力于提高中国英文版学术期刊的国际化运作,爱思唯尔最初与中国期刊合作时,根据语种不同分为CJCPA和CJCPB两部分,CJCPA完全针对中国英文版期刊,CJCPB虽针对中文刊,但须将中文内容译成英文,稍后不久便中止了CJCPB合作模式,只与英文期刊合作;威立-布莱克维尔出版集团同样要求合作者为英文刊。2009年,威立-布莱克维尔出版集团某资深出版人偶见《浙江大学学报(人文社科版)》,惊叹该刊论文质量、学术视野、理论深度、作者层次及地域性、审稿流程及栏目国际化程度等完全可媲美国际著名人文社科期刊,遂索取该刊全年刊物回集团高层论证后,主动提出了与该刊建立合作关系,甚至主动表示可以保持该刊大综合的内容,但唯一要求的就是改成全英文刊。

与自然科学不同,思想只有在母语中才能产生足够的震撼力与吸引力,人文学科独特的本土性及其文化传承功能,在本质上特别强调对母语的依赖,所以,无论从国家语言安全角度、信息战略角度、人文学科的特点等角度考量,条件成熟的社科期刊可以做全英文刊,对大部分人文社科学术期刊而言,最终的语言选择可能还是以母语为主。由于中国英文版人文社科学术期刊的数量本身就少,加上人文方面的内容翻译难度本身又较大等多种因素影响,"借船出海"的人文社科期刊就更少了。据ISSN(国际标准连续出版物号)中国国家中心资料显示,1950

年至 2011 年,我国外文学术期刊创刊近 380 种(多为英文版),其中自然科学类期刊达 329 种,社会科学类只有 50 种左右,其中还包括了早期创刊的一些非学术性对外宣传期刊。英文版的社科类学术期刊大体只有 40 种左右,"借船出海"与国际出版集团合作的社科类学术期刊仅约 16 种,约占社科类英文期刊总数的 36%。①

社科类英文学术期刊的办刊主力主要为高校及研究机构,占比 50% 以上。与国际著名出版集团不同,在中国,由出版社主办的学术期刊相对较少,主办的社科期刊尤其是社科英文刊更少。以与斯普林格合作的出版机构为例,中国科学出版集团 2005 年即与施普林格签订了战略合作意向书,其主办的《中国科学》《科学通报》等 31 种自然科学英文期刊均与施普林格建立了战略合作关系;近年来,浙江大学出版社、清华大学出版社出版的期刊中,也各有 3 份英文科技期刊与斯普林格建立了合作关系。而社科领域直到近年才出现类似的合作办刊形态,主要代表为高等教育出版社。

高等教育出版社于 2005 年开始与施普林格合作,截至 2012 年底共有 24 种英文学术期刊通过 SpringerLink 向全球提供在线论文,其中科技期刊 17 种,人文社科类英文版学术期刊 7 种,是目前人文社科期刊参与国际合作最多的出版机构。这 7 种英文刊均为人文社科类的专业性期刊,内容包括经济、法学、教育、历史、哲学、文学、管理学等,已先后被美国、英国、荷兰、波兰、西班牙等著名国际检索机构的重要索引收录,让世界感叹于中国高速的经济发展之时,也感受到中国当代人文社科学术的风采。目前,高校主办的英文社科期刊主要有《复旦人文社会科学论丛》,该刊 2005 年创刊,经过几年试办,于 2008 年获得 CN 号,并正式以期刊形式出版,成为中国大陆首家推出的有正式刊号的高校人文社科英文期刊。该刊创办伊始即与德国斯普林格建立了战略合作关系。2013 年,中国人民大学期刊社也已获得社科期刊英文版 CN 号,并于 2013 年 1 月创办了《经济与政治研究》英文季刊。此外,山东大学

---

① 李文珍:《"中国学术期刊国际化现状调查"之一:英文学术期刊基本状况调查》,《中国社会科学报》,http://www.sinoss.net/2011/0511/32703.html,2011 年 5 月 11 日。

《文史哲》等相关高校期刊也在纷纷筹划创办英文社科学术期刊。至于高校各院、所创办或拟创办的专业性英文刊相对就更多了。清华大学当代国际关系研究院主办的英文学术期刊 *The Chinese Journal of International Politics*（CJIP）创办于 2006 年，该刊创办过程本身即得益于麦克阿瑟基金会的提议与推动，创刊伊始即与牛津大学出版社确立了战略合作关系，2006－2012 年间连续获得麦克阿瑟基金会的经费资助，并于 2012 年被 SSCI 收录。

研究机构主办的英文刊主要有 1980 年创刊的中国社会科学杂志社的 *Social Science in China*（《中国社会科学》），该刊作为人文社科综合类英文学术期刊，同样是通过国际平台进行合作与发行的；另外，中国社会科学院经济研究所主办的英文刊《中国与世界经济》（*China and World Economy*）也早在 2005 年即与国际出版商合作，由研究所负责期刊内容，国际出版商负责刊物在国外的文本和电子版的出版发行，并于 2006 年被 SSCI 收录。

言及中国人文社科研究与世界交流，还不得不面对另一个现实：单向吸收比较多，互动交流比较少。包括版权的单向吸收。这种单向传播的方式显然不利于中国学术的交流与发展。20 世纪以前，中国文化的对外传播主要通过外国来华游学者和传教士完成，如唐朝的日本遣唐使、明代传教的利玛窦等。新中国成立以来，特别是改革开放以来，我国社科类英文学术期刊的陆续出现，无疑有利于中国学术与其他文明和文化系统间的对话交流，使中国学术得以在对话中充分表达自己、充实自己，而非仅做西方话语的吸收者和追随者。中国学术作为全球学术共同体的一部分，需要坚守自己的学术话语，也需要走向世界与国际学者互动对话，主动向世界传输中国特色的学术思想、理论概念、语法逻辑和话语体系，在世界学术体系中反映中国视角、中国经验和中国思想。在这方面，社科英文学术期刊无疑起着重要的传播和桥梁作用。

二、人文社科学术期刊国际合作模式

（一）国际合作依据

改革开放以来，我国政府制定出台了一系列扶持文化产业发展的规划、措施及期刊国际合作的政策法规，为中国学术期刊的国际合作提供了重要政策依据和支持。

20世纪80年代以来，我国政府发布的对外合作出版管理文件主要有：1981年颁布的《国家出版局加强对外合作出版管理的暂行规定》，1994年国务院新闻办公室、新闻出版署发布的《关于海外报刊不得在内地自行征订发行的通知》，2000年新闻出版总署《关于规范涉外版权合作期刊封面标识的通知》，2002年新闻出版总署颁发的《关于加强对出版单位境外出版机构联合冠名管理的通知》，2003年新闻出版总署等发布的《外商投资图书、报纸、期刊分销企业管理办法》，2004年新闻出版总署《关于进一步规范新闻出版单位出版合作和融资行为的通知》，2005年《新闻出版中外合作项目审批》等。除了专门性文件以外，涉及期刊出版的其他文件中也间有涉及对外合作的相应条目，如2005年新闻出版总署颁布的《期刊出版管理规定》第三章第29条等；如2013年最新颁布的《国家新闻出版广电总局主要职责内设机构和人员编制规定》明确将"取消在境外展示、展销国内出版物审批"等。

上述文件表明，我国政府允许的期刊国际合作模式包括了海外营销代理、版权合作和广告代理三种。加入WTO后，我国政府只承诺逐步放开出版物的分销服务，凡涉及合作出版事宜，仍需按现行有关规定执行；出版物的出版被列入《外商投资产业指导目录》禁止项，也即我国政府尚不允许外商投资出版领域，不允许外商参与图书、报纸、期刊、音像制品、电子出版物的编辑出版工作。另一方面，为引进国外先进的科学技术和文化产品，我国政府也允许境外出版单位与国内出版机构就单个项目开展多种形式的合作，并对合作项目中的引进期刊采取了审批制。同时，我国政府对中国学术期刊"走出去"则予以强有力的鼓励和支持，如启动"国家重点学术期刊建设工程"，培育20种国际一流学术水平的国家重点学术期刊。该工程遴选标准特别强调了"具备国际办刊能力",目标是"推动我国学术期刊整体学术水平和国际影响力的提升"。同时,"十二五"规划还专列了推动新闻出版业"走出去"部分,设立多种意在拓展国际主流营销渠道,推动更多的中国优秀出版物走向世界的建设工程。

上述政策法规无疑为中国学术期刊的国际化进程和健康有序发展提供了政策依据和指导。随着改革开放进程的深化,笔者认为,政府部门关于国际合作的相关文件尚有继续修订和补充的空间。如数字时代,国际期刊数字合作平台相比其他出版物进展更为快速,亟须相关政策指导,但目前主管部门尚无国际数字期刊合作方面的文件出台;期刊出版单位与境外出版机构开展合作出版项目方面,《期刊出版管理规定》仅笼统提"须经新闻出版总署批准,具体办法另行规定"。另外,不少图书及期刊出版在国际合作方面已经走得较快,政府部门应适时予以跟踪指导,相关法律法规也亟须进一步完善,对合作中可能有的分歧或冲突,也应着眼于有利于我国学术竞争力和知识创新力提高的层面提供政策性意见。

(二) 社科期刊的国际合作模式

目前,我国社科学术期刊的国际合作内容主要体现在两个方面,即海外营销代理、版权合作;自然科学学术期刊的国际合作模式相对更多些,还包括外文期刊中文版、广告代理以及早期有过的中外合资或合作办刊等。总体而言,中国社科学术期刊与国际知名出版商合作模式与自然科学期刊大体类似,且具以下共性:期刊版权一般归中方所有;一个合同期多为3—5年;中方拥有期刊稿件审定权和编辑权,国际出版商提供语言润色等技术帮助及网上投稿、审稿系统;中方负责印刷版的国内发行,国际出版商独家代理网络版的全球发行及印刷版除中国大陆外的全球发行;国际出版商通过其数据平台负责期刊的全球传播,帮助拓展国际市场,扩大期刊国际影响力;帮助中国期刊申请加入 SCI、EI、SSCI、A&HCI 等著名国际检索系统等。

1. 英文社科期刊的主要合作模式:海外营销代理

当前,就整个中国出版业而言,开展国际合作的范围和领域在不断扩大,并从单一的图书出版合作走向包括期刊、数字出版产品在内的多种出版物形态的合作。就中国社科学术期刊而言,海外营销代理是其融入世界学术共同体的主要手段,合作的基本形式主要是将期刊的网络版通过国外大型出版机构的网络平台面向全球进行传播与营销,部分国外出版机构还同时获得了中国学术期刊在国际上的印刷版销售代理权。合作的基本原则是以资源换资源,以市场换市场,以进带出、双向共赢。①

作为与中国社科学术期刊合作最多的国际出版机构,斯普林格早在20世纪70年代即开始与中国学术期刊进行合作,并将中国英文版学术期刊合作项目统称为"中国在线科学图书馆"(Chinese Library of Science),还在中国设立了北京代表处。合作模式是:在尊重中方合作者对期刊所有权的基础上,在平等互利的原则下,通过签订合作出版协议,明确双方的权利和义务;在协议有效期内由中方编辑出版期刊,斯普林格提供编辑技术支持与标准供应、期刊报告与分析服务等;合作期间,由斯普林格独家负责合作期刊印刷版的海外发行,同时,利用其在全球的70个销售代表机构及各地的代理商,独家负责合作期刊电子版的全球发行,其中电子版通过著名的SpringerLink这一全球领先的数字出版平台及集团采购模式对合作期刊进行传播和营销,同时提供售后服务支持;另外,通过SpringerLink或专业统计公司,为合作方提供包括版税报告、使用报告、营销计划、营销报告等服务。牛津大学出版社的合作模式大体与斯普林格相似,如与牛津大学出版社合作的清华大学当代国际关系研究院的 CJIP 杂志,组稿、稿件遴选(采用严格的双向匿名审稿制)、稿件修改及语言与体例规范方面的编辑工作,由 CJIP 编辑部负责,英国和印度的资深编辑负责期刊的编辑校对(主要是英文修饰);期刊的印刷在美国完成,出版则在英国,牛津大学出版社负责总协调并协助期刊做好发行和推广工作,包括在 *Foreign Affairs* 上刊登广告。该模式从编校到出版发行涉及多个国家不同机构的合作,完全是国际化的运作方式。

---

① 衣彩天:《国际合作出版的意义、形式及原则》,《编辑之友》,2005年第2期。

总体来说,各出版商与期刊的合作模式基本相似但又各具特色。如期刊印刷版的海外发行基本由国际出版商代理,国内邮发不变。但网络发行模式则往往会有所不同,斯普林格、爱思维尔由出版社代理期刊的海外网络版销售的同时,编辑部仍可将论文的网络版全文提供给国内数据库;NPG、OUP、Wiley 则完全独家代理期刊的网络发行,编辑部仅可在网上上传元数据,不可上传全文;NPG、OUP 还给部分刊物提供英文修饰服务、稿件处理系统服务。在发行费用分配方面也各有不同,有的采用部分返回、支付部分费用、补贴海外邮费等,也有的采用销售收入去掉成本后按比例返还等方式,一般返回 10%—20%。

2. 中文社科期刊主要合作模式:单篇论文版权引进

对大部分未与国际出版商建立合作关系的中文社科学术期刊而言,更多的国际合作主要体现在基于版权引进方面的合作,主要形式是中文学术期刊通过合法途径获取已在国际期刊中发表了的优秀外文论文,译成中文后刊发在中文版的学术期刊上。合作方主要是中国期刊与海外期刊,包括著名出版公司旗下的国际顶尖期刊。这种合作主要以单篇论文的版权引进为主,一般通过学者推介,选取在国际上有较大反响的、引领学科方向的前沿性学术论文或国际著名学者的优秀论文,由编辑部出面获取原作者授权、国际原发刊物授权,翻译后以中文发表;编辑部须在该中文论文显著位置如文章首页页下等注明此文原发期刊的刊名及刊期、版权许可情况等。一般而言,国际学术期刊的版权引进多以免费为主,大多数国家的人文社科学术期刊不会收取单篇论文的版权转让费,只要引进版权的期刊注明版权事项即可。若合作方是国际出版商,即使单篇论文的版权引进,也有可能被要求支付价格不菲的版权转让费。

就目前而言,期刊版权贸易的另一种形式,即国际期刊品牌的授权使用或曰授权出版,也即外方将其刊物的品牌授权给国内学术期刊使用的状况,或获取国外某社科类期刊全部版权并全文连续性译介出版的状况,在中文社科学术期刊中尚未见到。新闻出版总署对国内期刊引进国际期刊的内容或资料有一定的比例限制,一般来说,时尚类杂志须控制在 50% 以内,而科技类、学术类内容的版权引进比重则宽松很多,按新闻出版总署规定可达 60%—70%,甚至更高。此举显然是为促进我国科技与文化的国际交流与发展,更好地为我国的现代化建设提供借鉴的。①

3. 新模式:"创新型期刊出版合作方案"(P&H 模式)

近年来,在国际上备受争议的爱思唯尔出版社显然注意到来自期刊、机构用户及学者的抵制与不满,开始向学术期刊推出"创新型期刊出版合作方案"(Production and Hosting 模式,简称 P&H 模式),该方案内容有五:(1)版权归期刊;(2)期刊(编辑部)负责内容、学术质量把关和主编、编委的任用;(3)Elsevier 负责期刊生产及在 ScienceDirect 平台在线出版,全文发布;(4)读者从 ScienceDirect 平台免费下载期刊全文;(5)期刊依据所需服务的具体内容向爱思唯尔支付费用。P&H 模式还向编辑部提供不少出版流程方面的服务,包括排版与文字修订、作者校对、校样修改、数据转化、期刊在线出版服务等;提供 PDF 文件或按需印刷服务;提供编辑投稿系统、生产控制系统、ScienceDirect 在线出版全球发布、爱思唯尔期刊主页全球推广及搜索引擎优先排名服务等。在 P&H 模式下,期刊编辑部专注稿件内容和质量控制,包括收稿、审稿、退改、定稿等流程,爱思唯尔负责期刊排版与文字修订、校样修改与校读、稿件在线发布及印刷文档的提供等生产流程,可谓分工明确。

P&H 模式最值得关注的是国际出版商已不再独揽期刊的海外网络发行和印刷本发行权,也不再高价向世界各大图书馆销售其期刊网络产品,而是向用户提供免费下载的服务平台。在 P&H 模式中,唯一付费的是期刊编辑部,但编辑部除了继续保留对期刊管理的主动权外,还获得了专业化出版质量保障,精确的目标受众和领先的数字出版服务,可较好地提升期刊文章的国际显示度和被引率,并获得未来发展方向的参考数据。但目前还没有社科期刊参与此类合作模式。

(三)国际合作模式利弊分析

目前,与国际出版商进行合作的社科期刊虽然数量不多,但定位明确,都采用英文作为出版语言,都在积极探索期刊的国际化发展路径,

---

① 房美丽、许淳熙:《与境外合作办刊的现行模式和影响探析》,《中国科技期刊研究》,2004 年第 5 期。

都以开放的姿态将走向世界作为期刊未来发展的目标,都希望通过国际合作融入国际学术共同体,与国际学者对话,传播中国文化和中国学术话语体系,提升中国学术的国际显示度。而国际知名出版商同样也在积极寻求与中国英文版社科期刊的合作,希望借此扩大自身在中国的品牌知名度和影响力,完善自身的数据库建设及区域性和代表性,抢占中国优质刊源、稿源和未来发展先机,并通过专享中国期刊的国际印刷版发行权和网络发行权获取不菲收益,提升其所占的中国期刊市场份额。可以说,双方目标虽不同,但通过合作达成各自期许的意愿却一致,这也使中外期刊有了合作基础。

1. 合作优势

(1) 有利于获得国际推广,提升我国社科学术期刊的国际显示度和影响力,扩大中国社科学术期刊在国际市场上的占有率。

社科学术期刊是中国文化"走出去"的重要组成部分,与国际知名出版商合作,依托其品牌效应的支撑、科学的管理流程、成熟的编校经验、先进的办刊理念、严谨的出版规范、领先的数字出版技术和全球性的营销渠道,可以较好打开国际市场,拓展我国社科学术期刊的国际发行量、传播面和显示度;中国社科期刊也较容易被一些国际学术机构所认识、包容并接纳。相比自然科学期刊的传播,人文社科学术的国际传播在当下更有其特殊的积极意义和必要性,可有效促进中国学术话语体系的传播,在西方话语垄断和话语霸权中,顺应世界多极化趋势及伴随的国际话语多样化格局,传递来自中国学界的声音、思想与话语体系尤为重要。

(2) 有利于学习国外先进的办刊理念,优化编辑部工作流程,提升期刊质量,创建期刊国际品牌。

中国人文社科学术期刊大多按传统三审制运作,向国际标准靠拢,采用同行审稿制度等先进运作模式,可以有效提升中国期刊的国际化办刊程度,吸引国际优质稿源,提升我国学术期刊的办刊水平与实力;可以促进中国与国际期刊界的互动交流,让世界及时了解中国优秀期刊及其原创性成果,助推我国学术期刊在学习借鉴中逐渐培育自主性国际品牌;可以将稿件外包给以英文为母语的国际出版机构进行英文语言加工润色,提供编校技术支持与标准,使中国英文刊的语言表达更准确、期刊规范更符合要求,更易被国外学者接受。

(3) 有利于国内出版集团在与国际出版商竞争与合作中获得借鉴,适时组建适合我国国情的、拥有优秀品牌期刊的自主性国际出版集团。

鉴于目前我国社科学术期刊大多还不太重视经营管理,有效的国际合作还可以开拓社科办刊人的视野,在合作中学会科学经营、管理期刊的方法,提升办刊理念。

(4) 有利于被国际著名检索机构收录,进一步扩大中国人文社科期刊在相关国际学术机构或学术共同体中的传播通道。

自然科学期刊的经验表明,与国际出版商合作更容易被 SCI 等著名国际检索机构收录。以斯普林格为例,JCR 2009 年报告显示,其"中国在线科学图书馆"有 90 多种中国期刊,被 SCI 收录达 46 种,同年,我国被 SCI 收录的英文期刊中有 47.9% 来自与斯普林格合作的期刊;如与斯普林格建立战略合作关系的浙江大学的英文科技期刊中,就有《世界儿科杂志》(WJP)等 5 种期刊被 SCI 收录。考察中国的社会科学类期刊,情况类似,参与国际合作的期刊显然比未合作者进入 SSCI 更具优势。如中国社会科学院经济研究所主办的英文版《中国与世界经济》(*China and World Economy*)、清华大学的 CJIP 等。

我国人文社科期刊被其他国际著名检索机构收录的情况大体也类似:截至 2011 年,与斯普林格合作的高教出版社主办的 Frontiers 系列 7 种英文版人文社科类专业期刊,先后都被国际重要检索机构收录,其中有 3 种期刊分别被 2 家国际检索机构收录,1 种被 6 家收录,2 种被 9 家收录,最高的 1 种被 11 个收录(商业 2,经济 9,教育 2,历史 11,法学 9,文学 6,哲学 2)。高教社 Frontiers 系列社科期刊能被国际重要检索机构收录,其通用的英文语言、单学科专业性期刊定位,尤其是斯普林格的国际合作助推,无疑起到了不可忽视的作用。

当然也有例外,据中国科技信息研究所 2011 年 12 月公布的统计数据显示,2010 年,SSCI 收录期刊总数为 2803 种,中国出版的期刊仅 1 种(未含我国港澳台地区),这 1 种就是被 A&HCI 收录并有正式 CN 号的《外国文学研究》,该刊并未参与国际合作。此外,2007 年被

A&HCI 收录的香港道风出版的《汉语基督教研究》、2010 年被 A&HCI 收录的台湾中原大学出版的《汉语基督教学术论评》,也均未参与国际合作,且均为人文学科的中文专业期刊。未与任何国际出版机构合作的《浙江大学学报(人文社会科学版)》虽是中文期刊,而且是涵括人文社科各学科的大综合期刊,截至 2011 年,也已先后被 8 个重要国际检索机构的 15 个著名索引收录,成为目前中国人文社科类中文版期刊被国际检索机构收录最多的期刊,被收录数并不亚于英文且专业刊的 Frontiers 系列。值得一提的是,《浙江大学学报(人文社会科学版)》没有通过任何国际出版商帮助申请国际检索机构,除了三个是自主提出申请的外,其余均被国际重要索引主动收录。

就人文社科期刊而言,美国的"剑桥科学文摘"(CSA)是迄今收录中国人文社科类期刊最多的国际检索机构。2012 年统计数据表明,截至 2011 年,被"剑桥科学文摘"收录的自然科学期刊达 747 家,而人文社科类期刊含港澳台在内才 40 多家,包括 2011 年新收的 3 种外文刊社科类期刊:大陆出版的《中国社会科学》(英文版)、港台出版的《亚太语言教育学报》(葡萄牙语)、《亚洲艺术新闻》(英文版),人文社科期刊被收录量仅为自然科学的 1/17 左右,非常少,其中中文版社科期刊收录难度就更大了。再如"哥白尼索引",截至 2012 年 1 月收录科技期刊达 560 多家,收录我国社科期刊仅 6 家,其中 2009—2010 年整整两年间,唯一收录的仅有《浙江大学学报(人文社会科学版)》。可见,与自然科学期刊相比,我国人文社科学术期刊进入国际检索机构难度更大。

需要强调的是,中国期刊走向世界,其目标并非是西方化、英文化,更不是为了被国际检索机构收录。加入国际检索机构只是手段,不是目的。通过接轨登上世界学术期刊平台,是为了拓宽视野,立足全球的制高点创新理论,更好地向世界传播中国视角、中国经验和中国思想,更好地为发展自己服务。

2. 存在问题

学术期刊的国际合作方面,自然科学期刊比社科期刊走得更早、更快、更远,在与国际出版商合作与博弈的几十年中,也带来很多经验和值得思考借鉴的地方,包括不少困惑。鉴于社科期刊与自然科学期刊合作模式基本类似,很多问题产生的根源也往往基于内在的合作模式,所以,自然科学期刊合作中出现的问题无疑具有共性,值得社科期刊借鉴。

(1) 促使国内优质稿源外流,影响国内科技期刊健康发展,导致学术信息不平等循环。从合作模式来看,一方面,中国合作期刊的国际出版和发行几乎均被国际出版商"独家"垄断,由此,中国期刊很容易被其控制,难求更宽广的营销空间和更有利的发展机会;此外,国外出版商为获取丰厚的经济回报而对学术信息资源进行垄断,还会严重影响我国学术出版产业链的健康及有序发展,导致学术信息的不平等循环,并成为影响国家非传统安全的因素之一;另一方面,国际出版商旗下的期刊在合作中也得以不断提升其在中国的知名度和品牌效应,并借此抓取和吸引我国优质稿源,造成国内优秀论文大量外流。优质稿源是期刊的生命线,中国期刊失去优质稿源,就会折翼难飞。

(2) 短期合作容易造成品牌中断,论文版权丢失。从合作模式看,国际出版商与我国学术期刊的合作期限一般为3—5年,期间往往会买断合作期刊论文的版权予以独家销售,合作期内若未获利,国际出版商多会择时抽身,不再续签合同;与其合作的中国期刊因缺少长期的培育过程及足够的资金投入,往往陷入被动。

(3) 导致国内合作刊的依赖感。笔者认为,从战略上考量,学术期刊国际合作不是目的,不是为获取短期营销所得等少量经济利益,应放眼长远,去学习国际先进的出版技术和理念,学会国际期刊的运作方式和国际平台的管理模式,合作当是手段和途径,最终是为树立自主品牌、发展自己服务。如果合作期刊的编辑对期刊国际化的认识不足,仅仅沿袭国际出版商的操作模式和流程套路机械运作,不思借鉴提升和自主发展的长远目标,长此以往,合作期刊编辑易产生对外商的依赖性,失去独立自主发展的进取性,从而远离国际合作的初衷和目的。

值得一提的是,国际出版商与中国期刊合作的目的显然更主要的还是为了自身的商业利益,他们关注中国期刊学术质量提升的目标取向更多是为自身数据库的质量考虑,因此,国际出版商提供的条件更多还有赖于期刊编辑部自身努力推进才能起作用,仅仅依赖是难以大有可为的。

三、思考与建议：变"借船出海"为创建"自主平台"

随着国外数字期刊的日趋垄断，全球科技期刊市场已由少数大型出版商占据，政府出钱产出学术论文，又由政府出钱从国外购买回来的学术信息不平等循环状况也在日益加剧，这种学术信息恶性循环的现象可形象地比喻为"斯蒂格利茨怪圈"。为了打破国外出版商对学术信息资源的垄断，我国迫切需要办出一批高水平的、面向世界的、具有规模化效应的自主性学术期刊品牌，并创建这样的具有规模化效应的出版平台，使中国学术期刊既可以通过国际合作的方式"借船出海"，又可以搭乘自己的战舰走向蓝海。

从长远看，中国学术期刊要走向世界，与国际出版商合作时尚应注意如下几个方面。

（一）培育自主性平台，创建自主营销渠道，助推中国学术期刊走向世界

目前，中国还没有类似国际著名出版商一样的兼具大型数字出版平台、全球性网络销售渠道和高质量品牌期刊群组成的学术出版平台，国内社科或自然科学英文学术期刊往往只能通过国际合作来走向世界。面对这种状况，我们不能永远让面向世界定位的中国学术期刊继续走这种无偿或低价转让版权及发行代理，或失去独立主办者地位的路子去进行国际合作。有长远和战略上的谋划，依靠自主创新、建立具有自主知识产权的国际期刊平台，是中国期刊可持续发展的当务之急，也是中国期刊人、出版人应对"斯蒂格利茨怪圈"的良策。

搭建自主性学术出版平台需要政府大力支持。对有条件组建期刊社或整合多种英文社科期刊走向世界的大型出版集团，政府要鼓励并提供政策支持；对有能力面向世界或走向世界的单一中文社科期刊，政府相关机构也应通过实施系列工程、提供专项基金扶持等措施，助推其

提升国际影响力。

(二) 强化法律意识,明确合作主体

从现在来看,我国学术期刊多为非法人编辑部,且分散在不同的科研部门、不同的高校,各自为政,小而散的编辑部与经验丰富的大型国际著名出版公司合作时,以一己之力单独签约,往往缺乏谈判底气和筹码,不易争取应得之权益;英文合同也使编辑部处于劣势,不利于未来法律纠纷的解决;且以非法人编辑部出面签订协议,也的确存在合同主体不明确、不规范及自身权益无法得到保障等缺陷;编辑部缺少法律知识还容易留下法律仲裁等隐患,不利于国际合作的可持续发展。就国际合作而言,明确合作主体,将有利于期刊国际合作权益的保障和长远发展。

一般而言,出版社尤其是大型出版集团往往有着丰富的国际合作经验和版权运作能力,有能力规避国际合作的风险。鉴于此,一方面,我们要搭建自主性国际期刊平台直接走向国际市场;另一方面,一般编辑部也可通过国内著名出版集团与国际出版公司对等谈判,单一的非法人期刊通过加盟这样的自主性出版集团可以有效保障自身权益,规避风险。

(三) 保护数字版权,避免全球独家代理

签订国际合约时,中国期刊要注意保护自身的独立版权,至少要保持我国期刊作为第一主办单位,即使放置国际出版商标志,期刊版权仍须归中国所有。因此,版权页不仅要标注 ISSN 号,尤其要印上 CN 号;保留国内印刷版、电子版发行权的同时,国际发行权尤其海外网络发行权应尽量避免独家交付国际出版商,最好是允许对方发行,但不独家授权,尤其不能授权全球性的网络独家代理,即使授权其海外独家代理,也不能将国内的网络发行权一并交付外方。

在数字化的今天,传统纸媒发行逐渐萎缩已是不争的事实,数字化代表着期刊的未来,对学术期刊而言,网络发行所占份额也正在日趋增长。所以,从长远利益和未来发展的战略考虑,期刊的海内外电子版发

行权一定要掌握在自己手中,坚决避免独家发行,尽可能减少国际出版商垄断中国学术信息资源、造成我国学术信息不平等循环的负面影响非常必要。

原载于《河南大学学报(社会科学版)》2013年第6期;《新华文摘》2014年第3期全文转载,人大复印报刊资料《出版业》2014年第2期全文转载,人大复印报刊资料《社会科学总论》2014年第1期全文转载

学术期刊数字出版的价值反思与改革取向

赵文义[①]

引 言

学术期刊数字出版代表着学术期刊的发展方向,从发达国家的学术期刊出版实践来看,越来越多的学术期刊已经不再出版印刷版了。例如,成立于1867年的美国化学学会(American Chemical Society,ACS,目前出版52种学术期刊)2010年以来共创办9种学术期刊,这9种期刊没有出版印刷版,且6种已经被SCI收录,3种没有被收录的都是2013年以后创办的。当前,我国绝大多数的学术期刊都出版印刷版,这与我国的相关制度设计高度关联,在职称评审、学位授予和科研评价中往往都要求出示印刷版学术期刊。在可预期的将来,学术期刊数字出版也许会泛指整个学术期刊出版,印刷版可能只为满足极少数读者的特殊需求,就像照相机领域现在已经很少有人去刻意强调数码相机了一样。因此,深入了解学术期刊数字出版的技术特性和商务特征,洞察学术期刊数字出版带给人们高效和便捷的同时带给人们的负面影响,适时改进制度设计的理念是政策和制度制定者以及学术期刊出版从业者应该具备的知识素质。

关于学术期刊数字出版与传统出版的关系问题,由于出版发达国

[①] 作者简介:赵文义,工学博士,长安大学文学艺术与传播学院教授,长安大学出版科学研究所研究员。研究方向媒介经济与管理、编辑出版学。

家学术期刊出版以商业出版为主,学术期刊数字出版与传统出版之间的搭配和组合更多属于出版商的经营策略问题,而我国的情况是学术期刊数字出版与传统出版的产权分立,双方的矛盾和冲突在出版发达国家基本上不会存在,因此,关于这一问题的研究文献主要来自于国内学者,以《南京大学学报》朱剑编审为代表的部分学者和从业者对此已经有所关注和研究,有影响的文献如:朱剑的《高校学报的专业化转型与集约化、数字化发展——以教育部名刊工程建设为中心》[1]和《我国学术期刊的现状与发展趋势——兼论学术期刊改革的目标与路径》[2]以及程维红等的《我国科技期刊由传统出版向数字出版转型的对策建议》[3]等。但是,他们更多的是发现了问题,或者按照自己的经验提出一些解决办法,整体上缺乏深入的学理解释和全面的逻辑思考。本文试图搭建学术期刊数字出版的行为特征、市场结构和改革取向之间关系的逻辑链条,目的是为我国学术期刊数字出版的发展提供借鉴。

一、出版形态变迁及其价值反思

纵观出版形态的变迁,可从口口相传的人际传播谈起。为了拓展人际传播的范围以及满足代际传播的需要,书写的发展成为历史的必然。然而,书写的发展给人们带来扩展信息、激发新想法等诸多便利的同时,书写的价值也有许多值得反思的余地。柏拉图在《斐多篇》里就阐述了苏格拉底对书写的哀叹和担心,他担心人们过于依赖书写下来的文字,而"停止记忆,变得容易遗忘"。[4] 随着印刷技术的发明,书写逐渐被印刷所取代,出版业才得以真正兴起。印刷文字虽然能够为人

---

[1] 朱剑:《高校学报的专业化转型与集约化、数字化发展:以教育部名刊工程建设为中心》,《清华大学学报(哲学社会科学版)》,2010年第5期。

[2] 朱剑:《我国学术期刊的现状与发展趋势:兼论学术期刊改革的目标与路径》,《传媒》,2011年第10期。

[3] 程维红、任胜利、路文如等:《我国科技期刊由传统出版向数字出版转型的对策建议》,《中国科技期刊研究》,2011年第4期。

[4] 柏拉图著,王晓朝译:《柏拉图全集》第1卷,北京:人民出版社,2003年,第73页。

类传播带来福音,但是意大利人文主义者 Hieronimo Squarciafico 就担心书本的获得太容易,会导致人们智力上的懒散,而且会因为"怠惰"使大脑不再强健。

互联网技术和数字技术的发展,使数字出版逐渐代替印刷出版而成为出版的主流形态,然而,数字出版的发展虽突破了印刷出版的思维局限性,但也可能是用一种缺憾代替了另一种缺憾。数字出版技术存在一种破坏性潜能,在某种程度上会损害人的完整性和创造性。意义和意义之间的间隙是人作为思想主体的存在空间、想象空间、感受空间而存在的,数字出版的发展导致人们阅读更快、阅读的间隙更小、思考的时间更短、思考的深度更浅,从而剥夺了人的主体性空间。虽然数字出版技术提升了人的认知能力和主体创造性思维的发挥,突破了印刷出版技术所导致的信息套餐的被动接收状态以及信息发送的时间和地域限制,但是数字出版技术为人们提供无与伦比的效率与便捷的同时,也伴随着出现了作为人的主体性衰落的风险——数字出版的搜索引擎功能渗透着技术专家的意志和观念,使读者的理念智力成为机械过程的产物,转换为可以被分解、度量和优化的步骤,读者自身的创造力就会受到限制,并最终受到思维能力、判断能力、辨别能力等主体能力不断退化的威胁。借苏格拉底"未经反思的生活是不值得过的"的名言,似乎可以得出"未经反思的技术生活也是危险的"的结论。反思的价值在于明确自身的"洞穴性",只有深刻地去体验自身的"洞穴性",人们才有走出洞穴的可能性。[①]

二、学术期刊数字出版的价值反思

我国学术期刊的数字出版以中国知网、万方数据和维普资讯网为主要的出版形态,从价值取向上看,主要是追求效率和便捷;从数字出版实施路径的角度上看,主要是追求"大而全"的集中建库模式,试图使知识获取"一网打尽"。但是,这种对于效率和便捷的极致追求也许只是一个幻景,也许是学术期刊数字出版者的一厢情愿。因为,阅读和检

---

① 申凡等:《网络传播心理学》,北京:清华大学出版社,2013年,第255页。

索主体的心理特征和行为特征很可能使这种追求适得其反,从阅读主体的角度来看,如果读者通过关键词搜索出来的文献只有少数几篇,读者的心理倾向往往是耐心、认真、细致地全部阅读;如果读者通过关键词搜索出来的文献数量已经远远超越了自己的阅读能力,读者的耐心和认真程度可能就会受到影响,从获得的大量文献信息中随便挑选几篇自己认为较适合的文献快速阅读也许是常态。这种心理倾向可能就是觉得反正文献很多,反正无法全部阅读,于是就会在内心深处产生对于现存文献的某种依赖,因为这些文献反正会一直在那里,现在大概了解一下就可以了,以后还可以耐心细读。这种微妙的心理考量时常在不知不觉中发生作用。学术期刊数字出版中的搜索结果并不是每个读者都要追求一种最佳状态,而是只要达到满意的阈值就会停止搜索,对于读者来说这种看似"惰性"的表现,事实上是符合边际收益递减原理的。当学术期刊这种集中建库模式所提供的搜索结果超越了读者的阅读限度,超出的部分信息就是冗余信息,这种冗余信息只能是一种看似有价值的幻觉,并不会真正发挥实际作用。从实证的角度来看,对Excite搜索引擎的研究发现,仅有5.24%的检索表达式中包含有布尔逻辑检索算符,[①]多达58%的使用者只查看检索结果首页;[②]对中国知网使用的研究表明,80%的读者不能正确使用高级检索功能。[③] 根据万方数据2014年4月主站用户主动的检索数据全样本统计,用户具体翻页数据如表1所示。

表1　万方数据2014年4月主站用户主动的检索数据

翻页数	用户数	所占比例
第一页	16291310	60.2%
第二页	2139550	7.9%
第三页	1237683	4.6%

---

① 张俊娜、贺娜:《用户信息需求的网络激发与检索行为引导》,《情报杂志》,2008年第10期。
② 申凡等:《网络传播心理学》,北京:清华大学出版社,2013年,第247页。
③ 张俊娜、贺娜:《用户信息需求的网络激发与检索行为引导》,《情报杂志》,2008年第10期。

续表

翻页数	用户数	所占比例
第四页及以上	7396600	27.3%
总计	27065143	100%

从这些实证数据可以看出，学术期刊数字出版的集中建库模式所想象的效率和便捷的优势往往是虚幻的，而且一旦超越读者的文献阅读数量限制，信息量的聚合本身还会对读者的阅读行为产生负面影响。

三、学术期刊数字出版的垄断与反抗

从美国、英国、德国以及荷兰等世界出版发达国家来看，学术期刊数字出版已经形成了垄断的局面，各大学术期刊数字出版集团拥有很强的价格控制能力，使学术期刊使用者获取至为重要文献的途径受到越来越严重的威胁。从学术期刊的发展趋势来看，学术期刊越来越专业化，这种专业化趋势势必在学术期刊市场上形成越来越多的局部垄断，因为专业化意味着读者面越来越小，而在狭小的市场领域不可能共存过多的选题和定位趋同的学术期刊。也就是说，在特定选题和定位的学术期刊市场领域，缺乏竞争是一种必然趋势，而这种缺乏竞争的趋势源自学术期刊自身的特性和发展规律。学术期刊自身发展特性所决定的局部垄断趋势，加之各大学术期刊数字出版集团的寡头垄断现实，共同决定了学术期刊价格逐渐攀升的趋势。

关于学术期刊数字出版，世界上最大的出版集团是瑞德·艾斯维尔出版集团（Reed Elsevier）。目前，它旗下的 ScienceDirect（www.sciencedirect.com）数字出版平台出版 2500 多种学术期刊和近 20000 种图书。ScienceDirect 是瑞德·艾斯维尔出版集团开发的最全面的全文检索数据库，这个平台是该集团进行数据销售的主要渠道。2004 年 11 月该集团正式启用的 Scopus 平台，它是目前全球规模较大的文献和索引数据库之一，同时，平台还可以实现引文和被引文献双向链接，使用户准确无误地获取相关文献。Scopus 平台已具备很多对于学术期刊的评价功能，对于瑞德·艾斯维尔出版集团的品牌具有很强的支撑作用。1998 年，瑞德·艾斯维尔出版集团收购了创办于 1884 年的美国工程信息公司(Ei),从而控制了工程领域权威学术期刊的检索标准,进一步巩固了其出版集团的统治地位。2001年,瑞德·艾斯维尔出版集团启动了第一个免费的科学搜索引擎 Scirus(www.Scirus.com),为学者在网络上和专有数据库中快速查找所需的信息打开了一道便捷之门。①瑞德·艾斯维尔出版集团所有的这些努力不仅提升了品牌价值,而且也使其垄断地位不可动摇。

世界上仅次于瑞德·艾斯维尔出版集团的第二大学术期刊出版集团是施普林格科技商业媒体集团(Springer Science+Business Media)。德国施普林格出版公司始建于1842年,1998年被贝塔斯曼出版集团兼并后更名为贝塔斯曼-施普林格出版集团(Bertelsmann Springer)。2003年5月,欧洲最大的两家私人投资公司康多弗(Candover)和辛芬(Cinven)在收购了贝塔斯曼-施普林格出版集团之后,将它与同年1月被其并购的世界第三大科技出版商原荷兰克鲁维尔学术出版公司(Kluwer Academic Publishers)合并为施普林格科技商业媒体集团,2004年春该集团正式运作。②

学术期刊数字出版资源垄断造成的漫天要价,已经损害了各个国家的基础研究机构,并致使各方面通过各种方式进行极力反抗。图书馆不仅面临学术期刊涨价和预算缩减的双重压力,同时又要逃脱咄咄逼人的版权法律规定以及反垄断法律缺席所带来的后果,因此,只能增加馆际互借来共享一些不常用的学术期刊。厄勒姆大学(Earlham College)教授彼得·苏贝尔(Peter Suber)说:这种危机出现已经有40年了。我们已经远远跨过了损害控制的临界点,进入了肆意损害的时代。高昂的价格使人无法获得信息,而令人无法容忍的高价则令人无法容忍地阻塞了信息。世界上每个研究院所无论多么财力雄厚,都遭受了这种忍无可忍的阻塞。不仅图书馆需要取消订单、消减图书开支预算来勉强撑持应付,甚至研究人员也必须在无法获取对其研究非常重要

---

① 戴利华主编:《国外科技期刊发展环境》,北京:社会科学文献出版社,2007年,第170—171页。

② 戴利华主编:《国外科技期刊发展环境》,北京:社会科学文献出版社,2007年,第148页。

的刊物的情况下进行研究。① 美国亚利桑那大学（University of Arizona）图森市（Tucson）分校的一位社会学家迈克·罗森兹维格（Michael Rosenzweig）曾参与协助创办一本《进化生态学》（*Evolutionary Ecology*）学术期刊，到 1986 年该刊的定价已经涨到了每年 8000 美元，他无法忍受这样高的价格就进行抗议，后来整个编辑团队"叛逃"，另起炉灶创办了自己的新刊物《进化生态学研究》（*Evolutionary Ecology Research*），而这本新刊物的定价，即使将所有的精心准备和评委投入计算在内，也不过为每年 353 美元。到 2003 年，迈克·罗森兹维格的抗议活动已经发展为一个在研究型图书馆协会支持赞助下的世界性的专业出版和学术资源联合会（SPARC）。该联合会现在在北美洲、欧洲、亚洲和澳大利亚有 200 多个会员大学，包括哈佛大学、耶鲁大学、加利福尼亚大学以及其他美国和加拿大的大学。②

另一个由大学主导的反垄断行动是"数字共享"（Digital Commons）运动，这个运动完全通过网络展开，并已经成为世界性的运动，该运动的目的是在公共领域内尽可能地保留更多的智力财产，从而免受商业性版权规定的限制。商业界的控制势力正在伸向"永久版权"领域，使更多的学术论文成为学术期刊数字出版集团的商业资产。"数字共享"公共资源的贡献者可以自由制定限制条件，决定是否许可他人使用该资源。另外，它对公共领域内"非商业性使用"是开放的，如果有人希望用这些"数字共享"的公共资源赚取利润，作者则可以向他收费。③ 类似的对抗商业利益对学术资源控制的行动，还有各种网络免费百科全书等，如维基百科、百度百科、百度文库等。百度文库具有更大的开放性和便利性，读者无须注册账号即可查看或下载免费资源，注册账号即可下载付费资源。

---

① Ben H. Bagdikian 著，邓建国、张诗耘、杨保达等译：《新媒体垄断》，北京：清华大学出版社，2013 年，第 100 页。

② Ben H. Bagdikian 著，邓建国、张诗耘、杨保达等译：《新媒体垄断》，北京：清华大学出版社，2013 年，第 100 页。

③ Ben H. Bagdikian 著，邓建国、张诗耘、杨保达等译：《新媒体垄断》，北京：清华大学出版社，2013 年，第 101 页。

针对学术期刊数字出版集团的反垄断行动催生了学术期刊开放获取(Open Access,OA)出版模式。开放获取模式不同于基于订阅的学术期刊传统出版模式,它可以有效突破商业出版集团对学术期刊数字出版的垄断。建立在互联网基础上的学术期刊开放获取出版模式自20世纪末产生以来,得到了国际科学界和图书情报界的大力推动和倡导。2001年12月,由开放社会研究会(Open Society Institute,OSI)发起召开的题为"加速让所有学术领域的研究文章都能免费供公众利用"的布达佩斯会议,是开放获取正式引起学术界注意的标志性事件。近年来,开放获取出版得到了一些国家政府、科研机构和大学教育机构的大力支持,并制定了开放获取出版的资助政策,如英国研究理事会(Research Councils UK,RCUK)和欧盟委员会等机构都颁布了开放获取出版的资助政策,为获得资助者支付开放出版论文的文章处理费(Article Process Charge,APC)。[①] 奥地利科学基金会(FWF)和意大利(Telethon)基金与出版商 Wiley-Blackwell 签署协议,为受资助项目作者在 Wiley-Blackwell 的开放出版期刊或者符合开放期刊上发表开放出版论文支付 APC,要求论文必须存储到 PMC 中。德国科学基金会(DFG)一直积极支持开放获取,除了支持建立开放获取期刊和基础设施外,还通过与德国相关大学签署专门的开放出版资助协议,部分支付教师开放出版论文的 APC。在多方面的大力倡导和资助下,学术期刊数字出版商正在积极改变出版策略,推出 OA 出版的相关政策,其出版模式和运营模式主要有两种:一是 OA 期刊,被称作开放获取的"金色之路",作品在发表的同时即实施开放获取,OA 期刊的出版费用可以采用作者付费模式,也可以采用机构资助模式。二是自存储,作品在发表后由作者自己或第三方将作品存储在学科知识库或机构知识库中,称为开放获取的"绿色之路",出版费用一般来自于机构资助或机构的政策需求。开放获取出版的发展尽管时间很短,但势头非常强劲,根据《开放获取期刊目录》(DOAJ)的统计,2013年所收录的 OA 期刊(可检索至全文)已达

---

① 中国科学技术协会主编:《中国科协科技期刊发展报告(2014)》,北京:中国科学技术出版社,2014年,第217页。

5000余种,自2005年以来,以每月近40种的速度增长。①

四、学术期刊数字出版反垄断的学理解释与争论

学术期刊数字出版是否存在垄断,以及是否应该实施反垄断规制,涉及对反垄断的认识和价值取向。对于"反垄断"这一话题,讨论可谓源远流长。从社会形态进化的宏观层面出发,马克思在《资本论》中搭建了一条反垄断的严密逻辑链条。马克思认为,社会财富既然是由劳动所创造的,资本家必然是剥削了劳动者的剩余价值,否则,资本家怎么会那么富裕呢?在马克思看来,资本主义社会中资本家与劳动者之间的剥削与被剥削这对矛盾是不可调和的,所有的社会不公平都来自于这对不可调和的矛盾。在马克思生活的时代,适者生存、优胜劣汰、弱肉强食这种丛林规则,或者说"社会达尔文主义"是主要的社会理念和游戏规则,因此,马克思的逻辑结论是这种丛林规则的资本主义必然会灭亡。但需要说明的是,在《资本论》的冲击下,西方社会认识到了这种危机,重塑公平并对资本主义进行改造,追求社会本位,也就是逐步进行社会主义化改造。改造具体表现在两个方面:首先是在英国催生了衡平法和陪审团制度,认为整个社会的公平标准应该由普通老百姓来决定,而不应该由社会精英所决定,社会大众应该组成陪审团参与司法判决;其次是在美国催生了《谢尔曼反托拉斯法》,针对美国大家族所代表的资本家进行反垄断规制。欧美各国不但通过衡平法和陪审团制度在法律层面来重塑公平的理念,同时,还通过反托拉斯法来化解资本家与劳动者之间原本不可调和的矛盾。② 美国反托拉斯法的矛头直接针对大家族,希望大家族通过股票市场退出美国的经济舞台去颐养天年,使更多的社会大众持有股票成为股东,透过股票市场的财富重分配

---

① 中国科学技术协会主编:《中国科协科技期刊发展报告(2014)》,北京:中国科学技术出版社,2014年,第217—218页。
② 郎咸平、杨瑞辉:《资本主义精神和社会主义改革》,北京:东方出版社,2012年,第129—154页。

功能让劳动者成为股东和自己的主人,实现马克思所向往的社会主义和共产主义。原始的资本主义就这样在马克思主义的巨大冲击下走向了现代资本主义,在马克思的逻辑链条中,反垄断是必然的,否则,资本主义的社会形态就难以为继。

新古典主义经济学认为,垄断会提高价格、减低供给、降低经济福利和效率,但是,基于市场自由进入的条件假设,认为垄断价格会吸引新企业进入并扩大供给,竞争会自动摧毁垄断而不必刻意去反垄断,竞争的过程是自我维持的。不完全竞争理论对新古典主义的市场自由进入假设提出了挑战,认为市场存在专利和特许经营等政府授权、潜在进入者的不完全信息、规模经济导致的自然垄断、阻碍进入的市场战略等进入障碍,阻止进入的障碍维护着伴随垄断而来的超额利润和低效率,因此,反垄断是必要的。可竞争性理论缩小了新古典主义和不完全竞争理论之间的差距,减轻了对结构性垄断的妖魔化,认为大规模生产和集中的市场并不一定就是缺乏竞争或者低效率的证明。对于拥有比任何竞争供给更低成本的可持续垄断,新古典主义辩称这种垄断是有效率的,应该允许其存在,而不完全竞争理论坚持认为应该把这种垄断和其他的非法垄断同样看待。① 从实证的角度来看,有的观点认为,反垄断思维存在逻辑缺陷,因为没有办法判断行业边界和地域边界,从而导致反垄断诉讼旷日持久;也有的观点认为,主张垄断会提高价格、阻碍创新的说法不符合现实,并以英特尔的芯片运算速度持续提高以及价格持续下降为实证依据。对于行业边界和地域边界的问题,可以借鉴衡平法和陪审团制度的思路,对于垄断会提高价格、阻碍创新的说法不符合现实的问题,需要关注的是价格下降有个幅度和速率的问题,创新也应该从多元化、多方面来理解。

瑞德·艾斯维尔出版集团和施普林格科技商业媒体集团是世界上涉及学术期刊数字出版的实力最强大的两个出版集团,他们旗下的全文数字出版平台出版的学术期刊也都在3000种以内。而中国知网通过其全文数字出版平台(www.cnki.net)出版的国内学术期刊已接近

---

① 小贾尔斯·伯吉斯著,冯金华译:《管制和反垄断经济学》,上海:上海财经大学出版社,2003年,第19—23页。

8000种,万方数据通过其全文数字出版平台(www.wanfangdata.com.cn)出版的国内学术期刊已接近7000种,维普资讯网通过其全文数字出版平台(www.cqvip.com)出版的国内学术期刊已有12000余种(含内刊)。国际上权威的学术期刊数字出版商通过其全文数字出版平台出版的学术期刊主要有两种,一是集团自己拥有的学术期刊,二是与集团合作出版的学术期刊,通常情况下这些学术期刊要么是集团独家拥有的,要么是与集团独家合作的。我国学术期刊数字出版的主要平台有三个:中国知网、万方数据和维普资讯网,虽然龙源期刊网等数字出版平台也涉及学术期刊,但是出版的学术期刊数量与这三个主要平台并不处在同一个数量级上。中国知网、万方数据和维普资讯网在起步阶段,三家的经营模式基本趋同,学术期刊数字内容也采取共享的模式,只是在近几年,中国知网和万方数据才开始与传统学术期刊出版者进行独家合作,而且这三家数字出版商都没有自己主办的学术期刊,所有的学术期刊都是与传统学术期刊出版者合作进行数字出版。国际上权威的学术期刊数字出版商除自己拥有学术期刊以外,与集团合作出版的学术期刊是有选择的,并不是简单地求大求全、靠数量取胜。而我国的学术期刊数字出版商对于合作出版的学术期刊基本上没有选择,只是在选择独家合作出版时会对不同层次的学术期刊有费用的区别,这种求大求全的数字出版模式,事实上几乎没有给其他潜在进入者进入学术期刊数字出版领域留下机会和空间,其他潜在进入者如果还想进入学术期刊数字出版领域,就只能选择完全不同的经营模式,在读者已经形成路径依赖的情况下,进入障碍会非常难以突破。从学术期刊数字出版的利益相关者的角度来看,传统学术期刊出版者对于这三家数字出版平台,不论在利益分配、还是在出版模式选择上,都基本上没有什么话语权,绝大多数传统学术期刊出版者会感到有"店大欺客"的感觉。因此,我国学术期刊数字出版已经形成了严重的垄断局面,必须对学术期刊数字出版产业进行垄断规制。目前,反对的观点主要有两种:一是基于自然垄断的考虑,如果对现有的三家数字出版平台进行拆分或者鼓励其他潜在进入者进入会导致重复建设;二是基于国际竞争的考虑,如果对现有的三家数字出版平台进行垄断规制会降低我国学术期刊数字出版平台的国际竞争力。其实,创新只能通过市场竞争来实现,即便是自然垄断和重复建设也不能成为对抗垄断规制的理由,国际竞争力的提升不只是靠数量取胜,它最终还要靠内容质量获得国际读者的认可才行。因此,对于学术期刊数字出版国际竞争力的问题,需要突破一些认识误区,不能只是通过宽松的政策环境追求规模优势,要知道没有通过残酷的市场竞争,就不可能培育出具有国际竞争力的学术期刊数字出版平台。企业竞争力的形成类似于儿童的成长,过于溺爱的环境不可能培养出优秀的人才。有的学者关注日本企业的生存环境,在日本国内对企业的各个方面约束都非常强,竞争也非常残酷,但是,日本企业一旦走出国门遇到相对宽松的经营环境就会如鱼得水,这是值得中国政策制定者和企业、包括学术期刊数字出版企业学习和反思的经验。

五、学术期刊数字出版的改革取向

当前,我国学术期刊数字出版的基本支撑还是传统出版。首先,从数字内容来源来看,学术期刊传统出版的质量决定了数字内容的质量;其次,从出版体制基础来看,学术期刊数字出版模式也是建构在传统出版体制之上的,中国知网、万方数据和维普资讯网都还没有拥有自己的学术期刊。因此,学术期刊数字出版的改革还要从传统出版的改革做起,毫不动摇地坚持市场化的出版改革取向,使学术期刊出版行业从附属的角色中独立出来,让市场机制这只"看不见的手"充分发挥作用,①改变或者逐步放松准入规制,使学术期刊数字出版平台有机会拥有自己的学术期刊,扶持学术期刊数字出版领域的潜在进入者,塑造促进创新和有效竞争的学术期刊数字出版市场结构,使学术期刊数字出版与传统出版的利益分配和品牌传播的矛盾实现调和。

从学术期刊数字出版的操作层面来看,应该鼓励多样化的数字出版技术模式和商务模式相互竞争,不应像中国知网、万方数据和维普资讯网这三家数字出版平台这样过于同质化的竞争,虽然三家数字出版

---

① 赵文义:《学术期刊市场化改革之探》,《中国社会科学报》,2013年8月7日。

平台通过独家授权等方式在一定意义上实现了差异化,但是,它们在本质上还更多地体现为同质化的竞争。现存的三家学术期刊数字出版平台在本质上都通过追求数量优势获取市场利益,而在技术模式和商业模式方面没有实质性的创新,他们的经营模式就像超市、卖场等传统商业模式一样,并没有体现出网络平台的最新技术发展趋势。现有的三家学术期刊数字出版平台都是面向机构客户和个人客户这两种客户,定价模式和销售模式基本相同,而传统学术期刊出版者这个学术期刊数字出版的最主要的利益相关者的需求和呼声并没有得到应有的重视和回应。没有销售自主权、品牌传播受到抑制、双方利益分配失衡这三个方面,是传统学术期刊出版者与学术期刊数字出版平台之间存在的主要矛盾。如果把"淘宝模式"移植到学术期刊数字出版领域,能够培育出类似"淘宝模式"的学术期刊数字出版平台,销售自主权、品牌传播、利益分配这三个方面的问题就能够得到缓解,淘宝的商铺模式适应于现有的传统学术期刊编辑部自主经营、自主定价、自主宣传,支付模式和双方的利益分配也可以参照"支付宝"的模式来解决。关键的问题是,这样的学术期刊数字出版平台为什么没有在中国产生,恐怕最根本的原因还是在于学术期刊数字出版的垄断。因为不用创新或者不用实质性的创新就能获得很好的市场收益的话,市场主体的理性选择就不会通过冒险去实现创新。所以,创新通常不可能在非常宽松的市场环境下产生,残酷的市场竞争才会更多地催生出多元化的创新。

从学术期刊数字出版的改革取向来看,只能通过反垄断规制来抑制现有的三家学术期刊数字出版平台规模过于膨胀,同时出台扶持潜在进入者的政策,鼓励多元化的创新,包括开放获取出版模式、基于行业的聚合模式、基于地域的聚合模式、专业搜索附加链接模式、引文与索引附加链接模式等来进行。

结　语

市场应该在资源配置中起决定性的作用,这是改革制度设计的总原则和总方针。学术期刊的市场化改革取向目前还没有获得足够的合法性,反对的声音已经影响了政府制度制定者的思路,政府试图通过

"内容分散组织、市场集中出版"的方案实施改革。但是,以"内容分散组织"的名义保留现有的学术期刊编辑部体制,实质上是没有改革现有的体制,以"市场集中出版"的名义实现"学术"和"出版"相互分离,让学术期刊编辑部只保留编辑权并把出版权交给出版企业,事实上会更加削弱学术期刊编辑部的主体性,对学术期刊编辑部所属的出版从业者无法产生有效的激励,①靠事业单位身份吸引来的从业者,不可能成为把学术期刊出版作为事业来追求的人才。从出版发达国家学术期刊出版的实践来看,学术期刊出版的从业者能够把学术期刊出版作为自己的事业追求,基本的保证机制还是市场机制,虽然也有一些专家学者作为主编、副主编兼职从事学术内容的分散组织,为各大学术期刊出版集团服务,但这不是出版发达国家学术期刊出版的主体。作为各大学术期刊出版集团出版从业者主体的,还是集团自己的成百上千的专职员工,而且即便是专家学者作为主编、副主编兼职从事学术内容的分散组织,也需要特定的学术文化的支撑,恰恰在中国缺乏这样的学术文化。因此,只有依据2012年7月30日出台的《关于报刊编辑部体制改革的实施办法》,对学术期刊编辑部彻底地进行转企改制,学术期刊出版市场才能真正塑造,学术期刊数字出版市场的发展才会有坚实的基础。

如果学术期刊出版真正实现市场化,中国知网、万方数据和维普资讯网目前这种垄断局面根本就不可能出现。学术期刊数字出版企业即便是要做大做强,也只能通过市场主体的平等谈判来实现。

原载于《河南大学学报(社会科学版)》2014年第6期,人大复印报刊资料《出版业》2015年第1期全文转载

---

① 赵文义、赵大良:《学术期刊编辑素质的内在要求与内生条件》,《出版发行研究》,2014年第6期。

数字网络环境下学术期刊创新发展研究

王华生①

数字化和互联网技术的迅速发展和应用,使得社会信息传播进入了高速发展的新媒介时代。这一全新时代的来临,标志着我国编辑出版行业在告别了"铅与火"的时代之后又迅速地步入了告别"纸与笔"的新媒介时代。这种新媒介时代的到来并非仅仅表现为传播技术和媒介手段的多样化和多元化,而是更深刻地表现为传播内容的几何级数增长和传播方式的革命性变革。国内外学者对此进行了较为广泛的探讨和研究,如美国学者马克·波斯特在他的《第二媒介时代》中认为:"第二媒介时代"是对"交往传播关系的一种全新构造",数字网络开辟了一个全新的时代。(《第二媒介时代》,南京大学出版社,2005年)邵菊芳、沈惠云在《数字传播——以传统出版与网络出版的融合发展为例》一文中,分析了数字网络出版与传统出版各自的利弊优劣,并提出了二者的相互融合问题。(《中国出版》,2009年11月下、12月下合刊)周蔚华在《网络出版的兴起与出版的范式转换》中提出了网络出版的三个阶段,即电子网络出版的探索阶段、电子出版技术与网络技术的结合阶段、网络出版与多种媒体大融合的"大媒体"阶段。(《中国人民大学学报》,2002年第5期)桂晓风在《编辑要树立"大文化、大媒体、大编辑"理念》一文中指出,要进一步建立"大媒体"理念,充分利用现代科技创新编辑手段,更好地履行编辑的社会文化责任。(《中国出版》,2010年第13期)本文在系统分析现有文献的基础上,将重点探讨新的媒介环境下学术期刊的创新发展问题,以期对这一问题有一个比较清晰的了解和

---

① 作者简介:王华生,河南大学学报编辑部编审。研究方向编辑出版学。

认识。

一、数字网络环境下出版范式的转换与学术出版生态环境的变革

（一）物质技术基础层面：传播方式呈现出宏观与微观两极化发展与变革新趋向

数字网络技术的出现和广泛应用给社会文化出版和传播提供了新的物质技术基础，从而导致出版范式的转换和学术出版生态环境的革命性变革。并且，这种变革朝着两个极化方向发展：一是进一步向更为宏大的宏观方向发展，即使其具有更大的广泛性、普适性和海量化；二是在微观方向上，向更加微型化、微缩化、即时性、个性化方向发展。具体来讲，在宏观极化发展方面，如以实现全社会知识信息资源共享为目标的国家级重点项目"中国知网数据库"，它一是集成、整合知识信息资源的规模巨大；二是建构有知识信息资源互联、传播、扩散与增值服务平台，为社会大众提供资源共享，知识学习、应用和创新的信息化条件。万方数据库是涵盖期刊、会议纪要、论文、学术会议论文的大型网络数据库，它集纳了理、工、农、医、人文五大类70多个类目各种文献，并且，其文献以每年150多万篇的速度递增。另外，还有"中国科学引文数据库"、我国首个大型基础地质图数据库，以及网上最大"科学数据库"等一系列大型数据库，它们不仅具有应用的广泛性、普适性，而且与传统数据的存储相比具有信息存储的海量性。

在向微观极化方向发展方面：在一个个大型数据库建设的同时，计算机网络技术的深化发展与应用，又不断将庞大的专业信息进行细分和资源的重新调整与整合，进行产品的再设计、再规划、再包装，实现了数据库的再造与增值，并在此基础上将目标市场细分化、精细化，为每一位客户的个性化需求提供定制服务。在出版印刷方面，充分发挥计算机网络技术优势，逐步摒弃原来那种出版印刷一种产品满足社会所有人需要的大众出版的做法，不断实现资源信息的再造与重组，以销定产、多向互动、个性化印刷、即时出版，充分满足每个人的个性化需要。

个性化印刷出版的实现真正改变了大机器时代机器印刷出版的范式与环境,真正实现了出版印刷由古老传统中的龟甲、兽骨和竹木上的个体手抄(手工作坊),到机器大工业印刷,再到数字网络时代个性化印刷更高基础上的"复归"。它在更高的技术基础上满足了人的个性化需要,是出版范式和出版生态环境的革命性变革,为当代学术创作和学术出版的创新发展打下了基础,创造了条件。

当代数字网络出版具有良性互动和高度细分化和个性化的特点。新的出版模式强调读者的参与性,使读者不再只是被动地接受作者的观点,而是可以随时随地地把自己的观点、看法和感受反馈给作者,实现了读者与作者、读者与读者,以及读者、作者与传者之间的良性互动。可以说,数字网络出版是由读者、作者和传者共同完成的,具有很强的交互性。同时,数字网络出版能够极大地满足读者多方面的个性化需要,进一步体现了网络时代人的生存本质和人文关怀。

(二)哲学、社会学层面:主体性—主体间性,在某种意义上实现了主体间相互关系的完善与提升

在以往的社会传播中,社会传播的主体是不完善的,要么传播的主体与客体还未完全分化,主客体关系处于简单的同质化状态(古代社会),人的主体意识尚未完全形成,处于主客体混沌状态,在这种状态下传播主体还不是真正完整意义上的主体,最多只能算是形式主体;要么表现为主客体的分割对立状态。人类社会进入工业社会以后,随着工业文明时代的到来和人的主体意识的不断觉醒,人的主观能动性发挥着愈来愈大的作用,特别是编辑出版和传播逐步从其他部门中独立出来,成为一种专门的社会职业,从而使得编辑传播者和受传者形成两极,居于大众传播的两极分立对应状态。社会编辑传播成了"一种'主体—客体'的两极模式,或'主体—中介—客体'的模式,它只承认一个主体,即传播者……受者是传播过程中的客体。传者和受者之间的'交往关系'被变成'对象化关系'"①。这种对象化传播关系,其目的在于传播主体通过传播这种方式有意识地贯彻自己的意志而改变客体,因

---

① 李欣人:《传播关系的哲学思考》,《新闻传播研究》,2005年第4期。

此,在这一传播关系中,对象化关系是一种目的－手段关系,而不是一种主体间的真正的平等交流关系。在这种传播关系和传播活动中,受传者表现为传播者意志的塑造"物",两者之间是一种控制与被控制、主导与服从的关系,这就必然导致人与人之间关系的紧张和异化。

从本质上说,人与人之间的交往关系应当是一种平等的主体－主体关系,是主体间的平等对话与交流,然而,这只有在人们提出并逐步确认了人们之间的"主体间性"这一关系的当代社会才有可能变为现实。"主体间性即主－主关系,是主体与主体的直接面对。一方面确立了主体之间的平等地位,不再把'他我'当成他物,也就是真正把人当作人看待,主体之间可以进行直接的交流","如果说,传播关系的核心是人的话,毫不夸张地说,我们只有在主体间性传播关系中才找到了真正的人……立足于主体间性来理解传播才是'人'的传播,着眼于主体间性的传播培养的人,才是真正的人,才是社会关系中的主体。也只有立足于主体间性的交往关系,传播者才能把受传播者当作'主体',当作'人',当作一个'生命体'看待。传播的过程才能成为生命的激情对话和心与心的交流,才能使传播过程尊重生命,体现尊严,给个性的发展以充分的空间"。①

尽管主体间性这一论题很早就被提出来了,然而,它(特别是在传播领域)只有到了现代数字网络技术有了相当发展的今天,才真正展现了其自身的价值和作用。在传统的文化传播过程中,传统的主客体二元对立的思维方式和与之相适应的物质技术基础,把自我(编者、传播者)看成是外在于对象的独立自主的存在,传播者与接受者、编辑与读者,其主客体地位是泾渭分明的,并且接受者、读者只能被动地接受由编辑、传播者等文化精英、知识分子主导的自上而下的文化传播和发布,信息的流动显然是单向的。而现代基于数字网络技术的信息发布与传播,则彻底颠覆了原有的信息传播关系。它的开放性、即时性、互动性、多媒介、多样式,真正实现了对交往传播关系的一种全新构造,使传受双方在平等的关系中,客观地传授、接受、理解和反馈传播内容。其中,制作者、传授者、接受者和反馈者的界限不再分明,形成了平等、

---

① 李欣人:《传播关系的哲学思考》,《新闻传播研究》,2005年第4期。

双向、去中心化的信息传播与交流过程。信息的发布者、传授者成了接受者,读者同时也成了作者、传者和信息的发布者。这是一个交互式、平权化的新时代。①

(三)学术研究层面:数据网络发展改变了学术出版生态

数字网络技术的发展和应用,极大地改变了学术出版生态环境,推动了学术研究事业的发展。

(1)数字网络技术的应改变了人们获取信息的方式和渠道,激发了人们创新的灵感。在远古时代,信息的传递是口耳相传;到了工业革命以后,机器化大生产和电子技术的发展极大地拓展了人们获取信息的渠道,图书、报刊、电影、电视等传播媒介成为人们获取信息的主要方式。然而,这一所谓的"第一媒介时代"不仅其传播方式是单向度的,而且其信息的容量也是有限的,人们获取信息的方式会受到多重的限制。数字网络时代的来临,彻底改变了人们获取信息的方式和手段,给人以全方位选择的便利和自由。数字网络的应用不仅优化了人们原有日常信息的接受渠道,而且增添了新的科学信息交流的渠道和平台。这些新的交流通道和平台的最大特点:一是资源丰富。计算机网络技术所支持的存储空间和其所能承载的数据信息是以往任何媒介都难以比拟的。二是存取和阅读快捷方便。互联网基于最先进的数字技术、网络技术和现代信息技术,能够在瞬间同时传送大量的文字、图像、声音、动画等各种形式的信息。一方面,传阅者可以即时、随意、跳跃式地传送和阅读所需要的信息;另一方面,数字化阅读具有全方位的检索和建构功能,读者可自由灵活地选择使用搜索引擎,尽可能在更大的范围内检索相关的资料和信息。三是多元信息,开放互补。在数字化和互联网的时代,网络信息不仅具有自由、共享和海量化的特性,同时还具有多元异质和开放互补的特性:知识的多元化、信息模式的多元化、"意见基团"的多元化、价值观念的多元化等,这些都为新的知识的产生,新的理念的形成提供了条件,奠定了基础。四是交互性好,信息反馈便捷。在

---

① 马克·波斯特著,范静哗译:《第二媒介时代》,南京:南京大学出版社,2005年,第273页。

现代发展创新的时代,信息流动的交互性、互动性显得越来越重要。数字化和网络技术的最大优势就是能够实现跨地域、多媒体间的信息流通。交互性的网络信息处理、创制和传播过程在信息发布者与接受者之间建立起了某种即时互逆性的反馈式联系和沟通的有效渠道,这一方面缩短了传播者与受传者之间的距离,另一方面也在受传双方的互动过程中,相互砥砺,相互发展完善,进而不断激发出创新的灵感和激情。

(2) 数字网络技术的应用,有利于人们知识结构的拓展和综合创新能力的提高。人们通过网络不仅可以围绕自己的研究专业阅读和接收到世界上最先进的学术研究成果,了解学术前沿的最新动态,而且还可以任意浏览相关、相近和自己感兴趣的其他一些学科的研究成果和有关信息。有研究表明,人们的内储知识信息是作为一个整体系统而存在的。内储知识信息的功能如何,一是取决于人的内储信息的量;二是取决于人的内储信息的质;三是取决于人的内储信息的结构方式。数字网络阅读正好适应了人的内储知识信息功能不断发展完善的这种需要:众多开放数据库海量信息的存在为人们自由获取丰富的知识信息提供了便利,从而使人们不断扩大自身内储信息的量;多学科全方位的索引和检索技术为人们不断完善自身的知识结构创造了条件;自由开放的学术交流平台有力地促进了人们的学术研究,为不断提高人们内储信息的质,并优化内储信息的结构方式奠定了基础。

(3) 一个个大型数据库的建成,为学术研究提供了新的基础和手段。"信息时代内容为王",并且,在当今数字网络的新时代,内容为王又有其自身的特殊含义:一是文献信息的海量聚合;二是对海量信息资源的集约整合能力。目前,我国的学术期刊近万种,出版图书更是不计其数,清华同方、北大方正、重庆维普、书生公司、超星科技公司等,将这些海量信息积聚整合,形成了一个个大型、超大型数据库,并在此基础上跟踪研究用户特征,根据用户的阅读喜好和习惯以及其阅读轨迹,为其定制专门的个性化服务,真正做到了以用户为中心。数字网络的海量信息储存,方便强大的检索功能,快捷的传输,个性化的服务,为学术研究提供了新的基础和手段,原来要耗费大量人力物力才能完成的工作,现在转瞬之间即可完成,极大地改变了人们进行科学研究的环境和条件。

（4）数字网络出版变革将极大地促进学术交流和学术出版事业的发展。人类文化出版事业的发展大体经历了如下三个阶段：著作稿自审订阶段（原始的著作、编辑、出版三者合一阶段）—著作稿的编审阶段（著作、编辑出版分离阶段）—著作稿编审活动的回归（著作、编辑、出版三者回归合一阶段）。在人类文化不发达的早期，由于受社会发展水平的限制，特别是文化出版媒介物质材料的限制（文字记录材料主要是龟甲、兽骨、玉版、竹简和后来的缣帛），文化出版极其有限，文化出版处于"著作稿自审订阶段"，著作稿的审定、雕版、印刷等主要是由作者自己完成，文化传播著审统一，著作者的个人劳动直接表现为社会劳动，学术创作、文化传播是著作者个人的内在需要，同时创作主体也具有自主创作和传播的权利和自由。

然而，随着社会的发展和社会生产力的巨大进步，特别是随着西方工业革命机器印刷时代的到来，出版物的大量增加，使编辑出版从社会其他部门中分离出来，成为一个专门的机构。编辑出版工作从选题、组稿到审选校订形成了系统规范的流程，成为社会文化传播发展中的重要控制环节，也从此开启了著作、编辑、出版三者相互分离的著作稿编审阶段。著作稿编审阶段（著作、编辑出版分离阶段）的到来，编辑出版成为社会的独立部门，极大地提高了编辑出版和文化传播的效率，促进了社会的进步与发展。但是，这种著作与编辑出版的相互分离状态，使得著作者的个人劳动不再能够直接表现为社会劳动，而是要通过编辑的把关与控制方能"转化"为一般的社会劳动，否则，著作者的个人劳动就不能得到社会的承认，就只能永久地停留在"个人劳动""私人劳动"状态，其文化产品也就失去了进一步传播、流通的资格和权利。这在某种意义和一定程度上是对著作者"主体性"的否定，进而必然导致对这一"主体"能动作用的限制和伤害。

数字网络时代的来临，彻底改变了此前由文化精英、知识分子主导和控制的自上而下的文化传播方式，数字网络的开放性、便捷性、交互性、平权性、即时性、低门槛、多媒介、多样式等特性，彻底改变了以往的文化创作和文化传播方式，是对以往"传播关系的全新构造"。它融著作者、编辑者、出版者、消费者等为一体，真正实现了由原来的"主体—

客体"这一"对象性"关系到相互平等和相互尊重的主体一主体关系的转换与提升。这是对社会文化传播过程中诸多主体"主体性"的完善,从此人类的文化生产与传播将在更高级的阶段上回归到"著作稿自审订阶段",即著作、编辑、出版三者合一阶段——自著、自审订、自复制出版成书。现在网络上的各种论坛、学术交流平台、博客、网络期刊、网络出版平台以及各种各样的网络出版样式(以后还会发展出更多的样式和形态),就是这种著作、编辑、出版三者合一的雏形。

数字网络环境下著作、编辑、出版三者合一的回归,使著作者的个人劳动、私人劳动再度直接表现为社会劳动,其劳动产品——著作稿再度直接进入社会文化传播过程,这是在人类文化传播层面上对著作者"个人劳动""私人劳动"的肯定和尊重,是对著作者"主体性"的进一步完善与提升。这一变革必将从根本上,从创作主体的内在动力机制上极大地激发出学术创作的动力和热情。正如一些学者所言:数字出版时代将是一个"众神狂欢"的时代,它必将促进学术出版事业的更大发展。

二、数字网络环境下制约学术出版发展的障碍因素

数字网络的发展极大地改变了学术出版的生态环境和技术手段,但同时也存在一些不利的障碍因素,影响和制约着学术出版事业的更大发展。

(一)发展思路落后,路径依赖严重

随着科技的进步,科学实践的发展和人们认识的不断深化,先前在人们认识中占主导地位的认识方法和手段已逐步完成了其科学认识的历史使命,并逐步丧失其存在的价值和意义,为了更好地进行科学研究,唯一的出路就是放弃原有的陈旧的观念和不合时宜的理论框架,代之以新的理论和新的思想观念。然而,目前我国的学术出版和学术期刊界,在某种程度上还不能很好地适应数字网络这一全新媒介环境的变革,缺乏新的媒介时代的创新思维,对传统出版存在着种种路径依赖

问题,并这样或那样地影响和制约着当代学术出版的发展。所谓路径依赖,就是在一个具有正向反馈机制的系统中,一旦某种规则、制度和理论被系统所采用,该系统便会沿着由这些规则、制度和理论所确定的固有路线和方向发展或演进,即事物存在着在既定方向上自我选择并不断强化发展的趋势和状态。由于这种自我选择并不断强化发展趋势和状态的存在,势必导致该事物、系统对其他潜在的异质系统(甚至是更优系统)的排斥与阻抗,从而使其难以顺利进入更优的循环发展状态。数字网络环境下学术出版发展存在的路径依赖主要有:思想文化路径依赖、制度机制路径依赖、理论路径依赖和方式方法路径依赖等。

(1)思想文化路径依赖。学术出版思想文化是社会在一定时期政治、经济和文化基础上形成的出版理念、活动目标、行为规范、传统风尚,以及在此基础上所选择出版的精神产品和思想成果。出版文化的精髓是选择、传播和积累优秀的思想理念和价值取向。以出版思想价值观为统领的精神文化是出版文化的核心和灵魂,它决定着整个出版活动的方向、路径和成效。每个时代有每个时代各自不同的出版传统、理念、原则和价值取向,但是,这些传统、理念、原则和价值取向又是逐步演变的,具有一定的传承性,人们必然是在前人所形成的出版价值文化的基础上进行发展和变革,原有的出版理念、价值取向必然这样或那样地影响和制约时下出版价值文化的形成和学术出版业的发展。由于历史文化传统和思维惯性的巨大作用,以及许多现实因素的制约,使得数字网络出版在很多方面还难以摆脱原有出版路径的轨迹,而是沿着历史上形成的原有路径"方便"地行进,这在某种意义上会减少创新的风险,但同时也会弱化变革的成效。

(2)制度机制路径依赖。传统的学术出版管理有自己一套完整、系统的组织体系和管理机制,这种体制机制形成以后,一方面保障了学术出版活动的正常发展,另一方面也限制了某些非正常学术出版行为的发生,使学术出版活动按照组织机制限定的轨道有序进行。如在我国以往的出版管理体制下,传统期刊刊号的审批和出版书号的管理都有一套严格的申报和审批程序,传统学术期刊出版不仅拥有国家正式认定的刊号以及主管主办单位和事业或企业法人身份,而且社会对其运行发展早已形成了一套成熟稳定的社会价值规则。数字网络的发展，尽管使学术出版管理从技术手段到工作流程都有了极大地改变，但其一时还很难完全摆脱这种制度机制的影响和控制，而会有意无意地受到原有路径的限定和制约。正如西方学者所言：我们赖以到达今天的制度与过去是相关的，并限制着我们对未来的选择。

（3）理论路径依赖。现代信息技术——数字网络技术来源于西方，西方的信息理论与经验无疑会给我们以一定的启示和借鉴，但在观念意识、民族文化背景认识和深层价值取向上难免存在一些矛盾和差异，并且，我们至今未能深入地、脚踏实地地探讨我国数字化、网络化信息革命实践，在一定程度上存在对这些理论的盲目推崇。这样就难以跳出对它的理论路径依赖，而理论路径依赖所具有的不可预测性和潜在非效率等特点，难免会给我们的数字信息革命和数字网络学术出版造成不利的影响。①

（4）方式方法路径依赖。传统的出版管理不仅具有一套完整、严密、系统的组织体系和管理机制，而且还形成了自己一套科学的工作流程和方式方法，如从选题策划、组稿、审编到审校和印刷发行，都有一套严密的工作规程。计算机和网络技术的应用，使我国的学术出版管理发生了巨大的变化，但是，由于受路径依赖惯性的作用，原有这种工作流程和方式方法还会在今后很长一段时间内发挥作用，并在某些方面自我强化，路径依赖所具有的锁定和潜在非效率特性，会给新的媒介环境下学术出版和学术期刊发展模式的变革带来种种阻碍。② 比如，相当一些学术期刊至今未能上网，即使上网也仅仅是制作一些简单的网页，把印刷版"拷贝"到网上，"单门独户"式的"庭院经济"经营方式仍占据主导地位，原来的"千刊一面"变成了现在的数字出版的"千网一面"，如此而已。

（二）学术管理行政化导致学术研究的异化

（1）行政权力一超独大，权力的层级意识不断强化，学术权力科层化。比如，在学术研究重要平台大学内部的学术机构设置上，行政权力

---

① 裘伟廷：《网络教育发展中的路径依赖》，《远程教育杂志》，2006 年第 4 期。
② 裘伟廷：《网络教育发展中的路径依赖》，《远程教育杂志》，2006 年第 4 期。

处于主导地位,并且,行政权力凌驾于学术权力之上,学术权力服从于行政权力。各种类型的学术委员会及其他学术机构要么被虚置,要么发生了异化,导致学术权力科层化。科层制又称理性官僚制或官僚制,它是一种依职能和职位进行分工和分层,以规则为管理主体的组织体系和管理方式,也就是说,它既是一种组织结构,又是一种管理方式。特别是现代科层制管理方式有一种技术化和工具理性至上的倾向,它以实用性、便于操控和高效益为目标,将一些复杂的问题和人们的行为一同化约为"技术性"问题,并用行政的方法加以解决。学术权力科层化不仅表现为行政权力对学术权力的直接干预,同时还表现为学术管理系统同样存在着较强的等级性特征;学术权力主要掌握在几个专家、教授、学科带头人手中,他们操控学术场域,掌握学术评价和学术资源的分配,影响学术发展,在有些地方甚至出现了学霸、学阀、学术寡头,严重干扰了正常的学术研究和学术事业的发展。

(2) 学术资源配置行政化。行政权力一超独大,权力的层级意识不断强化,学术权力科层化,其直接后果就是学术资源配置的行政化:离权力中心越近,越是接近权力核心,获得的学术资源(科研资助项目、优秀科研奖励、较好的成果评价,等等)就越多;距离权力中心越远,所获得的学术资源就越少。在当代大科学大工程的时代,学术资源对学术研究和学术发展有着与以往相比更加重要的价值和意义,学术资源配置的行政化和异化,必然导致学术研究及其研究成果的异化和低质化。

(3) 学术成果评价方式的数量化和行政化。在我国现实的学术成果评价管理中,管理者过分追求短期管理效应,管理者的任期限制、考核方式和行政期望,直接导致了学术评价中对学术研究成果数量的过分追求。管理者总想在任期内创造出更优秀的管理业绩,以利于自己的晋升,这就必然导致其置社会责任于不顾,主观随意、急功近利。这种急功近利心理在现实中又恰恰迎合了政绩考核的行政技术化管理倾向和方式,由此更强化了其短期行为,加重了其短期效应。在现实的考核体制下,不仅不断地加大着领导、管理者任期内多出成果、快出政绩的渴望,而且他们还会采取各种办法,利用一切手段,将这种渴望转化成现实的操作方案,量化为各种具体指标,辅之以利益诱惑,并最终变为"激励"和"鞭策"学者们不断进行论文制造和学术生产的鞭子,以期实现最大的学术产出,彰显自己辉煌的政绩。他们将学术成果的评价和管理简单地化约为"技术性"问题,其唯一目的就是提高管理的行政"效率",以彰显个人的政绩。

然而,学术活动毕竟是一种复杂的脑力劳动和价值创造活动,对其评价应当侧重于价值层面,并且这种价值层面的东西是很难被简单地化约为"技术性"问题的,更何况,学术评价所涉及的学科众多,不同的学科之间不具有可比性。而我国现实中的科研管理者,他们对管理学的潜在假设和理论的具体适用缺少深入的反思,管理"操作"的意识和"纯技术性"的观点主导了学术评价实践,致使其过分追求学术评价活动的效率和可操控性。这就难免会导致其过分依赖学术评价过程中的客观技术标准(如数字化模型),通过整齐划一的简单化标准,抹杀评价对象的内在差别,并想进而通过这样的评价所引发的竞争激发起研究者更大的学术创作热情,得到更大的科研产出,从而使复杂的学术评价和学术创作问题简单化约为"行政领导、办事员与电脑的协同运作"。① 这样一来,行政化管理体制严重阻碍了真正的学术创新,学术创作内在动力的丧失也就成为必然的了。

(三)内容积聚偏好,导致学术创新动力不足,内容弱化

数字网络环境下,内容积聚的特殊偏好、版权法规制度的不完善以及价值法则的泛化,导致学术创新内在动力不足,最终形成对学术期刊创新发展的制约。"信息时代内容为王",就一般数据库和数据平台来说,内容是指海量信息的聚合,即谁对信息资源具有更强大的整合积聚能力,谁就拥有对读者更大的吸引力,和对市场的更大控制力,谁就会成为数字网络时代的内容之王。然而,信息的集聚与整合尽管其规模可以是很大的,甚至是海量的,但它还不是内容的创新,而是与内容的创新有着本质的区别。"网络媒体的出现改变了受众获取信息的渠道,其庞大的信息量、传播信息的即时性、获取信息的便捷性及信息的多媒

---

① 李存娜:《评价规则的两个面孔与学术评价逻辑》,《学术界》,2007 年第 1 期。

体特性等优势,都使其迅速受到人们青睐,从而对传统媒体形成冲击。但仔细分析却会发现,网络媒体与期刊在传播信息的内容和形态上都存在很大差异。网络媒体传递的信息虽然丰富,但信息往往是碎片化的,没有重心。读者在海量的信息中很难发掘自己所需要的,从而导致许多垃圾信息侵入。"①并且,由于法律制度的不健全和数字网络环境下信息获得和复制的便利,加之社会风气的影响,使学界浮躁之风盛行,人们醉心于这种内容积聚的特殊偏好,以及对垃圾信息的简单的复制、搬运、拆分与整合,而不愿意做那些艰苦细致的真正的学术探索和研究工作。这种不断的简单的复制、搬运、拆分与整合,又进一步消耗了人们思维变革和学术创新的内在动力,使得平庸之作汗牛充栋,而既具有深刻的思想性又具有较大学术价值的学术创新之作却如凤毛麟角。"然而,出版毕竟是内容产业","出版的本质是创新,出版史就是创新史。出版创新不只是载体形式和技术应用的创新,更主要是内容创新"。② 这显然是时下那种对信息的大量的简单复制、搬运和整合所难以达到的。这种大量的简单的对垃圾信息的复制、搬运与整合,不仅造成了巨大的社会浪费,而且败坏了学术风气,从根本上窒息了人们学术创新的内在冲动,形成数字网络环境下学术期刊质量提升的新的瓶颈制约。

(四)浅阅读导致思维平面化,制约学术创新,影响学术出版

当今数字网络时代,传统阅读正在被一种人们所说的浅阅读所取代。所谓浅阅读,是指泛泛的、浅层次的、以娱乐甚至猎奇为目的和追求的"快餐化""速读""缩读"和"时尚阅读"的阅读形式。近年来,这种以在线浏览为主要手段的"浅阅读"正在逐步取代传统青灯黄卷式的经典阅读,并且正在从时代的背景噪音中走出来,逐步升级为阅读的主流方式和趋向。浅阅读在当今数字网络时代有其自身的合理性,但是,其对人们知识结构、思维深度乃至人类文化建构发展的不利影响,也是不能低估的。

---

① 路艳艳:《新媒体环境下期刊的创新之道》,《传媒》,2011年第3期。
② 蔡姗:《出版内容创新之我见》,《中国编辑》,2007年第6期。

（1）浅阅读导致思维的钝化和平面化，进而制约学术创新。浅阅读容易引起浅思考、思维的平面化和钝化。浅阅读往往跟风赶潮逐热点，由于媒体对于人们注意力的特别关注，前一个热点还未过去，接踵而至的就是更新的话题，人们的注意力和兴趣点在不同媒介的页面之间来回跳跃，思维不连贯，思考不深入，往往在追新逐异中使阅读碎片化，长此以往，必然导致思维趋向平面化和钝化，思考力和文化感受力随之萎缩。有人因此调侃说，网络快餐式阅读使"知识分子"变成了"知道分子"。

从哲学层面来说，人类阅读的终极目标是对事物终极根源的探究和人类命运的追问。古人读书，"俯而读，仰而思"，"博学、审问、慎思、笃行"，其核心在于"读而思之"。而当下流行的快餐式、碎片化的浅阅读，草草涉猎、读而少思，甚至不思，必将由"浅阅读"导致"浅思维"，由"浅思维"进而做出"浅判断"和无效的无价值的判断。的确，数字网络的快速超级链接给人们打开了一扇快速了解外部世界的信息窗口，然而，如果我们仅仅停留于这种一般的、浮光掠影式的涉猎与了解，那么，这种高技术手段在为我们打开这一扇窗的同时，也就关闭了对我们来说更具价值和意义的深刻探究事物根本的那一扇门。因为这种仅仅停留于事物表面现象的"知道"和了解，以及无价值的判断和决策，显然是不可能对事物有什么深刻探究的，更难以进行有价值的学术创作和研究。

（2）浅阅读：浮躁的情绪，浮躁的学风，不利于学术创新。美国塔夫斯大学玛丽安娜·沃尔夫教授认为：人的大脑进行学习和阅读的过程，就是不断地储存和重构一系列信息、语义和价值理念的过程，并且，在这一过程中人们可以自动地进行更加复杂的理解和判断，进而使我们将那些被破译的词语和推论、判断和分析、背景知识和超出文本的我们自己的思想融汇起来。而当下快餐式浅阅读却使人们不再有时间和兴趣对破译之后的文本做进一步深入的理解，人们的注意力被一个又一个新的信息和热点分散了。并且，长时间的浅阅读给人们带来的只能是短暂的愉悦与兴奋，而短暂愉悦与兴奋之后便是更长久的空虚与浮躁，久而久之，当人们面对大量的经典文字和对事物的深入剖析时，往往会变得犹豫不决和无所适从，不仅不能沉下心来攻坚克难，反而会对这种极具价值和意义的内容和信息产生极度的厌烦和排斥。而这种浮躁的心态一旦养成,带来的将是思维的钝化和学风的浮华,并进而加深整个社会的浮躁。① 而社会浮躁学风的形成又必然与当下急功近利的市场价值法则相融合,加剧学术腐败,进而形成对学术出版和学术期刊创新发展的瓶颈制约。

(3)浅阅读影响民族文化素质提升,阻碍学术研究和文化事业的发展。著名心理学家张怡筠博士认为,由于现在人们对搜索引擎的过分依赖,很多人已经不再费力去记忆和思考,"不记、不想、不争",已经成为许多人互联网时代的普遍行为。以前人们的大脑是知识的蓄水库,而现在人们的大脑却成了抽水马桶,一切知识信息来去匆匆,丧失了基本的知识信息的积累功能。当人们的思维方式变得越来越简单,甚至不屑于去思考,人们大脑的思考记忆功能便会弱化,最终便只能依赖计算机、网络等这些外置的"大脑"了。令人不安的是,阅读的深度往往定着思维的深度,而思维的深度对一个民族的文化传承和国家发展来说有着重要的和决定性的意义和作用,这也正是很多科技发达的国家在媒介革命性变革的今天反而更加强调传统式阅读的原因所在。比如,美国政府先后提出了"美国阅读挑战""阅读优先"计划等,英国政府将"阅读周"改为"阅读年"。很多国家都把倡导健康的阅读风气、提升阅读能力列为教育改革的重点,并通过实施一系列行之有效的措施重新唤起人们对"深度阅读"的重视。② 阅读是一个人获取知识的最主要的途径,是提升其学识修养,培养其思维方式的最重要的手段,只有浅阅读而缺乏对事物深刻思辨能力的民族,是不可能成为一个真正强大的民族的。浅阅读一般来说既很少关注国计民生的大计,也很难深究事物的本质,进而形成集体无意识。这种平面化的思考和浮躁心态将严重阻碍民族文化的弘扬与传承,显然也极为不利于学术事业的进步与发展。正如尼尔·波兹曼在《娱乐至死》中所讲:"如果一个民族分心于繁杂琐事,如果文化生活被重新定义为娱乐的周而复始,如果严肃的公众对话变成了幼稚的婴儿语言,总而言之,如果人民蜕化为被动的受

---

① 梁希妹:《泛媒时代的浅阅读现象研究》,辽宁大学硕士学位论文,2012年。
② 梁希妹:《泛媒时代的浅阅读现象研究》,辽宁大学硕士学位论文,2012年。

众,而一切公共事务形同杂耍,那么这个民族就会发现自己危在旦夕,文化灭亡的命运就在劫难逃。"①

三、新的媒介环境下学术期刊的创新发展

在新的传媒时代,必须实现出版理念的现代化转型:注重强化数字网络出版意识,做出版资源的整合者;继续发挥自身的优势,做新的数字出版时代内容创新的开拓者;充分利用自身所掌握的出版资源,借助网络技术这一新的传媒形式,引导读者接受新的阅读和消费方式,营造新的环境,培育新的市场,从而真正实现学术期刊的创新发展。

(一) 观念创新

(1) 转变观念,主动迎接网络学术出版的范式革命。学术期刊发展创新说到底最根本的就是一个观念创新问题。库恩认为,随着科学实践的不断深化发展,人们对事物认识的深化发展是必然的,当以往在科学研究中占统治地位的思想观念和思想方法逐渐过时并丧失生命力的时候,为了保持科学系统的稳定发展,唯一的方法就是放弃已经过时了的陈旧的思想观念,使其更新和转移到新的更高级的思想观念和思维方式上来,从而建立起新的规则和方法,形成新的科学共同体。② 数字网络出版是出版范式的革命性变革与转换,网络学术出版更是开启了一个学术编辑的新时代。学术期刊编辑比以往任何时候都更直接地置身于现代媒介环境之中,只有树立全新的媒介意识和网络意识,才能做一个真正的数字网络学术出版者,而不只是扮演一个蹩脚的数字网络时代期刊资源的提供者,由此才可能产生真正意义上的网络学术期刊。数字网络环境下,学术期刊编辑应具有开放的思维和国际化的视野;要树立科学、正确的网络观,更新编辑出版观念,重构编辑思维模式,适应数字出版时代,充分利用新的编辑技术和编辑手段,为打造学

---

① 尼尔·波兹曼著,章艳译:《娱乐至死》,桂林:广西师范大学出版社,2004年,第202页。

② 陈广仁:《网络学术出版的范式革命》,《编辑学刊》,2004年第1期。

术精品,服务社会主义文化建设做出自己应有的新的贡献。

(2)立足新媒介,强化效率和服务意识。数字网络学术出版是一种新技术手段下的出版模式创新,与传统学术出版相比,首先,它更好地体现了信息传播中的信息最大效用原则。数字网络学术出版通过多媒介的交互作用和信息的双向流通,极大地提高了出版资源的利用效率,有效地避免了传统学术出版信息传播的盲目性,极大地拓展了当代学术出版的价值效用空间。其次,全面凸显了媒介优势。数字网络的快捷性、时效性、交互性,以及信息的海量化和多媒体合一等特性,一方面在信息的广泛性上得到极大拓展,另一方面又促进了信息的深度加工,充分显示了新的媒介的价值优势。再次,更好地体现了受众需要满足的原则。数字网络学术出版,以其全新的技术基础手段,不断完善多样化、个性化信息服务,更大程度上实现了受众需要满足的原则。现代数字网络环境下的学术出版,就是要不断更新观念,立足新媒介,不断强化效率和服务意识,为社会文化的发展提供新的生长点和继续前进的动力。

(3)适应新的媒介环境,树立大文化、大媒体、大编辑观念意识。在当代数字网络和世界经济全球一体化大背景下,作为新的媒介环境下学术编辑出版的主体,学术编辑应当树立大文化、大媒体、大编辑观念意识。一是进一步建立"大文化"理念,更好地履行编辑出版对民族文化的责任;二是进一步建立"大媒体"理念,利用现代科技提供的一切可能,创新编辑手段;三是进一步建立"大编辑"理念,为民族文化的创新发展贡献智慧和力量。① "大文化、大媒体、大编辑"作为编辑学研究领域一种科学有效的引导性理念,它改变了学界既有的惯性思维和研究模式,代表了当今编辑学理论研究的新成就。"大文化"强调的是一种具有历史深度和空间广度的文化视域,只有具备了这样的"大文化"视野,才有可能具备为社会文化创新发展而献身的能动和自觉;"大媒体"指的是信息和数字网络技术飞速发展引领下的媒介融合趋势,是媒体多层次、多种类、多机制的有效整合,要以内容为核心为基础将多种

---

① 桂晓风:《编辑要树立"大文化、大媒体、大编辑"理念》,《中国出版》,2010年第13期。

多样的媒介真正地整合起来,以更好地适应这种媒介融合的新趋势;"大编辑"则是指既具有"大文化"视野又具有"大媒体"技能,且理论基础扎实,实践能力突出的当代新型编辑。"大编辑"是当代信息革命和媒介变革背景下编辑角色和编辑实践的题中应有之义,是其主动转变观念、调整角色、提高素养、丰富技能的必然,是文化发展和学术出版环境变革的必然。

当今的学术出版早已远远越出了传统图书出版的范围,正在全媒介、多媒体领域越来越广泛深刻地影响着人们的思想。着眼大文化,把握大出版,立足大编辑,是整合和提升当代学术出版的必然选择。在当代信息革命和出版范式转换的大环境下,中国学术编辑出版群体要拓展学术视野,把握历史高度,弘扬人文精神,不断对"大文化""大媒体""大编辑"进行高层次、宽领域、多角度的再思考、再探索和再认识,进一步拓展和强化学术出版和学术期刊的历史责任和使命,进而创造出无愧于时代的编辑业绩。①

(二)制度体制创新

期刊的数字化网络化发展将给我国的学术期刊业带来全方位的变革与转换,为了更好地适应这种变革与转换,及时跟上媒介技术革新的步伐,应加大管理变革和市场调节的力度,加强学术期刊出版体制创新,以完善制度体制机制,提升学术期刊创新发展的能力。

(1)建立现代企业制度,发挥市场机制在学术出版和学术期刊发展过程中资源配置的基础性作用。中共中央、国务院在《关于深化文化体制改革的若干意见》中指出,要"按照现代企业制度的要求,加快推进国有文化企业的公司制改造,完善法人治理结构"。建立现代企业制度,发挥市场在学术出版和学术期刊发展中资源配置的基础性作用,说到底就是要尽可能地利用和发挥资本的力量,加快发展速度,提高发展效率。现代意义上的全球化,其实就是资本的全球化,资本主导的全球化。资本自身有一种无限扩张的内在冲动,永不停息地发展与扩张是

---

① 桂晓风:《编辑要树立"大文化、大媒体、大编辑"理念》,《中国出版》,2010年第13期。

资本的内在逻辑。马克思说过:"创造世界市场的趋势已经直接包含在资本的概念本身中。"①资本扩张的内在逻辑和冲动,使其必冲破一切地域的、民族的和文化的界限,建立起世界范围的网络和联系,将其自身的力量和影响展现于全世界。具体到文化学术事业的发展,资本对学术出版发展的影响同样表现为无所不在的扩张和发展。资本对学术出版消费的控制和影响并不必然表现为外在的强制,而更多的是将学术出版消费变成一种人们自觉追求的意识。建立现代企业制度,发挥市场在学术出版资源配置中的基础性作用,就是要在社会主义市场经济的环境下,在社会主义制度的有效约束下,限制资本在自由资本市场条件下恶性扩张的危害,发挥其在社会主义市场经济条件下自由调节、不断创新发展的内在价值和冲动,以更快更好地发展我们的学术出版事业,促进当代数字网络环境下学术出版事业的更大发展。

(2)创新学术期刊微观运行机制,促进学术期刊创新发展。首先是创新学术期刊激励约束机制。激励约束是现代管理的重要内容之一,它一般包括激励约束主体、激励约束客体、激励约束方法、激励约束目标和环境条件等。激励主要是根据组织目标、人的行为规律,通过各种方式去激发人们的主动性和创造性,使被激励者朝着激励主体所期望的目标和方向前进;而约束则是规范人的行为,使每个人对其行为负责。建立现代学术期刊发展激励约束机制,一是建立学术期刊、学术期刊集团内部激励约束机制,具体包括学术质量激励约束机制、编辑质量激励约束机制、校对质量激励约束机制和经济效益激励约束机制,等等。利用当代信息网络技术优势,在科学评价的基础上建立学术期刊内部激励约束机制,加强编辑人员的质量意识和责任意识,是在新的媒介环境下提高学术期刊整体质量的重要方法。二是建立外部激励约束机制,特别是对作者的激励约束机制。利用现代网络信息技术,和一个个大型数据库的便利,跟踪和掌握所刊发文章的社会反响和其他有关信息,建立作者信息库,对责任意识强、科研水平高的优秀作者的作品给以优先录用等激励和奖励,以扩大优质稿源,提高学术期刊的整体水平和质量。

---

① 《马克思恩格斯全集》第46卷(上),北京:人民出版社,1979年,第391页。

其次是不断创新和完善学术期刊发展的竞争机制。自然法则告诉我们,物竞天择,适者生存。没有相同物种和不同物种之间的生死竞争,物种就要退化,因此才就有了黄石公园引进狼群之说。学术期刊的发展也是如此,在传统计划经济条件下,由于期刊的发展缺乏竞争,学术期刊生存靠行政审批,只生不灭;学术期刊的发展靠行政按级别进行管理,因此导致千刊一面,低层次重复运作。市场经济的发展,市场法则的介入,特别是近年来信息技术革命所导致的媒介性质和媒介环境的巨大变化,使得学术期刊的发展站在了国家和世界范围的巨大统一的信息平台上,同一类型或相近类型的学术期刊的可比性和进行比较的可操作性都在大大增加,并且,受当前媒介性质和媒介环境的影响,一个期刊的生长周期(成长和消失)不可能像原来那样漫长和稳定,有些可能是在极短的时间内完成的。这就加大了期刊的生存危机,和期刊运作中的竞争压力。因此,在当前数字网络环境下,应进一步增强竞争意识,创新学术发展竞争机制,增强学术期刊发展活力,为学术期刊的更大发展提供不竭的动力。

最后是建立学术期刊编辑部业务集约化运作的机制。马克思说:"社会发展、社会享用和社会生活的全面性,都取决于时间的节省。一切节约归根到底都是时间的节约。"[1]学术期刊的发展也是这样,学术期刊网络平台、大型数据库本身就是集约化运作的结果,我们要充分利用现代信息技术和数字网络这一平台,走学术期刊集约化发展之路。一是组稿的集约化。要充分利用数字网络平台上作者数据库和作者的有关学术信息寻找和联络所需作者,并及时沟通、交流,将编辑策划、组稿计划变为作者的学术创作活动。二是审稿的集约化。将投稿系统所接收到的稿件按照系统设置及时有效地进行处理、审定和编发。三是编排校对的集约化。充分利用现代信息技术和数字排版、校对技术提高编校质量和效率。四是发稿的集约化。稿件编排校对结束后,单篇或多篇稿件可在网络版随排随发,以解决文章的出版时滞问题,[2]待整

---

[1] 《马克思恩格斯全集》第 46 卷(上),北京:人民出版社,1979 年,第 120 页。
[2] 余树华:《论期刊数字化与学术期刊体制创新》,《出版发行研究》,2012 年第 10 期。

期文章发齐之后,再整体编排、组构,进入电子"期刊阅览室",供人们整体阅览和研究。

(3)抛弃传统的、落后的管理体制,建立现代化的学术期刊管理体制。传统学术管理体制过分强调行政管理的权力,从期刊的审批,到主办单位职能、期刊业务考核和期刊的定期审查等统统有行政管理部门用行政的方式来进行,造成行政干预过多,违背学术发展的内在规律。在宏观上,即学术期刊资源控制上,硬性规定期刊的数量,并且是只生不灭,学术质量监督缺乏科学的依据。其实,学术期刊发展有自身的存在法则和规律,期刊的发展和消亡应当由市场和学术大众的自由选择来决定。那种缺乏竞争,没有选择的状况,是对陈旧落后的观念和落后的生产方式的保护,必然导致学术期刊发展故步自封,严重制约学术期刊发展和学术创新的积极性。从微观层面来说,期刊的分级管理也基本上是采取行政管理的方式进行的,缺乏市场的鉴别和真正学术大众的选择,在许多情况下,往往用行政命令的方式来解决学术创作和学术生产中的一些问题,严重背离学术创作规律。① 在当前新的媒介时代,学术期刊的媒介性质和媒介环境都发生了很大变化,学术期刊的发展也应适应这种环境变革,逐步放弃或淡化学术期刊发展和学术创作中的行政化色彩,创新学术管理体制,促进学术事业健康发展。在宏观层面,将学术期刊的创生和消亡放给市场,有市场需求决定期刊的生长和发展,逐步形成有进有退,进出有序的良性学术期刊发展机制。在微观层面,摒弃学术期刊管理中的等级管理和量化指标等短、平、快的评价方式,转而由读者,由学术大众决定学术期刊的学术价值,真正使学术期刊退去行政色彩,回归学术大众。

(三)内容创新

内容创新是学术研究和学术创作的根本,是学术期刊发展的关键。

(1)内容创新:学术期刊发展的应有之义。学术出版和学术期刊的内容创新是社会发展的内在必然要求。学术出版的根本在于内容的

---

① 夏锦乾:《影响当前中国学术期刊创新的三大问题》,《绍兴文理学院学报(哲学社会科学版)》,2012年第1期。

创新,"四书"、"五经"、《资本论》、《天演论》等传世名作之所以影响百代,就是因为它们在社会、自然和人类思维领域为人们提供了崭新的认识和极其有价值的思考。内容创新是学术出版存在和发展的生命,"制度创新和技术创新是手段,内容创新是关键……内容创新是出版生产力发展和出版繁荣的主要标志和根本体现"①。

（2）内容创新的条件。内容创新是学术出版和学术期刊发展的根本要求,但是要真正做到学术内容创新,首先是要具有强大的理论支撑,即具有深厚的理论功底,能够把问题放到恰当的理论框架内进行思考和研究,只有这样,才能站在前人的肩上,借鉴已有的学术成果和经验教训,进行准确的理论研究和判断。浮出海面的冰峰看起来之所以庄严,是因为水下有更庞大、更厚重的支撑。其次是有独立的思考能力和系统深刻的学术思想,要有独立的思考问题的能力,和对问题的严肃认真的探索和研究,不能浅尝辄止,更不能人云亦云。思想可以提高学术,学术也可以充实思想。真正的内容创新有赖于独立之精神,自由之思想。独立的思考能力和深刻的学术思想是学术创新的必要条件和保障。再次,关注人类命运,具有人文关怀精神。人不仅是物质生活的主体,在一定意义上更是政治生活和精神生活的主体,因此,要关心人的多方面、多层次的需要,只有这样,才能既有提出问题、研究问题和解决问题的愿望,又有深入探索研究,进而提出独立见解,形成新的判断的能力,"博观而约取,厚积而薄发",从而真正做到内容的开拓与创新。②

（3）充分利用新的媒介优势,努力消除学术期刊质量提升的瓶颈制约。新的媒介性质和新的媒介环境既为学术期刊内容创新创造了条件,又给其创新带来了障碍。数字网络时代彻底改变了人们获取信息的方式和渠道,激发了人们创新的灵感:资源丰富;存取和阅读快捷方便;多元信息,开放互补;全方位交互流通的信息,在受传双方相互砥砺,不断激发出人们的创新灵感和激情,有利于人们知识结构的拓展和综合创新能力的提高。人们完全可以借助媒介优势顺利实现学术内容的创新,即借助网络便利的检索实现更宽视域更大范围的选题创新;借

---

① 蔡姗:《出版内容创新之我见》,《中国编辑》,2007年第6期。
② 杨光:《论出版内容创新之道及其原则》,《出版广角》,2009年第12期。

助网络众多的信息数据库,实现知识的创新;借助网络即时的交互反馈实现与同行专家之间的交流与互动,从而多方面全方位地加大学术内容的拓展与创新。但是,新的媒介性质和媒介环境在促进学术内容创新的同时,也在某些方面形成了对内容创新的制约:选题重复、恶意克隆、跟风炒作,醉心于对信息的简单的复制、搬运、拆分与整合,而不愿意做艰辛细致的学术研究和探索,使得平庸之作充斥,由此形成对学术期刊质量提升的瓶颈制约。

(4) 增强内容创新,提高学术质量,编辑要有一定的文化追求。在当前新的媒介环境下,增强内容创新,提高学术质量,编辑要有一定的文化追求:一是要有一定的文化眼光。在当今的媒介环境下(信息泛滥,鱼龙混杂),成功的高质量的学术作品发表问世,在某种意义上可以说一半是作者艰辛的创造,一半是编辑成功的选择。编辑的文化追求能够促使其提高境界,不辞辛劳,出土而现玉,淘沙而现金,识"货"(发现好作品)、识"人"(物色好作者),开拓创新。二是要有一定的文化追求。不图虚名,不慕浮华,淡泊于心,唯真是求,以强烈的文化责任意识催生和践约期刊人强烈的文化责任与使命。三是要有一定的文化积累。文化积累是信息积累的必然结果。文化所特有的层累性,要求编辑在不断地将科学前沿的研究成果加以传播的同时,不断地反思、积淀,进而提高对民族文化的咀嚼、反思和吸收能力,这是提高编辑主体选择潜能,不断实现文化创新和内容创新的重要条件。四是要有一定的文化自信。编辑的文化自信,来源于对民族文化价值的充分肯定和对自身文化生命力的坚定信念。编辑的文化自信是遴选文化精品,实现内容创新的必然要求。① 只有这样,编辑主体才能具有积极的文化介入精神和严谨缜密的科学态度,进而将那些极具内容创新价值的高质量的研究成果遴选出来,促进学术期刊的创新发展。

(四) 发展模式创新

传统媒体向数字媒体转型,是学术出版业发展方式的根本变革,为

---

① 孙欢:《编辑是要有一点文化追求的》,《编辑学刊》,2010年第3期。

了更好地顺应这场革命性变革,学术期刊要充分利用先进的现代信息与技术,努力做好资源的综合利用以及整合与增值,要建立统一的数字期刊编辑出版平台与相对独立的期刊发布平台相结合的学术期刊运作机制,努力实现由期刊网络化向网络期刊的根本转变。新闻出版总署在《新闻出版业"十一五"发展规划》中明确地提出,要有计划有步骤地实施数字化出版发展战略,以数字资源内容的有序整合为核心,建立集内容采编、信息加工、自动排版、按需印刷、网络传输和销售于一体的数字出版综合管理平台。在国家一系列重点工程建设项目的带动下,我国先后建成了一系列大型国家知识资源数据库。目前我国大多数学术期刊凭借这些数据库,实现了学术期刊的网络化过程,这一过程在某种程度上改变和优化了我国传统学术期刊的传播方式,但这还不是真正意义上的网络期刊,还不能够实现新闻出版总署所提出的建立集内容采编、信息加工、自动排版、按需印刷、网络传输和销售于一体的真正的数字网络期刊运作机制的要求。要真正实现由期刊网络化向网络期刊的转变还必须在更大范围内建立国家或学科层面的数字网络期刊联盟,并在此基础上建立统一的数字期刊编辑出版平台。在这个统一的中国学术期刊全文数据库大系中,不仅包括学术期刊征稿投稿系统、学术期刊审稿评价系统和学术文献浏览下载系统,[1]而且还要包括能够展现该系统平台上独具个性化特征与审美旨趣的任一学术期刊的"期刊阅览室",用以系统完整地阅读和欣赏任一学术期刊。这是因为数字网络期刊尽管由于其现代信息技术的应用在一定程度上改变了人们的阅读方式,给人们的阅读利用带来了极大的便利,但是,这种集约化的文献集合方式也在很大程度上湮灭了学术期刊的个性化品质与审美旨趣,使学术期刊主体性丧失,"因期刊而存在的刊物特色、编辑思想、编排风格、专栏结构、各专栏间的呼应对话统统不见了"[2]。一句

---

[1] 余树华:《论期刊数字化与学术期刊体制创新》,《出版发行研究》,2012年第10期。

[2] 虞晓骏:《网络学术期刊出版模式探析》,《淮阴师范学院学报(哲学社会科学版)》,2009年第6期。

话,我们长期积淀和形成的期刊文化不见了,学术期刊这一独立的文化个体迷失在了数字网络的海洋之中。期刊网络平台及其电子"期刊阅览室"能够很好地解决这一问题,它不仅适应了数字网络环境下学术期刊的创新发展问题,而且克服了"搭载"方式湮灭了学术期刊的个性化品位与审美旨趣的问题,使期刊文化在新的媒介环境下得到延续和发展。

(五)评价机制创新:构建科学合理的学术评价体系

随着市场经济的发展和价值法则的泛化,社会需求随之发生变异:在社会选人用人机制上追求短期政绩效果;在学术研究和学术发展上追求简约式、快餐式文化生产与消费;在社会评价和认肯方式上采用一种简约的、形而上学的评价方式,特别是当下盛行的学术期刊的分级管理,更是严重制约了学术发展和学术创新。这是因为学术期刊分级管理的两个重要标准,一是看办刊单位的行政级别;二是看学术期刊刊发文章的转载数量、转载率和影响因子,并把这些因素看作是极重要的甚至是唯一的。这就导致了学术期刊选稿原则被扭曲甚至异化——以文章被转载是求,在选题策划、作者选择等方面以此为中心操刀运作,甚至北上南下跑转载,跑核心,期刊人沦落成为"转载率"和"影响因子"的奴隶,完全违背了学术创作和学术选择的根本价值原则,彻底摧毁了学术选择和学术期刊发展的最后一点信仰和自由。它彻底窒息了学术创作和学术发展的内在冲动,成为对学术期刊创新发展的严重制约。

这种学术期刊分级管理所导致的期刊评价的异化,其主要根源在于社会选人用人机制和学术管理行政化行为:社会人才的选拔、个人的升迁,这一切都要成绩、政绩,需要用行政的短、平、快的方式在极短的时间内来完成,否则,整个社会的人才选用机制就无法正常运转。浮躁的社会,急功近利的管理方式,必然产生这种形式主义的人才选用机制,和荒谬的形而上学的学术评价机制。要消除这种学术期刊评价的异化现象,首先就要铲除这种浮躁的形而上学的社会人才选拔和评价方式,还政于民,使人才在社会需要和生活实践中培养成长。其次,要努力构建科学合理的学术评价体系,提高学术评价的公信力。而要做到这一点，就必须彻底改变学术评价方式，实现学术评价方式的创新。

（1）充分利用数字网络平台的信息技术优势，克服学术管理行政化和形而上学评价方式的局限，努力实现学术评价由量化评价、"小众化"评价到质量兼顾"大众化"评价的转变。让权力在阳光下运行，使学术评价在学术大众的参与监督下进行，而数字网络这一新的媒介环境恰恰为这一评价机制的建立提供了平台，创造了条件。数字网络无中心的结构、开放的信息资源，以及其平民性和平权性特征使其天然地蕴含着某种自由与平等的理念；其网络舆论的存在形态，不仅使其具有了以"权利制约权力"的普遍功能，而且具有创建新规制和建立新的评价方式的潜在功能。以往的一切学术评价方式也都存在着一定的监督和制约环节，但是，均是以"权力"制约和监督权力，而这种监督和制约的"权力"仍然是需要进行监督和制约的，这就难免出现制约和监督的无能和低效，并进而导致学术评价的异化，产生学术腐败。而以数字网络为平台的"大众化"评价，则是以"权利"（学术大众的"权利"）制约和监督权力的，是学术大众利用自身的"权利"所进行的一种公众监督和群众监督，是民主监督的重要方式和终极形式。"公共舆论一向被视为现代民主社会的重要基础……现代民主理论认为，对于公共管理活动，不仅需要以权力制约权力，更需要以社会制约权力，以公众力量来监督权力。"[①]具体来讲，它一是使学术监督的主体真正回归了普通的学术大众，极大地拓展了学术监督的社会空间，扩展了有效监督的范围，使普通学术大众的话语权得到了切实保障。并且网络的虚拟性又进一步使一向被权威话语权所淹没的弱势学术大众的观点和声音得以表达和加强，学术活动中的潜在舆论在网络世界获得显性的表现。二是网络舆论是编织和构建科学合理学术评价体系的"天网"。在网络中，人们的各种意见不受限制地相互交流，在互动中趋同，构成了社会舆论的巨型"天网"，给现实社会、现实学术评价和学术发展以巨大的影响和规制。

[①] 张东锋：《关注"女教师裸死事件"中的传媒角色》，《南方都市报》，2003年9月26日。

正所谓知屋漏者在宇下,知政失者在草"野"。① "网络监督的载体和手段具有原有监督不可比拟的优势。当不可胜数的民众共同采用一种在技术上具有隐蔽性、在表达上完全自由,且人人互通互联的公共权力监督形式的时候,公共权力运行透明化的时代就来临了"②,显然,科学公平的学术评价机制建立的条件也就成熟了,科学评价的春天也就到来了。

(2) 对学术评价进行再评价。从某种意义上讲,学术评价是一柄双刃剑,它既可以促进学术创新和学术发展,也可能损害学术创新,扭曲学术发展,因此,有必要对学术评价进行再评价,也就是所谓的"元评价"。"元评价就是对于评价的评价,其目的是向原来的评价者们提出他们工作中存在的问题和片面观点。"③学术评价元评价的真正价值在于它是对学术评价活动自身所进行的反思和总结。它使学术评价活动从一种纯粹的感性实践探索逐步走向实践反思基础上的理性建构。具体来讲,学术评价的元评价要对学术评价的评价主体的整体信度、个人信度,以及评审专家权利与责任是否对等等问题进行评价;对学术评价的评价内容的科学性进行评价;对学术评价的评价方法是否客观、科学、适用进行评价;对学术评价的评价结果是否准确、公正进行评价。为了保障学术评价的科学性和公正性,应当建立相应的元评价机制,同时允许多种多样的评价方法共存,进而从评价机构、评价方法、评价指标、评价标准、评价程序、技术手段等诸方面进行客观、科学、系统、开放性的研究,并在此基础上反复论证和实验,从而使我国学术评价走向规范化、制度化。"'元评价'的主要目的是对评价方建立约束机制。如果说程序公正机制是着眼于建立一种基于'过程'的约束机制;那么'元评

---

① 孙士生:《网络:民主政治建设的新平台》,《领导科学》,2009 年 6 月(中)。
② 吕静锋:《从权力监督走向权利监督:网络空间下的民主监督刍议》,《深圳大学学报(人文社会科学版)》,2010 年第 5 期。
③ 高洁、蔡敏:《美国教育评价的元评价及其启示》,《世界教育信息》,2007 年第 6 期。

价'则主要是着眼基于'结果'的约束机制。"①学术评价元评价制度和机制的建立,是我国学术评价逐步走向成熟的标志,它将有利于我国学术评价制度的科学化和规范化,进而促进我们的学术创新和我国学术事业的健康发展。

原载于《河南大学学报(社会科学版)》2014年第6期;《新华文摘》2014年第23期论点转载,《高等学校文科学术文摘》2015年第1期论点转载

---

① 朱少强、唐林、柯青:《学术评价的元评价机制》,《重庆大学学报(社会科学版)》,2010年第3期。

欧美学术期刊的诞生、发展及其启示

刘永红①

在世界学术期刊发展史上,欧美学术期刊诞生得最早,其嬗变与发展也一定程度上代表了世界学术期刊的特点和发展趋势。本文梳理欧美学术期刊诞生与发展的历史,以期对中国学术期刊发展提供借鉴和展示。

一、欧美学术期刊的诞生

(一)学术期刊诞生的背景与原因

学术期刊的诞生具有特定的时代背景与技术因素。14世纪肇始于西欧各国轰轰烈烈的文艺复兴运动促使了近代自然科学的创立与新哲学的兴起,随着科学技术的蓬勃发展,欧洲迎来了科学的复兴。一方面,自然科学技术发展获得了长足的进步;另一方面,欧洲社会形成了浓厚的学术氛围,涌现出了许多科学团体与学会组织。17世纪中叶的欧洲已有200多个学术组织,科学交流与信息传播迫切而又频繁。但是,当时科学家之间的科学交流主要依赖书信往来,而书信往来这种传统的、低效的传播方式,很难及时、公开地确认一项新的科学发现,更无法广泛传播这种发现。用英国皇家学会首任会长莫雷的话来讲"既费时又费力鉴于此,1661年8月,莫雷在与荷兰惠更斯的通信中透露了

---

① 作者简介:刘永红,文学博士,人民出版社新华文摘杂志社副编审。研究方向编辑出版学。

自己想创办一本学术期刊的打算。在科学技术发展进步与学术成果交流需要"两个轮子"的推动下,国际学术期刊应运而生。学术期刊内容丰富、系统,信息量大;易于保存、交流与查找;出版周期稳定;传播速度快、传播空间广,真正实现了大众传播。学术期刊的种种特点,既弥补了口头汇报无法存档、查阅且交流范围狭窄的缺陷,又避免了书籍出版周期冗长、传播速度慢之不足,还规避了报纸出版零星片段、缺乏系统的缺点。英国著名编辑威廉·E.迪克曾说过,从17世纪开始,定期刊物是报道新发明和传播新理论的主要工具。[①] 作为记录和交流科技创新成果的重要载体——学术期刊开始在世界科学传播与学术交流舞台上发挥着越来越大的作用。

(二)世界最早学术期刊概述

关于世界上最早的学术期刊,学界普遍认为是1665年1月5日创办于巴黎的《学者杂志》(*Journal des Scavans*)(也有学者认为是创办于荷兰的阿姆斯特丹——笔者注)是第一本综合性学术期刊;1665年3月6日创办于伦敦的《哲学汇刊——总结世界各地有创造才能者当前的探索、研究和工作》(简称《哲学汇刊》,*Philosophical Transactions*,1776年改名《英国皇家学会会刊》))是第一本纯粹的科技学术期刊。关于世界上最早的中文学术期刊,新闻传播学界通常认为是传教士马礼逊和米怜于1815年8月5日创刊于今马来西亚马来半岛西部城市马六甲的《察世俗每月统记传》。但是,据医学界考证,1792年(乾隆五十七年)诞生于苏州的《吴医汇讲》才是第一本中文学术期刊。

1. 第一本综合性学术期刊:《学者杂志》

《学者杂志》是由法国议院参事戴·萨罗律师(Denys de Sallo)创办的,创办目的在于"帮助那些认为读全部图书太麻烦、耗费时间太多的人""不用花费多大气力就能学到知识并满足好奇心"[②]。《学者杂志》

[①] А.И.米哈依洛夫、А.И.乔尔内、P.C.吉里列夫斯基著,徐新民、张国华、孙荣科等译:《科学交流与情报学》,北京:科学技术文献出版社,1980年,第64页。

[②] 刘瑞兴:《世界上第一种学术期刊及其第一任主编》,《现代情报》,1991年第C1期。

从很多方面很好地践行了这一办刊宗旨。

第一,《学者杂志》是世界上第一本综合性学术期刊,内容丰富、庞杂,涵盖了文学和科学等诸多领域。《学者杂志》报道的主要内容包括欧洲出版的图书目录,部分书的摘要,有价值的情报;阐明自然现象的物理、化学和解剖学实验,有实用意义的或者重要的发明与器械;气象资料,民事与宗教的重要判决消息和各大学的反响;人们喜闻乐见且有价值的所有事件。《学者杂志》创刊号共 20 页,刊登了 10 篇论文、几篇札记与书信。① 《学者杂志》是一本文理兼收的综合性学术期刊,比较注重内容的价值性、资料性、可读性。

第二,《学者杂志》是一本周刊,传播速度快,既满足了科学家及时公开、传播自己思想与观点的需求,又能够为广大读者获取日新月异的新知识、新信息提供便利途径。据文献记载,戴·萨罗是一位不凡的人物,他与巴黎定期举行学术聚会的科学家有密切的联系……戴·萨罗雇用了两名抄写员,将他阅读中感兴趣的和有用的东西抄录下来,并由他编辑成集,方便查询。在从事这项活动中,他确信可以通过出版使公众也能获取这些资料。再加上受当时报纸的启发,他萌发了出版一种周刊的设想。② 这种周刊就是《学者杂志》。

第三,《学者杂志》创建了世界上第一个编委会,编委会的成员都是科学家,其作用主要是协助编辑评审稿件。可以说,《学者杂志》已具有同行评审制度的雏形。遗憾的是,《学者杂志》出版到第 13 期的时候,由于宣传科学、反对宗教神权势力,被当时的宗教神权势力查禁停刊。1666 年 1 月 4 日《学者杂志》更换主编、更改编辑方针后复刊,复刊后的《学者杂志》变成了一份纯粹的文学期刊。法国大革命期间又遭遇休刊,1816 年再次复刊,1938 年终刊。

2. 第一本纯粹的科技学术期刊:《哲学汇刊》

《哲学汇刊》是由英国皇家学会秘书亨利·奥尔登伯格(Henry Oldenburg)创办的,创办初衷在于开创一种新的有效的科学传播模式

---

① 刘瑞兴:《世界上第一种学术期刊及其第一任主编》,《现代情报》,1991 年第 C1 期。

② 李武:《最早的两份学术期刊》,《科技导报》,2012 年第 10 期。

一期刊一以替代书信成为科学家之间交流的重要工具。《哲学汇刊》创刊号于1665年3月6日面世,共16页纸,亨利·奥尔登伯格亲自撰写了导言。在导言中,他表示《哲学汇刊》主要致力于科学发现、知识经验的交流,改善和增进自然科学的研究。300多年来,《哲学汇刊》很好地坚持了自己的编辑方针与出版宗旨。

第一,《哲学汇刊》是世界上第一本纯粹的科技学术期刊。这可以从《哲学汇刊》创刊号目录看出来。《哲学汇刊》创刊号目录如下:

罗马完成了光学玻璃的改进;

英格兰观察到木星某个区域里为一个黑点;

对最近彗星运动的预言;

关于地球寒冷历史研究的许多新观察和新实验项目;

一个奇怪而又巨大的冰山的一系列考察情况;

德国的特种铅矿石;

匈牙利的大药丸和亚美尼亚的大药丸效力相同;

百慕大群岛的美国新式捕鲸船;

海中测量经度的摆表制造成功;

在图阿劳斯的康塞劳尔出版的哲学书目录集。①

可见,其内容涉及物理、天文、地理、医学、航海等多个领域,主要"刊登自然科学方面的观察报告、实验结果及学者间的通信"②。早在1665年2月,莫雷在写给惠更斯的信里,透露了亨利·奥尔登伯格将要创办一份学术期刊,这份刊物将避免像《学者杂志》那样因为内容的原因而引起麻烦。因此,《哲学汇刊》与《学者杂志》定位不同,内容偏重科技。

第二,《哲学汇刊》成立了编委会,建立了最早的真正意义上的科技期刊同行评审制度。《哲学汇刊》是一本月刊,每月的第一个星期一出版。在亨利·奥尔登伯格的建议下,英国皇家学会成立了一个有20人的通信委员会。1752年,英国皇家学会专门成立了负责《哲学汇刊》出

---

① 宋轶文、姚远:《〈哲学汇刊〉的创办及其前期出版状况》,《中国科技期刊研究》,2014年第5期。

② 周汝忠:《科技期刊产生的历史背景》,《编辑学报》,1990年第3期。

版事务的论文评审委员会,同时建立了最早的真正意义上的科技期刊同行评审制度。

第三,《哲学汇刊》坚持全球视野,注重国际影响力。《哲学汇刊》最初的刊名为《哲学汇刊——总结世界各地有创造才能者当前的探索、研究和工作》,具有全球视野与国际格局。《哲学汇刊》在英国以及欧洲其他国家的科学家中产生了极好的反响,也十分畅销,很多科学人员给《哲学汇刊》投稿,并以能够刊登为荣。

第四,《哲学汇刊》积极支持学者的科学研究工作,极力维护作者的各项权益。英国化学家波义耳是一位不折不扣的实验狂人,其行为遭到当时很多人的非议与误解,亨利·奥尔登伯格却挺身而出高度评价了波义耳的科学实验工作。在亨利·奥尔登伯格主编的12卷《哲学汇刊》中,波义耳共发表20篇论文,其中第5卷共12期,有两期几乎成为波义耳的专刊。1672年牛顿在《哲学汇刊》发表了《光与色的理论》,赢得赞誉的同时也遭到了英国皇家学会部分会员的质疑与批评,甚至连大权威惠更斯对牛顿的光学理论都由起先的赞同转为后来的质疑,牛顿心灰意冷,意欲退会。亨利·奥尔登伯格多方施策,极力挽留住了这位"核心作者"。多年以后,牛顿还当选了英国皇家学会会长。

如果用命运坎坷来形容《学者杂志》,那么《哲学汇刊》算是岁月静好。《哲学汇刊》具有较好的历史连续性,除了1676—1683年的短暂停刊之外,该刊一直持续出版到今天。

二、欧美学术期刊的发展

(一)学术期刊的嬗变与趋向

学术期刊诞生于科学技术的发展与科学交流的需要,也随着科学技术的进步与人类科学交流的需求而演变。学术期刊能够及时发表最新的科学研究成果、发布最新的科学信息动态,对于当时的科学家来说,一方面学术期刊能够让自己较好地行使科研成果的"发表权"与"署名权"以宣示科研成果的归属权,并且有效地向社会尤其是科学界传播自己的科研成果;另一方面学术期刊也能够让自己较早地了解到科学信息动态,有利于自己全面掌握相关科学研究动态。正如英国的科学史学家 W. C. 丹皮尔所说:"科学期刊与学会会议,使一切研究者随时都可以得知新的成果,而科学也就再度国际化了。"①学术期刊通过作用于科学家以及科学传播活动,进一步促进了自然科学的发展与科学技术的进步。到 1730 年,欧洲 7 个国家已有 330 余种连续性期刊相继问世。② 据《乌利希国际期刊指南》统计,全世界期刊种数 1960 年约为 20000 种,1970 年增加到 50000 种,1980 年增加到 62000 种,2000 年已增加到 355466 种。③ 目前,世界学术期刊的总量究竟有多少,难以获知。仅从作为全球领先的索引服务、期刊和研究会议信息来源提供者——美国科学信息研究所(Institute for Scientific Information,简称 ISI)——在其网站列举的世界 1600 家重要期刊出版商出版的 SCI 重要期刊来看,多达 24762 种。④

可以说,从世界上最早的学术期刊诞生到今天学术期刊类群、数量的急剧增长,学术期刊经历了一段波澜壮阔的发展历程,呈现出由综合性学术期刊、专业性学术期刊、文摘索引类学术期刊、集群化学术期刊、数字化学术期刊到开放获取学术期刊的发展特点和发展态势。

1. 综合性学术期刊

世界上最早的两本学术期刊——《学者杂志》和《哲学汇刊》,从本质上来说,都属于综合性学术期刊。《学者杂志》属于文理综合性学术期刊,《哲学汇刊》属于自然科学综合性学术期刊。这代表了当时的科学技术发展水平与状况,也反映了当时学界的需要与需求。

---

① W. C. 丹皮尔著,李珩译:《科学史及其与哲学和宗教的关系》下册,北京:商务印书馆,1975 年,第 390 页。

② 周汝忠、杨小玲:《科技期刊在西方科学技术发展中的作用》,《编辑学刊》,1988 年第 4 期。

③ 任真:《从〈乌利希国际期刊指南〉分析期刊出版现状与趋势》,载中国科学院文献情报中心编:《中国科学院第十二次图书馆学情报学科学讨论会文集》,北京:北京图书馆出版社,2002 年,第 107—112 页。

④ 数据由笔者统计而来,https://scijournal.org/top-international-journal-publisher.shtml,2019 年 9 月 19 日。

2. 专业性学术期刊

随着工业经济的建立与专业分工的发展，为迎合科技进步的要求与科学交流的需要，专业性学术期刊纷纷创办。世界公认的第一本专业学术期刊《化学杂志》于 1778 年诞生于德国。随后，《物理杂志》于 1790 年创办于法国；专门刊载矿物学研究成果的《矿物学杂志》于 1807 年在德国问世；机械专业期刊《机械学杂志》和医学专业期刊《柳叶刀》均于 1823 年在英国诞生；生物学期刊《动物学杂志》于 1830 年在英国诞生；地质学专业期刊《法国地质学会通报》于 1830 年在法国创办；1879 年美国化学会创办了《美国化学会志》(*Journal of the American Chemical Society*，简称 JACS)；等等。专业性学术期刊的发展呈现出一派蓬勃发展的景象。

3. 文摘索引类学术期刊

随着科技的进一步发展、世界学术期刊队伍的不断壮大，科技文献获得了迅猛增长。信息爆炸时代，为了方便人们只需花费最少的精力就能快速地从浩瀚的文献中撷英采华，文摘索引类学术期刊纷纷问世。文摘索引类学术期刊具有报道、检索、参考和交流等功能，是开展科学信息交流与传播的重要工具。世界上第一本文摘类期刊《化学文摘》于 1830 年诞生于德国。之后，美国于 1884 年、1907 年分别创办了《工程索引》与《化学文摘》，后者于 1969 年收购了德国创办的世界上第一本文摘类期刊。1898 年《科学文摘》(*Science Abstracts*)诞生于英国。美国科学信息研究所分别于 1964 年、1973 年、1978 年出版了《科学引文索引(SCI)》《社会科学引文索引(SSCI)》《艺术和人文学科引文索引(A&HCI)》。

4. 集群化学术期刊

20 世纪 90 年代人类进入知识经济时代。所谓知识经济，指的是"以知识为基础的经济"与农业经济、工业经济的发展主要依靠能源、原材料和劳动力等物质因素相比，知识经济的发展主要依靠知识与信息的生产、分配与应用。作为知识与信息聚集地的世界学术期刊出现了集中化的趋势，纷纷走上了集群化发展路径。爱思唯尔(Elsevier)拥有 2571 种学术期刊，德国斯普林格(Springer-Verlag)拥有 2209 种学术期刊，英国泰勒-弗朗西斯集团(Taylor & Francis Group)拥有 1803 种学术期刊,美国约翰·威利父子出版公司(John Wiley & Sons)拥有1604种学术期刊,①等等。实践证明,集群化发展有利于实现学术期刊之间的资源共享,有助于降低学术期刊的成本,能够进一步延伸强化学术期刊的品牌,通过打包捆绑销售还能有效提高学术期刊及其数据库的议价能力。

5. 数字化学术期刊

随着信息技术、网络技术、人工智能技术的迅速发展及应用,电子学术期刊、网络版学术期刊登上了历史舞台。《自然》杂志的Nature数据库由Nature.com平台提供电子期刊服务,不仅提供《自然》周刊电子全文,而且还包括研究月刊、评论月刊等众多姊妹刊物,主题涵盖生物学、化学、地球科学、物理科学、医学等各个领域。早在1996年9月,《科学》杂志开始推出网络版——《科学在线》(Science Online),从此踏上了网络时代的发展之道。《科学在线》包括《科学》1995年10月以来的全部文献内容,当然,最主要的组成部分还是《科学》周刊电子版。每周五《科学》周刊电子版与《科学》周刊印刷版同步上网发行。

6. 开放获取学术期刊

学术期刊的集群化发展顺应了知识经济的发展,学术期刊获得了较高的定价话语权。自1986年以来,在平均通货膨胀率为3.1%的情况下,学术期刊的订购价格年均增长达9%。② 日益高昂的学术期刊及其数据库订购费用,超出了许多用户的财力范围,最终影响了科学信息的传播与交流。20世纪90年代末,在网络环境下出现了一种新的学术信息交流模式——开放存取运动(Open Access Movements,简称OA),这是国际学术界、出版界、图书情报界为了推动科研成果利用互联网自由传播而采取的运动,是科学研究信息在网络环境中免费供公众自由获取,是基于互联网的一种新型学术交流方式和出版模式。③《自然》出版集团于2005年创办了第一个开放获取期刊,目前,其开放获取期

---

① https://scijournal.org/top-international-journal-publisher.shtml,2019年9月19日。
② 初景利:《"开放获取"推动信息共享》,《人民日报》,2005年7月7日。
③ 宛福成:《开放获取运动、政策与服务综述》,《情报科学》,2006年第11期。

刊涵盖了多学科类，如世界上引用率最高的多学科类开放获取期刊《自然－通讯》，以及更具有专业侧重的期刊，例如"自然合作期刊"（*Nature Partner Journals*）系列。①《科学》杂志于2015年创办了一份数字化开放获取期刊——*Science Advance*。细胞出版社也推出了《细胞报告》《干细胞报告》等开放获取期刊。学术期刊的开放获取，有力地推动了学术信息的开放，使科研成果能够在全球范围内得到更广泛的使用与分享。

（二）世界知名学术期刊介绍

迄今为止，创刊于1869年的《自然》（*Nature*）、1880年的《科学》（*Science*）、1974年的《细胞》（*Cell*）最负盛名，被公认为是世界学术期刊的翘楚和标杆，引领着世界学术期刊发展的潮流与方向。

1.《自然》

《自然》杂志于1869年创办于英国，隶属于麦克米伦出版有限公司的科学出版机构——英国自然出版集团，其宗旨是"将科学发现的重要结果介绍给公众，让公众尽早知道全世界自然知识的每一分支中取得的所有进展"。《自然》杂志是一本周刊，也是一本同行评议刊物，涵盖了生命科学、自然科学、临床医学、物理、化学等领域。人类很多科学领域的重大突破与重大进展，例如DNA双螺旋结构的发现、人类基因组序列测序结果的公布、高温超导研究的新发现、艾滋病研究的新突破等，都是由《自然》杂志率先报道或者刊发的。《自然》杂志既注重有突出科学贡献的科学论文的发表与传播，也注重有重大价值的科学新闻的报道与传播。因而，在栏目设置方面，既有主要发表原创性研究论文的论文（Articles）、来信（Letters to Nature）以及简讯（Brief Communications）栏目，也有关于科技政策、科技动态方面的新闻简报以及科幻小说、书评、评论等栏目。《自然》杂志刊发的研究论文通常要求简明扼要，篇幅不长，有些甚至非常短小精悍。无论是科学论文还是科学新闻，通常都要求能够很好地融合学术性、前瞻性、思想性、可读性以及趣味性，既能够满足科学家的研究需要，又能够兼顾到一般读者的阅

---

① 姜天海：《〈自然〉执行主编Nick Campbell：质量是数字化开放获取的成败关键》，《科学新闻》，2015年第22期。

读之需。

《自然》杂志拥有较为先进、成熟的平面与网络出版平台,无论是印刷版还是在线版都已经成为世界各地科学家的首选目标源。自然出版集团经过百余年的发展,目前已有80多种期刊,涵盖了已发表原创性研究报告为主的研究类期刊、对重要的研究工作进行综述评论的综述性期刊以及对医学领域重要研究进展作出权威性解释并促进最新的研究成果转变为临床实践的临床医学类期刊三大类型。

《自然》杂志总部设在伦敦,在纽约、旧金山、波士顿、东京、慕尼黑、巴黎和香港等地设有办事处。《自然》杂志在全球拥有一支2000多名记者的采编队伍,是一本综合性国际科学期刊。

2.《科学》

《科学》杂志创办于1880年,1900年成为美国科学促进会(The American Association for the Advancement of Science,简称AAAS)的官方刊物,其宗旨是"发展科学,服务社会"。《科学》杂志是一本周刊,全年共51期,全球发行量超过150万份。《科学》杂志是一本同行评议刊物。全年来稿1.2万篇,录用8%,有一百多位世界顶级的科学家组成的论文评议团队,发表的论文有35%—40%来自美国以外的国家和地区。①

与《自然》杂志一样,《科学》杂志涵盖了几乎所有学科。在内容方面,与《自然》杂志一样,《科学》杂志既发表来自全球各地的科学家们撰写的具有广泛读者基础的顶尖的科学论文,也刊发科技新闻记者采写的前沿、前瞻的科学新闻,能够很好地兼顾到科学家与一般读者的需要。正如《科学》杂志第21任主编——美国化学家霍顿·索普(Holden Thorp)所言"科学新闻和科学研究都是国家财富"。因而,在栏目设置方面,《科学》杂志既有发表研究论文、研究报告等研究成果的栏目,也有刊发科学新闻、书评、读者来信的其他栏目。

《科学》杂志总部设在美国华盛顿特区,在英国以及其他几个国家都设有编辑部,2007年《科学》杂志还成立了北京分社。《科学》杂志拥

---

① 石应江、齐国翠:《Science的办刊理念及启示》,《中国科技期刊研究》,2014年第11期。

有120位工作人员,在全球拥有一支由800多名记者组成的采编队伍,编委会由近100名国际上不同领域的专家组成。①

《科学》杂志经过100多年的发展,旗下拥有多种子刊以及数种合作伙伴期刊。面对一些非常重要且能引起广泛兴趣的研究论文,Science印刷版容量有限,2015年《科学》杂志创办了一份数字化开放获取期刊——*Science Advance*。

3.《细胞》

《细胞》由美国爱思唯尔(Elsevier)出版公司旗下的细胞出版社(Cell Press)于1974年创办,主要聚焦生命科学领域,是生命学科专业顶尖国际科学期刊。虽然创办时间晚,但是短短40年间,《细胞》取得了光耀全球的成绩,成为比肩《自然》《科学》的国际大刊。《细胞》是一本双周刊,也是一份同行评审科学期刊。

在栏目设置方面,《细胞》既发表生命科学领域的具有重要意义的原创性研究论文、关于生命科学各个领域实验研究中的焦点问题和研究进展的短评与综述性文章、对已经发表的文章进行深入分析探讨的短小文章,也发表会议记录、书评等类型的文章。

细胞出版社经过40余年的发展,目前出版发行《细胞》系列和Trends综述系列等30种期刊,包括《神经元》《免疫》《分子细胞》等著名子刊以及《细胞报告》《干细胞报告》等开放获取期刊,覆盖了从生命科学到转化医学的全球最新发现及动态。②

三、对我国学术期刊发展的启示

350余年来,学术期刊的发展浩浩荡荡,在人类的科学传播与交流史上具有非常重要的地位与作用。回首过往,展望未来,欧美学术期刊诞生与发展的宝贵经验,必将对我国学术期刊的发展有所滋养与裨益。

---

① 董尔丹、徐岩英、宋玉琴等:《自然科学领域著名期刊简介:Science周刊》,《中国基础科学》,2004年第4期。

② 姜天海:《细胞出版社总裁、〈细胞〉主编Emilie Marcus:开放获取下科技期刊机遇挑战并存》,《科学新闻》,2015年第22期。

（一）牢记学术期刊的初心与使命，致力于人类科学信息的传播与科研成果的交流

学术期刊的诞生，就是要采用一种全新的、有效的传播手段与传播方式，代替落后、低效的书信交流，以更快速地发表人类的思想与洞见，更科学地确定人类成果的归属权，更广泛地传播人类的学术成果，更有效地实现人类的科学交流。这是学术期刊念兹在兹的初心与使命。

学术期刊是一个对人类的学术成果进行确定、发表、展示、传播的公共平台，目的只为能够发现、发表人类最优秀的学术成果，并努力促进这些优秀学术成果的传播与交流。在用枯燥与烦琐、清贫与奉献铺就的学术期刊之路上，现阶段我国学术期刊应该秉持"两耳不闻窗外事，一心只读圣贤书"般的精神与态度，眼睛牢牢盯着优秀的学术成果。学术期刊发表的优秀学术成果越多，学术期刊的美誉度越高，自然会成为学者心中的高地。权威的作者与优秀的学术成果永远都是学术期刊赖以发展的核心竞争力。

（二）创新学术期刊的机制与方法，加快学术期刊的出版与传播

1. 科学把握学术期刊的出版周期

关于学术期刊的出版周期，既要考虑有源源不断的创新成果刊发出来，又不能延长论文发表时间。学术期刊应该根据自身覆盖的学科特点、编辑部人手等自身情况，科学选择合适的出版周期。若周期过短，可能导致学术期刊缺乏下锅的"好米"，会降低学术期刊的稿源质量；若周期过长，会影响学术成果的发表日期，从而影响学术成果的首发权与应用价值。对于科技类学术期刊来讲，很多研究成果里面包含有非常重要的实验数据，因而，学术成果的时效性更强。实际上，纵观世界学术期刊发展史，早期的《学者杂志》与《自然》《科学》都是周刊，《细胞》是双周刊，《哲学汇刊》是月刊，这些科技学术期刊的出版周期普遍较短，就是为了较好地平衡科学新闻的传播与科学成果的发表。对于人文社科类学术期刊来讲，一般而言，除围绕党和国家一些重大事件或者重要时间节点而撰写的学术成果以及具有一定时效性的学术成果之外，受出版周期影响较大的不是学术成果的应用价值，而是学术成果的首发权。

2. 采取灵活的多重定价机制

对于能够依靠内容与服务提供盈利的学术期刊来讲,其价格制定既要区分用户的不同类型与需求,又要考虑到不同用户的价值感受,还要考虑到不同用户的支付能力,从而综合统筹用户的特点建立一套灵活多样的定价机制。

一般而言,我国学术期刊尤其是专业学术期刊,其读者面比较狭窄,发行量极其有限,广告收入微乎其微,运营成本相对较高,很多学术期刊依赖国家财政的大力支持,否则难以为继。对此,可以借鉴欧美学术期刊的通常做法,辩证地看待学术期刊的用户。对于国际性学术期刊来讲,用户可以是国家、地区,对于一般的学术期刊来讲,用户可以是机关团体、图书馆、公司、个人,也可以是会员、一般订户、学生,还可以是印刷版用户、网络版用户,等等。例如,《自然》杂志及其姊妹系列期刊2019年的纸本订阅就把用户分为机构和个人两种。《自然》杂志,机构订阅年费为48000元,个人订阅年费为5200元,①前者是后者的9.23倍。美国的《冶金学报》,主办单位的订户一年订费是10美元,协作单位是40美元,图书馆的订费则高达150美元。② 美国医学会的杂志,对美国医学会会员为75美元;一般订户为145美元;医学学生和驻院医生(resident doctor)为48美元;单位或机关则为245美元。③

3. 积极探索学术期刊的开放获取

在开放获取模式下,学术期刊不再向读者、用户收费,而是向作者、广告商收费,主要是向作者收费。开放获取模式适合我国大多数学术期刊的实际情况。从学术期刊的现状与形势来看,目前,我国学术期刊的发行量大多徘徊在两三千册,发行量低于1000册的"大有刊在"。享受国家社科基金专项资助的学术期刊日子倒不发愁,那些没有任何财

---

① 自然中国,http://www.naturechina.com/subscribe/price,2019年9月19日。
② 秦铁辉:《期刊史话》,《图书馆工作与研究》,1981年第2期。
③ 刘永红:《西方学术期刊发展的成功经验》,《中国社会科学报》,2012年12月14日。

力资助的学术期刊却难以为继。《2018年新闻出版产业分析报告》显示,2018年我国期刊出版总印数降低8.0%;总印张降低7.3%,收窄2.8个百分点。哲学社会科学类期刊印数降幅收窄1.5个百分点。期刊业形势逼人,总体不太乐观。从作者角度来看,现在很多研究项目都设置了成果发表费,有些高校甚至出台了相关的科研奖励规定,许多作者都有一定的财力来支付费用。学术期刊唯一需要做的就是严把学术成果质量关。正如《细胞》前任主编Emilie Marcus所说,无论采用哪种商业模式,关注的焦点必须是"质量"。识别、评估出最优秀的内容,并将这些内容推荐给读者,这些都需要大量的投资。[①] 一旦发现学术期刊发表低劣的学术成果,相关部门可以给予相应的严厉惩罚。

4. 实行"品牌+技术"策略

品牌,对于学术期刊来讲,是一种实力与能力;对于读者和作者来说,是一种荣誉与信任。学术期刊应该充分发挥品牌的价值。《自然》和《科学》都是属于非营利性的周刊杂志,杂志严把文章质量关,作者发表文章从不收费,始终小心翼翼地维护着自己的品牌。同时,《自然》和《科学》杂志都创办或者合作出版了一系列子刊,包括开放获取期刊,当然,这些姊妹期刊会主动与《自然》《科学》杂志的品牌对照,依然坚持非常严格的学术成果把关标准。在学术期刊品牌的引领下,《自然》和《科学》杂志的经营部门还可以通过开展广告、会议、培训等多种经营活动开拓商业模式。

科学技术是第一生产力,学术期刊的诞生与发展同样离不开技术的推动。移动互联网时代,学术期刊必须积极拥抱新技术。一方面,学术期刊可以在出版印刷版的基础上,大力开拓学术期刊在线版,让学术期刊印刷版无法容纳的优秀学术成果可以刊发在学术期刊在线版,较好地实现印刷版与在线版的良性互动。《新华文摘》杂志2016年试推出了《新华文摘》网络版,2017年《新华文摘》网络版正式上线。《浙江大学学报(人文社会科学版网络版)获得了原新闻出版广电总局"网络连续型出版物"刊号(CN33-6000/C),已于2015年8月正式上线。另

[①] 姜天海:《细胞出版社总裁、〈细胞〉主编Emilie Marcus:开放获取下科技期刊机遇挑战并存》,《科学新闻》,2015年第22期。

一方面,学术期刊可以发力"两微一端"建设。就目前来看,我国学术期刊"两微一端"建设并不理想,大部分的刊物没有建立自己的微博,更不用提 APP,对新技术的探索主要集中在网站和微信公众号方面,同时,网站更新往往不太及时,流量通常不太高,用户也不太活跃。微信公众号的运用通常处于维持基本需要的层面与阶段。学术期刊应该充分发挥好微信公众号的作用。目前,微信公众号主要用来更新期刊的目录,发布通知启事,推送文章,等等。推送文章最为频繁与显著。但是,推送的文章通常都是纸刊文章的原始照搬,没有考虑到当下不同读者的不同需求。学术期刊的微信公众号完全可以只推送某些文章的重要观点、重大发现、重要结论即可。同时,学术期刊发表的每篇文章,其实都可以制作一个唯一的二维码,通过扫码,用户可以听到作者对文章写作背景、内容的简单介绍;双方还可以在线交流互动;用户还可以在线阅读电子版文章;甚至还可以回溯一下本刊以往刊发过的相同主题、相似话题的文章;等等。

5. 建立并完善学术期刊同行评审制度

学术期刊同行评议制度首创于欧美国家,《学者杂志》具有了同行评审制度的雏形,《哲学汇刊》有了最早的真正意义上的科技期刊同行评审制度。当前世界学术期刊的翘楚——《自然》《科学》《细胞》都采用同行评议制度。欧美国家学术期刊的发展实践充分证明,学术期刊同行评议制度是一项应该坚持的学术期刊质量与水平的保障机制。

我国不少学术期刊也都借鉴并实行了同行评议制度。未来,有条件的学术期刊应该切实采取同行评议制度。"术业有专攻""同行是冤家"。随着学术研究领域的不断细分,只有学术同行才能更了解各自学术领域的现状与问题,才能以挑剔苛刻的态度严格审核同行的学术成果,通过发现问题、提出修改意见,进一步完善同行的学术成果,有益于学术进步与学术发展。当然,同行评议者的选择十分关键与重要,评议者既要有深厚的学术素养与宽广的学术情怀,又要有责任担当意识,能够摒弃学术门户之见,认真履行稿件学术价值的发现与判断的责任。当然,学术期刊不能机械照搬同行评审制度,更不能完全依赖同行评审制度。同行评审意见只能是一个非常重要的参考因素。学术期刊还应充分发挥自己的主观能动性,对学术稿件的取舍有自己独到的专业判断。学术期刊不仅要考虑学术稿件的学术价值,还要统筹判断学术稿件的政治立场与政治倾向、学界反响与业界反应、刊物风格与读者需求,等等。

　　昨天已经过去,明天值得期待。在未来的日子里,愿中国学术期刊练好内功,越来越多地迈入世界名刊强刊之列,更好地向世界传播中国声音、贡献中国智慧。

原载于《河南大学学报(社会科学版)》2020年第1期,《高等学校文科学术文摘》2020年第3期全文转载

学术期刊的智库功能与定位

江 波[①]

引 言

在全面深化改革的背景下,智库建设日益受到党和国家的高度重视,如何在错综复杂的国际形势、高速发展的经济社会变革下顺应时代潮流,建设符合中国特色的新型智库是我国社会科学研究的迫切任务。而作为传播学术信息、进行学术交流、培养和发现学术人才的学术期刊,不仅在学术价值上发挥作用,而且还可为新型智库建设提供宝贵的资源与平台。发挥学术期刊的智库功能既可以为新型智库建设提供智力支持与保障,同时又对期刊改革发展具有重大的意义与价值。然而,对于学术期刊的智库功能,目前学界研究的并不多。张放认为,高校学报通过对学术科研成果的推广,对社会发展过程中的政治、经济与文化等趋势进行分析与预测,进而提出科学的研究对策,为社会进步提供智慧方案;[②]汪锐等认为,优秀学术期刊具有"旗帜引领""学术论坛""社会智库""质量标杆"和"文献精粹"等功能。[③] 可以说,学术期刊的智库功能是在学术期刊原有的学术功能与社会功能的基础上的延伸与发

[①] 作者简介:江波,苏州大学学报编辑部主任,教授,博士生导师,苏州大学中国特色城镇化研究中心研究员。研究方向编辑出版学。

[②] 张放:《高校学报传播学术研究成果的社会价值构建》,《中国出版》,2011年第4期。

[③] 汪锐、杨继瑞:《试论优秀学术期刊的社会价值》,《网络财富》,2010年第11期。

展,是顺应时代发展潮流的重要体现。智库是由众多领域的专家学者组成的为了国家经济、政治、文化、军事、外交等重大战略问题的发展建言献策、提供决策服务的支持机构,是党和政府科学民主依法决策的重要支撑。学术期刊与智库既互相独立,又互相依存。将学术期刊发展与智库建设进行有机的结合,一方面为学术期刊发展延展了新的方向,为学术期刊更好地契合国家和社会发展需要,吸纳智库资源、建设智库服务平台及创新自身发展模式提供了新的机遇;另一方面,学术期刊的发展与创新,也为智库发展提供了良好的交流传播平台及人才保障。

一、学术期刊的智库功能

学术期刊的智库功能是学术期刊社会功能的一大体现与延伸,学术期刊本来就具有传播学术信息、交流学术成果、培养学术人才等功能。除此之外,学术期刊还应以国家重大需求为导向,提升高水平科学研究能力,为经济社会发展和国家战略实施做出重要贡献,充分发挥其智库功能。

(一) 学术期刊的内在价值承载着智库功能

与其他传播媒介相比,学术期刊具有更科学独特的传播、导向及成果转化功能,它能够把科研机构、作者、社会机构及大众联系起来,为各阶层人们提供知识和信息。学术期刊自诞生以来,在推动社会进步方面发挥着重要作用,也在社会进步中使自己的功能不断得到扩充与完善。郑英隆在谈学术期刊的社会价值与功能时曾引用一位伟大的思想家说过的话:一个民族要想站在时代的最高峰就一刻也离不开理论思维。理论思维的培养与发展离不开哲学社会科学的繁荣,而哲学社会科学的进步与发展同自然科学一样需要承载科研成果的媒体。[①] 学术期刊作为承载科研成果的媒体应运而生,并且随着社会的繁荣不断进步与创新,延展着传播媒体应有的价值。正是源于这种内在价值的支撑,学术期刊天然能够为智库建设提供成果发表的平台,储备智库建设

---

① 郑英隆:《学术期刊的社会价值与作用》,《江西社会科学》,2005年第6期。

的人才,引领智库建设的方向,学术期刊本身也在社会发展的进程中不断进步,成为新型智库建设的依托。

(二)学术期刊引领智库建设与发展

学术期刊对智库建设具有引领功能。学术期刊可通过选题策划、组稿约稿,关注当前重大理论与现实问题,在谋划未来、规划发展、解读政策、引导舆论等方面发挥较好的作用。学术期刊还有一重大的特点即时效性,它可以在短时间内从更深、更广领域汇集来自全球的最新学术精粹和科研成果,为智库发展提供最前沿的文献资讯,智库专家可以抓住学术期刊上所呈现的重大问题及时代理论焦点进行探讨与研究,对社会发展过程中的现实问题进行总结和概括,进而提出具有前瞻性、建设性的策略和措施,为社会发展和进步提出正确的评价和发展导向,更好地促进社会各项事业的发展。学术期刊借助于自身优势,通过刊发的优秀理论成果吸引智库专家的注意,引导智库专家对某一问题的关注,引领智库发展的方向,为智库建设提供理论上的引导与服务,从而成为智库建设的风向标。

(三)学术期刊是智库成果发布和交流的平台

学术期刊最基本的功能是传播具有理论性、科学性的优秀学术信息。智库专家的研究成果,需要借助相应的期刊进行发布,以实现知识产品的社会化和公众化,学术期刊通过发布这些优秀的智慧成果,把智库专家所提供的最新、最前沿的研究理论推向社会,这是学术期刊发挥智库功能的一个重要体现。

智库的首要功能是进行智慧生产,并将这些智慧成果传播出去,而不是束之高阁;媒体的主要功能首先就是对学术成果进行传播,把那些先进思想、科学理论推向社会,既向大众宣传优秀成果又面向专家学者等高端领域进行传播,促进智慧成果的推广与创新。阿贝尔森(Abelson)指出,媒体已成为思想库宣传其政策思想并影响外交政策可以借助的新工具。① 学术期刊作为媒体的一种重要形式,能及时有效地整合学术资源,将信息进行方便快捷的传播,并能深刻独到地反映社会问题,为新型智库建设提供了良好的发布平台。与此同时,学术期刊将这些信息在更广、更高层次上进行传播与推广,引起人们的共识,专家学者就某一社会问题进行交流与探讨,形成科学有效的决策,这样既为智库建设提供了平台支持,也为学术期刊打造智库型媒体打下了基础。

(四)学术期刊为智库建设提供人才支持

学术期刊不仅可以为社会发展提供智慧理论支持,而且能为智库建设提供人才保障。

第一,学术期刊不只是交流与传播学术成果的载体,更是人才发现与培养的园地,对于人才的扶持和培养起着重要的作用。学术期刊是一个培养人才的苗圃,它通过汇集来自各个学科的研究成果,进行优劣对比,选出那些优秀的成果进行刊登,这对于作者来说是一种鼓励,尤其是对那些有思想、有独特观点和创新头脑的学术新秀来说,更是一种激励,有利于他们创作出更多的优秀作品,为新型智库建设提供大量的智力支持和人才支持。

第二,学术期刊的编辑队伍、作者群、审稿专家群、编委会是一个巨大的天然人才库。学术期刊编辑是决定学术期刊质量的关键因素,优秀期刊编辑人员都具备较高的政治文化素养、专业素养,特别是有着敏锐的眼光与视角,能把握正确的办刊方向,把握国家重大理论与现实问题,把握国家政策导向和社会舆论热点。学术期刊的作者具有优秀的学术素养,并且与期刊同步成长,在提高期刊质量和社会影响力的同时,也造就了天然的智库人才"蓄水池"。学术期刊的编委与审稿人一般都是本行业内有一定影响力、学术上有一定造诣的科研工作人员,他们能把握时代发展的脉搏,为政府决策提供建设性的理论支持。

第三,举办学术会议与高端论坛来发现与汇聚人才。科研人员获

---

① 傅琰:《试论我国传媒智库发展的优势和策略》,《中国记者》,2013年第2期。

取科研资讯的主要渠道就是学术期刊和学术会议,通过学术期刊举办学术会议,可以吸引国内外专家学者和同行进行学术交流,搭建动态的学术交流平台,这样既可提升学术期刊质量,吸引广大学者的关注,扩大期刊的影响力,还可就社会发展过程中遇到的重点、难点问题进行交流与探究,在获取有效的策略方法、解决社会问题的同时,发掘并汇集各学科领域的智库人才。

二、学术期刊智库功能的定位

学术期刊的定位是明确学术期刊的立足点、出发点和发展方向。当前智库建设进入了一个新的阶段,建设中国特色的新型智库是完善科学民主决策的关键环节,学术期刊智库是丰富我国智库形式的重要组成部分。而创办优秀的学术期刊是发挥智库功能的前提和基础,也是智库建设发展中重要的一环。重新明确学术期刊的办刊方向和功能定位,是打造学术期刊智库功能、向服务决策转变的关键环节。

(一)学术期刊在发挥智库功能上应重视前瞻性

前瞻性是指根据社会、经济、政治、文化等的发展规律和趋势,对社会发展过程中的某些问题进行预测性的分析与判断,对社会发展中潜在的一些因素进行探究以寻求最佳的解决路径。一个发展中的学术期刊也应该具备长远的目标与方向,不能仅停留在当下,在尊重现实和规律的基础上不断探索学术期刊的发展之路,能够为解决问题提供方案,为期刊自身发展和社会进步提供政策服务。

目前,虽然在很多社会现实问题上智库不能发挥像政府一样的执行优势,但在很多理论问题上尤其是社会宏观背景下的一些现实问题上,则发挥出智库的参谋作用。例如,东吴智库从我国社会发展规律出发,提出在经济飞速发展之后,必然面临着"软实力"提升的问题,并结合苏州发展的实际,为苏州市政府提供了抢救保护吴文化、城乡一体化等研究报告,且每年一度组织"对话苏州发展"论坛,问诊苏州发展过程中的一些重点与难点问题,提出建设性及操作性意见。可以说,东吴智库在尊重客观规律的基础上由社会发展中的现实问题科学预测出苏州经济发展背后隐藏的潜在风险,并能提出有效的解决方案,这对东吴智库建设和苏州全面发展都具有重大的意义。

学术期刊要有前瞻性,要善于从社会发展的宏观背景及现实问题入手,策划重大选题,有针对性地组稿约稿,善于从新角度进行新定位,在坚持科学性、现实性、社会性的同时,有针对性地提出具有现实问题导向和科学研判的解决问题的方法和对策。

(二) 学术期刊在发挥智库功能上应重视特色办刊

特色,是指学术期刊应该独具一格,不能随波逐流,要找准自己的定位,发挥自己的优势。特色化、个性强的学术期刊是期刊发展的希望,凸显特色是期刊的灵魂和核心。学术期刊如果失去了自己的特色就很难产生良好的经济效益和社会效益。

中国社会科学院原副院长、经济学部主任李扬在一次采访中曾说,智库建设"最重要的是自己定好位,把自己的事做好。你是什么样的智库,通过什么方式发挥智库作用……自己不可能什么都做,更不应该做你没有优势的东西,一定要把自己定位在一个适当的位置上"[①]。智库如此,学术期刊也是这样,每一本期刊都应该从自身实际出发,突出自身特色,承载起特定领域的智库功能。例如,教育期刊就应该在教育功能上发挥优势;财经类期刊就应立足于经济发展的角度等。正如谢维和在谈《教育研究》杂志发挥智库功能时所说,该期刊不仅发表了很多关于教育改革发展中的一些重要的理论性文章,而且给教育和管理部门,领导、教师以及科研人员提供了智慧成果。[②] 又如,《财经国家周刊》在探索自己的智库型媒体的建设过程中因团队人才的拼凑原因而走了一些弯路,其后开始打造属于自己的特色理论体系,瞄准方向、准确定位,以建设智库型媒体为办刊方向,聚集众多智囊团商讨国策,推出具有风向标意义的报道,引领经济发展的方向等,使它成为传媒领域的"佼佼者"。

---

① 任仲、杨雪:《学术与智库功能如何共居一体》,《中国社会科学报》,2015年8月13日。
② 谢维和:《谈〈教育研究〉杂志的智库功能》,《教育研究》,2015年第4期。

（三）学术期刊在发挥智库功能上应重视建设智库型媒体

智库与媒体是两个相互独立的概念，但这一独立性并不意味着智库与媒体是互相平行的，相反两者是交叉互动、互利共生的。在智库发展比较成熟的西方发达国家，媒体常借助各种渠道如纸媒、电视、电台与智库及政府进行互动，他们尤其重视期刊等纸媒的作用，有的智库还设立了属于自己的报刊。例如，排名世界第二、在欧盟久负盛名的查达姆研究所，通过定期出版《国际事务》《今日世界》等隶属于自己的学术性刊物，加大其智库的社会影响力。

从目前我国传媒智库发展状况来看，虽然在发挥智库功能上有很大优势，但是在探索建设期刊型智库上还刚起步。这种状况主要表现在研究成果时效性强，但权威性不够；作者群和编辑群缺乏智库建设的专业研究与训练。新型智库为期刊建设提供了更高的要求和指向，学术期刊应以新型智库的研究重点确定自己的选题方向，组织智库型专家、学者研究国家与社会的重大理论问题，解决一些现实问题。

三、学术期刊发挥智库功能的路径

学术期刊在发挥智库功能方面有自己独特的路径。

（一）进行政策评论与热点分析，引领社会舆论

第一，政策评论。政策评论是对国家社会发展过程中推出的政策进行评估与分析，看其是否有利于问题的解决，这是智库非常重要的任务，同时也是学术期刊发挥智库功能的基本路径。

政策发布以后，智囊团需要根据社会发展的实际判断政府部门所做的决策是否符合社会发展的需要，从而对于政策内容中不符合社会发展需要的内容进行调整，使政策适应国家战略发展所需，以实现政策所希望达到的最终目标。我国在经济、政治、文化领域的建设中会面对很多棘手的问题，对此所提出的相应的对策需要不断进行变革调整，这一过程，需要专家不断对政策进行解读和评论。西方发达国家的一些智库专门走政策评议的路线，他们通过提交各式各样的研究报告和政

策简报,向政府部门表达自己的政治主张。例如,美国的智库总是借助于报纸、期刊、互联网等媒介与政府紧密互动,尤其是在政策制定前后,更是互动频繁,借助媒体发声。政策发布前,媒体加大报道影响力较大的专家的意见;政策发布后媒体就会借助各种渠道制造社会舆论并对后期政策执行产生影响,对应用过程中出现的一系列问题智库也会与媒体进行互动,为问题解决提供及时有效的策略。[1] 学术期刊要真正承担起、发挥好它的政策评论功能,让政府、智库、期刊三者之间实现良好的互动。

第二,热点分析。即对社会发展中的热点问题进行有针对性的探讨与分析,通过分析及时发现所研究的热点中存在的潜在优势及机会,或者存在的一些危机或问题,并能通过一系列的分析找出正确的应对方法,做到趋利避害。

学术期刊应注重追踪社会发展中的理论前沿问题、关注社会热点问题,具有强烈的问题意识和社会意识。不同的学术期刊会根据自己的优势在刊物上刊载一些社会发展中遇到的热点、难点问题,然后众多读者、智库专家会形成激烈的讨论,提出不同的解决方案。例如,尹朝晖在分析美国智库的话语传播机制时说道西方发达国家的智库能紧跟社会发展中的热点问题,注重媒体选题,并在报纸、期刊网站上进行选题策划,智库专家借助于期刊等传媒不断发表针对性强、专业化高的政策评论文章,吸引社会的注意力、引导舆论氛围。[2] 通过学术期刊上对热点问题的分析及时回答公众提出的问题,为公众答疑解惑,不断修正错误、凝聚社会共识,学术期刊便为众多智库学者提供了交流的平台,使这些智库学者对这些热点问题进行持续的关注与探讨,提出有效的理论依据和现实研究,有利于决策者制定更多更好的政策应对将来的风险与挑战。借助学术期刊进行热点问题分析是智库服务决策的重要

---

[1] 刘丽群、刘倩、吴非:《美国智库与媒体的互动:以 CNAS(新美国安全中心)、CSIS(国际关系战略学会)、Brookings(布鲁金斯学会)为例》,《湖北社会科学》,2014 年第 10 期。

[2] 尹朝晖:《西方智库话语传播的运行机制:以美国为例》,《领导科学》,2015 年第 5 期。

参与方式,也是学术期刊发挥智库功能的主要路径之一,需不断加以深化,使其迎合智库建设发展的需要,引领社会发展。

(二)提出问题并引发讨论,对热点、难点问题积极发声

问题提出是在广泛深入研究的基础上,对当今社会发展过程中潜在的或即将出现的问题先在学术期刊上提出并发表出来,由此引起公众和专家、学者的重视与关注,智库专家或学者对此发表自己的观点,并对不同学者提出的不同解决方法进行商讨,以寻找最佳的解决方案,有效解决问题,促进社会进步。

在学术期刊上刊登出来的问题一般是社会发展中比较重要的问题,刊载这些问题是为了借助学术期刊这一平台引发社会关注,探寻最佳的解决方案。当前,我国很多学术期刊开始探索期刊的智库发展之路,在很多重大现实问题上率先发声。以《改革》为例,该刊自办刊以来准确定位,关注中国转型中遇到的重大理论前沿问题,并在调研的基础上对某一重大领域进行研究分析,提出具有可行性的方案。对于近年来经济领域出现的重大问题如经济发展速度与质量、经济发展与生态环境保护、经济结构的调整等热点、难点问题进行深度分析,对这些观点和社会思潮进行讨论并提出建设性的意见供政府决策部门参考,成为服务中央决策的原动力。①

学术期刊在问题提出上具有独特的优势,对社会转型中的问题不仅能够深入反映,而且能在讨论分析的基础上提出科学有效的智库成果。特别是具有品牌影响力的期刊,在选题策划上能主动因应国家的重大战略,聚焦现实问题,提出解决之策,使学术期刊成为为政府提供决策的主要渠道。

(三)开设智库专栏,为国家与社会治理建言献策

专栏是期刊的重要组成部分,它一般是由媒体编辑将内容相近或有某种关联的文章编排在一起,再赋予标题而形成的栏目。对于期刊

---

① 王佳宁:《〈改革〉:学术期刊服务中央决策的探索者》,《传媒》,2013年第12期。

而言,专栏有自己的版面和相对固定的刊载空间,它在整个期刊编辑中占重要地位,是期刊的精华和亮点。设立智库专栏,对于期刊发挥智库功能来说是一个重要的渠道。

与单篇文章相比,智库专栏所探讨解决的问题和目的更为明确和突出,主要是由专家对改革过程中的重大问题和棘手问题进行分析讨论,对社会发展的未来趋势进行准确的预测和判断,并发表成组的具有针对性的、科学性的研究成果供参考。例如,《苏州大学学报》坚持追踪社会发展、理论前沿与学术热点,以策划专栏、专题为依托,引领新型智库聚焦当下国家战略发展和经济社会现实的具体问题研究,提出富有战略性、前瞻性、导向性、建设性的方略。其中,哲学与社会科学版联合教育部重点基地"中国特色城镇化研究中心"开设"城镇化问题研究"专栏,探讨新型城镇化内在机理及发展对策,推动我国新型城镇化的研究及实践。教育科学版与中国高等教育学会高等教育学专业委员会合作,开设"深化高等教育改革"专栏。法学版在"全面推进依法治国"的背景下,长期建设"法治论坛"专栏。此外,贴近实时热点,结合新型智库的研究重点,及时推出最能体现党的重大方针与经济发展和人民生活密切相关的专题,为国家科学决策和社会发展提供智力支持。

结　语

在全面深化改革的背景下,学术期刊发挥自身优势打造期刊智库平台,为我国经济、政治、军事、文化、外交的发展出谋划策,提供智力支持是学术期刊的重要责任。学术期刊要顺应时代潮流,走内涵式发展道路,勇于突破创新,打造媒体型智库,为促进国家社会发展提供智力支持。学术期刊与新型智库互动融合,既是提高其学术影响力的重要途径,也是发挥其社会服务功能的必然选择,需要期刊界勇于革新、不断探索,促进两者融合发展。

原载于《河南大学学报(社会科学版)》2017年第4期,《新华文摘》2017年第22期论点转载

我国学术期刊空间格局及其生态环境评价

乔家君　刘晨光[①]

引　言

学术期刊是学术传播的一种重要媒介，是学术成果展示的重要平台，它不仅自身是一个系统，而且也是更大传播系统的子系统。在这个系统中，构成要素之间、不同尺度环境之间，学术期刊与外部环境之间均存在着密切的互动关系并保持着某种和谐。[②] 刘易斯·芒福德（Lewis M.）认为，女性的繁殖功能是一种生态功能。[③] 学术期刊也具有这种功能，它是众多学者发表不同学术见解的重要场所，具有很强的包容性。北美学者称期刊的这种功能为期刊环境学，中国学者则称其为期刊生态学，两者均是基于系统论的思维方式，把期刊及其所处其中的社会类比成一种生物圈，并按照生物系统的方式理解期刊及其环

[①] 作者简介：乔家君，理学博士，河南大学二级教授，河南大学环境与规划学院党委书记，博士生导师。研究方向地理学、经济学、编辑出版学。刘晨光，河南大学环境与规划学院博士生。研究方向地理学、编辑出版学。

[②] 邵培仁等著：《媒介生态学：媒介作为绿色生态的研究》，北京：中国传媒大学出版社，2008年，第2页。

[③] Lewis M., *The City in History: Its Origins, Its Transformations, and Its Prospects* (New York: Harcourt, 1968), pp. 15-16.

境,①并用生态学的观点和方法来探索和揭示人与期刊、社会、自然四者之间的相互关系及其发展变化的本质和规律的。

关于期刊生态的理论,国外与之相关的研究有:哈罗德·伊尼斯提出媒介时空论,指出要在时间偏倚性(timebias)、空间偏倚性(spacebias)之间找到均衡,使之取长补短、互动互助。② 埃里克·麦克卢汉等提出媒介人体论,认为期刊与其他媒介有冷、热之分,期刊内部也有冷热之别。③ 刘易斯·芒福德(Lewis M.)提出媒介容器论,认为期刊是一种能够储存信息、知识和思想的"容器"技术。④ 尼尔·波兹曼(Neil P.)提出媒介环境论,认为期刊对环境带来明显改变,新媒介对环境也有破坏和伤害。⑤ 保罗·利文森提出媒介进化论,认为媒介进化是一种系统内的自调节和自组织,其机制就是"补救媒介",即后生媒体对先生媒体有补救作用,当代媒体对传统媒体有补救功能。⑥ 媒介补救的过程,事实上就是技术不断体贴人性的过程。⑦ 兹比格涅夫·布热津斯基提出媒介失控论,认为美国作为全球性超级大国,其强大背后也有虚弱的一面。⑧ 国内这方面的研究要数浙江大学邵培仁教授成果最多,贡献最大。他认为,传播环境是存在于传播活动周围的所特有的情况和条

---

① 邵培仁等著:《媒介生态学:媒介作为绿色生态的研究》,北京:中国传媒大学出版社,2008年,第4页。

② 哈罗德·伊尼斯著,何道宽译:《帝国与传播》;哈罗德·伊尼斯著,何道宽译:《传播的偏向》,北京:中国人民大学出版社,2003年。

③ 埃里克·麦克卢汉、弗兰克·秦格龙编,何道宽译:《麦克卢汉精粹》,南京:南京大学出版社,2000年。

④ Lewis M., *Technics and Civilization* (London: Routledge & Kegan Paul LTD,1934).

⑤ Neil P., *Teaching as a Conserving Activity* (New York: Delacorte, 1979), p.43.

⑥ 保罗·利文森著,熊澄宇等译:《软边缘:信息革命的历史与未来》,北京:清华大学出版社,2002年。

⑦ 邵培仁等著:《媒介生态学:媒介作为绿色生态的研究》,北京:中国传媒大学出版社,2008年,第39—41页。

⑧ 兹比格涅夫·布热津斯基著,潘嘉玢、刘瑞祥译:《大失控与大混乱》,北京:中国社会科学出版社,1995年。

件的总和,环境是人类进行传播活动的"场所"和"容器"。在此基础上他还提出了富有中国特色的媒介整体论、媒介系统论、媒介地理论、媒介生态论等。这些理论的核心是强化其学术性的"原子核"和"中国化",以避免在宏观的文化研究中丧失自我和本真。①

这些理论的精髓与地理学的核心思想"人地和谐论"有着密切关联。在中国古代,曾有《易经》《中庸》等巨著蕴含天、地、人和谐统一的生产生活理念。19世纪末20世纪初,法国人文地理学家白兰士(Paul Vidal de la Blache)提出人地关系相对论思想,其学生白吕纳将该思想进一步发展。② 20世纪80年代初,吴传钧先生提出人地关系地域系统,③钱学森、竺可桢均从不同角度呼吁并开展人地关系研究。④ 学术期刊的发展、演变、空间格局也应有其特定的发展规律,也应与其所处环境和谐相处。

目前,已有学术期刊的相关研究多侧重于学术期刊的发展困境⑤、发展现状⑥、变化趋势⑦,以及学术期刊量化评价方法⑧及评价指标体系⑨等方面,对学术期刊的空间评价侧重于省级尺度⑩,很少从人地和

---

① 邵培仁等著:《媒介生态学:媒介作为绿色生态的研究》,北京:中国传媒大学出版社,2008年,第57—62页。
② 白吕纳著,任美锷、李旭旦译:《人地学原理》,南京:钟山书局,1935年。
③ 吴传钧:《地理学的特殊研究领域和今后任务》,《经济地理》,1981年第1期。
④ 钱学森:《谈地理科学的内容及方法研究》,《地理学报》,1991年第3期;陈永申、梁珊:《竺可桢同志关于发展地理学的思想》,《地理学报》,1986年第2期。
⑤ 赵枫岳:《我国学术期刊发展困境和成因研究》,《编辑之友》,2012年第2期。
⑥ 张耀铭:《中国学术期刊的发展现状与需要解决的问题》,《清华大学学报(哲学社会科学版)》,2006年第2期。
⑦ 万东升、陈于后:《学术期刊传播力研究的现状与发展趋势》,《四川理工学院学报(社会科学版)》,2013年第1期。
⑧ 叶继元:《学术期刊的定性与定量评价》,《图书馆论坛》,2006年第6期。
⑨ 魏晓峰:《国内学术期刊质量评价指标体系构建探索与实证研究》,《图书馆理论与实践》,2013年第12期。
⑩ 王罡、张进、杨发金:《中文核心期刊分布研究》,《情报杂志》,2003年第4期。

谐、期刊生态的视角来宏观把握中国学术期刊的整体格局；精细到地级市的空间尺度研究更为少见。细微尺度的研究成果在揭示宏观空间分布规律方面具有独到的优势。① 本文就是从这一理念出发，通过对中国学术期刊的时间演化、空间分布差异、期刊环境等各方面的描述，试图总结我国学术期刊的整体发展的差异及演化规律。

一、数据来源、评价指标体系与评价模型

学术期刊水平是衡量一个国家或地区学科发展层次的一个重要指标，是了解所对应专业发展前沿的重要窗口，②其发展繁荣程度与当地政治、文化、教育和科技有密切关系。

（一）数据来源与处理

本文数据源为中国知网的中国学术文献网络出版总库里面的数据。按照出版地从分区、分省、地级市进行逐层统计。首先统计每个地级市（县级市划入地级市内）的所有期刊，按照地区－省份－地级市－期刊名称－综合影响因子－创刊时间－出版周期－归属学科－是否为中文核心期刊－专业或综合期刊－是否属于高校期刊等属性进行归类统计与分析；然后根据此数据库，再统计每个地级市（含县级市）的总期刊数、专业期刊数、综合期刊数、自然科学与工程技术期刊数、人文社会科学期刊数、是否是高校期刊、是否是核心期刊和停办期刊等属性，输入到 Excel 表格中，得到 7975×10 和 274×10 两个数据库。③

本研究的基本空间单元为我国有学术期刊的所有地级市（含直辖市、省会城市、自治州），县级市的相应数据被统计在所在地级市内。每

---

① 李小建、乔家君：《20 世纪 90 年代中国县际经济差异的空间分析》，《地理学报》，2001 年第 2 期。
② 中国科学技术协会主编：《中国科协科技期刊发展报告（2007）》，北京：中国科学技术出版社，2007 年，第 20—21 页。
③ 2013 年 12 月到 2014 年 4 月期间，笔者进行了期刊基本情况的数据收集与整理，2012 级硕士生舒艳玲、周洋、张超，2013 级硕士生白丹丹、邵留长、梁婉贞参加了三次收集与统计。

个地级市的综合影响因子是本单元内所有期刊的综合影响因子之和,每种期刊的综合影响因子来源于中国知网中国学术文献网络出版总库。其他数据主要来源于《中国城市统计年鉴-2013》,自治州和个别不全的数据来源于各省市区2013年的统计年鉴和各地级市国民经济和社会发展统计公报。

(二)评价指标体系

学术期刊的质量评价指标很多,常见的有核心期刊(如北京大学图书馆的"中文核心期刊"、南京大学的"中文社会科学引文索引CSSCI来源期刊"、中国科学技术信息研究所的"中国科技核心期刊"和中国社会科学院文献信息中心的"中国人文社会科学核心期刊")、综合影响因子、基金论文比、总被引频率、被引半衰期、他引率、引用半衰期等指标。① 本文从学术期刊的生态环境视角,通过微观、中观和宏观尺度来构建期刊发展环境的指标体系。

1. 微观层面

期刊编辑是一个特殊的职业,是联系作者、读者之间的桥梁,其活动是以独特的文化视角、文化选择、文化传播、文化积累、文化构建、文化引导为基本功能的创造性文化活动。其素质直接关系到期刊的发展方向和质量。② 对学术期刊微观层面的研究主要从编辑部的人才队伍、出版经费、审稿时间等予以量化评价。如编辑部编审数、拥有硕博学位人数比重,办公经费来源有国家和主管主办单位拨款、版面费收入、发行广告企业赞助等,审稿流程主要有编辑部初审、同行专家评审、主编或社长终审(有些期刊还增加了栏目主编或编委评审),审稿时间的长短等。由于数据样本很大,难以咨询到每个编辑部,故本文仅选择对编辑部人才队伍指标进行专家咨询、打分的形式。

2. 中观层面

---

① 北京万方数据股份有限公司编著:《2013年版中国科技期刊引证报告(扩刊版)》,北京:科学技术文献出版社,2013年。

② 胡政平、赵国军:《2006年人文社会科学期刊研究综述》,《河南大学学报(社会科学版)》,2007年第2期。

期刊所处区位,对期刊发展起着重要作用。一般情况下,直辖市、省会城市的期刊数量和质量要比普通地级市的期刊办得要多要好。高校教师、科研院所的研究员是科学研究的主力军,其研究在一定程度上也代表了该期刊的发展能力,甚至代表了该专业领域研究的最前沿,而高校和科研院所更多地分布在直辖市、区域中心城市、省会城市。

核心期刊是英国文献计量学家布拉德福(Samuel Clement Bradford)于1934年提出的,①20世纪80年代引入我国,现在的核心期刊评价体系主要有"北大"版的《中文核心期刊要目总览》、"南大"版的"CSSCI来源期刊"和中科院的"CSCD来源期刊"。核心期刊在期刊业界以及学术界备受推崇,对作者来说,发表在核心期刊的文章意味着可以作为评定职称、论文评奖和单位福利分发的重要依据;对期刊来说,只要被评为核心期刊,稿源一般不会发愁;评不上核心期刊,则进入了恶循环的怪圈,稿源少、资金少……但需要说明的是,核心期刊上的论文也不都是好文章,非核心期刊并非没有好文章,这也是大家有目共睹的。本文用综合影响因子来替代是否是核心期刊这一指标,相对于每个期刊来说,可能更加公正、公平。

3. 宏观层面

从区域的经济水平、科技水平、教育水平和文化水平四方面来表示期刊所处生态环境的宏观层面。经济是基础,经济水平的不断提高对文化的发展起着巨大的推动作用。经济发展可以提升人民群众的文化需求,从而使文化产业得到迅猛发展,期刊作为传播文化的物质载体也随之快速壮大;经济规模的不断扩大离不开科学技术的进步,而科技的发展离不开教育尤其是高等教育的支持,高等院校和科研院所是培养高级技术人才的基地,是科学研究的主阵地。因此,当地的经济发展水平可以用人均GDP来代表;科技水平用科学技术经费支出和科学技术及技术服务人数两个指标来表示;教育水平用各地的教育经费、普通高校专任教师人数、高校数量、在校大学生人数来表示;文化水平用当地的剧场和影剧院数和公共图书馆图书藏书量来表示。

---

① 袁培国:《期刊评价中引文索引几个亟待解决的问题》,《河南大学学报(社会科学版)》,2011年第1期。

本着选取指标的主导性、层次性和可操作性的原则,分别对学术期刊发展的微观、中观和宏观层面的指标进行筛选,建立其生态环境综合评价指标体系(见表1)。微观层面的指标计算中,学术期刊生态环境综合评价得分权重普遍较低(专家打分①中,微观层面的权重仅占7.75%),故本文分析暂不考虑。期刊位置按照《第一财经周刊》2013年起,通过综合商业指数②对除传统一线城市(北京、上海、广州、深圳)之外的300个地级市和100个百强县进行的详尽调查,评出的15个"新一线"城市、36个二线城市、73个三线城市、76个四线城市以及200个五线城市,作为本文学术期刊所在地级市赋值的主要依据。

表1 我国学术期刊发展环境综合评价指标体系

一级指标	二级指标	三级指标
微观层次(a_1)	编辑部中编审人数(b_{11})	
	编辑部中获得博士学位人数(b_{12})	
中观层次(a_2)	期刊所处位置(b_{23})	
	期刊综合影响因子(b_{22})	

---

① 2014年2月—3月,选取CSSCI来源期刊、全国中文核心期刊等杂志的28位主(总)编、社长,以及包含社会科学、自然科学等多领域的编辑进行学术期刊生态环境影响因子的赋权、打分,经过统计计算,结果具有明显收敛性,可以采用该结果。

② 具体计算方式为:(一线品牌进入密度名次+一线品牌进入数量名次+GDP名次+年人均收入名次+211高校数量名次)×0.2+(大公司重点战略城市名次+机场吞吐量名次+外国领事馆数量名次+国际航线数量名次)×0.8。

续表

一级指标	二级指标	三级指标
宏观层次(a_3)	经济(b_{31})	人均 GDP(c_{311})
	科技(b_{32})	科技经费支出(c_{321})
		科学技术与技术服务人员数(c_{322})
	教育(b_{33})	教育经费支出(c_{331})
		专职教师人数(C_{332})
		高校数(c_{333})
		在校大学生数(c_{334})
	文化(b_{34})	剧场和影剧院数(c_{341})
		公共图书馆图书总藏量(c_{342})

(三) 评价模型

1. 数据处理模型

鉴于原始数据具有不同的量纲和数量级,无法直接比较,需要对数据进行无量纲化处理,数据标准化公式为:$X'_{ij}=(X_{ij}-X_x)/S_j$。式中 X'_{ij} 为标准化后的指标值,X_j 为第 j 指标的均值,S_j 为第 j 个指标的标准差。通过标准化处理之后,有些指标的数据是负值,还需要进行归一化处理。本研究数据均是正向指标,用以下处理即可:$X_{ij}=(X'_{ij}-X'_{minj})/(X'_{maxj}-X'_{minj})$。

2. AHP 赋权模型

层析分析法(简称 AHP 法),是一种将决策者对复杂问题的决策思维过程模型化、数量化的过程。① 该方法将复杂问题分解为若干层次和若干因素,形成多层结构。然后,邀请该领域内的专家采用 1-9 标度法按照两两因素的相对重要性从上到下逐层比较打分。打分结果写成矩阵形式,然后通过和积法计算出判断矩阵的最大特征根及其所对应的特征向量,并进行一致性检验,得出该指标体系的总排序权重值(见表2)。

---

① 徐建华:《计量地理学》,北京:高等教育出版社,2006年,第226页。

计算发现，一级指标中，$\lambda_{max}=3.0348, CI=0.0174, RI=0.58, CR=0.03<0.1$；二级指标的宏观层次中，$\lambda_{max}=4.0992, CI=0.0331, RI=0.9, CR=0.0367<0.1$；三级指标宏观层次的教育指标体系中，$\lambda_{max}=4.197, CI=0.0657, RI=0.9, CR=0.0729<0.1$；经过计算总随机一致性指标，其结果 CR 值等于 0.0368，小于 0.1，总权重计算结果具有满意的一致性，结果可信。

表 2 综合评价指标权重计算结果

一级指标			二级指标			三级指标			总权重
名称	i	权重(a_i)	二级指标	j	单权重(b_j)	三级指标	k	单权重(c_k)	权重值
A_1	1	0.0775	b_{11}	1	0.8163				0.0633
			b_{12}	2	0.1837				0.0142
A_2	2	0.2231	b_{21}	1	0.8374				0.1868
			b_{22}	2	0.1626				0.0363
A_3	3	0.6994	b_{31}	1	0.1888	c_{311}	1		0.1320
			b_{32}	2	0.3739	c_{321}	1	0.8198	0.2144
						c_{322}	2	0.1802	0.0471
			b_{33}	3	0.3699	c_{331}	1	0.4599	0.1190
						c_{332}	2	0.1835	0.0475
						c_{333}	3	0.2627	0.0680
						c_{334}	4	0.0939	0.0243
			b_{34}	4	0.0624	c_{341}	1	0.7701	0.0363
						c_{342}	2	0.2299	0.0108

3. 期刊影响因子模型

为了定量评价我国学术期刊质量（本文尤指其学术质量）在地域上的分布状况，且考虑到评价学术期刊指标的认可度、易得性和全面性，选取认可度最高的被引频率、影响因子予以统计[1]展示。影响因子的实质就是期刊论文的平均被引率，它可作为学术期刊质量评价的指标，每个地级市所有期刊的影响因子可作为该区学术期刊总影响因子，模型如下：影响因子＝某期刊前两年发表的论文在统计当年的被引用总

---

[1] 郝秀清、姚佳良：《"985工程"高校学报在不同数据库中评价指标对比分析》，《科技管理研究》，2013年第17期。

次数/该期刊在两年内发表的论文总数。

4. 生态环境评价模型

由上述计算方法得到的每个指标标准化、归一化后的数值,结合AHP确定的指标权重,可构建出学术期刊生态环境的评价指数。$c_i = \sum_{j=1}^{n} w_{ij} x_{ij}$,式中 c_i 表示第 i 种学术期刊的生态环境评价指数,x_{ij} 表示第 i 种学术期刊第 j 项指标的数值,w_{ij} 表示相应指标的权重,$j=1,2,3,\cdots,8$。地级市学术期刊生态环境的评价模型为:$C_i = \sum_{i=1}^{n} W_i c_i$,其中 C_i 表示第 i 个地级市学术期刊生态环境的评价指数,n 是该区期刊总数,W_i 代表 c_i 的权重。

二、中国学术期刊时间演化趋势

学术期刊的数量变化指期刊总数的变化,也指期刊分门别类的变化。期刊可划分为专业期刊、综合期刊,自然科学与工程技术期刊、人文社会科学期刊等。通过对中国学术期刊网络出版总库(简称"总库")进行检索,截至到2013年12月,中国期刊总数为9991种,其中学术期刊从创刊至今共有7975种(含停刊502种)。我国不同时间期刊的数量变化具体见图1。

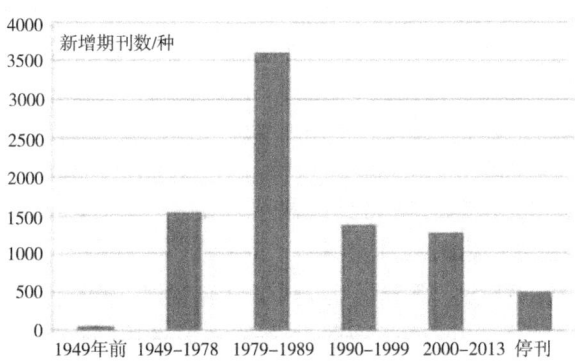

图1 不同时期我国新增学术期刊变化

新中国成立前我国学术期刊总数仅有61种,最早的可追溯到1915

年创办发行的《清华大学学报(自然科学版)》;新中国成立后到改革开放开始的 30 年间(1949—1978 年),我国新增期刊 1539 种,平均每年新增期刊 51.3 种;1979—1989 年随着对外开放步伐的加快,我国的经济实力不断增强,科学技术也在不断进步,学术期刊也迎来了发展的春天,十多年间新增期刊 3606 种,平均每年新增期刊 327.8 种;到了 20 世纪 90 年代,新增期刊 1378 种,平均每年增加 137.8 种;从 2000 年至今,共增加期刊 1271 种,平均每年新增期刊 97.8 种。期刊数量的极速膨胀,质量良莠不齐,国家新闻出版总署采取一定的措施,限制期刊的无限增加,强调提高其学术质量,重点培育和发展核心期刊和优势期刊,把主要的资源和精力放到有竞争力的期刊上来,这就是为什么自 20 世纪 90 年代以来,每年新增期刊数量逐渐减少的原因。可见,我国学术期刊的发展历程折射了中国文化建设事业发展的历程,反映了作者、编辑者和读者在学术问题探讨的过程中从理论到实践、再从实践到理论的升华和进步。相比较一般期刊、行业期刊和其他期刊,学术期刊更加关注人类的科技进步和理论的创新,借用市场经济的术语,可把其定位于社会文化的"高端产品"①。

三、中国学术期刊空间集聚态势

(一) 学术期刊高度集聚于首都

对学术期刊出版地进行统计,截止到 2013 年 12 月 31 日,总共有 264 地级市出版了 7975 种学术期刊,18 个地级市没有期刊出版。运用 ArcGIS10.0 软件作图,按照自然间断裂分级法分成 5 级(少、较少、中等、较多和多),全国学术期刊总数的空间分布具有高度集聚于首都的显著特征(见图 2)。

从学术期刊的总体数量看,期刊最多的城市是北京,高达 2238 种期刊,位居全国第一,不仅比别的城市期刊数量多,而且甚至比有的省

---

① 哈布尔:《学术期刊在文化建设中的地位与作用》,《内蒙古社会科学(汉文版)》,2005 年第 3 期。

份总期刊数量还要多。专业性、综合性期刊方面,北京市专业性学术期刊也居全国之首,数量达到 1871 种,综合性期刊数达到 367 种。北京市自然科学与工程技术期刊方面,数量也是全国第一,达到 1416 种;人文社会科学期刊也是最多的空间统计单元,有 822 种期刊。中文核心期刊最多的城市也是北京市,达到 927 种,占全国中文核心期刊总数的 25.1%。高校期刊中,北京市有 221 种,因为北京市的高校数和"985""211"高校(分别有 26 所和 8 所)数都是最多的,所以,其高校期刊数量也最多,质量也最高。北京学术期刊的总影响因子高达 1020.86,占全国学术期刊总影响因子的 40%,一方面是因为期刊多,另一方面也说明其影响因子大,学术期刊质量全国最高。总之,北京市学术期刊无论从数量还是质量上看,均为最多、最好的,这与首都北京是我国的政治、文化中心有关,与高等院校和科研单位众多、科研实力最强有关。

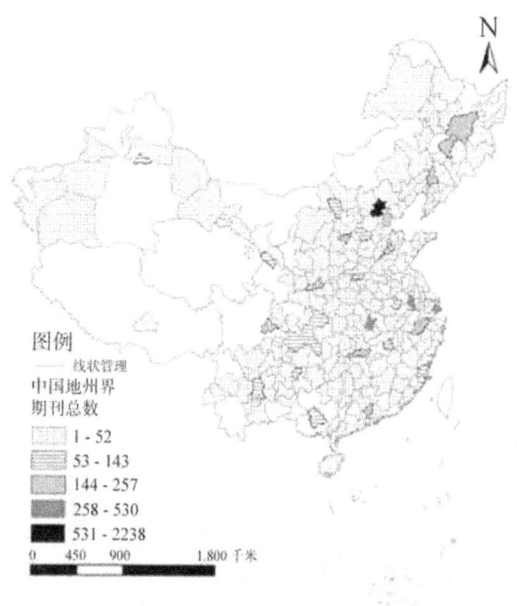

图 2　全部学术期刊空间布局

除北京市学术期刊总量较高外,上海市、武汉市、南京市、广州市分别有 530、327、317 和 257 种期刊,拥有 200 种以上期刊的地区还有广州市(257)、成都市(253)、西安市(220)、哈尔滨市(210)、天津市

(205)。期刊总量的分布与胡焕庸线①具有较高的一致性,与人口密度基本呈正相关关系(见图2)。

(二)专业性期刊多于综合性期刊,且集聚于特大城市

根据对期刊的分类标准,②截止到2013年底,我国共有专业性期刊6042种,占总期刊数的75.8%,而综合性期刊仅占24.2%。依期刊数量的规模来看其影响力,也可以得出专业性期刊的影响力远超综合性期刊的结论。究其原因,一是因为专业性期刊针对性较强,拥有较稳定的读者人群,良性循环能够促进其不断发展壮大和繁荣;二是由于综合性期刊在内容的适应性和灵活性、政府力量支持、行业领军人物的影响力和号召力以及资金和深化改革的政策环境等方面存在着较严重的劣势。③ 但综合性期刊自身也有优势,比如,能兼顾研究问题的综合性和研究学科的交叉性等。

研究发现,专业性期刊具有如下空间分布特征:专业性期刊布局最多的是北京市,其次为上海市(490),期刊数量达到"中等"级别的城市有10个,分别是:武汉市(283)、南京市(265)、成都市(210)、哈尔滨市(201)、天津市(185)、西安市(182)、广州市(157)、长沙市(152)、沈阳市(148)和长春市(136);"较少"级别的专业性期刊所在的城市有15个,分别是:郑州市(102)、兰州市(99)、重庆市(98)、太原市(97)、济南市(94)、石家庄市(94)、杭州市(93)、南宁市(85)、昆明市(65)、福州市

---

① 胡焕庸线是指中国地理学家胡焕庸在1935年提出的划分中国人口密度的对比线,即"瑷珲-腾冲一线",还负载、分割着众多自然与社会的元素。在21世纪的今天,这一格局仍未被打破。

② 我国1991年发布实施的《科学技术期刊管理办法》第五条(一)规定:综合性期刊,指以刊登党和国家的科技方针、政策和科技法律、法规,科技发展动态和科技管理为主要内容的期刊;专业性期刊是以科技领导和管理人员为主要读者对象,专门记录和报道哲学、社会科学、自然科学及技术领域中某一学科或专业的研究成果和发展动向的连续出版物。见王春林主编:《科技编辑大辞典》,上海:第二军医大学出版社,2001年。

③ 贾衍邦:《综合性行业期刊的困境与出路》,《中国新闻出版报》,2008年6月17日。

(57)、乌鲁木齐市(51)、合肥市(50)、贵阳市(43)、南昌市(42)和大连市(41);其余为期刊"少"这一级别的城市(见图3)。

"中等"及中等以上级别的特大城市(北京市、上海市和广州市)和经济基础比较好的城市(武汉市、南京市、成都市、哈尔滨市、西安市和沈阳市等)是专业性期刊的重要集中地,期刊规模的发展和当地的经济规模、工业基础(尤其是重工业)和人才队伍有很大的关系。民国期间的南京市、上海市、天津市、成都市、西安市和武汉市以及新中国成立后我国东北重工业基地的哈尔滨市和沈阳市,它们经济发展基础好,工业发达,技术先进,人才聚集度高,因此,其专业性期刊发展比其他地区好。"较少"级别的城市主要是中西部不发达省份的省会城市,这些省会城市有得天独厚的位置、资金的支持和政策的倾斜。"少"这个级别的城市主要分布在我国的东部沿海和中部地区(华北和华中)的地级市,西部地区和华南地区(除海南省)呈零星分布,如新疆、甘肃、西藏、青海等省份。没有专业性期刊分布的城市主要分布在西部地区和中东部地区的个别省份(内蒙古自治区、安徽省、广西壮族自治区、广东省)的地级市。

综合性期刊除北京市最多外,"较多"级别的城市有6个,分别是:广州市(100)、合肥市(69)、杭州市(68)、南昌市(64)、太原市(56)和南京市(52),主要分布在我国华南地区和华东地区的部分省会城市;"中等"级别数量的城市有济南市(46)、武汉市(44)、成都市(43)、福州市(43)、郑州市(41)、上海市(40)、西安市(38)、南宁市(35)、重庆市(34)、长沙市(31)、呼和浩特市(31)和青岛市(31),主要分布在我国中东部地区的部分省会城市和个别副省会级城市;"较少"级别的城市有20个,有西部的部分省会城市(如乌鲁木齐市、西宁市、兰州市)和中东部地区省内发展较好的城市如大连市、烟台市、洛阳市、新乡市、苏州市、宁波市、温州市、桂林市、蚌埠市等;其余城市属于"少"这一级别。没有综合性期刊的城市主要分布在我国的西南(云南、四川)和西北地区(青海、甘肃、内蒙古和新疆)的地级市(见图4)。

统计表明,专业性期刊和综合性期刊城市分布的共同点是:期刊在"多""中等"和"少"三个级别的城市等级类似,不同点主要在于"较多"级别和"较少"两个级别。"较多"级别的专业性期刊所在的城市主要由大城市和重工业城市组成,而同级别的综合性期刊所在的城市主要有经济规模相对较小的省会城市组成。"较少"级别的专业性期刊所在的城市大都是一些省份的省会城市,而同级别的综合性期刊所在的城市主要是省内发展较好的地级市(见图3、图4)。

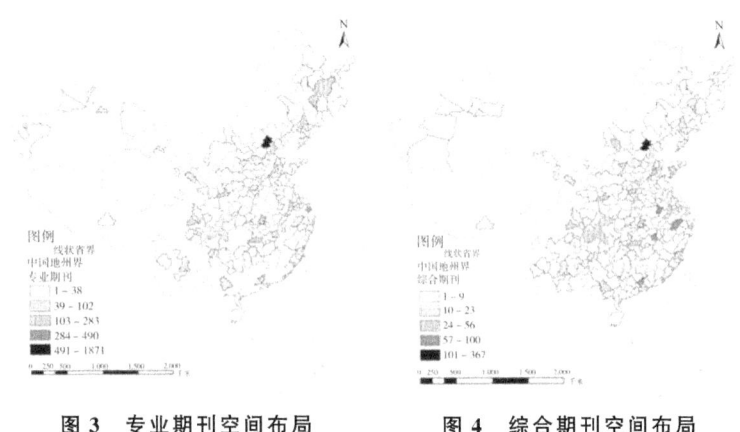

图3　专业期刊空间布局　　　图4　综合期刊空间布局

(三)自然工程类期刊多于人文社科类期刊,空间集聚于经济实力较强的城市

根据已有分类,①在学术期刊中,自然科学与工程技术期刊占主导地位。截至2013年底,我国共出版自然科学与工程技术期刊4932种,占期刊总数的61.8%,其余为人文社会科学期刊。

自然科学与工程技术期刊方面,期刊最多的城市是北京市,其次还有上海市(364)、南京市(216)、武汉市(189)、西安市(168)和广州市(157);"中等"级别的有成都市(175)、天津市(144)、哈尔滨市(141)、沈阳市(112)、杭州市(104)、长沙市(103)、重庆市(86)、太原市(85)、

---

① 按期刊知识专辑,可以将学术期刊划分为自然科学与工程技术期刊和人文社会科学期刊。前者是以刊登研究自然界(有机自然界和无机自然界)所发现的客观规律和技术的出版物,后者是以刊登和描述人类精神和人类社会的出版物,两者具有不可分割性,其研究目的在于揭示人的本质以及人类社会发展规律。见宋唯娜:《人文社会科学学术评价机制研究》,南京大学硕士学位论文,2013年,第15页。

郑州市(79)、合肥市(77)、长春市(76)、济南市(73);"较少"级别的有石家庄市(67)、兰州市(66)、南昌市(58)、南宁市(57)、福州市(52)、昆明市(47)、乌鲁木齐市(38)、呼和浩特市(35)、青岛市(35)、大连市(32)、贵阳市(31)。

自然科学与工程技术期刊数量偏多的城市经济实力一般比较强,有些城市还制定了相应的行业标准。社会经济的发展,科技的进步,人才的培育,不是一朝一夕的,而是由历史积淀、经济规模和国家政策等多方面因素造成的。北京市人才汇聚,政策支持力度较大;上海市对外开放程度高,更有利于接触世界科研的前沿领域,经济发达,资金雄厚,科研实力较强;国家早期把大量的国防项目、高校和科研单位布局在西安市、武汉市,导致其科技实力也十分雄厚。自然工程类"中等"级别的期刊多布局在东北重工业基地(哈尔滨市、沈阳市和长春市)和中东部地区的部分省会城市(杭州市、长沙市、太原市、郑州市、合肥市和济南市)和西部地区唯一的直辖市重庆市;"较少"级别的城市主要是中西部的部分省会城市(石家庄市、南昌市、呼和浩特市、贵阳市、乌鲁木齐市、昆明市)和东部地区的副省会级城市(青岛市、大连市);在"少"这个级别的城市主要集中在中东部地区的地级市,如河北省、辽宁省、河南省、山东省、湖南省、浙江省和贵州省,西部地区也有零星分布。没有自然科学与工程技术期刊的城市主要分布在西藏自治区、青海省、新疆维吾尔自治区、甘肃省、内蒙古自治区和四川省的地级市(见图5)。

人文社会科学期刊最多的城市依然是北京市;期刊数量"较多"级别的有上海(166)、武汉(138)、南京(101)和广州(100);"中等"级别的有长春(82)、长沙(80)、成都(78)、哈尔滨(69)、太原(68)、济南(67)、郑州(64)、南宁(63)、天津(61)、杭州(57)、沈阳(56)、西安(52)、福州(52)、南昌(48)、重庆(46)、兰州(46)、石家庄(44)、合肥(42)、昆明(41);"较少"级别的有呼和浩特(34)、贵阳(30)、乌鲁木齐(22)、大连(20)、厦门(15)、深圳(14)、银川(13)、青岛(12)、西宁(12)、宁波(11)、苏州(10);"少"级别的城市基本上分布在中东部地区的地级市;没有人文社会科学期刊的城市主要集中在我国的西部地区,如西藏自治区、青海省、新疆维吾尔自治区、甘肃省、山西省、四川省和宁夏回族自治区的绝大多数地级市和自治州等(见图6)。

整体上看,自然科学与工程技术期刊和人文社会科学期刊相同点是主要分布在中东部地区,西部地区分布得较少。"较多"级别的城市数,自然科学与工程技术期刊多于人文社会科学,而"中等级别"的城市数则相反;"多""较少"和"少"三个级别的城市大致相同,差别不大(见图5、图6)。

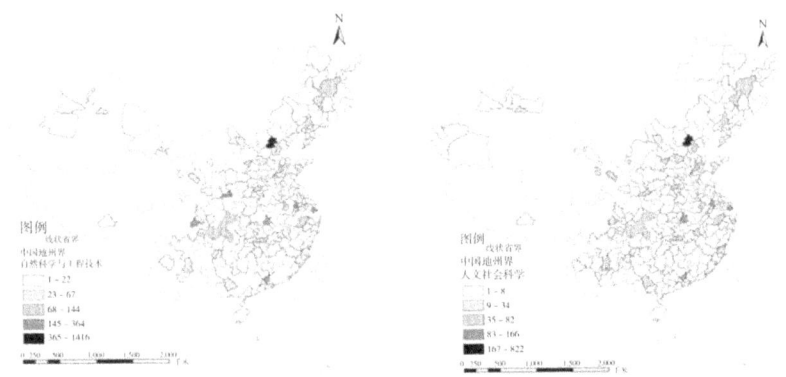

图5　自然科学与工程技术期刊空间布局　　图6　人文社科期刊空间布局

(四)核心期刊和高校期刊与我国科研机构分布格局一致

目前核心期刊的评价来源主要有六种,但影响力最大、应用最为广泛的是《中文核心期刊要目总览》(简称中文核心期刊)。核心期刊最初是根据布拉德福(Samuel Clement Bradford)的"文献离散律"(Bradford's Law of Scattering)而得出的概念,①随着广泛的应用,其作用已偏离原有的用途——为订阅期刊提供参考,越来越多地被用于职称评聘、论文评奖、期刊评价等方面。②《中文核心期刊要目总览》目前已有6版,为便于统计,只要有一次被评为中文核心期刊,本文即视为中文核心期刊。因此,本文的核心期刊范围要比以上任何版次的范围都大。

研究发现,核心期刊具有如下分布特征(见图7):北京市中文核心期刊数居全国首位,期刊数量"较多"级别的只有上海市,有228种期

---

①　王玲、叶继元:《中文核心期刊研究的现状及其走向》,《中国图书馆学报》,2001年第5期。

②　杨珠、王旖旎:《入选中文核心期刊的高校社会科学学报统计分析》,《情报探索》,2013年第11期。

刊;"中等"级别的有10个,分别是:南京(128)、武汉(118)、成都(99)、哈尔滨(85)、西安(81)、天津(78)、沈阳(77)、广州(74)、长春(64)、长沙(61);期刊数量在"少"级别的有杭州(55)、兰州(45)、太原(41)、济南(37)、郑州(37)、重庆(36)、合肥(29)、石家庄(28)、南昌(27)、大连(25)、福州(24)、昆明(24)、南宁(20)。"较少"级别的有75个城市,数量在1至4种期刊的有59个城市,占该级别总数的78.7%。从地域分布看,大多数期刊所在的城市分布在中东部地区的北方省份,如河南省、河北省、湖南省、湖北省、江苏省和辽宁省,均有5个及以上城市入围,西部仅有零星分布。没有中文核心期刊的地级市城市有很多,主要集中在我国的西部地区、北方的内蒙古自治区和部分南方省份(见图7)。

核心期刊主要集中在北京市、上海市,两者占全部的42.3%,是因为两城市科研机构多、科研实力强,行业门类也比较齐全,所以,期刊质量普遍偏高;南京市、武汉市、成都市和西安市等城市紧随其后,其科研实力也不容小觑,办刊质量较高;中部地区的主要地级市所办的期刊质量有待提高,西部地区由于科研实力较差,生存环境艰难,很难吸引高水平的人才,其办刊水平更待加强,如西部地区的西藏自治区全区仅有一种中文核心期刊。

高校期刊是由高等院校主办并由高等院校负责编辑出版的期刊,是理论教育的阵地、学术研究的园地、人才培养的基地,具有求真性、系统性、独创性和理论性,[1]其发展一直与高等教育的发展相辉映,记录着高校发展的兴衰,反映着高校科研教学水平的高低。[2] 高校期刊数量最多的有北京市(221)、上海市(168)、武汉市(153);期刊数量"较多"的有7个,分别是:南京市(106)、广州市(98)、西安市(84)、长沙市(80)、成都市(78)、长春市(71)、哈尔滨市(66);"中等"级别的有杭州市(61)、济南市(57)、重庆市(56)、天津市(54)、沈阳市(51)、郑州市

---

[1] 陈灿华、陈爱华:《提高高校期刊质量的根本途径》,《有色金属高教研究》,1999年第2期。

[2] 陈万红、金会平、熊家国:《浅析高校期刊群体发展存在的问题及其对策》,《华中农业大学学报(社会科学版)》,2008年第2期。

(46)、太原市(46)、合肥市(42)、兰州市(38)、石家庄市(36)、福州市(34)、南昌市(34)、大连市(31)、昆明市(31)。"较少""少"级别的城市较多,在此不再列举。

  一个城市高校期刊数量的多少和所在城市高校的数量有着很大关系,存在正相关关系。同时,高校的科研实力强,优势学科多,也可以主办多种期刊。学校的优势学科和专业越多,实力越强,其出版越多期刊的可能性就越高。北京市、上海市、武汉市的普通高等学校的数量(截止到2013年)分别是91、67和79所,①上海市的高校虽然没有武汉市的多,但是其高校期刊数量却比武汉市多,是因为上海市的高校和部分专业的科研实力十分突出,优势学科也较多,出版的期刊质量偏高;相比起来武汉市是以高校数量取胜,它是我国普通高等院校数量居全国第二的城市,也是华中地区最大的城市。高校期刊在"较多"级别的城市(南京市、广州市、西安市、长沙市、成都市、长春市、哈尔滨市)的普通高校数分别是54、76、79、50、52、42、49。② 南京市的高校数量不是这个级别最多的,但高校期刊却是同组中最多的,说明南京市的科研实力在本组中最强。广州市和西安市都是高校分布比较集中的城市,高校期刊多也在情理之中。"中等"级别的城市主要是中西部的省会城市,另外,还有西部的直辖市之一的重庆市和兰州市以及辽宁省的大连市。其余两个级别的城市主要由中东部地区的地方院校所在的城市构成,另在新疆维吾尔自治区、宁夏回族自治区、西藏自治区也有零星分布;西部地区的地级市几乎没有高校期刊(见图8)。从侧面也可看出,西部地区的高校数量一是少,二是科研实力还比较差。

---

  ① 数据来源于《北京统计年鉴2013》《上海统计年鉴2013》《武汉统计年鉴2013》。
  ② 数据来源于南京市、广州市、西安市、长沙市、成都市、长春市、哈尔滨市2013年的统计年鉴。

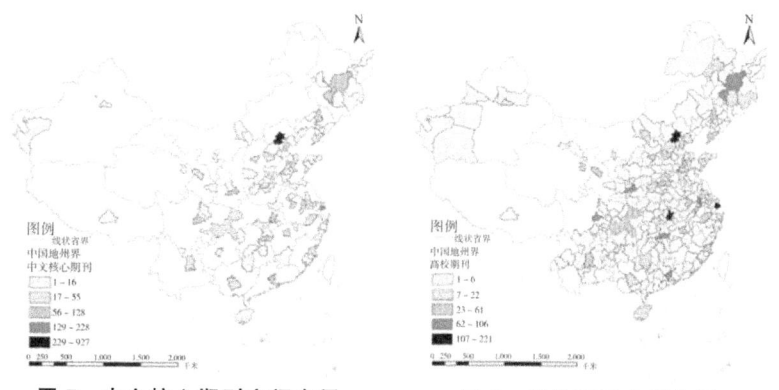

图7 中文核心期刊空间布局　　图8 高校期刊空间布局

(五) 期刊质量与数量存在关联,空间差异显著

用学术期刊的影响因子表示期刊质量,可以计算出每个地级市所有期刊的影响因子,并把它作为该地区学术期刊总影响因子。通过ArcGIS软件可视化作图,按照自然间断裂分级法分成五类,从高到低分别是"特别发达区""发达区""次发达区""一般区"和"落后区"。对影响因子为零的地级市,归为"特别落后区",实分为六类。

学术期刊质量具有如下空间分布特征:北京市为"特别发达区",总影响因子最高;上海市和成都市为"发达区";南京市、武汉市、广州市、西安市、天津市、哈尔滨市、长春市、长沙市8个城市为"次发达区";上海市作为我国学术期刊第二大城市,总体水平较高;成都市的学术期刊有233种,远低于武汉市的313种,但是其总影响因子却是武汉市的2.77倍,成都市学术期刊平均影响因子达到0.929,是武汉市的3.72倍;"次发达区"城市的平均影响因子在0.24—0.33之间,这些城市大都是我国传统七大区域中心城市,如武汉市、西安市、广州市、天津市,南京市和兰州市的实力也不容小觑。"一般区"有重庆市、合肥市、济南市、太原市、郑州市、石家庄市、昆明市、南昌市、福州市、南宁市、青岛市、沈阳市10个城市;"落后区",主要分布在中东部地区各省的地级市,西部地区的省会城市和自治区的首府所在地;"特别落后区"主要是西部地区的地级市,另中东部也有零星分布。在一个省内,省会城市的科研实力总是最强的,人才聚集度和资金支持度等吸引了整个省的优

势资源,故比一般地级市的期刊实力要强。(见图9)

四、我国学术期刊生态环境评价

(一) 学术期刊生态环境的分级格局

学术期刊生态环境综合发展指数的取值范围在(0,1)之间,最高得分0.759(北京市),次之是0.725(上海市),其余272个空间单元的得分范围在(0,0.5)之间,(0.5,0.7)之间没有任何地级市。按照(0,0.05]、(0.05,0.2]、(0.2,0.35]、(0.35,0.5]、(0.5,0.8]分成五个等级,①运用ArcGIS软件,据上述自定义分类标准,划分出五个等级:"落后区""一般区""次发达区""发达区"和"特别发达区"(见图10)。北京市和上海市为特别发达区;发达区有广州、天津、武汉、深圳、重庆、南京、杭州、成都、长沙、大连、沈阳、西安、济南、苏州(按得分高低排序,下同)等;次发达区有34个,分别是无锡、青岛、郑州、福州、哈尔滨、厦门、合肥、宁波、长春、大庆、石家庄、南昌、太原、昆明、包头、常州、佛山、烟台、呼和浩特、鄂尔多斯、珠海、镇江、南通、南宁、泉州、潍坊、东莞、贵阳、嘉兴、徐州、东营、扬州、洛阳、温州;一般区有160个地级市,主要分布在中东部地区的普通地级市和西部地区的省会城市;落后区有86个,主要分布在中部地区和东部地区的学术期刊发展较弱的地级市,另在西部地区实力相对较强的地级市也有零星分布,而广大的西部地区的地级市大都没有学术期刊分布(见图10)。

北京市和上海市的期刊生态环境远领先于其他城市,在今后相当长一段时间内还将持续,甚至被加强。期刊生态环境优越,如北京市是我国首都,全国政治、文化中心;上海市是全国经济中心,是一个国际重要的金融、贸易、航运支点。两大城市高等院校林立,科研院所云集,科研实力强悍,吸引了全国各行业人才集聚;期刊编辑部也不例外,期刊影响力、受众群体不断扩大,读者、作者群不断完善,形成宣传、传播的高地。发达区的城市有14个,与现实中14个城市的学术期刊数量和

---

① 这里(a,b]代表数值区间。

质量有一定的差别,有些实力较强,有些实力相对较弱。武汉市、成都市、广州市、天津市、南京市、西安市等城市稳居发达区,其期刊现状与环境评价综合得分相一致,而重庆市、杭州市、长沙市、大连市、沈阳市、济南市这些城市的学术期刊水平属于次发达区,深圳市、苏州市的学术期刊水平属于一般区。次发达区的34个城市中,有12个省会城市,实力较强;其余22个城市的学术期刊数量不多,质量也较低,主要原因是经济水平较高导致了期刊生态环境综合评价指数较高而划入到次发达区。一般区和落后区的生态环境综合评价得分与这些城市的学术期刊状况较为一致,期刊数量较少,质量一般。这些城市的经济发展水平较低,科技创新能力不足,教育水平较低,高校也较少,导致学术期刊质量偏低,影响力较小。

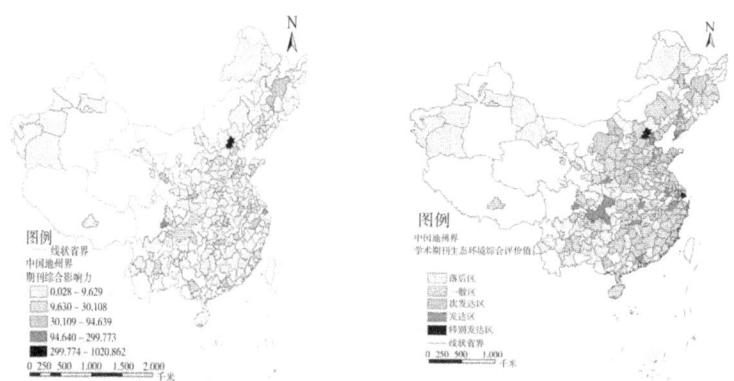

图9　我国学术期刊质量空间布局　图10　我国学术期刊生态环境综合评价

以上总结可以看出,期刊生态环境较好的区域主要体现在特别发达区、一般区和落后区,而发达区和次发达区两个区域上,表现不是十分明显,有一定出入。

(二) 学术期刊微观生态环境评价

本文对学术期刊生态环境的实际评价中虽未把微观因素考虑在内,且通过专家打分也发现在学术期刊所处的整个大环境中,其比重不是很大,影响期刊发展的推力较小,但微观因素也不能忽略。任何期刊的发展都是从无到有、从小到大,通过长时间甚至几代编辑人员的共同努力才发展壮大的。因此,想要把一个学术期刊办成优秀期刊、知名期刊,首先是处理协调并管理好编辑部内部的关系。只有内部协调了,才能最大可能地促进所办期刊的发展和繁荣。如今,我国学术期刊总数8000种左右,可以想象投稿的论文量有多么巨大,一个编辑部有多少优秀的编审人员,对文章的甄别能力尤其重要。高水平的编审人员发现并刊发优秀的文章,既是对作者辛苦创作的肯定,又能提高本刊的影响力。同时,编辑部的办公经费也很重要,福利待遇好,工资水平高,才能吸引更好的人才。

(三) 学术期刊的中观生态环境评价

统计表明,全国有学术期刊的地级市及地级以上城市共有265个,平均每个地级市拥有的期刊数是30种,平均每个地级市总的综合影响因子是9.6。一级城市主要由直辖市、区域中心城市、东部地区的省会城市和沿海开放城市组成,共19个。平均期刊数是291.8种,平均综合影响因子是115.75。其中大连市、青岛市、深圳市、厦门市和无锡市的平均期刊数是37.2,影响因子是6.71;而其余14个城市(直辖市和省会城市)的平均期刊数高达389.8种,平均影响因子更是达到了157.69。二级城市主要由中东部地区的省会城市、沿海开放城市和经济发达的地级市组成,共34个。平均期刊数是50.5种,平均综合影响因子是9.24,青岛市期刊实力与省会城市相当,平均期刊数达114.5种,综合影响因子为22.7;其余城市的平均期刊数仅10.9种,综合影响因子仅2.27。三线城市主要由中东部地区省域内的区域中心城市、经济条件较好的地级市和一些西部地区的省会城市组成。四线城市以中东地区的地级市和东部地区的不发达区域组成。五级城市主要由中西部地区的地级市组成,期刊较少,综合影响因子较低。

可以看出,城市的区位对学术期刊的影响较大。当然,也有部分地区的期刊数量较少,质量较低,但是等级很高,这往往是由于这些城市矿产资源丰富、区位优势或者政策优势等因素所致,如深圳市和鄂尔多斯市等。深圳市经济实力排名全国第4位,但学术期刊仅36种,排名全国30位,综合影响因子4.45,全国地级市排名35名;鄂尔多斯市在城市等级排名中位居全国第81位,但期刊数仅有1种且综合影响因子很低。进一步分析，不同级别城市期刊的发展跟政策有很大的关系，直辖市、区域经济中心城市和省会城市对期刊的支持力度比普通地级市发展期刊要高，无论是从政策、资金方面看，还是从城市的吸引力等方面看，都远优于普通地级市。

（四）学术期刊的宏观生态环境评价

前面分析可知，经济发展水平对学术期刊的生态环境是比较重要的，但并不是最关键的因素。我国西部地区城市发展水平普遍比较低，学术期刊数量比较少。期刊发展初期，经济发展水平相对重要，随着经济水平的不断提高，其重要性逐渐降低。对综合期刊的统计发现，并非是我国经济水平很高的一些城市其期刊数量分布较多，反而是部分省会城市排名较为靠前，如合肥市、杭州市、南昌市和太原市分列3至6名。各地级市在学术期刊全面发展的同时，可以优先发展综合期刊，综合期刊发展好之后可以逐渐分离其优秀专业，从而逐渐壮大专业期刊。科技水平是组成期刊生态环境的重要因子，科学技术是第一生产力，科技水平的提高往往需要更长的时间积累，要注重一个地区经济、文化和技术的传承和积累，这对于自然科学与工程技术期刊的发展尤其重要。如我国的特大城市和工业基础相对较高的大城市，对人才尤其是科研人才极其重视。技术创新较好的城市，期刊生态环境较为优越，其所办期刊具有很强的竞争力和很高的知名度，期刊发展也相对很快。自然工程类期刊中，发展较好的前10名城市（北京市、上海市、南京市、武汉市、成都市、西安市、广州市、天津市、哈尔滨市、沈阳市）共有3082种期刊，占该类期刊总数的62.5%。科技水平与科研经费投入、科技人员多少密切相关。经济实力较强，城市等级越高，越有利于筹集科研经费、吸引人才来此聚集。可以从教育资金投入、普通高校和科研院校数量、专任教师人数来反映一个地区的教育水平。如北京市、上海市、武汉市、广州市、成都市、南京市、西安市等教育实力较强，成为期刊生态环境的重要支撑力量。根据马斯洛需求层次理论,①社会只有发展到一定程度,解决了人们的温饱等生理需求之后,才会逐渐转向更高级的精神产品需求(如文化)。一个城市越重视文化,越能说明其发展程度高,居民才有更多的文化需求。

可以看出,一个地区科技实力和教育水平在很大程度上决定了该地区学术期刊的生态环境,前后呈现密切的正相关关系。

结　语

我国学术期刊呈现出数量大、种类全、增速迅速的变化特点。新中国成立前,我国学术期刊的发展几乎陷于停滞阶段;新中国建立后到改革开放阶段处于缓慢增速时期;随着改革开放的到来,经济复苏,文化兴旺,尤其是科学技术通过对外交流与合作,使得我国的科技人才数量增多,科技体制发生深刻变化,科技开发与管理更加科学规范,学术期刊发展迅猛。20世纪80年代是我国学术期刊发展的黄金时期,也是到目前为止增量最多、增速最快的阶段,期间新增学术期刊3606种,占目前总学术期刊的45.3%;到了20世纪90年代以后,学术期刊依然在增加,但是增速放缓,质量参差不齐,国家新闻出版总署及相关部门采取一定的措施,控制其规模,增速逐渐下降。

学术期刊分类不同,空间分布也呈现显著差异。从学科看,自然科学与技术期刊达到4932种,显著高于人文社会科学期刊,前者受政治等外界环境影响偏小。从内容看,专业期刊高达6042种,是综合期刊的3倍还多,其主要分布在我国特大城市和工业基础较好的大城市。综合期刊主要分布在省会城市,如合肥市、杭州市、南昌市、太原市等。总体上看,学术期刊分布基本按城市等级来布局,期刊发展与当地的总体实力有一定的相关性。高校期刊占全部学术期刊1/4还多,但其生态环境不容乐观,影响因子普遍较低,这是一个值得探索的期刊格局

---

① A. H. Maslow,"A Theory of Human Motivation,"*Psychological Review*,no.4(1943)。

现象。

学术期刊数量和质量与城市的综合实力呈现一定的正相关性。城市等级越高,期刊数量就越多,其质量就越好。北京市的期刊生态环境最优(国家首都的各种优惠政策,吸引高科技人才的区域环境,其他资源的高地极化区),期刊数量、质量都最多、最高,且在一定的时期内,这种绝对优势仍将继续保持。上海市期刊发展稳居第二位,最明显优势是上海市的经济实力——拥有国内外两种市场、两种资源。武汉市的期刊发展与北京、上海有一定差距,但受益于布局较多的科研机构、高等院校,期刊环境也是比较好的。成都、南京、西安、广州、天津、哈尔滨、长春等城市的期刊生态环境也较好。其余各省份的省会城市处于相对较差的期刊生态环境中,唯一一个副省级城市大连也处于该级别,说明其实力相当于一般省会城市的实力。中东部省份的地级市和西部地区省会城市、自治区的首府以及个别城市则处于更次的地位。西部地区的大多数地级市(包含自治州)则属于最末等级。

发达的经济基础、丰厚的文化积累、众多的优秀人才、巨大的受众数量,为学术期刊集聚提供了重要的外部环境。学术期刊的生态环境重要性由高到低依次为宏观、中观和微观。宏观层面尤以科技实力和教育水平最为重要,经济发展水平是学术期刊生态环境的重要因子,尤其对落后区作用更为明显。中观层面侧重于学术期刊的城市区位,各种政策、资金等因素对直辖市、区域中心城市和省会城市明显倾斜。微观环境更多的是影响单个学术期刊,整体统计来看,作用甚微。针对经济发展水平较低的区域,要想实现学术期刊的跨越式发展,必须要重视科技和教育。科技是第一生产力,是创新的重要源泉。教育尤其是高等教育,是科学研究的主战场和主阵地,雄厚的学科优势有利于形成良好的期刊生态环境,促进期刊发展。

要重视期刊发展策略。经济发展水平较低的地区,可以争取优惠政策,优先发展经济,随后加大对科技和教育的资金支持;可以优先发展综合期刊,之后选择其中的优势专业转为专业期刊,进而带动专业期刊的发展。经济水平较高的地区,可以扬长补短,好的期刊要精益求精,争取再上一层楼;发展一般的期刊,可以通过资金、政策、良好的环境等吸引高水平的人才,实现其快速提高。

中国学术期刊众多,调查所需数据量很大,很难对学术期刊的微观环境进行量化研究,只能通过文献阅读进行简单分析。今后,如果有可能,希望更多的研究者可以通过分层抽样,选择不同期刊类型、不同期刊生态环境进行调查、访谈,获取所需资料,进行更为精细的系列研究;或者通过研究特定专业的所有期刊,总结其变化,探究影响我国特定专业的学术期刊发展的影响环境。

原载于《河南大学学报(社会科学版)》2014年第5期;《新华文摘》2015年第1期论点转载,《高等学校文科学术文摘》2014年第12期全文转载

学术期刊微信出版的相关特性研究

赵文义①

微信是腾讯公司 2011 年 1 月 21 日正式推出的智能手机应用软件。2012 年 8 月 23 日微信推出公众平台。2013 年 8 月 9 日,微信 5.0 版正式推出。微信 5.0 版是微信商业化进程中的分水岭,微信公众平台被区分为订阅号和服务号,通过"自定义菜单"功能使微信公众平台逐步趋向于静态的"掌上微信网站",同时,微信公众平台逐步"去媒介化"并且失去了"即时性",服务号成为每月可以发布 4 期的"周刊",订阅号则由每天的"即时速报"变成了"日报"。② 从微信公众平台所具备的媒介功能来看,微信公众平台能够为学术期刊的数字出版提供一种可供选择的途径,而且在实践上也有一些传统学术期刊出版者在尝试学术期刊的微信出版模式,例如,《科技与出版》杂志社、《中国激光》杂志社等。③ 但是,更多的业界实践应用和学界研究还主要集中在将微信公众平台作为一种宣传和服务的工具,比如,文艳霞的《微信公众平台自媒体的发展及其对传统出版的影响》④和张聪等的《浅析微信出

---

① 作者简介:赵文义,工学博士,长安大学文学艺术与传播学院教授,长安大学出版科学研究所研究员。研究方向媒介经济与管理、编辑出版学。
② 唐绪军主编:《中国新媒体发展报告 No.5(2014)》,北京:社会科学文献出版社,2014 年,第 137—138 页。
③ 马勇、赵文义、孙守增:《学术期刊对微信公众平台的功能选择分析》,《科技与出版》,2014 年第 9 期。
④ 文艳霞:《微信公众平台自媒体的发展及其对传统出版的影响》,《出版发行研究》,2013 年第 11 期。

版》①等。对于如何利用微信公众平台进行实质意义上的学术期刊数字出版,学界的研究还处于萌芽状态,业界的实践也很少,尤其是对于学术期刊数字出版与传统出版的矛盾与协调问题,论者更少。本文试图在论述学术期刊微信出版可行性和必要性的基础上,分析学术期刊微信出版的网络外部特性、规模经济特性和公共领域特性,并希望能够为学术期刊数字出版与传统出版之间的矛盾寻找一条可行的协调路径。

一、学术期刊微信出版的可行性和必要性

由于微信公众平台可以发布学术论文的全文,这就使得微信出版成为学术期刊数字出版的一种新模式。从微信技术应用的角度来看,对于实现学术期刊数字出版的常规需求,普通的学术期刊编辑经过短期的"热身"就可以完成学术期刊微信出版的各项工作,传统学术期刊编辑部涉足学术期刊微信出版基本上没有技术门槛。对于学术期刊微信出版的深度应用和基于微信公众平台接口的二次开发,传统学术期刊编辑部也可以通过外包模式或者成立专门的团队来解决。从学术期刊微信出版的实施成本角度来看,如果只是满足于学术期刊数字出版的常规需求,微信出版技术应用的实施成本基本上趋于零;由于微信使用产生的流量信息均存储在腾讯公司的服务器中,传统学术期刊编辑部实施微信出版的信息存储成本为零;在人力成本方面,主要是学术期刊编辑要经常维护和更新微信公众平台的信息,对于学术期刊编辑付出的额外劳动,传统学术期刊编辑部还是应该给予补偿,如果通过外包模式或者增加聘任学术期刊编辑也需要人力成本支出。但是,相对于学术期刊数字出版的传统网站出版模式,学术期刊微信出版在技术成本、存储成本和人力成本等方面具有了更强的可行性。

学术期刊微信出版是学术期刊手机出版的一种形式,它可以满足手机用户利用碎片化的时间阅读学术论文的需要,而且手机用户通过碎片化时间进行浅阅读的过程中,对于需要进行深度阅读的学术论文

---

① 张聪、刘晓宇、张志成:《浅析微信出版》,《科技与出版》,2014年第7期。

可以通过手机转发到电子信箱中,通过电子信箱转存打印后再进行深度阅读。有许多学术期刊编辑没有意识到学术期刊微信出版的可行性,其中的原因可能是对读者的阅读习惯没有全面了解,在这些学术期刊编辑的意识中,学术期刊所刊载的学术内容不可能通过手机这样的小屏幕来完成,因为学术内容往往需要反复品味和斟酌,甚至要不断在纸稿上进行注释和标记,通过纸稿的阅读至少会长期存在,阅读纸稿的习惯不会轻易改变。但是,学术期刊微信出版的发展会导致读者的阅读行为被分解为浅阅读和深阅读,浅阅读通过手机屏幕来完成,深阅读通过转存打印的纸稿来完成。

学术期刊编辑应该充分重视微信出版所带来的机遇和挑战,学术期刊微信出版会进一步推动传统纸质形态的学术期刊产品的减少甚至消失,但是也应该意识到传统纸质形态的学术期刊产品的减少和消失并不完全是由读者的阅读习惯改变而导致的,读者进行深度阅读往往还是要通过转存打印的纸稿来完成,只是不用去购买纸质形态的学术期刊产品而已。传统纸质形态的学术期刊产品的减少和消失,是由学术期刊这种媒介产品传播和保存的特性所决定的,学术期刊所传播的学术内容应该是学术期刊出版的核心产品,数字化的学术内容传播快捷和方便,通过纸质形态学术期刊产品承载的学术内容制约了传播和保存的方便性,因为保存一篇纸质的学术论文要比保存一本纸质的学术期刊产品更加方便和高效。

目前,传统学术期刊编辑部通过微信公众平台进行微信出版,主要还是把学术论文发布在微信公众平台上供读者免费阅读,也就是说,时下学术期刊的微信出版主要还是开放获取模式,当然这种开放获取模式可以吸引读者通过微信公众平台免费阅读学术期刊,促进读者转变阅读习惯,进而对微信出版形成依赖性,而且随着学术期刊微信出版的吸引力和影响力的提升,读者通过传统出版网站下载阅读学术论文的路径依赖就有可能被突破。同时,微信出版模式下学术期刊的品牌价值就可以进一步凸显,使学术期刊数字出版与传统出版之间在品牌消解方面的矛盾得以一定程度的缓解。微信技术和使用环境也在逐渐改进和提升,随着微信支付技术的成熟以及读者通过微信支付习惯的养成,学术期刊微信出版的开放获取模式就可能转化为学术期刊数字出版的商务模式，学术期刊微信出版就可能摆脱中国知网、万方数据和维普期刊网等传统网站出版模式的垄断，成为学术期刊数字出版的主流模式，进而解决学术期刊数字出版与传统出版之间在利益冲突方面的矛盾。

二、学术期刊微信出版的网络外部特性

传统学术期刊编辑部将学术论文发布在微信公众平台上供读者阅读，订阅微信公众号的读者还有朋友圈，如果在朋友圈中通过朋友圈分享和口碑宣传，学术期刊微信出版产品的订阅量会逐渐扩大。微信朋友圈订阅学术期刊微信出版产品，一方面是个人阅读自己感兴趣的学术论文，另一方面是朋友圈中对于有些话题的公开讨论或者私下讨论，即便是私下讨论也可以通过两两讨论而形成讨论的圈子。我国学术界长期以来没有形成学术争鸣的氛围，虽然传统学术期刊也有设置学术争鸣栏目的，但是整体上很难有学者愿意持续地在学术争鸣栏目中发表观点，这可能与我国的中庸文化、不愿与人直接公开争执的思维习惯有关系。微信在添加好友、建立朋友圈时，要想实现互动聊天或者在朋友圈状态中留言，需要通过用户关系的验证。在朋友圈中两两私下讨论的内容，其他朋友无法在自己的手机界面获知，这种隐私的保护可以促进私密内容的交流。微信整合了QQ和微博的功能，能够支持QQ离线消息接收，使信息能够快速接收和反馈，具有较好的即时性。微信基于强人际关系建立起来的交流平台，所具有的私密性和即时性为我国的学术争鸣和讨论提供了技术支持，从而使订阅特定学术期刊微信出版产品的读者之间形成了学术争鸣和讨论的朋友圈，这样的朋友圈会逐渐扩展并为读者提供阅读学术论文以外的价值。传统学术期刊编辑部为了扩大学术期刊微信出版产品的吸引力和影响力，应该就学术期刊微信出版产品的相关内容设置不同的议题和议程，引导订阅学术期刊微信出版产品的读者进行讨论和争鸣，使这些读者充分感受到朋友圈中讨论和争鸣的价值及乐趣。

从网络经济的角度来看，读者订阅学术期刊微信出版产品，实现对学术论文的阅读，对于读者来说，所体现的是学术期刊微信出版产品的

自有价值,即与学术期刊微信出版产品用户网络规模大小无关的产品自身所具有的价值。学术期刊微信出版产品的自有价值主要体现为读者可以获取知识,这种价值是真实存在的,但是有些纯网络产品如固定电话、电子邮箱等,如果不能依托于一定的网络规模(用户数大于等于2),它们的自有价值几乎为零。读者通过订阅学术期刊微信出版产品,从而加入学术争鸣和讨论的朋友圈,在学术争鸣和讨论中对特定话题认识的深化以及获得的成就感和乐趣,对于读者来说所体现的是学术期刊微信出版产品的协同价值,也就是已经订阅学术期刊微信出版产品的读者因新读者的加入而获得的额外价值,这种协同价值与学术期刊微信出版产品用户网络规模大小高度相关。

在学术期刊微信出版的开放获取模式下,或者学术期刊微信出版产品的协同价值没有体现在市场价格之内的情况下,读者并不需要对学术期刊微信出版产品的协同价值支付费用,学术期刊微信出版网络外部性的经济本质主要体现在协同价值之中。由于我国学术期刊微信出版正处于市场培育期,可以预见在较长的时间内,学术期刊微信出版会坚持采取开放获取模式,也就是说,学术期刊微信出版的网络外部性会长期存在。如果随着微信支付技术的成熟以及微信支付习惯的养成,学术期刊微信出版主体根据学术期刊微信出版产品协同价值的提升而提高价格,也就是把学术期刊微信出版产品的网络外部性内在化了,学术期刊微信出版产品的协同价值就被计算在市场价格之中了,即学术期刊微信出版产品的协同价值被视为商品而出售给读者。[①] 但是,即便是学术期刊微信出版产品的网络外部性可以内在化,也未必要完全内在化,即未必把学术期刊微信出版产品的协同价值完全计算在市场价格之中,可能只计算协同价值的一部分。至于如何对学术期刊微信出版产品的协同价值进行定价的问题,属于学术期刊出版者的经营策略问题,这就说明学术期刊微信出版产品的网络外部性可能会永远存在。因此,充分认识学术期刊微信出版的网络外部性和经济特性,对于传统学术期刊出版者来说,不论是设计未来的出版模式,还是改进现有的出版行为模式,都有极强的指导意义。

---

① 张丽芳主编:《网络经济学》,北京:中国人民大学出版社,2013年,第42页。

随着学术期刊微信出版的网络外部性的凸显,学术期刊微信出版产品的协同价值可能超越自有价值,从传统学术期刊出版网站下载学术论文可能价格很低,甚至是开放获取的,但是通过微信出版平台订阅学术论文的价格可能很高,因为读者可能更加看重学术期刊微信出版产品的协同价值,这种协同价值相对于自有价值来说,可能使读者的受益更大,读者因此受到的启发也许远远超越了一篇或者几篇学术论文。随着学术期刊开放获取出版模式的发展,不仅仅是纯粹的开放获取出版机构提供学术论文的免费下载,就连学术期刊的商业出版网站也越来越多地提供学术论文的免费下载,因为开放获取出版模式已经成为商业出版网站的经营策略和宣传手段。学术期刊开放获取出版模式的有效实施,能够为杰里米·里夫金所倡导的零边际成本社会在学术期刊出版领域提供现实的例证。① 在周鸿祎的互联网方法论中,基于互联网的服务可以区分为基础服务和增值服务,基础服务就是所有用户都需要的服务,增值服务就是特殊用户所需要的服务,而且周鸿祎认为互联网时代基础服务将来一定是免费的,通过免费才能争取足够多的用户,只有增值服务才可能收费,使用户转换成为客户,从而通过增值服务实现价值链的建构和商业利益的获取。② 学术期刊的开放获取出版模式能够提供基础服务,满足学术期刊出版的公共性需求,学术期刊微信出版能够提供增值服务,满足学术期刊出版的商业利益需求,而这种增值服务所提供的就是学术期刊微信出版产品的协同价值。

三、学术期刊微信出版的规模经济特性

从学术期刊微信出版产品的读者需求来看,学术期刊微信出版的协同价值越大,读者就会越愿意订阅学术期刊微信出版产品,也就是说,读者需求增加的比率会大于协同价值增加的比率,能够体现出读者

---

① 杰里米·里夫金著,赛迪研究院专家组译:《零边际成本社会》,北京:中信出版社,2014年,第67页。

② 周鸿祎:《周鸿祎自述:我的互联网方法论》,北京:中信出版社,2014年,第114页。

需求的边际收益递增规律,因此,学术期刊微信出版具有明显的读者需求规模经济特性。从学术期刊微信出版产品的出版者供给来看,传统学术期刊编辑部在微信公众平台发布的学术论文和相关的议题设置越多,在初期发展阶段读者就会越愿意订阅学术期刊微信出版产品,即读者需求增加的比率会大于出版者供给增加的比率,能够体现出版者供给的边际收益递增规律,导致出版者供给规模经济特性;但是当微信出版的供给规模发展到某种程度时,由于人力成本、组织成本和管理成本的增加,出版者供给增加的比率会大于读者需求增加的比率,出版者供给就会体现出边际收益递减规律,导致出版者供给规模不经济的特性。学术期刊微信出版的出版者供给规模经济的收益递增有自然限制,最后将导致出版者供给规模收益的递减。但是,学术期刊微信出版的读者需求规模经济在出版者供给规模足够大时会持续地存在,因此,读者需求收益递增规律能够在学术期刊微信出版中处于主导地位。[1] 在学术期刊微信出版的初期发展阶段,传统学术期刊编辑部要力争发挥读者需求规模经济的收益递增规律和出版者供给规模经济的收益递增规律的叠加作用,使学术期刊微信出版实现突飞猛进的发展。然后,通过保持适度的出版者供给规模继续发挥读者需求规模经济的收益递增规律,使学术期刊微信出版实现可持续发展。

值得注意的是,学术期刊微信出版的规模经济特性对于传统学术期刊编辑部跟踪和利用网络新技术来说,并非都是优点,它能够形成次优技术占领市场这种技术市场失灵现象。由于网络外部性、锁定、兼容等原因,促使学术期刊微信出版形成很强的路径依赖,从而使更优的学术期刊数字出版技术出现时无法占领市场。从读者需求的角度来看,如果学术期刊微信出版占据了学术期刊数字出版市场的统治地位并产生网络外部性,读者可能会失去自由选择学术期刊数字出版产品的权利而被迫选择微信出版产品,即使微信出版产品在学术期刊数字出版市场中不是最方便实用的。读者选择其他学术期刊数字出版产品所带来的兼容、相关售后服务等诸多不便,迫使读者放弃选择更方便实用的

---

[1] 张丽芳主编:《网络经济学》,北京:中国人民大学出版社,2013年,第50—51页。

学术期刊数字出版产品的机会。从出版者竞争的角度来看,传统学术期刊编辑部可以根据微信出版网络外部性的特点,充分利用自己的用户规模优势而不是微信出版产品的方便实用性,增加读者的转移成本,有效阻止读者在类似数字出版服务产品之间转移,进而锁定学术期刊的读者群,导致学术期刊数字出版市场中即使出现更加方便实用的出版服务产品也无人问津。事实上,学术期刊微信出版发展缓慢的原因,在很大程度上是由于现有的学术期刊绝大多数已经通过中国知网、万方数据和维普期刊网等集成式数字出版平台进行数字出版,在目前学术期刊微信出版主要采取开放获取模式的条件下,有些传统学术期刊编辑部担心版权问题,也有一些传统学术期刊编辑部对集成式数字出版形成了依赖心理,认为像微信出版这种新的数字出版形式不会给学术期刊的数字出版带来实质性的影响。

四、学术期刊微信出版的公共领域特性

传统纸本形态的学术期刊发表的学术论文实际上代表着不同作者的观点,学术期刊可以视为不到场的讨论会,在一定程度上具有了公共领域的特性。但是,传统学术期刊无法为作者提供即时发言的机会,而且我国学术界缺乏直接公开进行学术讨论和争鸣的习惯和氛围,导致传统学术期刊的公共领域特性较弱。学术期刊微信出版能够为学术期刊的作者群、读者群及其朋友圈之间进行私密性和即时性的学术争鸣,因此,学术期刊微信出版能够更加凸显学术期刊的公共领域特性,从而使学术期刊的社会价值得到进一步提升。从新媒介赋权的角度来看,学术期刊微信出版平台能够为学术期刊的作者群、读者群及其朋友圈实现权力提供帮助,即通过学术期刊微信出版平台获取信息、表达思想,从而为其采取行动、带来改变。根据福柯的观点,由于权力只有基于社会关系网络才能得以建构,所以权力的意义只有通过社会关系才能体现出来。① 通过新媒介赋权,在整体意义上学术期刊的作者群、读

---

① 师曾志、胡泳等:《新媒介赋权及意义互联网的兴起》,北京:社会科学文献出版社,2014年,第4页。

者群及其朋友圈可以对于人类行为、价值、制度以及结构等方面进行充分的对话、讨论、争论,解构与建构中国社会生活网络的主要框架,推动中国社会的变迁和演化。哈贝马斯主张以沟通理性代替工具理性,就是希望通过知识的生产、传播、再生产与权力之间的相互作用,培育表达主体对差异、异见的包容、接受、超越以及不断的自我教育,进而实现思想言论自由市场中真正具有自我修正能力的判断。学术期刊微信出版使学术期刊的作者群、读者群及其朋友圈进行公民话语的生产与传播成为可能,各种观点在讨论、协商、辩论中不断较量,妥协可能是达成共识的一种方式,公民话语最终会影响国家权力和市场资本的话语地位。① 学术期刊比较强的思想性、启发性和科学性的观念供给,如果能够很好地配合学术期刊微信出版所提供的技术保障,促进学术期刊的作者群、读者群及其朋友圈之间进行私密性和即时性的对话、讨论和协商,学术期刊微信出版就可能成为我国公民社会建构的基础,为我国思想市场的建设和发展提供厚积薄发的能量源泉。

结　语

对于学术期刊数字出版的制度设计和改革的研究,学术界主要有两种研究进路:一是探讨学术期刊出版基本制度的改革,认为不改革学术期刊出版的基本制度,学术期刊数字出版制度的改革也无从谈起;二是在既有的学术期刊出版基本制度的框架内寻求学术期刊数字出版制度的改革路径。② 学术期刊微信出版作为学术期刊数字出版的一种技术路径,不论是否对学术期刊出版的基本制度进行改革,学术期刊微信出版都是值得尝试的一种数字出版模式。对于学术期刊微信出版的成本投入,传统学术期刊出版者可以争取主办单位的支持,也可以尝试采用目前比较流行的众筹集资模式。学术期刊的作者群、读者群以及其

---

① 师曾志、胡泳等:《新媒介赋权及意义互联网的兴起》,北京:社会科学文献出版社,2014年,第4—8页。
② 赵文义:《学术期刊数字出版的价值反思与改革取向》,《河南大学学报(社会科学版)》,2014年第6期。

他关心学术期刊发展的群体,都可能成为学术期刊微信出版众筹的参与者。通过众筹网站进行学术期刊微信出版的众筹,除了筹集资金以外,还可以对学术期刊微信出版进行市场测试和宣传。[①] 学术期刊微信出版的众筹可以采用非股权众筹模式,给予众筹参与者一些非资金的回报,例如,可以在纸质学术期刊上对众筹参与者进行致谢,或适当减免参与者在学术期刊上发表学术论文的版面费等。学术期刊微信出版的主要阅读终端是智能手机,至少浅阅读行为主要是通过读者碎片化的时间完成,因此学术期刊所发表学术论文的语言表述应该尽量通俗化。限于手机屏幕的大小和阅读时间的约束,过于生涩难懂的语言表述不可能得到读者的青睐。

原载于《河南大学学报(社会科学版)》2015年第3期,人大复印报刊资料《出版业》2015年第7期全文转载

[①] 盛佳、柯斌、杨倩主编:《众筹:传统融资模式颠覆与创新》,北京:机械工业出版社,2014年,第5页。

学术期刊"身份固化"表征与思考

周 萍 胡范铸①

建构中国特色话语体系、建设面向世界的中国哲学社会科学学术话语体系是新时代中国学术发展的重大使命。当前亟须思考并尽快解决的一个突出问题就是学术期刊②的"身份固化"问题。

一、学术期刊的身份表征

人文社会科学学术期刊狭义的概念,是指以探讨某学科的问题为中心、以学术交流为宗旨、以刊载原创学术论文(包括原创论文的汇编、摘编、译编等)和学术评论为主要内容的期刊。③ 西方的学术期刊普遍实行注册制度,中国的学术期刊则是审批制度,大多由高等院校、研究机构、学术团体等主办。经过长期发展,我国目前学术期刊的数量相当庞大。2014年,国家新闻出版广电总局为了优化学术期刊出版环境,严格学术期刊出版资质,促进学术期刊健康发展,开展了学术期刊认定工作。据国家新闻出版总局网站2014年11月18日公示的结果,第一

---

① 作者简介:周萍,文学博士,华东师范大学国家话语生态研究中心研究员,《华东师范大学学报(哲学社会科学版)》副编审。研究方向语言学、编辑出版学。胡范铸,华东师范大学国家话语生态研究中心首席专家,《华东师范大学学报(哲学社会科学版)》教授,博士生导师。研究方向语言学、编辑出版学。

② 本文以人文社会科学类学术期刊为研究对象,为行文方便,以下简称"学术期刊"。

③ 叶继元:《学术期刊的内涵、外延及其评价机制探讨》,《云梦学刊》,2016年第4期。

批认定的人文社会科学学术期刊共 2043 种。查阅"国家哲学社会科学学术期刊数据库",其中学科分类导航中共收录 2039 种期刊。而根据《中国社会科学引文索引》(CSSCI)2016 年的统计,我国人文社会科学学术性期刊现在应该是 2700 余种。这些期刊是中国哲学社会科学研究共同体的组成部分,也是其成果发布的主要平台,其发展直接关系到中国哲学社会科学研究的发展,也直接关系到中国学术话语体系的建设。

学术期刊的身份有多项表征,最简单的可以从刊名、刊号、封面设计等方面来识别;再深入一点从学科内容上看,有综合性学术期刊与专业性学术期刊;从主办单位来看,有高校主办的学术期刊与社科院系统主办的期刊,等等。有学者指出,在数字化的趋势下,期刊身份的主要识别元素有损害与消解的危机。① 但笔者认为,学术评价和科研体制在整个学术共同体中占据主导位置的今天,期刊最重要的身份表征不再是刊名、封面设计等元素,而是其在学术评价中的地位。

关于国内学术评价的现状,朱剑多次撰文进行分析。他指出,在国际学术界,同行评议被认为是最权威的学术评价方式,但国内自 20 世纪 90 年代始,定性评价因其主观评价的公正性开始受到越来越多的质疑而逐渐陷入困境,由此,专业评价机构应运而生。② 最早的定量评价始于 1992 年北京大学图书馆等单位出台的《中文核心期刊要目总览》,随后中国社会科学院文献信息中心的《中国人文社会科学核心期刊要览》和南京大学社科评价中心的《中文社会科学引文索引》(CSSCI)陆续问世。这些专业评价机构按照自己的标准(如"影响因子"等量化数据的分析),从 2000 多种人文社科期刊中遴选了一部分期刊,命名为"核心期刊""来源期刊"。如《总览(2014 版)》遴选出 751 种期刊,《要览(2013 版)》遴选出 484 种期刊,CSSCI(2017－2018)遴选出 553 种期刊。最初,遴选出这些"核心期刊""来源期刊"的本意只是为各大图书

---

① 郜书锴:《数字化时代期刊的身份危机和补救策略》,《出版发行研究》,2016 年第 2 期。

② 朱剑:《雾里看花:谁的期刊 谁的评价》,北京:社会科学文献出版社,2018 年,第 93 页。

馆采购时提供参考,或为学术研究起到问题导引和分析工具的作用,但随着各级行政部门各种学术"评估"活动对于这些"要览""索引"愈来愈严重的依赖,"核心期刊""来源期刊"已经蜕变为一个极其强硬的学术质量评价的指标体系,甚至各级行政部门还进一步根据办刊机构的身份派生出"顶级期刊""权威期刊"与一般"核心期刊"的分级,如《中国社会科学》是中国社会科学院这一正部级学术机构主办的,是第一"顶级期刊",中国社科院各所主编的刊物成为"核心期刊"中当然的"权威",其后才是所谓一般"核心期刊"。

除了上述"三大核心"评价机构的数据,《新华文摘》《中国社会科学文摘》《高等学校文科学术文摘》以及"人大复印报刊资料"也是衡量期刊质量和影响力的重要指标。文摘与转载都是在大量文献的基础上遴选出来的,与生俱来地具有推荐和评价的功能。但是笔者并不单独把它们作为区别期刊身份的重要表征,原因在于,一是"核心期刊"的评价数据来源已经包含了转载。如《总览(2017年版)》中评价指标包括"被摘量、被摘率、被引量、他引量"等,①《要览(2004年版)》数据来源包括被引率、转载率和其他指标,②CSSCI与前两者不同,它基础数据就是引用数据。二是在学术评价中,各大高校与研究机构往往只把转载作为科研奖励的一部分,而非职称评审的硬性条件,所以在学术共同体中,期刊转载的分量不如进入"三大核心"重要。

在学界,提到某一期刊,大部分学者首先想到这个期刊是否C刊,是否"核心期刊",这足以说明期刊的身份与"三大核心"牢牢地绑在了一起。

---

① 陈建龙、朱强、张俊娥等主编:《中文核心期刊要目总览(2017年版)》,北京:北京大学出版社,2018年,第83页。

② 中国社会科学院文献信息中心文献计量学研究室编:《中国人文社会科学核心期刊要览(2004年版)》,北京:社会科学文献出版社,2004年,第2页。

二、学术期刊"身份固化"的现象与原因

(一) 期刊"身份固化"现象

西方学术期刊有着300多年的历史,中国学术期刊仅有百余年的历史。20世纪前半叶,中国社会积贫积弱,期刊发展缓慢、举步维艰。改革开放之后是我国期刊出版发展最快的40年,其中前30年是学术期刊规模扩张、持续发展、求精求强的过程。① 近十年里,专业评价机构的作用日益凸显,在其指挥下,期刊发生了怎样的变化呢?笔者作了统计,认为期刊的身份有固化的趋势。

在"三大核心"中,CSSCI是最晚产生的期刊榜,但是它在学术评价中的地位很快就超越了另外两个期刊榜,占据了期刊排行的龙头地位;且CSSCI每两年公布一次新目录,比另两个更为规律、频繁,故本文的统计以近十年的CSSCI目录为主,兼及对《总览》《要览》的考察。

笔者统计了2008年以来"三大核心"收录期刊数量的变化,见表1。

表1 "三大核心"近十年期刊数量变化

CSSCI	2008—2009年	2010—2011年	2012—2013年	2014—2016年	2017—2018年	2019—2020年
	528种	527种	535种	533种	553种	568种
《总览》	2008年版		2011年版		2014年版	2017年版
	747种		750种		751种	733种
《要览》	2008年版			2013年版		
	344种			484种		

从表1可知,CSSCI在2017年前每次公布的目录数量都在小幅波动范围内,2017年后两次目录增幅较大,增幅分别为3.7%与2.7%;《总览》这十年公布的4个版本中数量保持基本稳定;《要览》这十年只公布了两个版本,时间间隔较久,收入期刊数量大增,增幅达到40.7%。

---

① 姬建敏:《改革开放40年高校哲学社科学术期刊的分期、特征与经验》,《河南大学学报(社会科学版)》,2018年第6期。

在近十年的 CSSCI 目录中,笔者进一步调查了收录数量最多的三类来源期刊的具体变化,这三类分别是高校综合性学报、综合性社科期刊以及经济学期刊,见表 2。

表 2 "CSSCI来源期刊目录"近十年主要收录期刊变化

年份	2008—2009年	2010—2011年	2012—2013年	2014—2016年	2017—2018年	2019—2020年
高校综合性学报	67种	70种(新增9种,剔除6种)	70种(+5种,-5种)	70种(+3种,-3种)	70种(+7种,-7种)	70种(+5种,-5种)
综合性社科期刊	50种	50种(+4种,-4种)	50种(+4种,-4种)	50种(+2种,-2种)	47种(+5种,-8种)	48种(+3种,-2种)
经济学期刊	72种	72种(+9种,-9种)	73种(+7种,-6种)	73种(+4种,-4种)	75种(+6种,-4种)	70种(+1种,-2种,移动4种)

注:高校综合性学报、综合性社科期刊、经济学期刊在来源期刊中数量最多,故以此为统计

从表 2 可以看出,在过去的十年中,数量最多的三类期刊平均增减变化在 10%—20%。2017 年前,期刊的增减常常是固定的那几个刊物,如《天府新论》几进几出。总体来说,这段时期内期刊的数量与个刊变动非常小。2017 年之后,目录中出现了学界心目中一些优质期刊落选的情况,如《陕西师范大学学报(哲学社会科学版)》《武汉大学学报(人文社会科学版)》,这在当时引起了不小的震动。但对于总量高达 2700 多种人文社会科学期刊来说,这样的变动幅度仍是非常小的,可以说在所谓的"核心期刊"排行榜中,期刊的"身份固化"已经形成。

(二)期刊"身份固化"原因

其一,期刊的学术依托存在差异。期刊最主要的学术依托当为主办单位。人文社会科学期刊特别是高校主办的学报在办刊之初的定位就是为本校师生的科研服务,主要是本单位科研人员学术成果发表和传播的阵地。虽然不少学者呼吁学术期刊要改变自我封闭的状况,但直至今天,这个状况依然没有根本的转变。据不完全统计,不少在"期

刊榜"上排名靠前的高校学报，内稿所占比例高达40%—50%，甚至有的接近60%。一般来说一所人文社会科学研究实力强大的高校主办的学报，在稿件来源方面有着天然的优势，高校学报的排名基本上与该高校在全国的地位是相对应的。而相对弱小的高校或科研机构办的综合性学术期刊，是很难与实力强大的高校主办的期刊相抗衡的。

期刊另一个重要的学术依托是地域优势。北京、上海、广州、南京、武汉等地是高校和科研机构的集中地区，很多期刊在相互学习、促进、交流中可以不断成长、快速发展。

其二，学术评价存在惯性。前文已说明，现在我国的人文社会科学采用了专业评价机构的评价体系，接受它们的评价标准。今天的学术体制中，学术评价主要是期刊评价，继而简单地发展成为"以刊评文"，即根据论文发表在什么级别的刊物上来确定其质量。"三大核心"以"客观"的量化标准对学术期刊进行分等分级，由此来确定什么等级的期刊产出什么水平的论文。笔者先不细究专业评价机构所采用的各种数据、各种加权等复杂的评价方式与指标，也不纠缠于人文社会科学本身不同学科、不同专业甚至同一专业下不同论文之间评价标准的复杂性，而是重点关注学术评价带来的影响：一是排名靠前的期刊吸引着优秀学者把最好的论文投过去。为了职称评审、绩效考核等，学者会把自己认为最好的文章投给本单位科研管理部门认定的顶级、权威、核心刊物，高质量稿件常常会源源不断地涌入排名靠前的期刊。二是当"三大核心"的期刊排行在学术界有相对稳定的信誉时，学者在论文撰写过程中，自然而然地参考的也多是"权威期刊""核心期刊"上发表的论文，结果就是核心期刊的引用率可轻松超过非核心期刊，在新一轮的评选中数据依然可以领先。如此往复，形成了一个封闭的循环，上榜的"权威期刊""核心期刊"不愁引用率；而在排行榜中下游的期刊只能苦苦挣扎。围绕学术评价体系的竞争很容易演化成"强者恒强""弱者恒弱"的局面，尽管这"强""弱"往往只是某种指标的数值而已。

一方面管理部门把本应"以文评刊""以文评人"错位为"以刊评文""以刊评人"，把文章发表刊物的"级别"直接用于各项评审，形成了"评审教授必需2篇权威期刊，10篇CSSCI期刊；副教授必需1篇权威期刊，5篇CSSCI期刊；博士毕业必需2篇CSSCI"之类的硬性规定，期刊基于"影响因子"等量化数据分析和办刊"机构级别"而形成的等级身份被固化为一种确定无疑的"学术质量度量衡";另一方面,由于各评价机构评价方法的稳定,进入"权威期刊""CSSCI期刊""核心期刊"名单的期刊尽管每一次都略有变化,但总体上却相当稳定,每一种具体期刊的等级身份也被固化。由此,便产生了越来越严重的学术期刊的"身份固化"现象。

三、学术期刊"身份固化"的危害

社会学理论早已揭示:社会阶层身份固化会导致阶层间流动困难、社会结构僵化、社会不平等现象加剧,进而影响社会的和谐发展与现代化进程。中国改革开放四十年来的经验也不断证明:社会的不断发展与社会成员对被固化身份的不断突破互为因果、互相促进。① 其实,不但社会发展是这样,思想的创造、知识的生产同样需要不断突破身份的固化:学科需要不断突破知识的藩篱,学者需要不断突破角色的限制,学术期刊也需要不断突破"学术度量衡"身份的固化。

专业机构的评价体系在同行评价失去公信力的时候应运而生,给学术评价带来了"专业""客观"的数据,但它又是一把双刃剑。一方面由于人文社会科学论文数量巨大,价值评判复杂,行政部门显然无法把控,只有依论文所发表的刊物等级来确定论文的质量,这样一来论文评价就变得简单、易行,运用专业机构评价体系这一"指挥棒",使得学术期刊的身份与"三大核心"紧密相连。另一方面在"三大核心"榜上的期刊为了维持当下的身份或者提高身份地位,会努力办刊;在"三大核心"之外的期刊为了能取得核心刊物的身份,会想办法办好刊物,这样的办刊态度可以促进期刊在栏目策划、文章选择方面更加用心,减少鱼龙混杂的局面出现。从前面的数据与分析来看,期刊越来越难以突破刊物定位、实现身份跃进,期刊的"身份固化"无疑会给学术生态带来危害。

---

① 胡范铸、胡亦名:《作为"事件"的流行语与中国"十字架身份体系"的崩裂:从"万元户"用法的兴衰看改革开放40年的发展》,《江西师范大学学报(哲学社会科学版)》,2018年第5期。

(一) 论文评价有失公允

北京大学陈平原教授曾在一次采访中谈了自己对学术评价以及学术体制的看法。他明确表示：不相信单位级别能够决定杂志级别，杂志级别决定论文质量那一套。所谓特级、一级、权威杂志的划分是有问题的。就拿《中国社会科学》来说吧，他们有很严格的评审制度，会把不好的文章卡住，但也会把特立独行、棱角分明的东西卡掉。你看最近二十年，对整个中国学界有巨大影响力的论文，有多少是在《中国社会科学》上发表的？反而有些民间性质的学术集刊，能保证特立独行、前沿性的思考和表达。① 朱剑也指出，期刊排行榜用于论文评价，横向上，视同一期刊发表的论文质量无差异；纵向上，视期刊的过去与现实无差异。事实上，因专业限制，评价机构仅依靠自身并无能力深入期刊的学术内容层面进行评价，对于学科前沿问题、艰深问题往往很难把握。②

在专业评价机构的数据中，期刊影响因子是评价期刊的重要量化指标。决定"影响因子"的核心参数，一是指期刊所发表论文在统计年的篇均"被引率"；二是所谓"半衰期"，即在这两三年内被引用的数值，③论文发表两三年以上还被引用的就基本忽略不计；三是"数据库"，只有被CSSCI期刊引用的才能成为有效的引用数值。那么，这能否真实反映人文社会科学的学术水平？就"被引率"而言，一种甲骨文论文如果令人信服地考释了一个文字，无须加以商榷，可以直接收入字书，那在论文数据库中几乎就可能是零引用率。这类专业性非常强的论文，往往因为研究得透彻、到位，把问题一劳永逸地解决了，后来者无须再继续研究，专业评价机构如何评判这样的论文？再打个极端的比方，如果一篇论文因研究方法错误导致论文结论漏洞百出，被其他研究者当作反面教材加以引用、进行批判，这样的高被引论文能称得上是高

---

① 陈平原：《人文学科学术评价的7个问题》，《中华读书报》，2016年4月7日。
② 朱剑：《雾里看花：谁的期刊 谁的评价》，北京：社会科学文献出版社，2018年，第46—47页。
③ 近两年CSSCI的评价体系不断调整，其中对人文为主的期刊和社科为主的期刊在"引用"年限上做了区分。

质量论文吗？学者引用他人论文的动机是复杂的，引用中正引、反引、详引、略引等都反映了其他研究者对一篇论文不同的态度与认可程度，专业评价机构的数据如何来进行区分呢？就"半衰期"而言，人文学科在半衰期内被引用的不少都是批评性引用，如果过了半衰期，过了五十年一百年还被引用，那更可能是一种经典，《周易》《老子》《论语》都是"半衰"又"半衰"后才成就了今天我们看到的经典。就"数据库"而言，如日语研究、德语研究等由于在既定的"CSSCI方阵"中没有或者鲜有同类期刊，自然也就无法指望获得一定的引用率，那么此类论文的引用率自然不会高。

如果这些问题不解决，那么"以刊评文"必会导致论文评价有失公允。

（二）期刊竞争难以充分开展

学术竞争是学术繁荣和发展的主要动力，学术的竞争也表现在学术期刊的竞争上。在现有评价体系的主导下，学术期刊不是围绕理论的创新展开竞争，而是围绕"影响因子"为主的数据展开竞争。围绕"影响因子"的竞争逐渐演化为一种"指挥棒"，这会引发期刊发展中的种种弊端。

前文已提到，这种竞争很容易演化"强者恒强""弱者恒弱"的局面，甚至引发期刊恶性竞争。一方面，为了稳固自己期刊的身份地位，一些"顶级期刊""权威期刊"在固有的办刊模式下，往往只求"名家"，只求合乎学科主流的"中规中矩"，具有现实穿透力和超强想象力的论文却越来越难以在这些期刊出现，而这些期刊由于顶着"权威期刊""核心期刊"的帽子，又仿佛成为中国学术的"指挥棒"，引领着学术研究的发展方向，使得话语体系建设越来越僵化、沉闷，止步不前；另一方面，恶性竞争会引发"大量办刊不端行为"，有些期刊会采取非正常手段以获地位的稳固与上升。苏新宁曾撰文指出，"2003年以前，CSSCI选刊仅用期刊一般影响因子，但在2005年选刊时，发现来源期刊的许多期刊自引率较高，其中一些期刊为了获得较高的影响因子，出现了大量人为制造的自引"①。于是在2005年选刊时,南京大学中国社会科学研究评价中心将一般影响因子改为他引影响因子,随后又发现,"单纯用影响因子选刊,使载文较多期刊失去了竞争力,一些期刊为了具有较高的影响因子,在形式上缩小期刊规模,减少发文篇数(因为这样可以降低计算影响因子时的分母,而得到较高影响因子)"②。笔者为了佐证他的观点,统计了"权威期刊"《中国社会科学》2008—2009年的发文数据:2008年平均15.8篇/期,2009年平均14.8篇/期,2010年平均15.3篇/期,2011年平均16篇/期,2012年平均10.8篇/期,2013年平均11.2篇/期,2014年平均10.4篇/期,2015年平均10.6/期,2016年平均11.3篇/期,2017年平均10.3篇/期,2018年平均10.5篇/期,2019年平均10.2篇/期。其中,《中国社会科学》2008—2011年是双月刊,2012年起改为单月刊;2008—2009年、2012—2019年每期页码为208页,2013、2014年每期页码为224页,从2012年改为单月刊之后,《中国社会科学》的发文量锐减了近50%,除去学科研究日渐深入,研究者需要更多篇幅来说明研究成果的原因之外,或许期刊也考虑了"影响因子"这一因素。其实通过广泛调查,发文篇数的减少不是个别刊物的操作,而是广泛存在的,甚至很多刊物为了减少发文量,取消了笔谈等栏目。"但在2009年选刊时,发现办刊中的不端行为更加严重。一些期刊和机构为了自己的期刊保持或进入CSSCI来源期刊,采用各种行为以提高自己期刊的选刊指标。有的期刊除了有较高的自引率外,还和其他期刊建立'互惠'关系相互引用,有些期刊做得更加隐蔽,建立'联盟'进行循环引用……有的期刊和多家期刊进行互惠引用。"③这些见招拆招、变本加厉的技术操作与数据,实在是触目惊心。

学术热点往往会有高关注度与高被引率,一些期刊忽略人文社科研究特别是人文学科的特点,盲目追求学术热点,纯为迎合热点设栏目

---

① 苏新宁:《期刊评价的困境与思考》,《重庆大学学报(社会科学版)》,2010年第6期。
② 苏新宁:《期刊评价的困境与思考》,《重庆大学学报(社会科学版)》,2010年第6期。
③ 苏新宁:《期刊评价的困境与思考》,《重庆大学学报(社会科学版)》,2010年第6期。

选文章,忽视文章的质量与创新,常常出现选题雷同、内容重复以及个性、特色不够鲜明的栏目,导致大量高产低质、重复研究的成果出现。本质上来说,特色是一个期刊最重要的身份标识,专业期刊自不用说,就是对综合性学术期刊来说,专栏设计、学科优势、研究方法等都是期刊特色的重要因素。朱剑强调说:"特色就是个性,唯有个性才能展现一个期刊的生命力。"①大多数刊物在追求高被引率、追逐热点的过程中,失去自身特色,变得千刊一面。

(三)新兴研究范式、分支学科难以快速发展

虽然目前我国哲学社会科学学术论文每年发表数量惊人,但是真正有影响力、有洞见、有深度的文章并不多。社会在不断发展,新现象、新问题层出不穷,针对这些问题学术话语体系也需要不断创新,需要有新的方法、理论乃至新兴学科来研究解决社会生活中重大的、深层次的问题,但是,这些新探索往往很难在现有的"核心期刊方阵"中找到合适的发表园地。这是因为每一个成熟学科的代表性期刊在办刊风格、栏目设置、文章类型等方面已经相对固定,这也带来了期刊学科身份的固化,如经济学期刊只发经济学文章,语言学期刊只发语言学文章,对语言经济学这类交叉学科的文章却很难产生足够的兴趣。没有学术期刊刊载这样的研究成果,很多新兴学科或是交叉学科长期停留在萌芽或是初始发展阶段,难以壮大。进一步说,现有的"核心期刊"身份固化导致一些新创办的期刊,即使理论前沿、特色鲜明,但想要进入专业评价机构的"目录""总览"也是遥遥无望。

反之,如果期刊具有学术洞察力、富有学术远见,可以为有价值的新学科学术成果的发表提供土壤,那么它将有可能推动新学科的学术共同体快速成长,甚至可以引领新兴研究范式或新学科的诞生。杨九诠从2016年担任《华东师范大学学报(教育科学版)》主编以来,认识到我国当前教育研究共同体重理论研究、轻实证研究方法的现状,研究者深陷于以思辨和意见为主要范式的兴趣和利益中,不愿也不敢走出来,

---

① 朱剑:《雾里看花:谁的期刊 谁的评价》,北京:社会科学文献出版社,2018年,第183页。

每年教育学术期刊发表的实证性研究论文,还不到论文总数的1/10,①但是实证研究正是提高社会科学研究科学化水平最重要的保证。② 基于此,他大胆地推进教育学实证研究,经过近3年的努力,学者从最初的质疑到接受、赞同、采用,实证研究已经成为教育学领域普遍接受的研究范式。实证研究不仅深化了教育学研究,而且成为教育学理论创新的支柱。同样的,《山东社会科学》的陆晓芳在2016年就以前瞻的眼光开辟了当时在国内几无人知的"数字人文"栏目,短短3年时间里,国内的数字人文研究发展迅速,有多家期刊相继开辟了有关栏目,而《山东社会科学》的"数字人文"已是其中翘楚。另外,《探索与争鸣》也在2019年第1期对内容设置进行了大胆的改革。新的研究方法、新的学科和交叉学科,都需要在学术期刊这一平台上展示并接受批评和检验,不过像《华东师范大学学报(教育科学版)》这样勇于改革、开创期刊新局面的期刊少之又少,大多期刊对传统学术路径十分依赖,害怕改变现有模式带来的不确定因素以致"影响因子"下滑。只有具备精准的学术眼光与勇气,期刊才能够积极参与学术共同体中新兴研究范式、学科的构建。

(四)青年学者成长之路空前艰难

在一个正常的学术话语体系中,青年学者往往是能够走在理论最前沿、对现实问题最敏感、研究最有原创性的群体。但在现有学术评价机制下,"权威期刊""核心期刊"垄断了大部分学术资源,这就造成了论文发表的不平等现象。一方面,某些知名学者、教授即使空洞无物、自说自话的学术垃圾也成为各大期刊争相邀约的香饽饽,如某大学的一位知名学者,因善于抓住热点、迎合时事,论文的引用率居高不下,多篇论文在短短两年内都达到了几百次引用,这为论文所在期刊创造了神话般的影响因子,于是众多期刊以能发表他的文章为荣,但这位学者的

---

① 杨九诠:《加强实证研究,推进教育科研转型》,《上海教育科研》,2017年第9期。

② 袁振国:《实证研究是教育学走向科学的必要途径》,《华东师范大学学报(教育科学版)》,2017年第3期。

文章质量如何呢？因其观点脱离实际，后被学界斥为"误国误民"。另一方面，青年学者往往只是由于其自身"资历"的稚嫩，没有太大的学术影响力，与成名学者相比，文章的引用与转载都处于弱势，许多核心期刊因顾虑影响因子不愿多用青年学者的论文。因此，青年学者的学术发展道路也就显得更为困难。

在学术评价量化之前，学者在发表论文时并不刻意追求"名刊"。就老一辈语言学家来说，复旦大学胡裕树在20世纪80年代发表了大量语法学文章，其中就有在《应用写作》、《岳阳师专学报》（今称《云梦学刊》）、《三明学院学报》等名声不显的期刊上发表论文；北京大学朱德熙有的文章发表在由北京大学、中国社科院主办的《北京大学学报（哲学社会科学版）》《方言》等刊物上，也有发表在中国民主同盟中央委员会主办的《群言》、上海世纪出版股份有限公司教育出版社主办的《语文学习》上。今天来看，他们在普通刊物上的论文依然保持了高质量、高水准，且获得了良好的传播效果。

中国的学术期刊已有百年历史，追溯期刊出现的早期，青年恰恰是这一平台的主体。改革开放之后，期刊发生了翻天覆地的变化，但不变的是青年依旧是期刊的主体，期刊也对青年学者大力扶持。姬建敏指出，在1977—1987年间，"培养青年、提携新秀"是这一时期高校学术期刊共同的特征，"1978年以后，《北京大学学报》提出在发表文章时，依靠中年，扶植青年，珍视老年。他们发表中青年的文章占发表文章总数的85％以上。《复旦学报》确立了'不靠名人带刊物，要用刊物育新人'的指导思想，热心发表敢碰难题、敢发新论、思想敏感、眼界开阔的青年作者的文章。几年来他们发表中青年作者的文章占发稿总数的44％以上，研究生、大学生文章占22％以上"①。20世纪80年代，《华东师范大学学报（哲学社会科学版）》曾经连续推出国内第一个"青年教师专号""博士生专号""新学科专号"，《北京师范大学学报（哲学社会科学版）》也把"研究生学术论坛"列为一个专栏，许多年轻学者在上面发表了第一篇论文，期刊也培养了大批知名学者。当下，因为学术体制"量

---

① 姬建敏：《新时期我国高校社科学术期刊特征刍议：以1977—1987年为例》，《河南大学学报（社会科学版）》，2017年第6期。

化"考核的盛行,人文社科学者生存艰难,而青年学者更是深受论文发表之苦,长期处于焦虑、压抑的情绪中,许多博士生因无法在"三大核心"期刊上发表论文而难以毕业;青年教师因难以在"三大核心"中发表论文、完不成科研任务而痛苦、恐慌。

没有青年,学术难以有光明的未来。

结　语

学术评价原本应该是学术共同体自身的一种活动,但是,行政权力的强势介入使得这一问题日益"行政化"了。各大高校、科研机构的行政部门都据此制定了"权威期刊""核心期刊"等标准,把专业评价机构的排行榜直接与绩效考核、职称评审等事务相挂钩。行政部门与专业评价机构的结合导致了期刊"身份固化"的趋势愈演愈烈。

在现有学术体制之下,期刊如何突破身份固化?或许下面两种途径可供考虑:

第一,专业刊细化专业,综合刊构建特色。学术期刊说到底是学术共同体的一部分,只有与学术共同体紧密结合,与学者充分互动,才可以准确把握学术脉络。相比综合刊,专业刊有着天然的优势,可以把专业定位定得更加准确,边界更为清晰,真正成为这一部分学术共同体的学术家园,这样才能根基稳固。

综合刊的"全、散、小、弱"一直为学界所诟病。对于"顶级期刊""权威期刊"中的综合性学术刊物来说,维持现有的身份地位并不困难。而对于普通刊物来说,在无法改变综合属性的情况下,必须改变学科拼盘模式,努力发展自己的特色栏目,这样也许可以在竞争中取得一席之地。

第二,利用数字化传播凸显优质内容。在"纸本时代"逐渐远去的今天,学术期刊的传播方式也发生了改变,传播中心也从期刊到单篇论文。最早数字化是以中国知网为代表的"期刊数据库模式",后来以微信为首的新媒体传播方式更为活跃、便捷、快速、生动,近年来有几种发展势头迅猛的期刊很大程度受益于其微信公众号的运营。在期刊实体隐退、单篇论文传播为主的情况下,注重单篇论文的质量以及高效传播对期刊来说尤其重要,这也不失为改变期刊"身份固化"的机遇。

"学术期刊体制只是科研体制的一个缩影……只要这样的科研体制不变,任何评价方法层面的改革都不会带来大家满意的结果。"①"问渠那得清如许,为有源头活水来",中国哲学社会科学学术话语体系建设要想有所创新、有所突破,要想提升国际话语权,为中国特色社会主义伟大实践提供学理支撑和价值评价标准,就应该打破期刊"身份固化",打破期刊"身份固化"更深的根源——现有的学术评价机制。学术共同体就像是一块土壤,只有合理、科学的学术评级机制,才能维护好学术共同体的良好生态,在这块土壤上长出良性竞争的学术期刊,产出一大批真正有洞见、有创新的学术论文。

原载于《河南大学学报(社会科学版)》2019年第6期,《高等学校文科学术文摘》2020年第3期全文转载

---

① 朱剑:《雾里看花:谁的期刊 谁的评价》,北京:社会科学文献出版社,2018年,第40页。

怎样才是富有生命力的优秀学术期刊

张学文①

富有生命力的优秀学术期刊,应当既是遵守普遍学术规范的典范,又是彰显自我个性与引领学术创新的旗帜。当前,我国学术期刊包括专业性学术期刊和综合性学术期刊,种类繁多,归属不一,尽管不乏出色者,但依然存在着不规范和同质化的发展困境。前两年《科学》杂志有一篇文章指出,中国每一个研究所或大学都有自己的学术期刊,然而,在总共4700多种学术期刊中,大多数学术水平不高,甚至有相当数量被认为是垃圾期刊。②

学术期刊不规范主要是指学术期刊的基本构件或要素残缺,不合乎学术期刊的基本标准,大致包括定位不清晰,不准确;栏目设计不科学,不合理;摘要语步不完整,概括不全,内容不简洁;关键词提炼不科学;参考文献不规范等。学术期刊同质化则主要是指期刊整体缺乏特色,或特色不明显;同类学术期刊名称近似或相似;栏目设计雷同;文章内容简单重复,缺少新意,等等。因此,如何办一本富有生命力的优秀学术期刊,使其既符合一般学术期刊与学术研究的普遍规范,又尊重具体学科发展与学术理论创新的基本规律,让学术期刊所推介的论文在选题、内容、方法、视角、过程或结论等方面有一定的创新性,就成为摆在众多学术期刊从业者面前的重要问题。对于这一问题,笔者以为最值得追问的是,学术期刊首先应当如何规范?在此基础上,又如何成为

---

① 作者简介:张学文,教育学博士,人民出版社新华文摘杂志社编审。研究方向教育学、编辑出版学。
② 钱炜:《一本杂志和它倡导的科学》,《中国新闻周刊》,2012年6月1日。

促进或引领学术创新的平台？

一、学术期刊的规范性主要体现在哪些方面

按照一般词典的解释，期刊（Journal）亦称杂志（Magazine）。所谓"杂"，取颜色斑驳、多种多样之意；所谓"志"，指文字记事或记载的文字，比如县志、府志或三国志等。根据英文意思，杂志还有"仓库"之意，表明杂志作为刊载文章或作品的刊物，具有内容的多杂性。由于出版周期短，时间性强，杂志亦被称为期刊，即有一定的时间限制的刊物。《辞海》把期刊界定为：根据一定的编辑方针，将众多作者的作品汇集装订成册，定期或不定期的连续出版物。每期版式大体相同。有固定名称，用卷、期或年、月顺序编号出版。有专业性和综合性两类。据考证，世界上第一份期刊是《学者杂志》，由法国人戴·萨洛（Denis de Sallo，1626—1669）于1665年1月5日在巴黎创办。

学术期刊则主要是指针对学术界与思想界所发行的以发表或刊载学术研究内容为主的期刊。相对于普通期刊或大众期刊来说，学术期刊的发行通常需要经过学术共同体或学术同行的评审，发表的文章通常涉及特定的学科，展示了特定研究领域的成果，其内容主要以原创性研究、综述性研究、书评等诸多形式的文章为主。从出版内容上讲，学术期刊通常由不同作者的多篇论文组成，即一本学术期刊由不同性质的文章组成，反映政治、社会、经济、教育、哲学等专业学科或研究领域的学术发现或研究动态。从出版周期来说，学术期刊分为旬刊、半月刊、月刊、双月刊、季刊等，但比较常见的学术期刊往往是一个月、两个月或三个月出版一本。当然，最近十多年来，为了加快学术信息的传播节奏，有些学术期刊改为了旬刊和半月刊，但更多期刊还是倾向于月刊或双月刊。总体而言，学术期刊是由不同作者所撰写的多篇不同类别的研究性、评论性、描述性等不同性质的学术文章所组成的周期性出版物。

从读者对象与发文内容来讲，学术期刊又大致可划分为专业性学术期刊和综合性学术期刊两大类。所谓专业性学术期刊，就是刊载或记录某一学科或某一领域的研究成果和发展动态的学术期刊。比如，

《哲学研究》《教育研究》《法学研究》等。它大致包括哲学社会科学类专业期刊、自然科学类专业期刊和工程技术类专业期刊三种。所谓综合性学术期刊，就是刊载或记录多个学科或多个学术领域的研究成果或发展动态的学术期刊。比如，《中国社会科学》《社会科学战线》《文史哲》等。高等院校学报与各地社会科学界联合会所办期刊大部分涉及多个学科或众多研究领域，就属于综合性学术期刊。

一本规范的中文学术期刊的内容应该是丰富多彩的，大致包括多篇多类的学术研究论文，面临不同学科、不同专业或不同职业的读者的评判和选择。因此，其基本的要素应该包括适当的期刊名称，有特色的栏目设计，简洁生动的标题，规范的作者简介与参考文献，完整精练的论文摘要，有一定创新力的正文内容等基本要素。其中，学术论文的标题与摘要是除文章正文内容外，保证学术期刊规范性与创新性的最重要的基本构件。

标题是一篇学术论文的眉目，泛指该论文研究的主题或话题。各类学术文章的标题，样式繁多，但无论采取何种形式，总要以全部或不同的侧面体现出该论文作者的写作意图和文章的主旨。在当前全球化背景下，生活节奏加快，信息海量传播，传统学术期刊受到了网络、智能手机等现代媒介的广泛冲击，因而，一篇好的学术论文标题就必须被压缩在极其有限的时空范围内，让读者一瞬间对正文内容产生继续阅读的兴趣。这显然对学术期刊和学术研究者提出了更高的要求，不仅要在语言与修辞方面多下功夫，还应该研究该学术期刊读者的心理与生理特征，尽可能让论文标题科学新颖，字字珠玑。从编辑学上讲，一个恰当的、好的论文标题，应该尽可能包括该论文可能研究与论述的内涵或外延，尽可能让标题新颖简洁，概括有力，措辞文雅。值得注意的是，作为严谨科学的学术论文，其标题应该区别于网络上的时政与社会类新闻标题，切忌为片面吸引眼球，追求高点击率，沿袭或照搬某些网络媒体或街头小报的做法，对标题或低俗包装、粗制滥造，或故弄玄虚、哗众取宠，这样只会让读者反感或反胃，结果可能适得其反。

摘要作为一篇学术论文中不可或缺或不可分割的重要组成部分，在当前学术期刊的国际化与规范化进程中越来越具有不可低估的作用。质量不高的摘要既会给电子图书馆与网络学术检索带来麻烦，也会给读者带来阅读方面的困扰。因为论文题目、关键词和摘要是广大读者通过搜索引擎从海量数据库中能够查找到相关论文并对其价值进行判断的重要元素和关键要素。对读者来说,在无须参阅原文的前提下,通过摘要就可以用最短的时间快速获得论文的基本信息,并决定是否有必要花费较长时间来阅读全文。因此,摘要是衡量一篇论文质量,尤其是创新程度的重要标准之一。当前,尽管我国绝大部分的学术期刊已经明确要求提供论文摘要,而且其规范性和质量都有了很大的提高,但对怎样编写、如何规范、字数要求、基本要素等认识还比较简单,导致论文摘要从形式到内容主观性强,缺乏科学性。尤其是对文摘类报刊来说,一篇学术论文的摘要甚至可以直接加工成为二次文献,成为该论文及其主要观点再次传播的原材料。所以,把论文的摘要写好、编好,不仅可以提高论文的转摘率与转载率,而且可以扩大学术期刊的学术质量与传播力,促使其获得经济效益与社会效益的双丰收。

一般来讲,一篇学术论文摘要的基本要素应当包括研究背景、研究目的、研究方法、主要发现和主要结论等内容,其中研究背景、目的与方法要求简明扼要,而重点是陈述该论文的创新性内容或原创性观点。2009年,斯韦尔斯和费克在其出版的专著《摘要与摘要写作》中指出,摘要是一种修辞概念,而非语法概念,可以采用引言、目的、方法、结果、结论"五语步"法;2010年,他们发表了《从语篇到任务:让摘要研究发挥作用》的文章,通过实证研究印证了摘要"五语步"(基本要素)的科学性和普遍性。同样,研究还表明,学术论文摘要的质量(特别是语步的完整性)与期刊论文是否容易发表之间存在着显著的正相关。因此,学术期刊论文有必要保持摘要的完整性,既要区别于正文,又要简明、准确、规范地叙述论文的核心内容并具有相对的独立性和自明性,符合拥有与论文同等质量的主要信息的原则,即语步尽量齐全,尤其是目的、方法、结果、结论四部分不可或缺;另外,还要注意提高语步分布的均衡性,兼顾背景、目的、方法的完整与比重分配。① 总之,为保证学术期刊的规范性,提高论文阅读的效率,保证信息的完整性,提高二次转载的

---

① 牛桂玲:《学术期刊论文摘要研究的新视角》,《河南大学学报(社会科学版)》,2013年第5期。

可能性,学术研究论文的摘要尽可能做到:要用第三人称的格式,以该论文涉及的主题概念和关键词为核心,组织大约 300—500 的文字(或为论文总字数的 5%),①既要尽量保证背景、目的、方法、发现、结论等语步结构的完整性,又要着重反映出该项研究所得出的新内容、新结论和新观点。

二、学术期刊如何成为促进和引领学术创新的平台

(一) 坚持以清晰的定位避免学术期刊发展的同质化陷阱

如果说一本学术期刊的核心竞争力取决于编辑的话,那么主编则是其学术刊物的灵魂。一本缺乏主编意识的学术期刊,就好比丧失了灵魂的人,没有自身独特的个性,谈不上生命力和创新性,自然也就"泯然众人矣"。所谓主编意识,实际是指主编对整个学术期刊的价值取向、形象塑造、栏目设计、文体文风、内容编排等刊物基本要素与内容的整体把握和有效驾驭。主编意识作为学术期刊的灵魂,它与期刊定位息息相关。当前,颇受诟病的学术期刊同质化的根源就在于众多的学术期刊缺乏主编意识,造成期刊名称类似或近似化,栏目设置大同小异,选题策划趋同化,研究内容重复化,使得众多学术期刊"千刊一面",缺乏鲜明的个性。

通过周密严谨的市场调研和反复召开专家学者论证会来确定学术期刊的读者与市场定位,即确定该期刊在某些学科、某些领域或专业范畴内的大致位置和学术细分市场,这不仅关系到期刊本身各要素的设计和策划等问题,还涉及与同类相关专业范畴内其他竞争性刊物的相关市场客户的有效划分与管理。所以,学术期刊的适当定位要求主办者首先要对当前与今后一段时间内学术市场的细致调研,及时发现并划定自己可能的客户群体与市场需求,由此确定那些已经满足与尚未得到满足的学术细分市场。只有这样,学术期刊才能有的放矢,有针对

---

① 樊慧:《学术期刊文摘的写作与编辑加工》,《科技资讯》,2011 年第 22 期。

性地把相应的学术产品与服务提供给自己相应的目标消费群体,才能既有条件与其他相似或相关的学术期刊竞争,又尽可能填补当下某些处于发展中的学术市场的空白领域。比如,在教育学科内的《教育研究》《教育学报》《人民教育》作为教育学领域办得非常好的专业刊物,尽管三者创刊时间不同,发展路径迥异,但由于定位清晰合理,都取得了巨大的成功。《教育研究》创刊于1979年,致力于纯粹的教育学理论研究,始终关注教育理论的前沿问题,引领开展重大教育理论和实践问题的探讨,因而成为我国历次重大教育改革问题研究的主要平台。《人民教育》创刊于1950年,承担着新中国教育新闻宣传事业的开创工作,在积极宣传党和国家的教育方针政策、决策部署和引领教育系统广大干部、师生员工积极投身教育改革与发展的生动实践等方面,发挥了重要的舆论引导作用。《教育学报》创刊于2005年,著名教育学家顾明远先生基于当前"教育学园地已经千百个,为什么还要开辟一个新园地?新园地应该有哪些与众不同的地方?"的深入思考,提出了四点希望:第一,要重视基础研究和学科建设;第二,要关注教育改革和发展中的重大理论问题;第三,要鼓励学术争鸣;第四,要讲究学术规范。因而,由北京师范大学创办的《教育学报》,没有成为同仁杂志,却向整个学界开放,广泛吸纳国内外学术研究的优秀成果,成为教育科学研究的公共平台和理论宝库。显然,作为专业类学术期刊,这三种期刊正是由于强烈的主编意识和鲜明的期刊定位,找到了适合自身发展的学术细分市场,巧妙避开了期刊的同质化陷阱,使得期刊自身或异军突起,或保持长期繁荣,具有了独特的存在价值与意义。

(二)坚持把引领学术潮流作为学术期刊发展的首要目标

所谓学术潮流,主要是指学术思潮或学术流派的变动或发展的趋势。学术期刊引领学术潮流,既意味着学术期刊及其编辑有责任和义务改变已有的不良学术风气,引导或开创新的健康的学术风尚,还意味着学术期刊及其编辑应当适时或敏锐地发现或找到当下各学科与学术领域专业人员需要研究的有关学术现象或社会实践问题,并组织专业人员的学术讨论,最终形成某个专业领域的研究问题或论域,甚至使之成为整个人文社会科学学者共同参与的公共研究话题。作为专业领域富有生命力的学术期刊,需要有胆识、有勇气、有智慧地运用自己的平台充当学科研究和专业发展的引领者角色。这要求学术期刊主编与编辑更加合理地利用好自身的双重身份,不仅要修炼成为某学科的出色研究者,而且要充分利用好作为学术期刊编辑的站位与视角,形成看待和鉴别学科发展及其专业成果的特殊"视界"。

当前,许多富有生命力且颇具创新性的学术期刊及其从业人员已经拥有了诸多不同于以往的职业与专业优势。首先,大部分专业性学术期刊主编与编辑都受过系统的专业教育与编辑出版专业训练,了解本学科和专业的发展;即使综合性刊物的编辑,也兼备人文社会科学的基本素养或本专业领域的学科知识,相对一般专业研究人员而言,有更多了解整个人文社会科学领域学术研究信息的机会。其次,由于专业与职业的原因,学术期刊编辑对当下学术圈内研究问题的思考方式、研究视角与某些具体学科领域内的学者思考问题的视角相差很大,甚至截然相反。最后,学术期刊编辑需要经常联系某些学科或某个学科不同研究方向的专家与非专家,并成为出版双方的中介与桥梁,这种编读、编学的互动、沟通与润滑,可促使专业研究人员的学术触角更敏锐、迅速、适时地捕捉到本专业与学术界、思想界,与现实社会之间正在关注或即将关注的一些重大实践问题。综合起来,可以断定,学术期刊编辑如果本身具备了一定的专业研究素养,就能迅速捕捉到学术界或某些学科领域内的思想火花,通过选题策划的方式进行精心策划与编排,生成全新的专业研究热点。甚至随着某些学科或专业领域内热点的升温,一些原本不涉及或不太相关的相邻的人文社会学科也会自觉不自觉地参与进来,出现一种交叉学科或领域的热点研究问题,进而成为整个人文社会科学研究领域的"公共学术话题"景观,即形成了某问题的多学科、多视角的学术研究,或表现为某问题的多元研究方法。笔者把这种研究现象称为学术期刊及其编辑对学科或专业研究的助推作用,也可以称之为学术期刊对学术潮流的引领与贡献功能。

(三)坚持以开放创新作为学术期刊发展的重要手段

随着最近"拔尖创新""杰出创新""协同创新"等概念的流行,创新显然已成为我国当下学术界最潮流的话语,当然这也显露了整个学术界的急功近利与浮躁的心态,因为创新本身并不能成为真正推进学术发展的可靠路径。还可以说,如果仅仅把创新作为一种政治与学术的修辞手法,而非学术发展的手段与目标,那它显然只能被动地沦为伪学术横行的幌子。从本质上讲,学术期刊确实需要正确面对学术界的创新活动,但学术创新并非招之即来、挥手即去的出租车,而应是在遵守基本学术规范的基础上,踏踏实实,守正出新。当前的学术界和期刊界,为了防范剽窃,促进创新,似乎只剩下了简单的查重率、建立专家库、双向匿名评审等手段。事实上,要衡量一篇学术论文是否具有创新价值,能否及时发表,权威的匿名审稿也许是最有效的方式,但请什么样的专家、以什么标准来评审的问题不能很好地解决,双向匿名评审也只能徒具形式。特别是对于跨学科或交叉领域的创新性成果,不同学科或领域的专家意见很可能不一致,甚至针锋相对,学术期刊如何取舍,这种至关重要的判断作用就显现出来了。

长期以来,传统学术研究的组织与评价观仅仅把同行评价作为评价研究者学术水准唯一的先进方式,认为学术水平的鉴定和判别理应由学科内与学术共同体内部具有相同学科背景的同行进行,因为各学科研究成果只有学科内的同行们才能真切地了解到它的理论价值和实践意义。然而研究显示,正是由于各学科研究方法的局限性以及评价者自身学术基础的限制,现实中的同行评价却难以起到实质性的作用,往往成为一种不痛不痒的例行公事,甚至沦为一种学术利益输送与权学资源配置的工具,这显然无法给各学科研究的发展与深化带来切实而有益的指导价值。所以,学术期刊评审各学科研究论文时,可以在原有评审机制的基础上,采取一种愈加开放的评价方式,把同行评价与跨界评价(Cross over Review,指不同领域的合作评价;它与外行评价不完全一致,包括相关学科或专业、跨学科或专业的专家评价)有机结合起来,这样才能更好更快地提升相关学科的专业研究水准,扩大这些研究成果的跨界影响力,更好地促进相关学科快速成长。

此外,学术期刊要想富有生命力,还必须倡导适度的学术批评与学术争鸣。这是因为学术研究问题的产生并不是一时的,其研究成果也不是突然产生的,更不会是一成不变的。从学术思想发展史来看,学术论文所研究的问题既有恒定性,也有进步性。这也是为什么整个人文社会科学研究领域有"言必称希腊"的溯源式研究法。然而,也只有健康的批评与反批评的学术生态才能推进各学术流派的产生,才能促使社会更加自由地传播学术思想,进而成为学术研究与发展的主流。既然学术争鸣有利于促进学术思想的繁荣,那么作为学术期刊从业者,如何才能促使专业研究人员(即学术论文)更专业地表达自己对当前研究与实践领域热点与敏感问题的意见与建议?一般常规的回答是采取价值中立原则,或价值无涉或价值自由,即作为经验科学的原则向文化科学提出的客观性的要求;将价值判断从经验科学的认识中剔除出去,划清科学认识与价值判断的界线。[1] 显然,韦伯倡导的做法是为了保持科学认识的客观与中立,经验科学一般只能表明事实怎样,可能怎样,不去指导应当怎样,因而不能从"实然性"上升到"应然性",即不承担价值判断的责任。从这个意义讲,科学研究只需要"理性思考"的人,不需要仅仅从感觉出发"追求理想"的人。这可以成为学术期刊及其编辑对待学术批评与争鸣的基本原则之一。

综上,要想办成富有生命力的优秀学术期刊,就必须在遵守基本学术规范的基础上,努力使学术期刊成为促进和引领学术创新的平台,这显然需要期刊从业人员具备"和合共生、守正出新"的理论胆识与超人勇气,使学术期刊倡导并迅速恢复曾经被广泛放弃的学术批评与争鸣的基本功能。"和合共生,守正出新"是我国古代充满哲理的发展思想和传统智慧,"和合共生"语出《后汉书·杜诗传》《管子·入国》,表示不同事物、不同观点的相互补充是新事物生成的规律,取"相异相补,相反相成,协调统一,和谐共进"之意;"守正出新"分别出自《史记·礼书》《道德经》《礼记·大学》等,承自我国传统智慧思想,是历代智者与统治者立身兴业治国安邦推崇的要领,即所谓"以正治国,以奇用兵,以无事取天下""苟日新,日日新,又日新"。"守正"乃恪守正道,恪守正气,行事正当;"出新"乃勇于开拓,善于创造,不断推陈出新。两者共生互补,辩证统一,"守正"以作根基,"出新"乃是补充与出路。学术期刊从业者可以通过借鉴"守正出新"这种古朴的开放思想,真正做到既遵守基本

---

[1] 马克斯·韦伯著,韩水法、莫茜译:《社会科学方法论》,北京:中央编译出版社,1999年,第19页。

的学术规范,即"守正",又推崇适度的学术争鸣与理论创新,即"出新",只有这样,才有可能办出真正富有生命力的优秀学术期刊,才能促进高度活跃的思想表述,借以打破学术界、思想界和期刊界犹如一潭死水的沉闷局面,才有可能从根本上改变我国在相当长一段时期内都没有诞生值得推崇的人类思想大家的尴尬局面。

原载于《河南大学学报(社会科学版)》2014年第2期;人大复印报刊资料《出版业》2014年第8期全文转载,《高等学校文科学术文摘》2014年第3期论点转载,《北京大学学报》"文科学报概览"2014年第5期论点转载

期刊学术引文不规范现象的成因探析与应对方略

李宗刚　孙昕光①

随着我国学术研究的不断繁荣发展,学术规范问题已开始越来越多地引起学界的重视。在期刊学术论文中,引文使用的规范问题便是其中的一个重要方面。教育部在2002年发布的《关于加强学术道德建设的若干意见》中就曾提出:"依照学术规范,按照有关规定引用和应用他人的研究成果。"并将其作为端正学术风气、加强学术道德建设的一项基本要求。但在具体实践中,学术引文的使用仍存在诸多不规范的现象,在向以学术严谨、规范严格著称的国内学术期刊所刊登发表的学术论文中,学术引文不规范现象也同样屡见不鲜,如有的学术论文通篇没有引文,有的使用引文而未标示出处,有的使用引文衍脱错讹,漏洞百出。这些现象的存在,已经不仅仅是一个如何进一步制定和完善引文规范的纯粹形式上的技术问题,同时也是一个亟须对引文规范在认识上加以深度阐释和把握的理论问题。或者说,引文规范的理论认识是制定和遵循引文规范的前提和基础,只有对引文功能及其规范意义有了深入认识和把握,才能更好地制定和遵循引文规范。目前,探讨引文规范的论文大多侧重于技术性研究,而理论性探讨尚显不足。正因为如此,针对与引文规范有关的一些认识问题,如学术论文为什么要有引文,引文到底有什么作用,学术论文是否可以不用引文,学术论文中

---

① 作者简介:李宗刚,《山东师范大学学报(社会科学版)》主编、山东师范大学文学院教授,博士生导师。研究方向现代文学、编辑出版学。孙昕光,《山东师范大学学报(社会科学版)》编辑部编审。研究方向编辑出版学。

的引文为什么会错误百出,怎样才能规避引文的错误使得引文更加规范本文拟从理论上作以阐释。

一、引文在学术论文规范中的必要性

学术论文是否可以没有引文？目前,学界对此并没有明确的认识。一般而言,学术论文通常都有引文,但也有些学者撰写的学术论文没有引文,这就说明在有些学者的心目中,引文是可有可无的,甚至说是可以不要的。在他们看来,所谓的学术论文,就是对自己在学术研究中的见解的阐释,至于其他人是怎样论述的,自己与其他人的论述有什么不同,则是可以毫不顾及的。更有甚者,有些学者还把自己所撰写的学术论文没有使用引文当作一件值得炫耀的事情,认为没用引文,正说明了自己的前沿性、独创性,是自成一家的表现。因此,在这些论文中,作者径直地阐释自己的观点,并不顾及前人说了什么、同辈说了什么。我们认为,这样一种径直阐释自我观点的论文,严格讲来,还谈不上是真正意义的学术研究。因为,作为真正意义的学术论文,就其外在形式而言,引文是一种必不可少的规范。

从科学研究的历史来看,任何学术研究都是建立在前人研究基础上的,离开了对前人研究成果的吸收和转化,离开了对前人研究成果的传承和提升,那人类自身的文化创新就会成为无源之水、无本之木。从这个意义上说,任何一篇学术研究性的论文,都应该是带有创新性的论文。而所谓创新,就是要对接既有的学术研究成果,站在"巨人的肩膀上"完成学术上新的突破。正是基于这一点,在国外的自然科学研究中,学者们极其重视论文被引用的情况——被引用的数据高,就意味着自己的科学研究占据了前沿位置,成为同时代的科学家进一步提升这一研究的一个重要依托。也正因为如此,西方学术界在衡量一个科学研究成果时,便非常重视该成果被引用的频次与层次,并由此建构起了具有西方特色的期刊评价体系。与此相对应,随着中国自然科学研究被纳入世界科学研究的体系,中国自然科学研究领域基本上也接受了西方这套评价体系,各高校在评估其自然科学研究成果时,都把《自然》《科学》等西方重要的学术期刊视作顶尖级的期刊,在科研成果的评奖和奖励上予以重奖。

如果说在自然科学研究中,中国的学术界已经融入西方业已成型的学术评价体系的话,那么,在社会科学研究领域,中国学术界的这种融入还无法和自然科学研究相提并论。这固然与中西方的社会科学研究在文化传统方面的不同有直接的关联,与社会科学研究所操持的话语体系和西方难以对接有密切联系,但也由此导致了社会科学研究领域中,西方所特别重视的传承代际关系的引文,在中国学者看来似乎并不是特别需要关注的问题。应该承认,任何一个国家和民族的文化都有其截然不同的特点,引文尽管就其本身来看是一件小事,但就其核心而言,实际上是与国家和民族的文化传统紧密联系在一起的大问题。换言之,在如何对待引文的背后,隐含着不同国家和民族的文化传统。

从中国现代学术规范的确立到现在,中国学术已经走过了百年的历程,但中国学术界并没有在这百年里建立起一个大家共同遵循的规则。如果说在新中国成立前,国家大部分时间处于动荡之中,没能建立起一个学术规范还可以理解的话,那么在新中国成立后,学术界起码应该建立起大家共同遵循的基本规范,但遗憾的是,中国学术界不仅没有建立一个可以遵循的规范,而且在"文革"时期堪称混乱。到了新时期,伴随着科学春天的到来,学术规范的春天依然很遥远。直至新世纪后,这样的一种学术规范才开始得到学界的重视,学术界才初步确立了在"学术共同体"内共同遵循的规范。为了更好地说明这一问题,这里不妨以几本学术期刊为例来看其引文的沿革。在 1957 年创刊的《文学研究》(后来改为《文学评论》)中,首篇是蔡仪的《论现实主义问题》,该文采用的是页下注,作者在引用恩格斯给考茨基的信时,首次出现的注释是:"'马克思、恩格斯、列宁、斯大林论文艺'三一页。"[①]在 1959 年的《山东师范学院学报》刊发的田仲济撰写的一篇论文中,则采用了文末注,其所引用的匡亚明评论郁达夫的话,在文末这样注释:"匡亚明:'郁达夫印象记'。"[②]这说明,在 20 世纪 50 年代,不管是权威如中国科学

[①] 蔡仪:《论现实主义问题》,《文学研究》,1957 年第 1 期。
[②] 田仲济:《郁达夫的创作道路》,《山东师范学院学报(现代文学版)》,1959 年第 3 期。

院文学研究编辑委员会编辑出版的《文学研究》,还是普通如山东师范学院编辑出版的《山东师范学院学报》,均没有一个可以共同遵循的引文规范。

与国内学者这种引文上的不规范相比较,在西方学者那里,他们不仅仅是将引文当作自己文章的一种注脚,而是将引文纳入到自己的学术传承链条中。这样一种链条,使引文就具有了承上启下的作用,这是自己的论点得以展开的前提,也是自己的论点得以深化的基点。举例来说,西方学者的论文开篇部分,大都是对本研究领域的学术研究前沿成果的汇总,这甚至已经演化为一种根深蒂固的论文写作范式。但在中国却还没有这样一种基本范式,很多学者往往是想到哪里就写到哪里,从而使其论文成为一种散射型的结构形态。

当然,在西方也有例外,比如,康德的一些著作中,就没有多少引文。怎样看待这种情况呢?这既与康德哲学的特殊规律有关,又与康德注重自我的哲学体系的建构有关——也就是说,康德更注重建构一个自我独立的哲学王国。实际上,康德在建构这个哲学王国时,并没有闭门造车,而是在广泛涉猎大量的前沿哲学问题的基础上,才逐步完成了他的庞大理论体系的创造过程。从这样的意义上来看,康德作为一个个案,并不意味着西方就否定了对前人研究成果的关注。

为什么在中西学者之间,对引文的重视程度会出现如此之大的差异呢?这恐怕与中西学者对学术的态度有极大的关联。中国学者接受的学术传统,往往注重代天地立言,为黎民请命。这样的一种思维模式,就使中国学者特别注重自己所说的话,而不很看重别人所说的话,似乎只有自己所说的话才有学术价值;如果注重引文,就会因此而削弱自我话语的中心地位,从而遮蔽自我话语存在的价值。正因为出于这样一种自我言说的需要,致使后人根据自我体验所获得的认识,在用学术话语进行呈现时,往往会出现一种重复的现象,即对前人话语的重复。当然,对前人话语的重复,是基于对前人体验的重复,毕竟作为置身于相似的生活和社会中的个体,对人生和社会的体验往往都具有某种相似性。尤其是在传统的社会形态中,缘于社会进化节奏的缓慢,相似的生活往往会上百年乃至上千年地重复着。由此一来,后人基于前人基点上的创新是绝难完成提升的,自然也就更谈不上飞跃了。从某种意义上讲,在中国文化的传承链条中,除了被奉为经典的"四书五经"外,其余所有大儒对前人的阐释,几乎都可以被后人置之不理,因为他们径直对接到原典那里,便可获得自我体验、自我提升,而无须再传承前辈层层累积起来的知识。更有甚者,由于中国传统文化更注重个体的自我独到体验,它是一种指向自我心灵世界的学问,因此,后人便没有必要特别关注前人代际累积的成果,而只需关注自我的心灵世界即可。其实,这样的一种指向自我心灵世界的学问,正是儒家那种"内圣外王"范式的必然结果。

与此相反,西方的知识,尤其是近代以来西方的知识,已经实现了从自然科学到人文精神的全面飞跃。这样,从物质生活的层面来看,他们已经不再是基于既有的传统社会的节奏,取而代之的是一种迅疾变化发展了的社会。在新的社会形态下,他们对社会的认知自然就有别于前人,他们由此而获得的自我体验自然也就有别于前人,由此而来的,自然就是学术的代际传承和代际积累。至于自然科学,更是如此。正如所有的科学发明一样,当瓦特发明出蒸汽机之后,后人所要解决的课题就是如何更好地推进蒸汽机的发展,无须再有一个瓦特从头开始重新发明蒸汽机。从科学的角度来看,发明一旦完成,尤其是这样的发明得到了有效传播之后,随之而来的新问题便不是如何来再次发明同一种东西,而是如何使这种发明更趋于完善乃至高效。自然科学这个代际传承的特点,便决定了任何新的科学理论、任何新的科学发明都无法离开对既有科学研究成果的全面把握。要把握好既有的科学成果,便必然地要求对既有的科学研究成果能够准确把握。具体到引文来说,则表现为一丝不苟的学术态度——引文中的任何一点误差,都可能导致此后的研究走弯路,乃至误入歧途。

中国在学术研究中不重视引文的作用,客观来说,并没有从根本上动摇既有的学术研究,这是因为所有研究与前人研究的对接往往是可有可无的。换言之,引文在学术论文中,已经不再是思维展开的基点,而是被外在地置换进来,或是为了符合学术规范而不得不强加进来的。这样一来,引文便不是被自然而然地融入到论文中,成为论文的思维得以展开的不可或缺的一环,而是镶嵌到论文中,使得论文更像学术论文的样子。这样的点缀,既是可有可无的,也是无足轻重的。因此,从根本上说,引文的问题,并不是一个单纯的形式问题,而是一个深层思维的问题。如果不从根本上解决学术的创新性和继承性的关系,而一味地满足于自说自话,引文便不可能成为学术研究中不可或缺的一环,而只能异化为一种外在的装饰品。

二、引文偏差的内在机理

在学术期刊的编辑实践中,我们发现,学术论文中的引文错误比比皆是,甚至达到了有引必错的程度。为什么会这样呢?关键是要弄清产生这些引文错误的内在机理。

其一,中国传统社会中是以小农经济为主导的,它对精密的要求本身就不是很高,这导致"差不多"被视同为"合格"要求,从而使引文的准确性规范没有在文化传统上获得足够的支撑。其实,像"差不多""八九不离十""相差无几"的认知,在中国进入现代社会之初,就遭到了鲁迅、胡适等现代作家认真的批判。遗憾的是,这种文化传统根深蒂固,"差不多"便成为一些学者潜意识的认知方式。

如果说在传统社会中,"差不多"的存在还具有某些现实合理性的话,那么,随着现代社会的到来,"差不多"应该无法满足社会的基本要求。在现代社会中,就人们认知的精密度来说,认知方式已经不再是停留于眼睛的目测上,认知行为已经不再是凭借感觉,而是依托仪器。现代高科技的精密仪器,打开了一个全新的微观世界,其所观照的对象,也随之有了更为微小的原子、粒子。除了传统社会中所说的毫厘以外,还有比毫厘更为微小的单位。从这样的意义出发,别说"差不多"已经失却了存在的现实合理性,即便是"差一点"也会失却现实存在的合理性。

在传统社会向现代社会转型的过程中,与之相伴随的认知方式和思维方式首先从自然科学研究上获得了全面实施,但在人文社会科学领域,其认知方式以及思维方式尚未获得有效的支撑和实施。这样就使得一些学者在撰写学术性论文,尤其是使用引文时,不能高度重视引文的准确性,往往满足于"差不多"。一些学者在抄录引文时,大体上理顺一遍即可,觉得引用后的引文从意思上能够讲得过去,便不再进行更为准确的校对,至于其中的一些标点符号,则更是无所谓。正是基于这样的认识,许多引文出现错误便成为无法避免的事情了。

其二,许多学者在对待引文的问题上,因其引文价值观念的偏差,致使引文被价值边缘化,而所谓的自我表达则被置于更高的位置上。由于"立德、立言、立功"这种传统的"三立"价值观念的影响,一些学者往往满足于自我思想的表达,以达到通过立言而"为天地立心、为生民立命、为往圣继绝学"的目的,以期由此成为彪炳历史的巨人文化。正是基于这样的一种价值观念,许多学者不去重视别人在"说什么",即便使用了别人所说,也不重视别人是怎样说的,这就导致在使用引文时,不重视引文的精确度,而将其精力更多地放在自我的言说上。在他们那里,往往重视的是阐释和表达自己的学术见解,这样就形成了一种学术见解的崇拜,以至于许多学者都注重在众声喧哗的场景中,侧重发出自己的独特声音,进而达到"不鸣则已,一鸣惊人"的目的。正是基于这样的一种思维定势,许多学者往往挖空心思地去标示自我的独特性。而要标示自我的独特性,就需要和其他人不一样;要做到和其他人不一样,就需要和别人所说的话不一样。如果有学者对于一个命题是正的,那后来者要想否定这个命题,就努力从反的方面来切入。这样一种二律背反的命题思维形式,就使一些学者没有从创新上下功夫,而是注重顺承着既有的思维模式,从反的命题形式上反其道而行之。严格说来,这样的一种思维模式,其实是典型的矮子思维模式,正所谓"矮人看戏何曾见,只是随人话短长"而这里的随人话短长,仅仅是从反的命题上话短长,而无法做到"跳出三界外,不在五行中",即独辟蹊径,完成一种学术上的创新。实际上,在学术发展史上,许多真正具有创新性的学术见解,并不是顺承前人既有的思维模式进行思维,而是从新的基点上进行超越性的思辨。

除了以上所说的那种从反的命题坐标上进行所谓的创新之外,还有一种是典型的自说自话的所谓学术创新。所谓的自说自话,其情形甚至还不及上面所提及的模式。上面所提及的情形,还是基于对学术研究现状把握的基础上,其不足的方面仅仅在于没有把创新的思辨能力顺承科学的规定前行;而后者则不然,其罔顾学术研究的现状及其未来的发展方向,一味地闭门造车,通过所谓的冥思苦想,在豁然开朗后获得所谓的创新性观点。然而,这所谓的学术创新正是自说自话,其所谓的创新性观点实际上早已经被前人论述过了。

其三,学术研究本身的异化,致使学术研究成为某种功利性诉求的工具,这自然也就导致引文被置于边缘化的位置。有些人把学术研究当作自我获得某种利益的手段,当作自我功利性诉求的一种实现桥梁。这样一来,所谓的科学研究本身,且不说其引文是否精确已不重要,就是自我的言说是否有益于人类,也已无足轻重。这自然就把学术研究异化了。在此基点上展开的引文是否准确,就更不是其所关注的对象了。

在学术研究异化的当下,学术论文本来应该成为学术研究所获得的结果,但是,由于学术研究被附加上诸多的功利性诉求,致使两者的关系被倒置,学术论文并不是基于学术研究的自然之果,而是一种功利诉求基点上的必然之果。这样就必然导致学术研究被置于一边,而将学术论文的写作当作一种目的。如此本末倒置所生产出来的学术论文,其引文自然成为学术论文外在范式的点缀品,而不再是学术论文无法分离的有机组成部分。

在学术研究的异化表象中,体现学术研究成果的论文,已经被异化为职称性论文、学位性论文、任职考核性论文等。这些论文就其基本的功能而言,主要是满足其功利性目的,而不是以求真为目的,自然也就谈不上什么学术了,至于引文是否准确,更没有任何价值和意义可说。笔者曾接触到一作者对李泽厚《孔子再评价》的引文,其中便出现了不少问题。客观地说,《孔子再评价》刊发于《中国社会科学》1980年第2期,是李泽厚早期代表性的学术论文,中国知网收录了该文,李泽厚的《中国古代思想史论》一书中也收录了该文,如果稍微用心,是不难找到的。但是,就是这样一段很容易查找的引文,该作者却是这样引用的:"由孔子创立的这一套文化思想,已无孔不入地渗透在人们的观念、行为、习俗、信仰、思维方式、情感状态……之中,自觉或不自觉地成为人们处理各种事物、关系和生活的指导原则和基本方针,亦即构成了这个民族的某种共同的心理状态和性格特征。值得重视的是,它的思想理论已转化为一种文化－心理结构。不管你喜欢或不喜欢,这已经是一种历史和现实的存在。"单纯从这段引文来看,本身可以讲得通,似乎也没有大的毛病。但比照李泽厚的原文，便会发现其中的错误几乎到了令人难以接受的程度。原文是："由孔子创立的这一套文化思想，在长久的中国奴隶制和封建制的社会中，已无孔不入地渗透在广大人们的观念、行为、习俗、信仰、思维方式、情感状态……之中，自觉或不自觉地成为人们处理各种事务、关系和生活的指导原则和基本方针，亦即构成了这个民族的某种共同的心理状态和性格特征。值得重视的是，它由思想理论已积淀和转化为一种文化－心理结构。不管你喜欢或不喜欢，这已经是一种历史的和现实的存在。"①为什么这么简单的引文，却会出现如此多错误呢？为此，笔者"百度"了一下，发现北京大学知名学者陈来的文章，曾经引用了该段引文："'由孔子创立的这一套文化思想，已无孔不入地渗透在人们的观念、行为、习俗、信仰、思维方式、情感状态……之中，自觉或不自觉地成为人们处理各种事务、关系和生活的指导原则和基本方针，亦即构成了这个民族的某种共同的心理状态和性格特征。值得重视的是，它的思想理论已转化为一种文化－心理结构，不管你喜欢或不喜欢，这已经是一种历史和现实的存在。'（《中国古代思想史论》，人民出版社一九八五年版，34页）。"②显然，陈来在引用该文时因为不慎出现了许多错误，有句子的遗漏、字词的遗漏以及版本的错误。这段带有错误的引文有可能被上面所提的那位作者直接"借用"了过来。也许，"借用"得不够严谨，在陈来引文的基础上，往前再走了一步，把其中的"事务"错写成了"事物"。所谓的"以讹传讹"的现象，便有了如此实实在在的例子。这样的引文错误之所以会出现，从作者的论文写作目的来看，恐怕是基于一种功利性。正是有了这样的功利性，论文在刊发后实现其目即可，至于引文的正误便被置之脑后了。

在引文异化的现象中，还有一种情形也是出现引文错误的重要原因，那就是受诸多评价指标体系的干扰，不管是否需要，便硬性地进行对接，致使许多引文已经变味，走上了学术的不归路。从期刊的评估体系来看，有些期刊缘于南京大学中文社会科学引文索引CSSCI注重考查论文中的引文，于是就拼命将一些引文塞到了论文中，这种情形甚至

---

① 李泽厚：《中国古代思想史论》，北京：人民出版社，1985年，第34页。
② 陈来：《孔子与当代中国》，《读书》，2007年第11期。

到了无以复加的程度;从奖项的评估体系来看,有些作者缘于评奖也拼命地把一些无关宏旨的引文,硬塞进了自己的论文中。如此一来,便使得许多期刊和作者为了使期刊或论文获得更高的影响因子,一味地在引文上下功夫。在此目的的驱使下,因为其所重视的仅仅是引文这种形式,而不是引文的内容,其引文出现错误便是自然而然的事了。更有甚者,有的作者为了避免自己的论文在学术不端文献检测系统检测时查重率过高,竟人为地对引文文字进行改写;有的作者为了避免自己的论文对前人学术观点的借鉴,有意识地不使用引文,而是改成自己的话来表达相似的观点,这些有悖学术基本规范的极不严谨的治学态度,尤其值得警惕。

其四,由于受引用者的自我思维定势乃至心理结构的整合作用,引文从客观的存在转化为主观的认知,即引用者在接受之初,便已经把客观的话语整合到了自我的认知体系中,从而直接地改写了引文的内容。因而,引文便难免会出现这样或那样的偏差。从认知理论来看,引用者在引文之前,其大脑并不是一块白板,而是已经建构起了认知客观世界的思维定势。这样一种思维定势,就使人在摄取客观对象时,更容易接纳那些已经和自己的思维具有某种对接的内容,并由此纳入到自己的思维方式之中,这就使人的认知和接受,在没有展开之前,本身就已经建构了一个认知外在对象的范式。基于这样的一种认知范式,作者在获得信息后,就会"想当然"地改变客观对象的既有本真面貌,由此出现某些偏差。如笔者对《国文月刊》的目录进行辑校时,便把"夏丏尊"误打成了"夏丐尊"。① 追根溯源,因为这一错误在第一次出现时,没有给予高度重视并进行再三的核对,在出炉之后,以后的所谓校对自然就变成了"走过场"。与此相对应,当这样的一种错误随着引用者不断地自我强化之后,又逐渐进一步地巩固了这种认同,即由当初还显得有些不够踏实的感觉逐渐地建构为一种无可置疑的感觉。在此情形下,如果再让作者自己来校对文稿引用上的错误,便是不现实的事情了。

另外,眼睛的存储和记忆的递减问题。根据生理学的规则,人的眼

---

① 李宗刚:《〈国文月刊〉(1940—1949)目录辑校》,《山东师范大学学报(人文社会科学版)》,2013年第4期。

睛在摄取对象时,有一个在大脑中存储和记忆的过程。一般来说,这个过程本身是复杂的,人在摄取对象后,在存储和记忆时,总是有一个记忆上的错漏问题。从引文的实现过程来看,第一个程序是作者先通过眼睛,获取所需要加以引用的引文的信息,然后存储在大脑中,从眼睛获取信息到存储信息,本身便有一个信息损减或者增益的过程;第二个程序就是作者在获取和存储了信息后,再进行外化的过程,从大脑存储到外化,本身又有一个信息的损减和增益的过程;第三个程序就是核对的过程,由于在核对的过程中,引用者依然存在一个从获取信息到核对信息的过程,这个过程又难免会出现损减和增益信息,致使一次核对难以真正地做到精密准确。在引文的核对中,从其引用的过程来看,受制于眼睛阅读和传递中的"能量"递减,致使引用的过程难免在信息传递中出现遗漏。一旦作者在第二次核对中没有发现问题,就会从思想上认定,引文不会再出现什么问题。基于这样的一种认知,就难以再次核对其准确与否,从而使引用者不再怀疑引文会存在偏差之处。

三、如何规避引文错误

引文在学术论文中既然占有如此重要的地位,又极易出现错误,那么,怎样才能规避引文的错误,使得引文能够更好地遵循学术规范呢?

其一,在理念上要树立科学求真的精神。对于学术研究的目的,许多卓有成就的学者都有过阐释,如有些人把学术研究的目的视作求真,有些人把学术研究的目的视为自己对人类贡献聪明才智,由此找寻到实现自我价值的途径。实际上,从学术态度的角度来看,对引文的关注和重视意味着学者严谨科学的治学态度。学者许志英对学术论文中的引文就非常重视,正如其学生在回忆中所说的那样:"他审读一篇论文,先不急着阅读论文内容,而是翻到论文的最后一页,核对几条引文注释,看看是不是准确。如引文与原文出入较大,错误较多,先生总是要毫不留情地将论文退回……先生对自己的书稿的引文注释也从不敢大意,总是找来原文反复核对无误才放心。"①可见,引文在许志英那里,已经上升到了治学态度这一高度,成为衡量一个学者如何对待科学研究的"大是大非"问题了。

严格说来,科学不能有侥幸心理,更来不得半点马虎。一丝不苟、精益求精的科学严谨态度,是一个学者从事科学研究应该具备的基本素养。在自然科学研究中,如果"差之毫厘",在实践中便会"谬以千里",也就是说,自然科学是可以"验证"的。而人文社会科学则不然,在引文中出现一些错误,既不会立刻得到"验证",也不会立刻导致"谬以千里"的结果,这就使得从事人文社会科学研究的学者,难以体验到从事自然科学研究者因为"验证"而来的焦虑感和神圣感。因此,作为从事人文社会科学研究的学者,要像从事自然科学研究的学者那样,在心中确立起一个不可撼动的信念:客观事实无论怎样,都应以其本真的面貌来呈现。任何点滴的改动,都违背科学的原则。其实,根据自己的意愿任意地切割客观现实,在科学信念并没有被推崇到无以复加高度的中国学者那里,从文化心理结构上便没有把科学的求真原则置于至高无上的地位。在20世纪初,鲁迅留学于日本学习解剖学时,便出现过这样的偏差。对此,鲁迅这样回忆藤野先生对他的婉转批评:"你看,你将这条血管移了一点位置了……实物是那么样的,我们没法改换它。"②藤野先生用科学的求真原则纠正了鲁迅既有文化观念中的主观性成分,这对鲁迅后来走上秉承写真实社会人生的文学理念,具有极其重要的作用。其实,通过鲁迅在事过20多年对此事还有着深刻的记忆来看,藤野先生手把手教给他的科学求真原则,已经转化为他从事文学创作时所秉承的基本原则。如此说来,具体到对从事人文社会科学研究的学者来说,对引文的科学求真的原则,便超越了具体的事实本身,而具有了更为宏大和久远的文化意义。

其二,在版本上要注重使用原始版本,切忌道听途说或借用他人的

---

① 施军:《怀念恩师许志英先生》,载沈卫威、王爱松、翟业军编:《往事与哀思:怀念许志英教授》,南京:凤凰出版社,2008年,第136页。

② 鲁迅:《藤野先生》,载《鲁迅全集》第2卷,北京:人民文学出版社,1981年,第304页。

引用,真正做到不见"真经"不引用。在急功近利的当下,学术浮躁风气日盛,大学排名要看论文,学者晋级要看论文,工资奖金也要看论文。在这种功利的诱惑乃至驱使下,学者已经没有了真正的学者那种"坐冷板凳"的心境,更没有那种甘愿忍受"十年苦"的志向,学术正在演绎为一块"敲门砖",不管这"砖"到底是由什么烧制而成的,只要能够"敲开"功利之门便是一块"好砖"。在此情形下,人们对原始的版本就不再特别重视,而是把别人引用的内容抄录下来,且不说部分学者在抄录的过程中可能会"散失"多少内容,单就他人的引用本身是否准确来说,也是需要质疑的。至于有些学者仅仅满足于抄录别人的引文而没有阅读原始版本,更没有将其所引用的内容放到具体的语境下加以确认,由此出现某些偏差,更是无法避免的。因此,从事学术研究,尤其是对前人的原始文献或者前人的研究成果加以引用时,必须要回到原点上去,这样才能从根本上杜绝那种"矮人看戏何曾见,只是随人话短长"的尴尬局面。

其三,从方法论上看,要采用读校法和互校法。从事学术研究,方法是很重要的。从引文出现的错误来看,"丢三落四"的原因往往就在于有些学者"搬运"资料时方法不对路,致使在"搬运"过程中没有做到"全覆盖",最终导致某些内容成为"被遗忘的角落"。那么,要想实现"全覆盖",最佳的方法就是读校法。所谓读校法,就是一个人读,一个人校。读者逐字逐句,包括其中的标点,都要"一板一眼"地读出来;然后,校者再用。也就是说,引文的规范性问题仅从理论上认识是不够的,而只有"一字一顿"地过滤一遍;其中出现多音字、人名等容易混淆的字符,要停顿下来,再进行认真的核对。如果无法做到一人读一人校,可先用录音把原始版本的内容录下来,然后再回头来进行校对。这种方法尽管烦琐了一些,但校对出来的引文一般都能达到很高的准确率。至于互校法,在学界已经为大多数学者所推崇,成为人们常用的一种校对方法。互校法的优势在于,把自己的文稿请学界同人帮助校对,可以有效地规避思维定势对错误的熟视无睹。这种方法,实际上是把引文核对代入到不同的思维定势之中加以筛选,由此最终把那些既有悖常理、又背离原始版本的错误引文校正过来。

其四,从认知上看,要秉持未经确证前的审慎怀疑态度。思维定势致使引文出现某些偏差,就其根本来说,还是根源于对其引文过分的自信。这里所谓自信,就其本质而言就是过分相信自己的引文不会出错。正因为相信不会出错,自然也就不会再去怀疑引文存在什么偏差了。思维定势导致的引文偏差,说到底,还是一个科学态度的问题。在科学面前,应该老老实实,而不能心存侥幸。如果对待引文能够上升到科学的高度,那么,思维定势就不会再用自己的思维来整合对象,而是改成用客观对象来整合自己的思维。换言之,不是客观事物要迎合或俯就自己的思维,而是自己的思维要符合客观事物本身。因此,面对在学术论文中出现的引文,不能先入为主地自认为没有错误,而是要以怀疑的态度,认为自己的引文肯定会有错误,然后再用排除法来排除其中的每一个疑点,从而确保引文真正能够经得起客观现实的再三检验。

总的来说,引文作为学术规范应该遵循。但是,引文不仅因为学术规范而获得了存在的价值,而且还作为一种学术态度得到了特别的凸显。毕竟,作为引文,是否正确,不仅仅是一个理论问题,更是一个实践问题。也就是说,引文的规范性问题,仅从理论上认识是不够的,只有落实到具体的实践中去,才能真正有效地避免引文中相关错误的产生。

原载于《河南大学学报(社会科学版)》2015年第6期,人大复印报刊资料《出版业》2016年第3期全文转载

大学学报的综合性之困及其路径选择

李孝弟①

自1906年《东吴学报》的创刊号《学桴》创办以来,我国大学学报②的发展已经有110年的历史。经过这110年的发展,作为"我国高等教育事业和哲学社会科学事业的重要组成部分",我国大学学报取得了长足的进步,"学报的数量不断增加,质量明显提高,一些重点大学的学报已经产生了较大的国际影响,成为国内外教育界、学术界和相关方面了解我国哲学社会科学研究动态和研究成果的重要信息来源":一方面,高校学报在规模、社会影响、品牌特色、编辑规范、编辑队伍、组织建设等方面取得了显著的成绩;另一方面,在推动高校科研发展,繁荣我国哲学社会科学研究事业方面也功不可没。③ 但与此同时,由于社会政治、经济、文化转型的深层机理影响,学术研究及学术期刊发展的制度环境、评价机制的制约,以及学术期刊发展的"四化"("专业化""数字化""国际化""集约化")趋势,导致以综合性为主要特征的大学学报陷

---

① 作者简介:李孝弟,文学博士,《上海大学学报(社会科学版)》编辑部主任、编审。研究方向编辑出版学。

② 按照学科来划分,大学学报有人文社科类和科技类;按照发文所涉及的领域来划分,有综合性和专业性之分。而有的专业性大学学报,无论是科技类还是人文社科类,其未必冠以大学学报之名。本文所论大学学报,基于笔者的知识结构及工作范围,主要指综合性人文社科类大学学报。在这些综合性人文社科类大学学报中存在的一些问题,在综合性科技类大学学报中可能也存在,但是不在本文的论述范围之内。

③ 袁贵仁:《新世纪新阶段高校社科学报的形势和任务:在全国高校社科学报工作研讨会上的讲话》,《北京大学学报(哲学社会科学版)》,2002年第6期。

入了发展中的困境。针对这种困境,包括管理部门、学术界以及学报业界有识之士在内的相关学人开始从理论层面、具体实践层面等各个层面反思学报发展过程中的问题及将来的取向选择。① 在诸多富有远见的建设性路径取向中,学报"四化"成为公认的不二选择。如果从深层次上来理解学报"四化"的内在关联,则无论是在理论探讨,抑或是在具体的办刊实践中,"专业化"发展取向成为受诸多大学学报青睐有加的意向性选择。在此背景下,针对大学学报的困境,能否取径于专业化发展方向,何为专业化,大学学报的优势与短板何在等问题,则需要做出慎重辨析。

一、综合性之困的内在呈现

大学学报(亦称高校社会科学学报)是高校主办、刊登哲学社会科学研究论文的高层次学术理论刊物,是我国高等教育事业和哲学社会科学事业的重要组成部分。1990年初,我国高校社会科学学报仅有388种。② 1998年2月,新闻出版总署发布《关于建立高校学报类期刊刊号系列的通知》,该通知根据"调整全国期刊结构的需要和我国尚有少数高校没有正式学报的实际情况""决定建立普通高等学校学报类期刊刊号系列",并制定了内部学报转为正式学报的原则。正是这一通知所制定的原则,基本确定了我国现有大学学报的两个特点:一是综合性,以反映高校教师及科研人员的教学科研成果为内容;二是普遍性,各类普通高校、高等专科(大专)学校和各类成人高等院校几乎都创办了学报。截至2001年,全国高校社会科学学报总数达到1130种,占全国哲学社会科学类学术期刊的2/3以上。进入新世纪以后,伴随着我

---

① 关于大学学报的发展趋势及其未来的发展方向之研究,是学报从业者密切关注的话题。在现有的研究中,《南京大学学报》主编朱剑的《枘凿之惑:特色化与高校学报的发展》[《云南师范大学学报(哲学社会科学版)》,2009年第5期]、《高校学报的专业化转型与集约化、数字化发展:以教育部名刊工程建设为中心》[《清华大学学报(哲学社会科学版)》,2010年第5期]等一系列文章影响较大。

② 姚申:《高校社会科学学报的发展:挑战与机遇》,《吉林大学社会科学学报》,2005年第4期。

国高校人文社会科学研究的发展,包括高校学报在内的学术期刊进入了快速发展期。但与此同时,由于各种学术期刊评价标准体系纷纷推出期刊排行榜单;各种专业学术期刊相继创刊,尤其是近年来与国际接轨的专业性英文学术期刊成为学术期刊界的新秀等原因,愈发凸显出综合性大学学报的发展困境。

(一)大学学报的单位归属感强,学科归属感弱

2002年,教育部发布了《关于加强和改进高等学校哲学社会科学学报的意见》,对大学学报的功能定位或身份角色做出了明确的规定:"高等学校哲学社会科学学报是高等学校主办的、刊登哲学社会科学研究论文的高层次学术理论刊物,是高等学校教学科研工作和我国哲学社会科学事业的重要组成部分。它连续、集中、全面反映高校教学科研成果。"也就是说,综合性大学学报具有学校教学科研成果展示"窗口"的功能,大学学报的栏目设置及所涉学科与其所属高校的学科发展密切相关,是高校学科发展的"晴雨表"。于是,以"窗口"功能定位的大学学报也就成为反映高校各个学科发展的"杂货铺"。尤其是20世纪90年代之后,原来单一且富有特色的大学合并或被合并,人文、社科、工科、理科兼具的综合性大学遍地开花,大学学报跟随着学校的发展不断推出新内容、新栏目,这固然密切了学报与学校各学科之间的关系,增强了学报的单位归属感,但却因栏目设置繁杂,缺乏特色,削弱了大学学报的学科归属感,从而使得学报失去了固定的读者群。

这一现象,在2015年《中国人文社会科学核心期刊目录》所公布的数据也有所反映。依据该年度公布的数据,仅以该目录之"综合性人文社科学术期刊核心期刊目录"中的《北京大学学报》《南京大学学报》《华中师范大学学报》《清华大学学报》等位列全国高校学报前列的7家学报为例,以其中的"5年影响因子""学科分类总数""最高分学科总被引""最低分学科总被引"等为分析数据,列表如下(见表1):

表1 部分综合性人文社科学术期刊影响因子及学科被引

学报名称	5年影响因子	学科分类数	分学科总被引	
			最高	最低
北京大学学报	0.466 6	34	133(政治学)	1(军事学等)

续表

学报名称	5年影响因子	学科分类数	分学科总被引	
			最高	最低
南京大学学报	0.4968	31	71(法学)	1(考古等)
华中师范大学学报	0.6144	31	151(政治学)	1(军事宗教)
清华大学学报	0.5560	32	50(传播)	1(人文地理)
中国人民大学学报	0.5622	32	168(政治学)	1(民族学)
北京师范大学学报	0.3704	32	183(教育学)	2(军事等)
复旦学报	0.3684	33	89(政治学)	1(心理学)

数据来源:《中国人文社会科学核心期刊目录》

由表1可以看出,7种大学学报的学科分类数都非常高,这表明大学学报刊发文章的学科范围或研究方向比较广泛,这是专业性学术期刊所没有的。也正因为如此,才导致综合性学报的学科归属感非常弱。在诸多学科中,只有其中发表文章数量较多的几个学科在其学科读者群中有影响,如《中国人民大学学报》《华中师范大学学报》《北京大学学报》的政治学学科总被引值分别为168、151、133;《北京师范大学学报》的教育学学科总被引值高达183等。与之相对应,军事学、宗教学、考古学等学科或研究方向的学科总被引值只有1,说明这些学科发文数量少而没有引起该学科作者(或读者)的关注。如果将表1的数据与表2所列专业性学术期刊(以文学类专业权威期刊为例)的数据做出对比,这一特征会更明显。

表2 部分文学类学术期刊影响因子及学科总被引

序号	刊名	5年影响因子	学科总被引
1	文学评论	0.2901	801
2	文艺研究	0.2282	339
3	文学遗产	0.2589	376
4	文艺争鸣	0.1893	492
5	当代作家评论	0.1928	359

数据来源:《中国人文社会科学核心期刊目录》

由表2可以看出,"目录"收录的这5种文学类专业性学术期刊的"5年影响因子"值都相对偏低,但其"学科总被引"值却远远高于上述综合性大学学报最高的"学科总被引"值。"学科总被引"数值高的这种情况,在历史学、哲学、经济学等其他专业性学术期刊中也普遍存在。

可见,专业性学术期刊刊发文章的学科归属性远远高于综合性大学学报,尽管其对所属单位的归属感比较弱。"每一个学术刊物的背后,都是一个空前活跃的学术社群,他们形成了一个非常专业的学术共同体,经常有自己的学术研讨会和学术交流,拥有非常专业的学术标准和学术行规,而学术刊物通常就是这些学术社群的标志,体现了他们独特的学术价值、问题意识、学科倾向和专业尺度。"[①]这也是为什么全国各高校及科研单位在学科建设评估、教师及科研人员成果评定、职称评审等评价性工作中将各专业性学术期刊列为较高层级的主要原因。这些因素使得专业性学术期刊拥有相对固定的所属学科的读者群。

(二)编辑主体的学科背景单一,工作面向却呈现多元

对于学报主编、编辑与学者之间关系的讨论,尽管持续了几十年时间,但始终是一个悬而未决的问题。《高等学校学报管理办法》对学报编辑部、学报主编及学报编辑提出了明确的要求:首先是规定学报编辑部实行主编负责制。其次,对主编提出的条件是:学术造诣较深,作风正派,精通编辑出版业务,具有高级专业技术职务。对于学报编辑,除了具备一般图书编辑应该具备的政治敏锐性、熟悉的编辑业务(编辑校对制度、编校流程、印刷排版等)之外,还要具有较强的学术科研能力。这一要求与吕叔湘先生1981年在《谈谈编辑工作》一文中的表述大致相同。他认为,由于出版社的业务范围比较广,有专业性出版社,也有综合性出版社,"哪一位编辑都不可能像百科全书那样,样样都懂,但确实是需要相当广博,既要是一个通才,又要是某一方面的专家,结合起来……拿到一篇稿子,首先看看过去有人讲过没有,有些什么书,什么文章,怎样讲的,然后才能判断目前的这篇稿子价值怎么样"[②]。

就综合性、学术性特征明显的大学学报而言,对主编及编辑的这些要求与其自身具有的学术背景存在一定的悖反性,也即学报综合性特征与主编、编辑学者化、专业性要求之间具有矛盾。一方面,大学学报

---

① 许纪霖:《学术期刊的单位化、行政化和非专业化》,《文汇报》,2004年12月12日。

② 吕叔湘:《谈谈编辑工作》,《中国出版》,1981年第4期。

的学术性要求主编及编辑必须具有一定的学术研究能力,而这学术研究能力本身也就限定了主编及编辑的专业性与学科性,从而无法满足大学学报的综合性要求;另一方面,由于编辑部岗位的设置,编辑人员数量有限制,如何以有限的具有专业性学术背景的主编、编辑人员去应对大学学报众多学科,是当下大学学报发展的内在性困境。

目前,大量的人文社科学术期刊是以综合性作为自己的特征的,也就是说,凡属人文社会科学范围内的所有学科的论文,均可在这类刊物上发表。这样就产生了一个矛盾,假如一个编辑人员只熟悉一个二级学科(其实要做到这一点也是十分困难的,他可能最多只能熟悉一个二级学科中的某个研究方向)的话,那么,他又如何去判断来自人文社会科学其他一级学科、二级学科论文的质量呢……以哲学为例,哲学作为一级学科包含有八个二级学科,其中任何一个二级学科又包含许多不同的研究方向。这就启示我们,任何一个编辑人员,哪怕他再有天赋,也无法通晓整个一级学科,更不要说其他一级学科了。①

作为反映学校教学科研成果的"窗口",大学学报刊发的文章必然与学校的学科发展密切相关:从层次上来说,既要刊发发展实力强的学科的研究成果,又要刊发实力弱的学科的研究成果;从范围上来说,既要涉及文、史、哲等人文类学科,又要关注经、管、法、政等社科类学科。如果要将大学学报办成有影响的刊物,那么就要发表各个学科学术水平较高的研究成果,从而要求大学学报主编及编辑能够把握、了解各个学科的最新发展状况及最新研究成果,进而判断所处理稿件的研究价值。而作为在某一研究领域术业有专攻的主编及编辑而言,这又谈何容易?

二、综合性之困的外在制约

2016年1月13日发布的《国务院办公厅关于优化学术环境的指导意见》指出:"良好的学术环境是培养优秀科技人才、激发科技工作者创新活力的重要基础……但目前我国支持创新的学术氛围还不够浓厚,

---

① 俞吾金:《文科学术期刊建设之我见》,《文汇报》,2004年12月12日。

仍然存在科学研究自律规范不足、学术不端行为时有发生、学术活动受外部干预过多、学术评价体系和导向机制不完善等问题。"在由诸多因素构成的学术环境中,学术评价体系及其导向机制是关键,它会对期刊发展产生直接影响,从而成为影响学术期刊发展的制约性甚至决定性因素。

科学合理的评价机制应该符合两个条件:一是评价标准的制定与被评价对象的实际情况高度吻合;二是评价体系的实施能够从根本上促进被评价对象呈现良好的发展势头。目前我国学术期刊的评价有两个体系:一是以影响因子为基准的核心期刊评价体系,即学术期刊界通常所说的"三大核心期刊"数据库;二是二次文献转载、转摘评价,包括《新华文摘》《中国社会科学文摘》《全国高等学校文科学术文摘》和"人大复印报刊资料"系列。① 这两个学术期刊评价体系,前者的标准设定单一,不能合理地反映各个学科研究的基本特征;后者则呈现出较强的主观性、倾向性,不具备前述科学评价的两个条件,由此而确定的对核心期刊与非核心期刊的设定便存在很大争议。如核心期刊评价体系中的"影响因子""被引率"等标准,因学科性质不同,其数值也会表现出不同的增长趋势。一般而言,"影响因子""被引率"等数值在社会科学类文章中表现会比较高,在人文艺术类学科文章中表现则比较低。一些刊物因过度追求"影响因子""被引率"而在刊物的学科分布上表现出明显的倾向性,即尽最大可能地刊发社会科学类学科的文章,减少人文艺术类学科的文章占比。

以上述期刊评价为基础,科研评价对学术期刊的等级设定从根本上决定了大学学报的发展困境。核心期刊评价体系为当下我国高校及科研部门的科研评价体制提供了便利、简单且实用的参考标准;而后者在某种意义上则决定性地助推了核心期刊评价制定者的利益驱动本能,由此便导致我国科研管理部门在对科研评价制度设计上存在着的错误的逻辑循环论证,即以刊评文、以刊评人,进而也就出现了科研评价等级设定中以对刊物等级设定为主的局面。这一看似间接的制度因

---

① 二次文献转载、转摘评价在作为独立性评价标准的同时,也经常被核心期刊数据库评价体系吸纳进去作为辅助性、补充性要素存在。

素实际上决定了处于不同等级刊物的不同发展潜力。目前,国内的人文社科类科研评价体系一般将刊物分为三六九等:首先被国外数据库收录的中文期刊或英文期刊被列为特等;其次《中国社会科学》杂志被列为一等(或 A 类);中国社科院各研究所主办的专业性学术期刊被列为二类(或者称之为 B 类,或者也包括少许其他专业性学术期刊);再次其他属于被 CSSCI 收录的学术期刊被列为第三类。而能够进入科研评价统计基本条件的是被列入 CSSCI(简称 C 刊)来源刊的刊物。这些刊物的发展现状要比没有被收录在内的刊物好得多。在此基础上,不同学校、不同学科又根据各自的情况挑选出本学科内的专业性期刊作为二等、一等或特等刊物。这种科研评价体系规定了不同期刊在此金字塔上的不同位置,处于金字塔顶端的学术期刊,在评定大学教师及科研人员工作量及职称晋升的"工分制"中分值最高,这样的期刊稿源丰富,稿件的质量相对而言会比较高。而大学学报在此金字塔中基本被定位为"三等公民",这一等级地位的设定,在某种程度上阻碍了大学学报进一步发展的空间,使得大学学报失去了最优质的作者队伍,很难收到优质的稿件。即使是大学学报主办单位的教师及科研人员投给自己学报的稿件基本也是二流的。换一个角度来看,处于此金字塔底端的学术刊物,包括大学学报在内,在某种意义上恰恰是处在顶端的学术期刊发展的土壤。试想,如果没有被列为底端的大学学报(或学术期刊)对科研队伍成长的支持与培育,哪有高水平的科研队伍的出现,并为其产出高水平的科研成果。

三、综合性与专业性之辨

针对前述大学学报因自身功能、外部评价而导致的困境,学报业界、学术界及政府管理部门纷纷提出建设性意见。国家新闻出版总署早在 2001 年发布的《新闻出版总署关于进一步调整高校学报结构的通知》就明确对专业学术期刊的发展给出了政策上的导向性支持;之后,教育部在《教育部高校哲学社会科学名刊工程实施方案》中也提出"专"的发展思路;新闻出版总署副署长李东东也提出要进一步优化高校期刊结构,鼓励高校期刊向专业化、特色化、品牌化方向发展①。与此同时,认为大学学报应该继续保持其综合性特征,应该在如何发挥综合性方面下功夫的呼声也不绝于耳。如金晓瑜从"构建一个关于中国人社会行为的人文学术知识体系"这样一种使命感和责任感出发,就认为综合类人文社科学术期刊有其存在的必要性,综合类人文社科学术期刊是推动这项工作的非常重要的一个平台。② 而孙麾则提出大学学报应该由学科综合转向问题综合的建议。③ 显然他们对大学学报发展的专业性与综合性意见各执一词。究竟孰是孰非,唯有明晰专业性与综合性所指为何,方能做出客观合理的判断

(一) 学术研究:专业性与综合性密不可分

从传播学角度来说,学术期刊是以传播学术研究为主的媒介,是学术共同体交流学术研究成果的平台,教育部于1998年颁布的《高等学校学报管理办法》将之定位为"开展国内外学术交流的重要园地"。《辞海》(1999年版)对学术的定义为"指较为专门、有系统的学问"。可见,学术研究应以专业化为特征。至于专业,则是从社会分工的角度来说的。芒福德论述科学、技术及其对文明发展的影响、改变时指出:"分工,一个复杂的操作被分成很多简单的步骤,并加以专业化。这个过程在17世纪已成为经济生活的特点,如今在思维世界也占据了统治地位:同样要求机器般的精确和很快取得成果。"④这也就是今天所说的专业化的理论渊源。专业化是现代科技发展的结果,同时也是现代认识论发展的重要表现形式,它有助于人类从某一个角度、以某种方法对认识对象做出有效的阐述与深刻的反思。现代的学术研究与学科发展

---

① 《新闻出版总署:高校学术期刊要集约化规模化发展》,中国新闻网,https://www.chinanews.com/edu/edu-zcdt/news/2009/12-23/2033460.shtml,2009年12月23日。
② 金晓瑜:《综合类学术期刊符合中国人文社科发展需求》,《中国社会科学报》,2012年12月12日。
③ 孙麾:《学科综合转向问题综合》,《光明日报》,2004年1月8日。
④ 刘易斯·芒福德著,陈允明、王克仁、李华山译:《技术与文明》,北京:中国建筑工业出版社,2009年,第45—46页。

均是建立在专业化认识世界的方式之上的。"先进的科学知识影响着我们认识世界的方式,但是,世界在我们文化中所经历的方式也影响着科学发展的性质。"①在认识到专业化对于认识世界、改变世界的巨大助益时,也要看到专业化分工"作为孤立和抽象的手段,对于有序的研究和用精密符号的描写固然十分重要,却也是使实际的生物体丧失生命力的条件,至少使生物体无法有效施展功能"。因此,"科学以其精确度和简明性,虽已取得了巨大的实际成就,但它并不能使我们走进客观实际,反而使我们与之远离"。这也是哈耶克、吉登斯等人对理性、科学及其技术发展的辩证性反思的关键原因。这一认识过程影响到学术研究,便是专业性与综合性密不可分。学术研究首先是以专业性、学科性问题为基点,对认识客体做出有效阐述。而要想对认识客体做出全方位的整体把握,则需要从各个角度来思考,这就需要综合性的学术视野。也即学术研究在原来专业化发展的基础之上,由于认识到专业化自身存在的局限性,从而出现向综合性或跨专业性研究的转变。如此,各个专业之间相互取长补短,以最大可能地对研究对象做出全面整体的认知与阐述。因此,单就研究对象或研究问题而言,具有一定的学科性、专业性划分,但就研究过程与研究方法来说,则综合性特征方为最新的发展趋势。

(二)学术期刊:专业性与综合性的相对存在

单就期刊而言,所谓综合性与专业性,至今并没有一个明确的概念界定,而只是在经验基础上对学术期刊所做的认知判断。在我国现有的学术期刊体系构成中,综合性大学学报和社科院、社科联主办的社会科学类学术期刊为综合性学术期刊;社科院下属各研究所、各学科专业研究会和相关部委主办的刊物以及专科性大学学报,基本上是专业性学术期刊。这种综合性与专业性的划分也具有相对性。

与学术研究的专业性是以问题研究为基准不同,学术期刊的专业性确认,或者以国家学科规划办认定的一级、二级学科为边界,或者以

---

① 大卫·格里芬编,马季方译:《后现代科学:科学魅力的再现》,北京:中央编译出版社,2004年,第168页。

较宽泛的研究领域(或范围)为基准。如果是前者,无论是以一级学科还是二级学科为界,均会涵括众多的学术研究方向,如《历史研究》《哲学研究》《文学遗产》《社会学研究》《经济学研究》等;而如果是后者,则会包括各种学术研究问题,同时还会吸纳各种不同学科的研究方法,甚至会出现跨学科的研究趋势。在此试举几例加以说明学术期刊综合性与专业性划分的相对性。如《中国社会科学》,按其命名,该刊应为国内最具综合性特征的学术期刊,但根据2013年中国社科院人文社会科学评价中心的统计,该刊也仅仅涉及文、史、哲、经、管、法、政等大学科方向,而心理学、教育学、宗教、语言学、艺术学等则鲜有涉猎。再以《青少年犯罪问题》和《蒲松龄研究》为例。单从期刊名称看,《青少年犯罪问题》应该属于以问题为研究对象的专业性学术期刊,而《蒲松龄研究》则属于"中国语言文学"之二级学科"中国古代文学"所涵盖的明清文学中的明清小说研究方向中的一个作家研究。从这些层层限定来看,这两本专业性学术期刊涉及研究领域非常小,但是从两者某一期的目录来看,则并非如经验认知所界定的专业性特别突出。如2015年第5期的《青少年犯罪问题》有如下栏目:"主题研讨:校园安全问题的治理与防范""犯罪研究""青少年保护""少年司法""海外犯罪学家""域外借鉴""研究综述""犯罪学茶楼"。涉及面已经超出了其刊名所涵盖的范围。尤其是其中的"犯罪研究""海外犯罪学家""犯罪学茶楼"三个栏目的文章,更是超出了"青少年犯罪问题"所包含的范围。如"犯罪学茶楼"中的一篇文章《杂谈:企业家犯罪·社会学理论启示录》则似乎与"青少年犯罪问题"没有太大关系。而《蒲松龄研究》也是如此,它将刊文范围扩展至中国文言小说研究,"《聊斋志异》与当代小说研究"等,甚至设置"聊斋影视评论"栏目,扩展至蒲松龄小说的电影改编,将触角伸向影视改编这一研究领域。由此,关于学术期刊的综合性与专业性的区别之复杂、模糊程度,可略见一斑。所以说学术期刊的专业性及综合性之别也只是具有相对的意义,而无绝对的差别。学术期刊的综合性与专业性之别,仅在于学术期刊发文范围所涉及的学科多少,而无关其他。因此,在某种意义上说,现有的学术期刊都可谓综合性学术期刊,无论是综合性大学学报抑或是专业性学术期刊,其综合性应该是绝对的,而专业性则是相对的。

四、大学学报的路径选择

正是由于以上原因,所以当下对大学学报的发展路径做出选择,必须慎之又慎。笔者认为,只有找准立足点,跳出综合性与专业性二元对立的思维模式,才能做出科学的决断。

首先,以问题为中心,充分认识到大学学报的优势所在。学术研究是人类的一项重要文化活动,"作为人类求真意志冲动的载体,它不断在前人成就的基础上力图开拓出新的疆土,冒险闯入未知的幽暗畛域",因此,"树立鲜明的问题意识是学者们一种至关重要的禀赋。无论是对社会现实的直接观照、分析,还是对历史文献、材料进行的推理阐发,如果没有自己特有的问题域以及相关联的论述对象,那他的研究就只能在前人的道路上左顾右盼,逡巡盘桓"。① 在当今学术期刊专业化发展相对较"热"的趋势下,从学术研究规律出发,冷静地思考综合性大学学报(包括其他综合性学术期刊)自身的优势,才能为其今后的发展科学定位。第一,学术研究要以问题为中心,同时"尽可能地做到问题意识与历史意识、当代眼光与历史眼光、主体性与客观性、批评的激情与学术性规范之间的真正对话"②,呈现跨学科、多维度聚焦研究对象的特征。以问题为中心,这为综合性大学学报的优势凸显提供了契机,有利于实现大学学报由多学科"拼盘"向跨学科研究融合转变。需要注意的是,问题设置在此是关键。也就是说选择什么样的问题,从哪些角度、运用什么方法去讨论,均需要智慧的设计与策划,这也是对主编及编辑能否了解、分析及设置具有很强的敏感性前沿问题的考验。第二,突破原有观念,倡导应用型研究与理论性思考相结合,多样态呈现对同一问题从不同思维层面、思考方式、解决途径所进行探索的研究。综合性大学学报的选文倾向,更多具有理论性、思辨性、抽象性特征,而对社

---

① 樊星、王宏图、武新军等:《问题意识:让学术惊醒》,《社会科学报》,2003年7月24日。
② 樊星、王宏图、武新军等:《问题意识:让学术惊醒》,《社会科学报》,2003年7月24日。

会、经济、政治等领域具体问题的研究,尤其是具有建言献策特征的研究成果大多不太关注,这就使得综合性大学学报的科研成果与社会发展的需要相脱节。纵观各个学科的学术研究史,很多问题的提出与研究无不与社会发展现状密切相关。为此,既有为社会、文化、政治、经济等各个方面发展建言献策的研究成果,亦有纯粹学术意义上的理论论证,而后者应为前者思考奠定学理性的基础,方能做到理论性与实践性相结合,这或许能够破解大学学报尴尬困局。第三,做到舍得有度,实现由大综合向小综合转变。与学术研究的特性密切相关,综合性大学学报(包括其他综合性学术期刊)由现在的大综合向以问题为中心来设计栏目的跨学科研究的小综合发展,而不是一味地改头换面,向专业性学术期刊转变。第四,实现功能定位的转变。即由"窗口"功能向平台功能转变,摆脱"窗口"功能存在的种种不利因素,将问题设计的思路打开,优化作者队伍,提高选题质量。

其次,要认识到现有专业性学术期刊的同质化现象。这主要是由于以下原因造成的:(1)现有专业性学术期刊的划界标准是学科划界,而学科划界在全国高校及科研单位是统一的。(2)就研究主体来说,其受教育的学科背景与所在单位的学科归属具有统一的标准。(3)如果说大学学报是各学科栏目"拼盘"的话,大部分专业性学术期刊则是学科内部不同文章的"拼盘",很少具有问题设置、策划意识。也就是说,专业性学术期刊的问题意识并不是很明显,由此而导致其同质化现象的确存在。比如,比较外国文学类的专业性学术期刊、文学理论类学术期刊以及经济类学术期刊、法学类学术期刊,比较《社会学研究》《社会》《社会学评论》《社会发展研究》等社会学专业中的专业性学术期刊的发文情况,可以看到,由于同处在一个学术圈、作者队伍的交叉性和重叠性以及学科的限定性等原因,大多存在同质化的倾向。

最后,编辑主体角色及功能的叠加共存。关于学术期刊编辑主体中编辑、主编角色定位问题,虽经过长时间的讨论,但仍陷于"编辑学者化""学者编辑化"和"主编学者化"等有限的话语表述之中,而无法跳出主编、编辑与学者的二元局限。就大学学报而言,任何只求一端的角色承担均无法解决前文所述的学报内生性困境。因此,大学学报的编辑主体(包括主编和编辑)应该首先是某一学科或研究方向的学者,只有这样,才能够承担大学学报学术性特征所赋予的责任。很难想象对于学术研究的基本规律、思路没有深刻认知的编辑能够对别人的学术研究成果做出客观的评判。但是,只是学者身份的主编尚不能胜任大学学报的主编担当,无法完成大学学报综合性所要求的任务和所承担的责任。田卫平认为,因学术期刊主编过分追求学者化而势必造成主编职业角色的错位与缺位,为此他提出学术期刊主编职业化的观点:"学术期刊的主编是以一个精通业内工作特点和技能的形象出现。也就是说,主编自身不是仅仅把主编这一位置当作自己谋生的一个职业,而是要全身心投入的事业,要在主编的精心策划下,使所主办的刊物体现出一种整体的编辑思路、学术导向和审美情趣。"[①]田卫平在此强调的是主编的另一角色身份对于期刊发展的重要性。学术期刊主编及编辑应是多元角色的复合体:主编(编辑)的学者角色,保障了学术期刊的学术性与规范性;同时,为了能够从根本上发挥大学学报以问题为中心的综合性优势,编辑主体(包括主编和编辑)还应该是调动包括编委会成员在内的其他学科研究者积极性,从而维持大学学报所包含的其他各个学科问题设置、策划的发动机。唯有如此,才能弥补其研究学科单一性的缺憾,弥补其自身的不足。

原载于《河南大学学报(社会科学版)》2016年第4期,《新华文摘》2016年第20期论点转载

[①] 田卫平:《学术期刊主编"学者"角色的错位》,http://theory.people.com.cn/GB/40540/3074976.html,2014年12月23日。

对我国大学学报倾向性认识的反思

尹玉吉　徐文明　鲁守博①

在我国大学学报界有几个倾向性的问题备受关注,即过分强调大学学报的所谓特色化、专业化、去同质化和数字化。笔者对此持不同的意见,并认为大学学报的"四化"——特色化、专业化、去同质化和数字化观点,有待反思。

一、关于大学学报特色化

关于学报特色化的研究,近30年来颇为火热。通过搜索相关学术网站和纸质媒体,有关论文不下800篇。综观这些研究,其共同命题可概括为"学报特色"。即"学报的生命力在于特色","有无特色不仅影响、决定刊物的质量,而且可能关系到刊物下一步的能否生存","特色是期刊存在的根据,特色也是期刊的价值所在","特色是期刊的生命,是期刊的生存之根,发展之本","特色是学报的生命、学报的灵魂。学报没有了特色便失去了其存在的价值",等等。② 把特色对学报的意义强调到了忘记历史使命的地步。笔者认为,这种命题有点一叶障目、本末倒置。

---

① 作者简介:尹玉吉,《山东理工大学学报(社会科学版)》主编,教授。研究方向编辑出版学。徐文明,山东理工大学文学与传播学院副教授。研究方向编辑出版学。鲁守博,《山东理工大学学报(社会科学版)》编辑部副教授。研究方向编辑出版学。

② 范子奇:《学报的生命力在于特色》,《现代传播》,1992年第5期。

(一)"学报特色论"的所谓理论根据是不成立的

"学报特色论"的主要理论根据就是鲁迅、别林斯基和邹韬奋关于期刊的名言:鲁迅的"越是民族的,越是世界的";别林斯基的"杂志必须首先有性格";邹韬奋的"没有个性和特色的刊物存在已成问题"。其实,"学报特色论"论者并没有真正把握这些话的真正含义,有点以讹传讹之意。鲁迅的原话为"(文学艺术)有地方色彩的,倒容易成为世界的"①,他谈的是文学期刊。俄国文学评论家别林斯基的"杂志必须首先有面貌,有性格",论及的也是文学期刊。② 至于邹韬奋,他是中国卓越的新闻记者、出版家,他主编的《生活》周刊登载的是"注重短小精悍的评论和'有趣味、有价值'的材料"③,属于大众性的消费类生活杂志。他的"没有个性或特色的刊物,生存已成问题,发展更没有希望了"④,指的是大众性的消费类生活杂志,而非学术期刊,更非大学学报。

应该说,文学艺术类创作和新闻类期刊与学术期刊,尤其是大学学报的性质是格格不入的,前者以发表形象思维和艺术创作成果为主,后者以发表抽象思维成果和科学发现、发明为主;前者需要个性和特色,后者需要共性、普遍性。所以,用以上三位大师对文学艺术类期刊的认知来套用今天的学术期刊和大学学报,并以此作为理论根据,就张冠李戴了。

(二)以登载学术成果为目的的大学学报不需要特色

大学学报是彰显高等学校学术成果的主要载体之一,而学术是科研人员就人类社会、人类自身、自然界现象及其背后规律等方面进行探索的高级思维活动。规律是必然性与客观性的法则,是客观性和永恒性的统一体,它是指事物本身所固有的、本质的、内部的联系,具有并且

---

① 袁良骏:《一句并非鲁迅的"名言"》,《社会科学报》,2007年9月13日。
② 别林斯基著,满涛译:《别林斯基选集》第1卷,上海:上海译文出版社,1979年,第89页。
③ 邹韬奋:《邹韬奋自述》,合肥:安徽文艺出版社,2013年,第75页。
④ 邹韬奋:《经历》,北京:生活·读书·新知三联书店,1979年,第77页。

深藏于现象背后并决定或支配现象发展的特点,属于高度抽象的范畴。科学是真理,而真理又是放之四海而皆准的,具有普遍性的真理无特色可言。一个国际公认的命题就是"学术无国界",人们常说的"学术乃天下之公器"也是如此。所以,记录科学创新成果与进步的学术刊物也是无国界的。原国家新闻出版总署副署长李东东指出:"内容为王"永远是期刊得以发展的主题。① 那么,具有规律性、普遍性科学内容的载体——大学学报为什么一定要有特色呢?须知,当今社会是全球化时代,技术、知识、信息早已突破了地域和时间的界限,标准化和数字化是大势所趋。科学认识的一般规律是:开始是对事物进行定性探索,即进行经验性的研究,当科学发展、积累达到一定程度之后,就具有了普遍性,这个时候就是要研究事物量的规定性,精确的定量研究能够使人更深入地认识事物的本质。② 1983 年联合国教科文组织曾指出:"科学研究工作的特点之一是各门科学的数字化,它已成为科学发展的历史潮流。"③生物技术领域著名的爱思唯尔期刊出版者 Sebastian Straub 认为:"期刊只是一种载体。"④著名学者、武汉大学原校长刘道玉也强调"质量是学报的生命","学术是学报的本色,没有学术的学报就没有学术生命","质量是第一位的,没有质量就没有学报的生命"。⑤ 同样,中国科学院院士朱作言也指出过:要想办出高水平的学术期刊,"最根本的办法还是要从学术质量上下功夫,这是生命线……要成为真正有影响的期刊,还是要靠提高期刊的科学水平,这是不容置疑的"⑥。中外

---

① 《李东东:以内容建设为统领,推动期刊业改革发展》,中国新闻网,http://www.chinanews.com.cn/gn/2010/12-06/2703577.shtml,2010 年 12 月 6 日。
② 彭纳揆:《马克思主义是科学技术学的典范》,《科学技术与辩证法》,2002 年第 6 期。
③ 张琮琼、黄坚:《浅论医药科学与数学学科的结合》,《药学教育》,2000 年第 1 期。
④ 任霄鹏:《"期刊只是数据和事实的载体":专访爱思唯尔生物技术领域期刊出版者 Sebastian Straub》,《科学时报》,2008 年 11 月 24 日。
⑤ 刘道玉:《质量是学报的生命》,《河南大学学报(社会科学版)》,2006 年第 3 期。
⑥ 朱作言:《学术期刊国际化:任重道远》,《中国科学基金》,2003 年第 3 期。

名家都没有去谈什么所谓学术期刊的特色问题,却不约而同地强调学术质量是学术期刊的生命线①,学报的内容质量与所谓的特色孰轻孰重,不言自明了。

(三)在学术期刊最早出现且机制相对成熟和发达的西方国家,无人把学术期刊与特色进行联系

大学学术刊物起源于西方,从其萌芽到今天的繁荣成熟还没有人将其与特色相联系。不论 Sebastian Straub 的"数据和结论是科学的根本,而期刊只是一种载体……数据和事实才是学术出版内容的核心"②,还是世界医学科学排名第一的《柳叶刀》(The Lancet)的"探寻发表可引发医学实践变革的高质量临床试验"③,抑或世界上最早的国际性科学期刊《自然》(Nature)奉行的"将科学研究和科学发现的伟大成果展示于公众面前"④等,它们都强调全心全意抓好两点:"一是抓报道速度,二是抓科学信息的便捷可得性……发表各学科领域的最新重大科研成果。"⑤

(四)"学报特色论"不符合我国的实际情况

(1)从内容实质看,所谓的学报特色,纯粹属于该主办高校的专业分工。就目前而言,"教育部高校哲学社会科学学报名栏建设实施方案"实施以来,被"学报特色论"所称谓的优秀栏目已经进行了3次评比,分别有16、24、26种入选,涉及66家学报的相关栏目。就这些栏目来看,其中不少特色栏目其实不是特色,只是属于专业分工,像《中央音乐学院学报》的"民族音乐研究"、《西藏大学学报》的"藏学研究"、《暨南

---

① 祖广安、柯若儒、钱浩庆:《访美国〈科学〉杂志社记实》,《编辑学报》,1998年第1期。
② 任霄鹏:《"期刊只是数据和事实的载体":专访爱思唯尔生物技术领域期刊出版者 Sebastian Straub》,《科学时报》,2008年11月24日。
③ https://www.thelancet.com/,2013年9月25日。
④ http://www.nature.com/npg_/company_info/timeline1.html,2013年11月9日。
⑤ 陆伯华:《英国〈自然〉杂志今昔》,《编辑学报》,1994年第2期。

学报》的"海外及台港澳华文文学研究"、《东北亚论坛》的"东北亚区域合作"、西南财经大学《当代财经》的"理论经济"、《中南民族大学学报》的"民族理论与政策",等等。正因为如此,国家教育部称之为"名栏",而不称特色栏目。

(2) 从数量比例来看,极少量具有特色栏目的学报,代表不了全国学报这个整体;从内容实质比重来看,特色栏目的分量也代表不了学报这个整体。就前者而言,我国有大学社会科学学报1300多家,而所谓的特色栏目只有区区66家,仅占5%。后者以《北京师范大学学报》的"可持续发展战略研究"为例,该学报1997—2007年十多年间,发表"可持续发展"成果64篇,而每期发文量为20篇,11年总发文为1200篇,特色仅占5.3%;2013年全年发表论文95篇,该栏目每期仅有1篇,也仅占6%。再如,《九江师专学报》的特色栏目"陶渊明研究",1984—1996年13年发表论文142篇,而其13年总共发表论文2880篇,特色文章仅占4.9%。其他具有特色"名栏"的学报情况也大致如此,没有超过10%的。

(3) "学报特色论"与我国学报的实际使命不相符合。在"特色论"者看来,只有这不到10%的论文才是学报的价值和生命之所在。那么,占90%以上的主体部分,即所谓非特色的论文成果就没有价值了吗?实际情况恰恰相反,所谓有特色的学报之所以立刊,其主办单位—高等学校之所以立校,靠的恰恰是这个非特色的90%以上。

(五)"学报特色论"往往通过特色栏目来体现,导致各种层次的学报不切实际地盲目攀比,低层次高校学报去挖高水平大学、高层次科研机构学者的成果,争夺稿源,破坏学术生态平衡

学术生态平衡要求高等学校学报要实事求是,完成好自己的使命。唯物主义认为,物质决定意识。什么学校办什么学报,学报的使命与所在学校的使命应相辅相成。国内认可度很高的武书连先生的"中国大学排行榜",其中有高等学校各个学科力量在全国的排序,反映的就是各高校的客观实际。大学学报应该实事求是,明确为主办学校教学、科研服务这一宗旨,不能被各种不切实际的指标、评估所左右,学报的办刊方针一定要抓住不放,否则,必将导致学术生态平衡的破坏。低层次高校的学报去挖高层次大学的高水平成果,就像许多地方性、地区性高等学校、学院拉院士充当门面一样,实际上就是"拉大旗作虎皮",其本质是与高层次大学主办的学报争夺稿源,破坏学术生态平衡。再则,如果一定要给学报一个什么特色头衔的话,也只能在学报本身的印刷工艺、开本、纸型、装订方式等方面下功夫,而这种意义上的特色才是真正意义上的学报特色,不过这个特色对学术、学报的影响微乎其微。

著名编辑学家游苏宁先生认为:我国的科技期刊严重存在着"重形式轻学术吸引眼球""重手段轻内涵本末倒置"的问题。① 因此,研究它的意义不大。

(六)"学报特色论"是学风浮躁的反映

到目前为止,"学报特色论"者往往强调通过地域文化来实现其所谓特色,这与许多地方政府大力炒作历史名人、名胜古迹,从而导致历史名人多籍贯、名胜古迹多地点乱象的频频出现有关。出于该目的学术大都采取形而上学的方法,只顾其一,不顾其余,歪曲历史,违背学理;更何况地域性的研究成果不一定就是一流的,因为鉴定成果优劣的标准是研究的难度、方法的科学性以及价值的大小,这三点决定着任何成果的价值,地域性研究成果也不例外。不能因为一个学报设置了地域性栏目或者登载了几篇地域性的研究文章,就有了所谓的特色。实际上,中国历史及其文化的研究主阵地在中国社会科学院、北京大学等学术积淀比较丰厚的地方。

"学报特色论"之所以能在业内引起不小共鸣,就是个别学报编辑不知道大学学报的使命、宗旨是什么,不清楚学报编辑的职责是什么,不清楚"一个国家的科学文化和经济的水平在很大程度上是由学术期刊的质量和数量决定"的道理。学报编辑一旦不在认真地为本校教学科研服务,不在"为人作嫁"和提高学报质量上下功夫,动辄拿"特色"作挡箭牌,走捷径、找遮羞布,这实际上是学术腐败和浮躁在大学学报领

---

① 游苏宁:《"号脉"科技期刊》,《光明日报》,2014年1月16日。

域里的折射和反映,①也是对特色理论的曲解和亵渎。著名的《新闻周刊》总裁有一句办刊名言是这样说的:"办好期刊的秘诀,就是定位,定位,还是定位。"②学报人应当引以为鉴。

二、关于大学学报专业化

学报界刮起的第二股风就是强调所谓的专业化。建议大学间自愿创办专业学报,办像《马克思主义学报》《文学学报》《哲学学报》《历史学报》《政治学报》《经济学报》《法学学报》《社会学报》《教育学报》《传播学报》等这样的专业期刊。③ 在他们看来,大学学报的现状大部分都是综合性的,这不适合形势的发展,必须进行所谓的改革,改革的目标是成为专业学报。学术的进步是靠自然发展取得的,人为的干预和"大跃进"式的方法已经被证明不适合客观规律的发展,它只能带来灾难。在我国的大学内部已存在着大量的专业学术期刊,在中国社会科学院、中国科学院同样也存在着大量的高水平的专业学术期刊,全国性的学会和协会、各地的社科院、社科联同样也存在着大量的专业学术期刊。因此,在这个前提下,将现有的大学学报全部转化为所谓的专业学报,必然会存在一系列问题:新专业化的学报与已经大量存在的专业期刊如何分工?新专业化的学报与后者竞争胜算有把握吗?新专业化的学报社会认可度如何?已有的中国社会科学院的专业刊物的70%的大学作者就能把成果给新专业化的学报?专业学术期刊有必要重复建设吗?学报转化为专业期刊后原来学报的使命谁去履行?新专业化的学报起步晚,前途如何?等等。对于这些问题,就连积极倡导大学学报专业化

---

① 王立龙:《科技学术期刊界的浮躁现象及其对策》,《编辑学报》,2004年第5期。

② 编者:《社论》,《独立周刊》,1904年1月1日。

③ 此观点主要以下列文章为代表:鲍观明:《我国高校学报同质化的风险规避》,《出版发行研究》,2006年第3期;朱剑:《高校学报的专业化转型与集约化、数字化发展:以教育部名刊工程建设为中心》,《清华大学学报(哲学社会科学版)》,2010年第5期;薄洁萍:《"高校学报出路何在"系列报道③迈向"专、特、大、强"》,《光明日报》,2011年3月23日。

的始作俑者也不得不承认：大学学报转化来的专业期刊"无法抗衡中国社会科学院的专业期刊"。① 其实，也不一定能抗衡其他专业期刊。

综合性大学学报的存在有其合理性和必然性。科学的孕育、成长是遵循一定客观规律的，同时也是科学研究成果主要载体——学术期刊的发展客观规律所决定的，如果人为地改变，必将是揠苗助长，导致学术生态平衡的破坏。

（一）从世界学术发展史看，优秀的综合性科学最先出现

与一切事物的发展壮大过程一样，科学也有进化的过程。在其起始阶段的古代科学是综合的、整体的、朦胧的、混沌体；中世纪它又隶属于神学；文艺复兴以至于第一次科技革命以前，科学包含在自然哲学中，譬如牛顿的经典物理学当时不叫物理学，即使是第一次科技革命以后，科学往往以综合性的面貌出现；到近代的前期，科学才开始分门别类，被称之为科学的无机结构，此时科学才开始了分支；近代后期科学开始由分化又到综合，被称为有机整体的科学，这时衍生出了众多边缘学科；进入现代社会，科学又再次呈现出以综合为主的特征，各领域深度联系，被称为系统结构。可见，科学发展的规律应该是由混沌整体到无机结构、有机结构，最后是系统结构，即最初的大综合状态，到后来的分化，再走向新的综合。学术期刊、大学学报形式的出现是适应科学发展而出现并随着科学发展变化而发展变化的。学术期刊、学报发展到今天，形式演变为多种多样：从时间上看，有周刊、旬刊、半月刊、月刊、双月刊、半年刊、年刊，定期刊、不定期；从内容看，有文史经哲、天文地理、数理化生物、文学艺术等；从服务的读者看，有老中青幼、男女；从知识层次看，有学术、科普、幼儿知识读物等。21世纪伊始，在中国有人莫名其妙地质疑起综合性学报存在的合理性，令人困惑。

---

① 朱剑：《徘徊于十字路口：社科期刊的十个两难选择》，《清华大学学报（哲学社会科学版）》，2007年第4期。

(二) 从西方学术期刊发展史看,综合性期刊率先出现且不乏佼佼者

在西方发达国家,学术期刊已有350多年的历史了。从初期至今天,大量涌现的是以综合形式出现的期刊,包括综合性科学技术、人文社会科学,自然科学、社会科学综合期刊,综合性丝毫不影响他们巨大的学术影响力。比如,理论界公认的全球第一种学术期刊——《学者杂志》(Journal des Savans)周刊,它诞生于1665年的法国,其刊载学科范围包括:图书目录(主要欧洲),高水平学术信息,学术图书文摘,物理科学片段阐释、化学现象和解剖实验结果,具有实用价值或重要发明的器械,气象资料,民事与宗教等重要信息及高校的反响,人们喜闻乐见的、有价值的事件深度报道等。其综合性可见一斑。紧随《学者杂志》后的是英国人在伦敦创办的综合性学术期刊——《皇家学会哲学汇刊》(后改名为《伦敦皇家学会哲学汇刊》),其内容更是包罗万象:罗马人对光学玻璃的改进、英格兰人观察到的木星某个区域里的一个黑点……德国的特种铅矿石、匈牙利和亚美尼亚大药丸效力的异同、百慕大的美国新式捕鲸船……图阿劳斯的康塞劳尔出版的哲学书目录集,应有尽有。①

世界上历史悠久、在学术领域依然率先垂范的往往是那些综合性学术期刊:英国创刊于1869年11月的综合性《自然》周刊,发表来自于众多科学领域的第一手研究论文,其被引用率居世界学术类期刊鳌头;美国科学促进会主办的《科学》也是综合性的,其内容包罗万象:研究报告、学术论文、理论视点、学术综述、政策论文、书评、技术评论等;与《自然》《科学》齐名的综合性学术期刊——《美国科学院院刊》是目前世界上引用率高的综合性学期刊之一,它不但是综合性的,而且还是文、理、工大综合。它们共同被人们誉为"多学科期刊的优秀代表"。②

---

① 姚远、张银玲:《奥尔登伯格与世界上最早的科技期刊:〈哲学汇刊〉》,《陕西师范大学学报(哲学社会科学版)》,1995年增刊。
② 顾力文:《多学科期刊的优秀代表:〈自然〉〈科学〉与〈美国科学院学报〉》,《图书馆理论与实践》,2006年第5期。

在我国,情况也是如此。以大学学报为例,教育部于2004年开始的"名刊建设工程",首批入选的全部是综合性学报,诚如"学报专业化"论者所说:"教育部哲学社会科学名刊工程启动六年来,取得了积极的成效。从所发表学术论文的影响力和质量来看,入选的综合性学报已成为同类期刊中的佼佼者。"①2008年版的《中文核心期刊要目总览》,其中"综合性人文、社会科学类核心期刊"中,共收录121种期刊,其中综合性大学学报有76种,占总数(121)的63%。中国社会科学期刊界的"巨无霸"——《中国社会科学》是综合性学术期刊,其社会影响力的各项指标在国内首屈一指。同样在自然科学期刊里,其中的120种"综合性科学技术类"期刊中,竟有115种是大学学报,占"综合性科学技术类"期刊的96%。再如,与西方接轨较早的我国港台地区,香港城市大学的《香港社会科学学报》被誉为香港第一份具有较高研究水平的综合性社会科学期刊,台湾师范大学蜚声中外的《师大学报》也属于综合性大学学报。

以上中西方综合性学术期刊的例子已经无可置疑地说明了综合性的先进性、优越性。关于综合性大学学报存在的重要意义,江苏社会科学杂志社社长、主编金晓瑜先生就强调"中国人文社科走向世界需要综合类学术期刊……学术期刊边界不清楚不是劣势",因为"中国人文学术传统最重要的一个特点是对人们社会行为的经验描述具有历史性、整体性和综合性"。② 此观点不可谓不深刻。

(三) 所谓的学科性专业期刊,其本质也是综合性的

所谓的学科性专业期刊,其本质也是综合性的,因为综合性与专业性是相对的,例如,美国医学会于1883年创刊的《美国医学会杂志》(JAMA)就是世界上知名的医学类学术周刊,其栏目设置有封面故事、住院医生论坛、文学与医学、诗与医学、杂志俱乐部、脉搏、心灵一角、自

---

① 朱剑:《高校学报的专业化转型与集约化、数字化发展:以教育部名刊工程建设为中心》,《清华大学学报(哲学社会科学版)》,2010年第5期。
② 金晓瑜:《综合类学术期刊符合中国人文社科发展需求》,《中国社会科学报》,2012年12月13日。

由专访等。① 另外,同样知名的英国医学会创刊于1840年的《英国医学杂志》(BMJ),其栏目设置同样异彩纷呈:医学实践、医学政治论坛、述评、教育与争鸣、消息、通讯、医学与媒介、医药卫生知识、书评,等等。②

过去二三百年期间形成的各科学学科,其中在自然方面包括有数学、物理、化学、天文、地理、生物,等等,并且沿用一直到今天。③ 统计结果表明,自然科学已经形成了具有40000余个学科门类,因此,发布如此多领域的学术成果专业学术期刊,不可能是纯粹的,任何一种所谓专业期刊其实质都是综合性的。在我国包括《中国科学》(系列)在内的绝大部分综合类学术期刊都是分学科栏目的,每个栏目实际上就是一个专业,并且高层次的综合性学术期刊的栏目成果往往就代表个专业的学术前沿水平。

(四)过度人为干预使综合性学报专业化是揠苗助长

学术、学术期刊崇尚的是学术生态平衡下的自然成长,而不是计划经济时期的行政命令。人为地使综合性学报实行专业化转型,后果是可怕的。比如,1952年照搬苏联的高教统一模式,对我国的高等教育进行的院系大调整,完全无视2500年前孔子提出的"有教无类"思想,抹杀了学校之间的差异,尤其是分科过细又使得高等学校专业设置变得相当狭窄,学生知识结构单一,影响了学科之间的渗透和人才的发展。同样,硬性地将综合性学报专业化,必然带来一系列根本性问题。比如,哪个高校主办哪种专业刊物?比较弱小高校的成果如何比较顺畅地发表?办刊经费由谁来承担?现有的编辑队伍如何调整?等等。为什么要人为地制造这些麻烦,何况我国已经大量存在着专业学术期刊,如中国社会科学院和中国科学院各研究所、国家级学会的会刊及其

---

① 李艳:《发达国家学术期刊编辑素质的借鉴与启示》,《四川理工学院学报(社会科学版)》,2013年第6期。

② 续维国、包广厚、王现:《英美两家"百年老刊"给予我们的启示》,《编辑学报》,1998年第3期。

③ 吴征铠:《自然科学学科的发展及分类》,《中国科学基金》,2000年第5期。

主办的其他专业期刊,像经济研究所的《经济研究》、中国生产力经济学会的《生产力研究》、中国编辑学会的《中国编辑》、中国科学院物理研究所的《物理学报》、物理学会的《大学物理》等等。依托地域历史文化而存在的学术期刊也不少,像地处首都的中华伏羲文化研究会的《伏羲文化研究》,地处上海的先秦诸子研究中心的《诸子学刊》,地处山东的《蒲松龄研究》《管子学刊》,地处湖北的《长江文化》,地处福建的《闽南文化研究》,地处广东的《潮学研究》,等等。更无法想象的是综合性学术期刊人为地改为专业期刊后,现在已经存在的大量专业期刊怎么办?新创办的专业期刊,在经验方面、在已经基本分割了的读者群、作者群面前,与早已存在的专业期刊的优势能匹敌?专业学术期刊已经星罗棋布,学者们发表相关成果已经有了比较合理的平台布局了。因此,没有必要将现在的大学学报人为地专业化,人为、硬性地将综合性学报专业化将是灾难性的。大学综合性学报绝非可有可无,在谈到几乎全部是综合性大学自然科学学报时,编辑家杜文涛先生指出:高等学校自然科学学报600种左右,占了我国科技学术期刊总数的1/3左右,发挥了其他期刊不可替代的重要作用。①

三、关于大学学报去同质化

所谓大学学报去同质化,其实是学报特色论和专业化同一个问题的不同提法而已。代表人物朱剑等认为:大学学报存在的诟病之一就是同质化,并且认为目前大学学报"同质化现象严重","同质化"就是缺乏"特色"和"缺乏专业特色"。②

学术期刊同质化是科学、学术的本质所决定的,是科学成熟的基本标志。学术期刊肇始于西欧,从其端倪到现在的滥觞,自始至终秉承的就是:发表的论文应该是力图接近真理、甚至是穷尽真理的成果。爱思

---

① 杜文涛:《从某些期刊评价指标看大学学报改革的必由之路》,《编辑学报》,2004年第1期。
② 朱剑:《高校学报的专业化转型与集约化、数字化发展:以教育部名刊工程建设为中心》,《清华大学学报(哲学社会科学版)》,2010年第5期。

唯尔出版者 Sebastian Straub 认为"数据和事实才是学术出版内容的核心"①，最终的"数据和事实"只有一个，当然它应该就是同质的、具有普遍性的。大名鼎鼎的《自然》创刊140多年来秉承着"将科学研究和科学发现的伟大成果展示于公众面前"的承诺，客观、准确地报道世界科技领域的重要发现和重要事件，而从不强调什么去同质化，其发表了一系列影响人类社会进步的科学发明成果，像中子的发现、维生素 C 的分离……克隆羊"多利"的成功培育等，其强调的是具有普遍性的"发表各学科领域的最新重大科研成果"②。同样，美国的《科学》《细胞》等，担负着把改变科技发展进程的重大科技成果向全世界宣告的历史使命，才不管它同质化不同质化呢？学报及其他学术期刊仅仅是学术成果的载体，具有高度同质的这些数据和结论是科学的根本，数据和事实才是学术出版内容的核心。③ 正因为这些成果具有普遍适用性，即具有极大的同质性，才能为人类创造极大的福祉，从而影响人类社会的进步。

四、关于大学学报数字化

关于学报数字化的研究文章，近几年发表了很多。"数字化"，《现代汉语词典》定义为："指在某个领域的各个方面或某种产品的各个环节都采用数字信息处理技术。"④"出版数字化是指将已经正式出版的传统纸质出版物加以数字化，在网上重新出版，或打包成数据库出售。数字化出版是指以数字化方式出版的出版物或出版行为。"⑤可见，数字化并不意味着学报质量的提高。因此，数字化不是学报编辑需要去

---

① 任霄鹏：《"期刊只是数据和事实的载体"：专访爱思唯尔生物技术领域期刊出版者 Sebastian Straub》，《科学时报》，2008年11月24日。
② 陆伯华：《英国〈自然〉杂志今昔》，《编辑学报》，1994年第2期。
③ 韩启德：《中国要办自己的优秀学术期刊（代序）》，《科学通报》，2009年第18期。
④ 中国社会科学院语言研究所词典编辑室编：《现代汉语词典》第5版，北京：商务印书馆，2005年，第1272页。
⑤ 许春辉：《期刊数字化出版的现状与发展趋势》，《编辑学刊》，2009年第6期。

费尽心思考虑的问题。学报的要害是学术质量,数字化与学报的质量无关,更何况,数字化是近几年的事情,难道几年之前由于没有数字化就没有学术了吗？比较可笑。

目前,我国高等学校学编辑部多则十几个人,少则几个人,甚至还有的是一个人,人们为什么不把有限的精力投入到为人作嫁、编辑工作精益求精上去呢？笔者认为,学报数字化论犯了以形式掩盖内容本质的错误。

五、克服大学学报界浮躁学风：明确学报使命、实行二维评估

由上面的分析可以看出,所谓的学报特色化、专业化、去同质化、数字化等并不是大学学报发展的关键,关键是要让学报编辑者、管理者明确大学学报的使命,改进学报评估的方法,使各层次的学报充分挖掘其资源,使中国的大学学报真正"走出去"。

（一）必须明确大学学报的属性与使命

1. 大学学报的属性与使命没有过时

今天,大学学报的使命被个别人称之为过时,好像强调这个问题很庸俗,并且现在好像没有人去关注了,更没有人去研究了。其实,起码在没有出台新的规定之前,关于大学学报属性与使命的文件还具有法律效应。国家教育部早在1998年的《高等学校学报管理办法》的第二条就规定"高等学校学报是高等学校主办的、以反映本校科研和教学成果为主的学术理论刊物,是开展国内外学术交流的重要园地";第六条规定"高等学校学报工作是高等学校科研和教学工作的组成部分,学校应加强对学报工作的领导与管理";第七条规定"出版学报的高等学校,必须建立学报编辑部,由分管校(院)长领导";第十二条规定"学报编辑人员属于学校教学科研队伍的一部分,学报编辑人员的职务评聘、生活待遇以及评优表彰等方面应与教学科研人员同等对待"。再往前追溯,我国大学学报的宗旨、使命、属性可谓源远流长、一脉相承。从新中国成立前我国大学学报的发端——1905年直隶高等农业学堂(河北农业

大学前身）创办《北直农话报》，其办刊宗旨是："农业学堂开办已久，而未受其影响者，以农会为之机关也。该道拟开办农报，以为农会之基，用意甚善。"①到1906年6月东吴大学（现苏州大学）创办的学报——《学桴》，《发刊词》曰："谋刊行月，以表学堂之内容，与当代学界交换知识。"②其属性就是展示主办学校的科研、教学成果，促进学术交流的。随后，1915年12月出刊的《清华学报》以"本报以研究学问为宗旨，选择研究学问之文字"③；1919年北京大学的《北京大学月刊》，其灵魂蔡元培先生的发刊词开宗明义："吾校必发行《月刊》者，有三要点焉：一曰尽吾校同人所能尽之责任……二曰破学生专己守残之陋见……三曰释校外学者之怀疑……以上三者，皆吾校所以发行《月刊》之本意也。"④1935创办的《复旦学报》，"为便于教师发表研究成果，交流经验研究，促进科学研究工作的广泛开展和重点发展"；燕京大学、金陵大学的"以发表本校中国学术著作和发表师生研究及讨论学术之新义"，等等。⑤新中国成立后，著名学者马寅初曾明确《北京大学学报》的历史使命为：第一为了传播我校科学研究的成果，交流学术思想，开展学术上的自由论辩以推动科学研究工作，特决定出版《北京大学学报》；第二《北京大学学报》以刊载本校教师和科研工作人员的创造性的学术论文为主。中国科学院院士、大连理工大学校长钱令希说："高等学校自然科学学报是反映本院校教学科研成果的自然科学综合性学术理论刊物，是高等学校学术水平的重要标志之一，是高等学校教学、科研工作的一个重要组成部分。办好高校自然科学学报，对于发展科学理论，推动科学研究，促进国内外学术交流，发现和扶持优秀科技人才，为社会主义现代

---

① 刘大群、刘继亭、张璞主编：《河北农业大学校志1902—2002》，北京：中国文史出版社，2002年，第9页。
② 学桴编辑部：《发刊词》，《学桴》，1906年创刊号。
③ 编者：《在清华学报登载广告之利益》，《清华学报》，1916年第2期。
④ 《蔡元培先生〈北京大学月刊〉发刊词（1918年）》，《北京大学学报（哲学社会科学版）》，2005年第1期。
⑤ 姚远：《中国大学科技期刊史》，西安：陕西师范大学出版社，1997年，第79页。

化建设服务具有重要作用。"①1987年,著名教育家、时任武汉大学校长的刘道玉曾说过:"我历来认为,办好一所大学,一要办好一两种能代表其水平的学术刊物。学报是一个窗口,通过它,可以检阅一个学校的科学研究成果,可以反映出一个学校治学的学术思想与作风。"②即使是在22年后的2009年刘道玉先生仍然坚持这一观点:"顾名思义,学报是学校的学术刊物。从大学学报诞生至今,基本上贯穿了两个办报的原则:一是反映学术研究成果,二是刊载本校教师和研究人员的成果。"③全国高等学校文科学报研究会原理事长、《北京大学学报(哲学社会科学版)》原主编龙协涛教授就坚持认为:"夫学报者,荟萃大学科研成果,传播学人研究心得也。"④自然科学学报界的陶舒亚先生也认为,高校学报使命"一是对外以学校为主体反映科研学术成果,开展国内外学术交流;二是对内要成为为学校培养科学研究人才而搭建的学术平台。两者之间是辩证统一的关系"⑤。大学学报编辑的使命应该是按照学术传播的规律,及时地、准确地传播主办学校的教学和科研成果信息,诚如龙协涛先生所言:"学报……相当于……'实验室',通过连续、集中、全面反映高校教学科研成果,为……教学科研工作提供了'实验'平台,为培养和发现学术人才营造了重要园地。"⑥另外,大学学报还具有记录高等学校教学和科研发展历程、史料的功能,中国高等学校自然科学学报研究会荣誉理事长等也持这种观点。⑦ 可见,我国教育部就大学学报的相关文件,有充分的历史、理论、逻辑渊源。我国政府

---

① 钱令希:《在开幕式上的讲话》,《中国高等学校自然科学学报研究会会讯》,1987年第1期。
② 刘道玉:《贺词》,《中国高等学校自然科学学报研究会会讯》,1987年第1期。
③ 刘道玉:《再谈大学学报的使命:纪念〈武汉大学学报〉创刊80周年》,《武汉大学学报(哲学社会科学版)》,2009年第3期。
④ 龙协涛:《学报赋》,《山东理工大学学报(社会科学版)》,2010年第5期。
⑤ 陶舒亚:《高校学报使命辨析》,《编辑学报》,2012年第3期。
⑥ 李彤:《教育部推动高校名刊工程》,《人民日报》,2004年5月21日。
⑦ 陈浩元、郑进保、李兴昌等:《高校自然科学学报的功能及实现措施建议》,《编辑学报》,2006年第5期。

对大学学报属性和使命的界定具有中国特色,并且没有过时,它是对历史的传承,是对现实的反映。

2. 大学学报的属性与使命是由大学的体制所决定的

关于我国大学学报的体制,北京大学学报的常务主编刘曙光先生认为:学报的体制是由高校体制决定的,高校学报的主管、主办制度造成了学报所谓"全、小、散、弱"的特点,规模化、集团化是否是学报改革方向值得认真研究。包括高校文科学报在内的学术期刊,是对整个国家学术水平、学术状况的一种生动、客观的反映。"学报是高校主办的,不具备市场主体的条件,不具备独立法人资格,其运作方式受高校内部管理体制的制约,高校的多样性决定了学报的多样性。"① 我们国家的高等教育政策是非市场化的,尤其是公立高等学校不允许市场化。因此,那些以大众媒体(新闻媒体、消费类报刊)受市场冲击而倒闭为理论依据而不假思索地认为我国大学学报也要市场化的认识是轻浮的。大学学报这个特殊学术类出版物不应该机械的受制于体制改革,因为它是大学的有机组成部分,大学体制决定学报体制。在美国,政府和高校都将大学出版社等学术出版部门矢志不渝地定位于非营利机构,大学的出版社、学术期刊社均由大学注资,并且这些出版机构都倾其全力于学术著述的出版。"全美国一百多家出版社,绝大部分都是其所在大学的一个正式设置的部门","大学出版社成为大学的一部分,一个实际的学术部门,同学校的图书馆和政治学系一样。社长同学校院系的高级成员一样,参加校务委员会的活动,以及校内其他活动"。② 这点对我国大学学报尤其有启发和借鉴意义。

---

① 刘曙光:《高等学校文科学报改革论》,《山东理工大学学报(社会科学版)》,2012年第4期。

② 尹玉吉:《西方国家学术期刊出版机制研究》,《社会科学管理与评论》,2012年第2期。

(二) 必须改革大学学报的评估方法:实行二维评估

1. 中国的学术期刊评估与西方评估方法应该有重大区别:由纵向一维走向纵横二维

在西方,学术期刊的评估已有100多年历史了,而在我国仅仅30余年,由于中西方国情不同,公共资源占有的根本形式不同,中国是以公有制为主体的社会经济结构,建于此上的学术资源当然属于公共资源,这个性质一直被忽视了。而中国以往的评估除去中国固有体制因素外,一直借鉴、采用的几乎是西方的、一维的、纵向的评估方法,这种一维的、纵向的学报评估方法,从体制层面来考察,存在着重大缺陷。中国大学学报的评估必须进行改革,改革的根本途径就是加入第二维的、横向的关于客观与主观因素的评估。具体包括:办刊水平与其依赖平台及其学术资源的对称度情况,学报主体培养人才的状况,主体体现在学报的外在形式上的主观能动性发挥程度如何,等等。

2. 我国学报的依赖平台——大学的资源区别很大

由于历史的原因,在我国像综合性的、研究型的"985""211"大学,其学科齐全、研究力量雄厚、学术资源丰厚、基础平台高,依附于其上的学报具有天然的优势——拥有丰富且质量一流的稿源,其学术质量高于一般大学和专科层次高校的学报。有资料表明:1993年至2009年近5000个国家社科基金立项中,为数不到5%的强势大学(主要指985高校)占了65%的资源,剩下的35%则成为95%的弱势大学支配,而二者对优质资源(重大课题)的占有比例更是扩大到92%比8%左右。导致资源集中的两大核心要素分别是行政级别与行政区位。竞争通常以公平的形式展开,结果却最终走向严重的资源两极分化。① 对此,胡习之先生认为:"一般地方高校学报缺乏得天独厚的条件,优质内稿成了

---

① 程瑛:《竞争条件下大学资源集中现象形成的实证分析:以国家社科基金立项为例》,《现代大学教育》,2013年第5期。

稀缺资源。"①所以,在我国评估大学学报质量的优劣时,存在一个可比性和科学性的问题,不能再去进行那种形而上学式的数字统计和学报之间的简单比对了。

3. 必须寻找一个适合国情的第二维评估依据。实现评估制度的可比性和科学性,重要前提就是找到一个客观的、可靠的参照系

关于参照系,笔者建议采用以下几种:一是国内认可度很高的武书连先生的"中国大学排行榜",其中有高等学校各个学科力量在全国的排名,以此为据;二是以大学历年国家级科研课题的数量和层次为依据;三是以获得各级政府科研成果奖励的数量、层次作为依据;四是以大学科研经费的数量作为依据。综合上述四个指标或以择其一为依据,对相应大学的学报进行位次与拥有资源对称度的考察,对不同层次的大学学报按照不同的指标,进行一一对比,以此评估大学学报质量,检查这些学报水平与其所在大学、学科在全国的排名相称与否,由此得出结论。例如,某大学或某大学的某学科全国排名为第6,其学报也相应地排第6,该学报即为称职;如果排名第5以内,为优秀;如果排名第6以外,为失职,以此类推。只有这样,才能做到标准面前"刊刊平等",也会实现大学学报评估的革命性变革,也唯有如此,学报编辑的精力才会真正放到编辑学报上去,专心服务学术、引领学术,尤其是背靠高层次学术平台学报的编辑,也才能够真正心无旁骛地把精力用到为学者服好务、精益求精编辑好论文的分内事上去,努力承担起应有的为主办单位——高等学校的教学、科研服务上去,回归到学报的原点——大学学报使命上去。

最后,借用国家自然科学基金委员会科学基金杂志部有关专家对1997年访问美国《科学》杂志所得出的结论做结:"我们目前的办刊思路必须有彻底的改变,树立科技期刊为读者服务,为科学家服务的办刊思想。编辑人员要深入到科研第一线,参与高水平的学术活动,随时了解活动中出现的重大突破和最新动态。面对我国科学技术发展的现有

---

① 胡习之:《一般地方高校学报吸引优质内稿的策略》,《中国科技期刊研究》,2014年第2期。

水平,努力将刊物质量进一步提高,把 SCIENCE、NATURE 等作为自己刊物学习、赶超的目标。"①希望给学报人以启迪。

原载于《河南大学学报(社会科学版)》2014 年第 5 期;《中国社会科学文摘》2015 年第 3 期全文转载,人大复印报刊资料《出版业》2014 年第 12 期全文转载

---

① 祖广安、柯若儒、钱浩庆:《访美国〈科学〉杂志社记实》,《编辑学报》,1998 年第 1 期。

学术期刊编辑的理性诉求与实践智慧
——从高校社科学报编辑身份焦虑谈起

陈寿富[①]

一、缘起:身份焦虑与"编研一体"

改革开放以来,学术期刊特别是高校学报编辑人员身份如何定位,一直是编辑学界关注的一个重要话题,尤其是围绕"编研一体"、编辑的"身份焦虑"与"编辑学者化"问题的讨论一直在继续。有学者认为,40年来学术期刊编辑的身份焦虑如影随形。产生身份焦虑的原因在于20世纪70年代末,编辑出版系列职称制度正式建立,编辑与学者分开,编辑职业化开始。编辑职业化的制度设计使得学术期刊编辑告别"编研一体"的传统,作为职业编辑人开始与传统意义上的学术共同体发生分离。如何确立自己新的身份,从"编辑中介说""编辑再创造说""编辑主体意识说""编辑学者化说""编辑学术引领说",到回归杂家,独领掌控权、审稿权,等等,不同学者从不同理论向度对编辑身份问题展开探讨。[②] 回顾探讨的历史,最先是从编辑的专业化入手论及学者化问

[①] 作者简介:陈寿富,安庆师范大学学报编辑部教授,主编。研究方向编辑出版学。

[②] 朱剑:《如影随形:四十年来学术期刊编辑的身份焦虑:1978—2017年学术期刊史的一个侧面》,《清华大学学报(哲学社会科学版)》,2018年第2期。

题。① 紧接着直指学报编辑及其学者化的具体内涵。② 特别是1992年时任中国高校文科学报研究会理事长杨焕章教授在全国高等学校文科学报研究会第二次会员代表大会上首倡"编辑学者化",1994年向全国学报界发出"编辑学者化"号召,将1995年定为"编辑学术活动年",并多次就"编辑学者化"撰文论述、阐释与答疑。③ 从那时至今,关于编辑学者化与编辑身份焦虑之间的讨论一直在继续,矛盾并未从理论上得到解决。

首先,所谓身份焦虑,到底焦虑的是什么?是因为编辑职业化的推行,导致了编辑与学者分开,更为具体地说是编辑出版系列职称制度,开始告别"编研一体"的传统以及与学术共同体分离,需要重建与学者的关系来确立自己新的身份。从现有论述看,编辑内心真正开始身份焦虑的,是其此前较为满意的以学者身份从事编辑工作的社会经济地位。其次,传统的"编研一体"就是编辑与学者合二为一,或者说就是学者在从事编辑工作。学者的专业素养不仅提升了办刊水平,而且也享受着相应的生活待遇,形塑了编辑良好的社会声誉,当然也就不存在什么身份焦虑问题。再次,因为"编辑职业化"使得编辑与学者必须分离。一是编辑部在高校是教辅单位,相对于教学科研单位被边缘化了;二是职称与教学科研人员各自单独成为一个系列,并且评审渠道与标准不同;三是社会地位、福利待遇等不如从前。传统的社会经济地位没有了,心理的失衡落差带来了身份的焦虑。

值得探究的是,仅仅因为编辑职业化的推行就导致编辑与学者分离,以致编辑的社会经济地位与传统的"编研一体"时代完全不同,进而产生编辑的身份焦虑,这种逻辑推理难以获得理论上的支持。应当具体分析职业化的内核:一是作为谋生手段的大众化工作,其特征是准入门槛低,专业性要求不高,一般人都可以从事并因而获取相应的报酬以

---

① 胡光清:《试论编辑的专业化与学者化》,《编辑之友》,1984年第2期。
② 王英志:《学报编辑学者化略论》,《河南大学学报(哲学社会科学版)》,1988年第3期。
③ 杨焕章:《谈谈学报编辑学者化问题》,《华中师范大学学报(哲学社会科学版)》,1994年第6期。

维持社会生存；二是必须经过专门系统的专业培训且具备相应的专业资质拥有较高专业素质技能才能从事的工作。世界上职业认可度较高的是必须拥有相应从业资格的医生和律师。作为学术期刊的编辑职业化，一方面是随着社会的发展职业分工更为精细，另一方面其内核性的专业素质要求并没有被降低。换言之，因编辑职业化的实行而导致身份焦虑，从理论上看缺乏本质意义上的因果逻辑关联。

对于传统"编研一体"，直观的表象是"编"，深藏的本质是"研"。学术期刊作为一个公共开放的学术平台，其基本使命是传播学术信息，而承担具体学术信息传播任务的就是编辑。所谓的"编辑匠"实际上就是从事学术期刊的编辑只擅长于编辑规范的运用，而"编辑家"的智慧在于能够从学术期刊的本位功能出发，对自己编辑的期刊进行科学的发展定位，更加用心于编辑策划、选题挖掘、栏目打造、与学者对话，组织学术活动，等等。不言而喻，担此重任，编辑当然地要具备学者的学术素养，擅长学理思考。退一步来说，即使当下还没有从职业细分的意义上被职业化，但要做一个合格的学术期刊编辑依然要具备学者的品质。把摆脱身份焦虑的希望寄托于编辑的审稿权力及其对学术平台的把控，或者过多地考虑编辑的社会经济地位，简单化地把编辑的身份焦虑归因于学术期刊的"单位制"和编辑职业化的制度设计，或借助个案以偏概全，或借全面超越学者的不可能走向否定，其实质就是坚守以现实利益为本位，有意无意地回避或者忽视编辑应然具备的"学术思维特质"，用片面的感性直达观照传统的"编研一体"，而不从学术期刊的本位功能出发，辩证地、理性地洞察其内在本质，当然也就难以找到身份焦虑的满意答案。概而言之，编辑自身的学术能力才是提升办刊水平化解身份焦虑的根本，编辑学者化有助于更好传达编稿过程中的学术智慧。正视编辑身份焦虑问题，区分实然的编辑工作与应然的编辑能力，一般期刊编辑与学术期刊编辑，个体编辑与编辑团队，编辑应然的理性感知与逻辑表达能力，自觉理解新时代编辑特别是学术期刊编辑的使命与责任，才是解决编辑身份焦虑的关键。

二、学术期刊编辑的理性诉求

人类的文明、进步与发展正是人类的智慧、思想、个性与文化不断地对话、诠释、展示与叠智的过程。在这一过程中,学术期刊自觉演变为传递人类理性与文明的重要学术平台。

(一) 学术本位

学术期刊的本位价值在于立足传播学术研究前沿信息。无论自然科学、社会科学,还是人文学科,学术探索的本质都是一种认知活动,其基本的表达方式都应该是理性与逻辑。[①] 学术期刊出现在1665年后。可以认为分享与交流自己科学研究的心得体会与研究成果是一种必然的人类传播行为,只是那时尚未出现专门用于学术传播的期刊平台,而代之书信往来,那时的"书信"充当了早期科学家们用于学术信息传播的平台,当为萌芽状态学术共同体的科学家用于传递学术信息的"期刊"。这也是现代学术期刊与学术共同体的源头。亨普在1948年提出了科学说明的"演绎一规律"模式、"归纳一统计"模式,对科学研究的决定论定律、统计定律、因果定律从发生论角度作出了理性说明。库恩提出"范式""科学共同体"概念,认为文化和语言的不同、"范式"的不同,其研究的意义也不一样。"科学理论的选择虽然不是个人的,但也不是客观的,而是接受了共同体训练的'科学家的集体判断'。"[②]科学理性的价值在于追求最大明确性,揭示研究对象背后的融贯性,探寻蕴含其中的规律性价值,推动人类物质文明,赋值人类精神世界。学术期刊的历史使命就是传递学术发现信息,交流研究的心得体会,在学术思考的观点碰撞中不断创新思考,其本位功能就是作为一个开放的公共学术平台而存在。现代学术期刊的功能定位依然如此,审稿权只是由其赋

---

① 杜瑞军:《人文社会学科研究的"科学性"何以可能》,《山西师大学报(社会科学版)》,2007年第4期。

② 王巍:《科学说明和历史解释:论自然科学与人文学科的方法论统一性》,《中国社会科学》,2002年第5期。

权的派生功能。无论是作者还是编辑,从内隐的脑文本到外显的符号文本,都是以学术价值为本位,以学术知觉图式为源点,以学术创意创新为目标,以学科理论为框架,以学科知识储备为信源,以符号逻辑呈现为显态,运用角度方法、概念图式、学科成果、理性对话、发现规律、赋值新意、造福人类。在此,其信息选择与评价的全部过程直接统摄于学术价值判断。正因此,"编辑要理解学术,要有识见,能判断","一位编辑,如果不熟悉学术史,对于稿件是否具有创新性也不可能有清晰的判断","刊物的高下是由编辑的学术价值观所决定的"。① 编辑如果没有自觉的学术价值判断,整个编辑活动也就失去了自觉的学术参照。概言之,学术价值判断生成的整个过程内蕴着学术发现力、学术整合力、学术论证力、学术呈现力、学术对话力,等等。

(二) 学科肌理

学科是人类进行科学探索的一个向度论域,是同类知识的汇聚。从混沌到清晰、从无序到有序、从残缺到完形、从信念到生成、从分类到整合、从学科到科学正是人类认知的过程。由于研究对象的多样性、复杂性、关联性、叠渗性、无限性,跨学科是必然趋势。比较而言,自然科学以寻求客观真理为旨趣,最大限度地探寻普遍规律;人文社会科学追求规范真理,用自己的文化知识赋值新意。理所当然,从事学术信息传播者需要相应的专业能力匹配,编辑必须是某一学科领域的研究者。编辑学者化的应然要求是作为编辑应该具备专业的、理性的学术价值判断力,这一具有高度自觉的学术洞察力是经由长期学科理论研究与实践历练累积内化而成的个体学术肌理。从要素构成上考察,一个人的社会文化背景、性格情感、认知视野、学科信念、反思能力、表达能力等,都是构成个体学术素养的因素,这些因素内敛为一个人的学术思维。只有经过反复学科历练的学术性思维,才能够在实际工作中活化为一个人的学术价值判断能力,并质化为编辑工作的智力成果。一个编辑已然的学术价值判断能力才是确立其编辑身份的根本价值。只有不断提升编辑人员的学术研究与学术价值评判能力才能够提升其编辑

---

① 吴承学:《学术史识与学术价值观》,《文学遗产》,2013年第6期。

能力,增强办刊水平,进而提升其社会经济地位,直至消解身份焦虑。优秀的编辑应该有与学者相当的学术素养,必须清醒地认识到:"审稿能力是核心,而审稿能力又是建基于学术水平之上的。"①必须让学术能力优先站位,让专业的学术素养铺就底色,不断提升自己的学术素质,坚忍执着地追求编辑事业,努力拓展编辑境界,才能让学术期刊编辑在"有为"中"有位"。

(三)编研一体

传统"编研一体"的学理诉求是——作为学术期刊的编辑应该具备胜任这份工作的能力水平,具备从事学术信息传播的基本素养。当然,也有与之相应的社会经济地位。早期"编研一体"将编辑能力与学者素养感性自然地结合在一起,后来所谓编辑职业化分工也没让"编研一体"分离,只是在新的传播环境下,学术期刊的数量显著地增加,编辑队伍迅速扩大,编辑的角色分工更为精细,期刊的发展定位更具个性特色。所谓"编研分离"看到的只是问题的现象与表面,或避重就轻,或舍本逐利。编辑职业化不会导致与传统学术共同体的分离,重建与学者关系其实是一种为适应新的传播语境必然的与时俱进。即便学报编辑部在高校成为一个边缘化的教辅机构,编辑人员的职称评定、福利待遇也与教学科研人员分开,但作为学术期刊的功能定位并没有随之发生改变。高校的职责使命是培养人才、研究科学、服务社会。作为高校的学报自然也要承担这一职责使命,相对直接从事人才培养的教学科研单位,高校学报列为教辅性的学术机构,是可以理解的,"编研一体"的具体内涵本质上就是一个"辩证的有机体",编与研是一枚硬币的两个方面。相对而言,重点与难点并不是在于"编",而恰恰隐藏于"研"。"研"是为了能更好地"编","研"的功夫升华了"编"的品质,"内容为王,质量第一"是学术期刊永恒的追求,深入的"研"能助力于高质量的"编",编辑深厚的专业功底与学术思维是确保用好审稿权的根本关键,是学术期刊得以特色发展、追踪一流的专业保证,只有"编研一体",内

---

① 陈颖:《编辑学者化笔谈》,《出版业》,2018年第10期。

在有机统一，才能相得益彰、高品位发展。正因为如此，"编辑即是学者"①，"真正的编辑都应由学者来当"②。传统的"编研一体"与编辑职业化既不矛盾，更不存在彼此对立，编辑职业化不仅没有让"编研一体"分离，而且从现代职业分工的角度看，更凸显了学报作为学术期刊的学术研究性特质。从传统"编研一体"到当下编辑的职业化，对编辑人员的素质要求没有改变。当然要求编辑具备相应的学术素养，并不是要求每一个编辑都成为"全面超越"的大师级学者，过分拔高学术要求或有意无意地放弃编辑人员的学术追求都是一种极端化的表达。应该确认，编辑必须具备较好的学术研究背景，有某一学科的研究经历并有代表性成果，具有较好的学术思维，有相当的学术价值评判能力，能够选题策划、组织学术活动并开展学术对话，才能用好学术期刊的审稿权，才能推动学术期刊的科学特色发展。

（四）正态发展

正态发展的题中之意是——学术期刊传播学术信息应该有高度自觉的整体谋划，让期刊发展科学精准定位。一是确保政治正确，打造中国特色话语体系；二是分析内外条件，集聚效能，用好文化资源，学科资源；三是期刊定位清晰，团队协同，优势互补，行动有力；四是致力打造期刊特色，建构期刊栏目文化品牌。作为编辑，必须审时度势积极思考——如何办好自己手中的学术期刊，如何用好学术期刊的审稿权，如何充分发挥学术媒介和学术传播的作用，如何更好地服务学术共同体、参与推动学术发展，怎样做好优质学术成果的发现、挖掘与传播，适时参与学术交流并组织学术活动，积极推动中国学术创新，积极推动人类的学术创新与文明进步，努力让自己从编辑匠成长为编辑家。只有立足自身期刊发展实际情境，从学术期刊的本位功能出发，谋划适合自身期刊的发展定位，寻找到适合自身期刊发展的具体路径，凸显优势、彰显特色、全员发力、全程协同，才能形成学术期刊发展的强大动能。2019年中国科技期刊卓越行动计划实行以域选刊、分类施策。高校人

---

① 叶娟丽：《编辑学者化笔谈》，《出版业》，2018年第10期。
② 颜帅：《论学术期刊编辑学者化》，《编辑学报》，1994年第4期。

文社科期刊更应该自觉服务于地方经济文化建设,挖掘地方文化资源,彰显地域文化特色,主动找准自身期刊发展的生态位,自觉融入新时代中国特色哲学社会科学的学科体系,明确新时代的责任使命担当,正视高校"声誉"追逐竞争,①精准定位期刊发展目标。应当从学术生态的意义上,将学术期刊分类建设理解为正生态性结构分布,因为学术理论创新过程本身即呈现为不同的新颖度、显示度,如学科文化引领、学科理念生成、学科框架原创、学科理论拓展、跨学科理论视域、学科专业应用、学科成果普及性应用等。执着学科理论原创性顶尖成果,是人类创新的永恒追求,也是学术期刊平台提升其学术影响力的关键所在。一方面,高校学报作为学术期刊的功能定位,承担着传递学术信息的共同使命;另一方面,科学作为地方性知识,其理论创新的新颖度、呈现度、应用度本身具有梯度多样态,特别是社科期刊的人文性特质,都给不同高校科学确立自身发展定位、彰显学术个性特质、提供知识服务等特色化生长拓展了空间。坚守学术期刊功能定位,积极谋划品牌发展,与其他学科深度融合,提升编辑学术素养,以导向正确为魂,以学术质量为本,坚持立德树人,自觉服务地方,服务学科专业,充分挖掘地域文化资源,打造特色栏目,展示学术传播的多元素、多向度、多样态、多智慧的功能效应,是学术期刊正态发展之道。②

三、学术期刊编辑的实践智慧

从理论到实践,从宏观到微观,从抽象到具象,从文化到品牌,从学术素养到办刊成果,每一个角度,每一个环节,每一个落点,都实实在在地考量着学术期刊编辑的办刊智慧。

(一)编辑学术思维与实践智慧

编辑学者化的本质是指编辑必须具备学术思维品质。编辑学术思

---

① 蒋凯:《声誉追寻下的大学迷思》,《大学教育科学》,2018年第6期。
② 姬建敏:《改革开放40年高校哲学社会科学术期刊的分期、特征与经验》,《河南大学学报(社会科学版)》,2018年第6期。

维是指编辑人员能够自觉运用学术创新的视角与方法审视论文文本成果及其理论表达,洞察成果的创新度及其闪光点,用学术生产的眼光评判来稿文本,具备学术思考专业品质,有较好的学术判断能力,有从事学术期刊编辑工作的专业素质。专业素质是专业知识及其行动能力内化而成的专业品质,是人们从事实际工作的文化功底。学术期刊编辑的实践智慧,就是身为学术期刊的编辑能够从学术期刊本位功能与自身发展定位出发,从不同向度挖掘学术资源,充分运用自己的学术素养与经验积累去创新性地从事编辑活动,出色完成编辑任务。

(二)从传统编辑到编辑团队

传统的编辑从狭义上是指某个独立从事编辑工作的人。当下编辑概念应为编辑团队,具体包括主编、编辑、编辑部工作人员、编辑委员会成员、栏目主持人、兼职编辑、评审专家、承担组稿约稿工作的学者,作为一个有着共同目标的编辑团队要最大限度地发挥资源集聚、优势互补、合力共振、成果优化的功能效应。所谓编辑的学者化,狭义上指作为编辑个人的学者化,广义上是指作为一个有着共同使命的编辑团队应然的学术性思维,既指编辑部内部,也指由编辑部延伸的所有用于编辑活动的资源。其最为核心的是主编、编辑与编辑部工作人员。编辑团队共同承担期刊的发展定位、栏目策划、组稿约稿、稿件审录、开展学术交流、编校出版工作。审稿与编辑过程总是依凭着学术性判断,并以对话、修改等诸多形式来呈现,其学术构建价值潜在地浸润到作者发表的论文文本中,编辑工作就其生产过程而言,就是以论文文本为对象的学术对话,是以内容为根本,形式规范为要件,深度沉浸关联的学术创建性活动:它以论文为视点,从审稿开始,反复分析琢磨论文的原创度、新颖度、彰显度、表达度、逻辑度、规范度等。一篇已发表的高质量学术论文,就是上述要素用文本表达的完形性结构,当初摆在编辑面前的待审稿件却形态各异,等待着编辑去发现、去沟通、去完善。实际上,编辑洞察评鉴的过程就在极其现实地考量着编辑的学术功底与实践智慧。

(三)用好公共学术平台

学术期刊功能定位是一个开放的公共学术平台,旨在传递交流学术创新信息。期刊单位制为编辑人员提供了基本物质保障,编辑职业化要求学术期刊编辑必须具备学术思维。有限版面资源要求编辑对拟传播的学术信息必须进行严格把关,审稿作为一个重要的学术价值评判环节,如何把控用好审稿环节大有学问,特别是在如何遴选录用及其具体尺度的把握上不可避免地带有个体性特征。之所以强调编辑应当学者化,根本价值在于只有具备学者素养的编辑才有可能更有分寸地把控好学术信息传播全过程,让刊载的学术成果更加符合学术传播规律。特别是在选题策划、内容把关、文字表达、格式规范等方面更加符合自身刊物的发展目标与风格追求。学术传播有其自身的规则,这就是追求学术成果的原创性:选题拓荒,热点聚焦,问题阐释,方法独特,角度独到,观点新颖,资料典型,论证严密,表达准确,形式规范。问题的最大难点在于面对一篇篇有思想的论文,到底如何去评判,用什么标准来度量,并没有现成一一对应的可用于直接操作的标尺,即便是自己所研究的学科,也需要编辑用自己的全部专业积累作为框架来分析、思考、审度,要用自己的学术素养与学术思维,秉持敬畏学术的心态审慎地判断稿件的学术价值,而且不得不审视的还有自身刊物稿源的现状,未来获取高质量稿源的可能性,等等。即从事编辑工作需要在面临各种挑战时具有从容应对的实践性情境。

(四) 编辑的办刊智慧

实践的人文知识和科学的自然知识彰显着不同的理论向度,而其共同的根基都来自社会实践。"'社会性'是实践活动的根本特性。"[①] 实践智慧是一种基于现实语境中的"明智考虑的能力","是对特殊事物的知识,并且经验在其中起了重要作用"。[②] 编辑人员不仅要具备从事学术研究的理论素养,还要有能够将这种本领应用到实际办刊中的能力。一是从学术期刊本位功能出发,认真分析所在学报的优势与不足,确立本校学报的发展定位,所在团队的能力定位。二是组建培养自己的编辑团队。主编、编辑是一个协同发力的学术共同体,必须不断提升

---

① 贺来:《论实践观点的认识论意蕴》,《社会科学研究》,2018 年第 3 期。
② 洪汉鼎:《论实践智慧》,《北京社会科学》,1997 年第 3 期。

自己的学术评判能力与审稿能力,善用资源,巧于合作,取长补短,充分交流,集思广益。三是科学分析稿源渠道,确立发展定位,内容为王,质量第一,协同使用自然来稿、组稿约稿,周密分析把控稿件风险,追踪学术前沿,提升办刊水平。四是视野开阔,充分挖掘域地文化资源,重点打造特色栏目。寻找自身历史文化优势、地域优势、学科优势、编辑优势、专家优势,打造具有文化胎记的栏目。五是自觉服务所在学校的学科建设。"学科的发展有其自身的发展规律,但同时又是由社会建构起来的,它和社会需要、政治发展、所在语境有很密切的关系。"①发表所在学校科研研究与教学研究创新成果,培养学科专业新人。六是主动构建编辑与作者、读者以及学术共同体的良好关系。坚持学术标准,开展学术对话,积极参加学术共同体活动。七是主编引领,整体协同,多点发力,最大限度地发挥学报平台的学术资源集聚效应。以学报编辑团队为根本,充分发挥编辑部学术顾问、编辑委员会委员、学科专家、兼职编辑等人员在重点特色栏目策划、学术资源整合、组稿约稿审稿等方面彰显的办刊智慧与形成的学术张力,全力提升学报编辑部发现、挖掘、策划、整合学术资源的能力。八是力推高质量的学术成果,正确处理内容创新与形式规范的关系,学术编辑与技术编辑分工协作,扬长避短,相互支持。相对而言,文本规范是一个形式化、定型化、能操作、可纠错的技能型工作。文本内容审定则是一个极力追求创新性,既不可直接教会、又须臾不可分离的融参与性、潜在性、创新性、构建性于一体的学术建构活动。

总之,本位功能是源,发展定位是流,从本位功能出发找准发展定位才符合理论与实践逻辑。职业为生存,事业求境界,把职业做成事业才是编辑家。学术功底是基,实践智慧是业,基业并举特色发展,学术期刊才能大有作为。坚持编研一体,确保办刊导向正确,追求学术创新与团队合作,凸显质量为王,在有为有位中化解身份焦虑。

原载于《河南大学学报(社会科学版)》2020年第2期,人大复印报刊资料《出版业》2020年第7期全文转载

---

① 刘大椿:《科学哲学在中国的百年流变》,《高校理论战线》,2012年第12期。

学报编辑出版环境论
——从媒介生态学出发

姬建敏①

所谓媒介生态学,是指用生态学的观点和方法来探索和揭示人与媒介、社会、自然四者之间的关系及其发展变化的本质和规律的科学。② 学报作为高等学校出版的以传播、交流学术研究为目的的学术刊物,无疑是重要的学术媒介。然而,以前对这种媒介的研究,主要集中在学报编辑研究(比如编辑素质、编辑能力、编辑情商智商、编辑水平等)、学报工作研究(比如编辑审稿、编辑策划、编辑选择、编辑工作流程等)、学报规范化研究(比如摘要、关键词、参考文献的作用、学术史回顾的重要性等),以及学报史研究等方面。③ 即在高校学报"人－媒介－社会－自然系统"这一生态链条中,太过偏爱人和媒介的研究,以至于

---

① 作者简介:姬建敏,河南大学二级教授,河南大学学报编辑部编审。研究方向编辑出版学。

② 邵培仁等:《媒介生态学:媒介作为绿色生态的研究》,北京:中国传媒大学出版社,2008年,第5页。

③ 关于这些方面的研究,成果比较多。有代表性的著作有卜庆华主编的《学报编辑学概论》(湖南教育出版社,1991)、陈正夫主编的《高校学报学》(北京工业大学出版社,1990)、北京高教学会社会科学学报研究会编的《学报编辑学引论》(地震出版社,1998)、孙景峰著的《学报编辑工程论》(中国科学技术出版社,2000)、杨国才等主编的《学报编辑学研究》(云南大学出版社,2001)、宋应离编著的《中国大学学报简史》(中州古籍出版社,1988),另外还有《学报主编的思考:全国高校文科学报主编研讨会论文集》(辽宁大学出版社,1989)、《学报编辑与编辑学》(北京师范大学出版社,1997)、《21世纪社科学报与学报编辑》(北京师范大学出版社,2000)等。

几乎遗忘社会和自然系统的内容,更不用说它们之间的相互关系和生态平衡研究了。因此,笔者不揣浅陋,试从媒介生态学出发对学报编辑出版环境做一探索,以达到抛砖引玉之目的。

一、学报编辑出版的环境及其影响

环境,是指生态系统中生物有机体周围一切要素的总和。在媒介生态学里,它是指人生活在其中并给人以影响的境况和条件。① 从这一概念出发,高校学报的环境应该是指影响学报编辑出版活动的各种因素的总和。各种因素,既包括自然环境因素,也包括社会环境因素。

(一) 自然环境因素

1. 地理环境

任何事物都存在于一定的自然区域,每一个区域都有其相对不同的地理环境。由于我国高等院校的级别、性质和规模等的不同,千余家高校学报也都如影随形地遍布在全国直辖市、省会城市、副省级城市以及地级市以上的自然区域中。正如人类无法割断与地理环境的密切关系、无法摆脱地理环境对人类行为的制约和影响一样,处在一定自然区域的高校学报,也无法抗拒环境对它的全面渗透。

马克思说过:"人创造环境,同样环境也创造人。"② 处于不同的自然区域空间的高校学报,不同的自然环境、历史因缘、经济状况、文化态势、人才背景,尤其是学校所在的地理位置,不可避免地影响着学报的质量和整体声誉,就好像地处西北边陲喀什市的喀什师范学院学报不能和深圳市的深圳大学学报相比,地处开封的河南大学学报不能和北京的北京大学学报相比一样,不同自然区域空间的"实在环境",③造成

---

① 邵培仁等:《媒介生态学:媒介作为绿色生态的研究》,北京:中国传媒大学出版社,2008年,第137页。
② 《马克思恩格斯全集》第3卷,北京:人民出版社,1960年,第43页。
③ "按照人们所经验到的并以此来界定,实在环境指的是社会的和物理的环境。"(Pfuhl & Henry,1993:53)转引自戴维·阿什德著,邵志择译:《传播生态学:控制的文化范式》,北京:华夏出版社,2003年,第8页。

了各区域高校学报办刊水平的差异。以教育部2004年初和2006年中旬先后评出的高校社科学报"名刊"为例,19家大学学报中,地处北京的有《北京大学学报》、《中国人民大学学报》、《北京师范大学学报》、中国传媒大学的《现代传播》4家;地处上海的有《复旦学报》和《华东师范大学学报》2家;地处武汉的有《武汉大学学报》和《华中师范大学学报》2家;地处西安的有《陕西师范大学学报》和西安交通大学的《当代经济科学》2家;其他9家分别是地处厦门的《厦门大学学报》、济南山东大学的《文史哲》、南京的《南京大学学报》、昆明云南大学的《思想战线》、长春的《吉林大学学报》、天津的《南开学报》、杭州的《浙江大学学报》、哈尔滨黑龙江大学的《求是学刊》、南宁的《广西民族学院学报》。显然,不管是北京、上海、天津,或者武汉、西安、杭州,它们都是一定自然区域空间的政治、经济、文化信息中心,这些学报之所以能跻身"名刊",主要原因是学报的学术质量可圈可点,但这可圈可点的学报质量,又怎能离得开这得天独厚的地理位置呢?据有关学者研究证明,"在北京、上海、广东、江苏、浙江、天津等省、市,媒介的经济效益要远远高于内地和边远地区的媒介,城市传媒又远远高于农村传媒"①。虽然高校学报不同于一般的媒介,它不仅看重经济效益,更看重社会效益、看重学术创新,但在相同的政策和管理制度下,上述规律对高校学报依然有效。

2. 物理环境

就好像人总是生活在一定的地理环境之中,地理环境是人类赖以生存和发展的物质基础一样,人们要进行传播活动,大都需要特定的人为的物理空间,即办公室、教室、书房、会议室等工作场所,这些工作场所就是所谓的物理环境。

高校学报作为隶属于高等学校的学术期刊,除了受学校地理位置的影响外,还要受一定的具体的静态的物质空间的影响。具体来说,也就是要受学报编辑讨论选题、制定计划,策划、组构、审稿、修删、校对、出版,接待作者和读者、联系印刷业务,以及学习必要的专业知识、编辑知识、政策法规等进行"表演"的编辑工作室、图书资料室等环境因素的影响。

---

① 邵培仁:《传播学》,北京:高等教育出版社,2000年,第241页。

一般来说，编辑工作室温馨舒适、整齐典雅，编辑就心情愉快，进行编辑出版活动也会精力充沛，事半功倍；反之，编辑室桌椅破烂、拥挤、电脑设施不全、噪音大、空间小、光线弱以及空气污浊等，就会分散编辑工作的注意力，破坏编辑工作的心境和情绪，影响编辑工作的效果。西方环境心理学家曾对办公室的空间影响力进行过一系列研究，研究表明：媒介员工不喜欢一个个"单门独户"的很小的办公室，这种办公室有点像监狱里的"牢房"，不利于员工之间的交流与沟通，影响集体智慧的发挥；他们也不喜欢足球场那么大的可以容纳上百人在一起工作的场所，这里人声嘈杂，人影晃动，互相干扰，难以集中精力工作；他们喜欢园林化办公室，这里景色别致、感觉宽敞，便于交流和发展友谊，没有等级和心理隔阂，工作效率高。① 学报编辑从事的是创造性的智力劳动，工作环境虽然不能决定编辑工作的质量和水平，但环境作为学报编辑进行编辑出版活动的"场所"和"容器"，他们既在里面"表演"，又在里面"存放"和发展，特定的物理环境确实起着阻碍或推进编辑工作的作用。难怪高校社科学报在"名刊"工程的评选中对办公用房、图书资料建设、办公设备等提出了比较具体的要求。②

（二）社会环境因素

学报编辑作为有血有肉的社会之人，在编辑活动中不仅受地理环境、物理环境这种由物质条件、有形条件之和构筑而成的硬环境的影响，还会受那些由非物质条件、无形条件之和构筑而成的软环境的制约。软环境，它包括媒介环境和社会环境两种。

1. 媒介环境

"媒介环境是指大众传播机构在运作管理中所呈现出来的一种整体气氛，是由大众传播活动全体参与者的行为方式聚合后形成的一种

---

① 杜·舒尔茨著，钟锦泉等译：《应用心理学》，广州：广东高等教育出版社，1987年，第107—108页。

② 比如，第二批高校哲学社会科学"名刊"工程评审依据就有"办公用房"80平米得　分；每少20平米减　分；"办公设备"办公设备齐全（如电脑、传真机、打印机、复印件、扫描仪等）为　分，基本齐全为　分，不齐全为0分等要求。

习惯模式。"①对于学报编辑部而言,也可以说成是它的内部空间环境。这种内部空间环境,不管是宽松的或者压抑的,它的培养与形成,并不决定于主编或某个编辑的角色观念与行为方式,而是学报编辑部在过去长期的编辑出版和人际互动中逐步形成的。

传播学专家邵培仁先生认为,媒介环境的构成因素分为媒介威望、社会意识、团队精神、行为规范、求实精神五个方面。通常,这五个方面的指标愈向正极发展,媒介的社会效益和积极效益愈好,而媒介人员的成就感和积极性亦会随之上升。反之,就差,就下降。② 具体到学报编辑部,它的构成不仅含有学报的知名度、美誉度、社会地位、社会声望等因素,也含有学报编辑的奉献意识、责任意识、求实精神、团队精神以及编辑个人的行为规范、行为方式等因素。这些因素虽然比较抽象,无形无状,但它对一个学报编辑部内部空间环境的形成起着不可低估的作用。

一个编辑部内部空间环境一旦形成,就会成为一种无形的、巨大的力量,影响着学报编辑部的每一个成员。一般来说,宽松积极的内部环境能使学报编辑自豪、自信、自觉,有归属感、责任感、使命感,工作积极性强,工作效率高;相反,压抑消极的内部环境不仅会影响学报编辑的进取心、责任心、团队精神,还会相互感染,形成恶性循环,甚至耽误编辑部的正常工作。

2. 社会环境

"社会环境,是指由人类主体聚集、汇合后所形成的社会状况和条件。"③它相对于媒介环境而言,是一种"大"环境,一般以国家、民族为背景。高校学报作为高等学校出版的学术期刊,国家政局稳定,社会安定团结,经济文化、高等教育繁荣发展,高校学报就能正常出版,办刊方

---

① 邵培仁等:《媒介生态学:媒介作为绿色生态的研究》,北京:中国传媒大学出版社,2008年,第151页。
② 邵培仁等:《媒介生态学:媒介作为绿色生态的研究》,北京:中国传媒大学出版社,2008年,第152页。
③ 邵培仁等:《媒介生态学:媒介作为绿色生态的研究》,北京:中国传媒大学出版社,2008年,第153页。

向、学术质量就有保证;反之,社会大环境动荡不安,经济停滞不前,文化遭遇浩劫,高等教育支离破碎,高校学报也就没办法出版。这就是"'文化大革命'前的1965年,我国出版的大学学报有40多种。自1966年6月'文化大革命'开始后,我国大学学报相继停刊……从1966年下半年到1973年下半年,在中国大学学报史上出现了长达7年之久的'空白'阶段"①的原因。其实,在不好的社会环境中,即使大学学报偶有出版,编辑方向和学术质量也不能得到保证。据学报史研究专家宋应离先生考证,"文化大革命"期间,"'四人帮'通过其黑干将及在北京大学的代理人和梁效控制利用原《北京大学学报》进行篡党夺权活动……三年时间内,'四人帮'那两个黑干将以梁效等名义在学报上共抛出大小文章七十多篇,占学报文章总数的近四分之一"②,学报直接沦为篡党夺权的工具,又何谈学术,何谈质量?

可见,社会环境因素作为比较抽象的、意义性的、动态的精神因素,尽管它看不见、摸不着,但它同实实在在的自然环境一样,影响和制约着高校学报的编辑出版。反过来说就是,高校学报的编辑出版活动必然要依赖一定的环境来存在。德弗勒和鲍尔－洛基奇认为,如果撇开环境,单纯地孤立地观察各个具体的媒介,那么观察再细致,也无法理解当今社会大众传播系统的整体,因为媒介的历史大于其各个部分之和,任何媒介的产生和发展都深深地植根于一系列独特的社会、经济和政治环境之中。因此,我们要研究学报,就不能不研究学报环境;我们要研究学报环境,就不能不重视学报系统"人－媒介－社会－自然"的生态平衡。

二、建构高校学报系统生态平衡的举措

所谓的生态平衡,其实并不神秘,从某种意义上来说,中国文化就

---

① 宋应离编著:《中国大学学报简史》,郑州:中州古籍出版社,1988年,第248页。

② 宋应离编著:《中国大学学报简史》,郑州:中州古籍出版社,1988年,第249页。

是生态文化。比如,中国古代哲学所讲究的"天人合一""天人相应",这个"天"就是宇宙自然。"天地者,万物之父母也"(《庄子·达生》),"天地与我并生,而万物与我为一"(《庄子·齐物论》),"天有其时,地有其财,人有其治",人"不与天争职"(《荀子·天论》)等,倡导的就是人与自然、社会的平衡调达、和谐统一。今天,"生态运动的兴起使我们进一步意识到,所有的事物都是相互联系着的,我们应当同我们的总体环境保持某种和谐"①。因此,从媒介生态学的视阈出发,高校学报要生存、要发展、要强大,就要处理好人与自然的关系、人与社会的关系、人的内心世界与周围环境的关系。具体来说,就是从影响学报编辑出版的环境因素出发,努力实现高校学报、自然、社会和人的和谐统一。

(一)从高校学报的自然环境出发,努力实现高校学报编辑出版与自然的和谐统一

1. 开发利用地理环境

众所周知,由于我国教育体制和管理体制的原因,我国的高等院校分为教育部办的部属院校、各省办的省属院校和地市办的地市属院校等。一般来说,部属院校大都分布在北京、上海、广州、武汉、西安等大都市,省属院校大都分布在各省的省会城市,地市属院校大都分布在地市级城市。而我国地域辽阔,各个城市所处的地理位置不同,地理环境的结构也具有明显的地域性特色。比如,北京是我国政治、经济、文化信息的中心,不仅人才资源丰富,而且各种信息的质量和数量也无与伦比;东南沿海城市经济发达,中原城市文化底蕴深厚,西南、西北少数民族地区民族特色浓郁,等等。因地制宜地开发利用高校学报所在城市的地域特色,打造一流学报、特色学报,就成为实现学报编辑出版与自然和谐统一的重要举措。

第一,地处我国政治、经济、文化信息中心的学报,要利用信息资源、人才资源独一无二的地理环境优势,创办中国一流的学报。比如,《北京大学学报》就是利用北京大学一流的重点学科、一流的专家学者、

---

① 大卫·雷·格里芬编,王成兵译:《后现代精神》,北京:中央编译出版社,1998年,第227页。

一流的研究成果,和首都北京得天独厚的地理环境优势,连续获第一、二、三届国家期刊奖,首批入选教育部高校哲学社会科学"名刊",把《北京大学学报》办成了能够代表中国哲学社会科学总体研究水平的一流学术刊物的。① 北京大学作为我国数一数二的知名大学,不仅有丰厚的人文社会科学积淀,还有世界大都市的文化背景,北大学报人正是凭借这些自然环境优势,加上"创世界一流大学,办中国社科名刊"的强烈愿望和办精品学报的务实、奋斗精神,实现了高校学报和自然环境的和谐统一。第二,地处某一区域政治、经济、文化中心的学报,要利用不同区域地理环境和地域特色的优势,打造特色学报。比如,《广西民族大学学报》就是利用广西少数民族地区独特的民族风貌和文化特色,在"民族性、文化性、地方性、区域性"上下功夫,挖掘地域优势,突出人类学与民族学研究的特色,进而成为"中国人类学民族学研究的重要阵地之一"、中国民族学类核心期刊的。② 2006 年该学报被列入教育部高校哲学社会科学学报"名刊"建设名单,不仅凸显了特色,打造了品牌,还给地处偏僻的高校学报开辟了一条可持续发展的金光大道。

高校学报特定的地理位置和地理环境虽然不能改变,但学报人的主观能动性是可以发挥的,只要尊重自然规律,并想方设法把自然环境优势转化为学报竞争的砝码,就能实现学报编辑出版与自然的和谐统一。正所谓人和自然是相互关联的,只有保持媒介生态系统与周围环境的协调、有序和动态平衡,才能达到各方的互惠互利、和谐共赢。

2. 美化创造物理环境

前面说过,物理环境指的是学报编辑工作的场所。在中国,学报编辑无论坐班与否,高等院校几乎都提供一定的办公用房和必需的办公设施,虽然各家学报的办公面积、办公环境不尽相同,办公面积和办公环境也不代表学报的质量和水平,但学报编辑进行编辑出版活动的那个特定的物理环境,对形成和巩固他们的立场、观点、知识,对提高编辑

---

① 陈火祥:《中国期刊编辑出版的三度空间论》,《河南大学学报(社会科学版)》,2009 年第 6 期。

② 陈火祥:《中国期刊编辑出版的三度空间论》,《河南大学学报(社会科学版)》,2009 年第 6 期。

活动的效率和效果，确实起着阻碍或推进的作用。因此，合理而科学地选择、设计和运用这些物理环境，对实现学报编辑出版与周围环境的和谐统一不可或缺。

第一，在现有办公条件的基础上，尽可能美化工作环境。既然高等院校给学报编辑提供了一定的办公场所和设施，那么美化办公室环境，及时地打扫和整理以保持空气的清新和环境的整洁，对进行创造性智力活动的学报编辑来说，不但能愉悦身心，使编辑心情舒畅地工作，还能提高工作的效率。第二，在适应办公条件、利用办公设施的基础上，创造美好的工作环境。学报编辑的工作环境作为非自然的、存在于编辑活动中的、能减弱和加强编辑效果的特定的、人为的物理情境，编辑不仅要适应环境，利用有效的办公条件做好自己的工作，还要创造和营建美好的办公环境。因为美好的环境有利于编辑精力集中，提升工作效果。

心理学研究表明，当人们生活在肮脏零乱、嘈杂不宁的地理环境之中时，就容易变得焦躁不安、情绪不稳，不利于专心致志地从事工作和学习；当人们起居于风景秀丽、清静幽雅、和谐统一的地理环境之中时，就容易变得精神舒畅、欢快和悦，有利于全身心地从事智力活动。学报编辑的办公场所虽然不能轻易改变，但办公环境则可以人为地创造，比如，在办公室内摆几盆鲜花，点燃一炷卫生香，看稿劳累的时候放一些轻松舒缓的音乐，和作者沟通、交流的时候制造一些温馨、祥和的气氛等。编辑不仅仅受制于环境，同时也能够影响环境、建构环境。只要有利于编辑身心，有利于学报出版，根据自己的目的和需要改造办公环境，进而实现编辑内心与周围环境的和谐统一，实现学报编辑出版与物理环境的和谐统一为最高境界。

（二）从高校学报的社会环境因素出发，努力实现高校学报编辑出版与社会的和谐统一

1. 建构相对舒心的媒介环境

媒介环境，指的是学报编辑部的内部整体氛围，或内部空间环境。这个整体氛围，既有相对宽松的，又有比较压抑的；既有积极进取的，又有消极颓废的;既有团结紧张的,又有钩心斗角的……不言而喻,前者对编辑个人或整个学报编辑部的工作都起到积极的推动作用,后者则起到相反的作用。因此,如何建构相对宽松、相对舒心的媒介环境,成为编辑个人乃至学报编辑出版事业成长、发展的大事。

第一,学报编辑部的领导要根据学报自身的特点、优势和编辑的能力、水平,设计、建设具有自己特色的优良环境。比如,既有一套严格的规章制度,编辑个人又有一定的自主权和自由度,客观上严格要求,微观上灵活、宽松等。对于一个学报编辑部来说,首要的任务就是要有这样的规划。凡是谋则立,有了想法,才会有谋略。第二,还要有一定的规章制度作保障。规章制度,作为学报编辑部的"法律条款",便于约束编辑个人的言行,有利于编辑活动的规范化、程序化,特别是对形成编辑个人严肃认真的敬业精神和一丝不苟的工作作风有利,对学报的学术质量、编校质量"保险系数"较大。第三,日常管理要民主、宽松,给编辑尽可能大的自由度和尽可能多的尊重与宽容。只要有利于学报的发展,有利于学报的知名度、美誉度等,编辑可以自我设计、自我管理,可以按照自己的特长、爱好和专业兴趣选择作者、组织稿子乃至编辑出版;只要有利于编辑部内部的团结,就可以畅所欲言;只要能保质保量按时完成编辑出版任务,就可以不坐班、少坐班等。按照现代管理学的说法,这对培养编辑的创新精神、提高工作效率和学报竞争力比较有利。另外,学报上下级之间要以诚相待,开诚布公;在制度和规定面前领导要以身作则,对待下属要多一点宽容、多一点关爱;编辑对待领导要多一点支持,多一点理解,如此等等,积极进取、团结温馨的媒介氛围也就形成了。

根据维果茨基为代表的社会建构主义理论,"只有当个人建构的、独有的主观意义和理论跟社会和物理世界'相适应'时,才有可能得到发展。因为发展的主要媒介是通过交互作用导致的(有)意义的社会协商"[①]。学报编辑生活在这种相对宽松、相对舒心的媒介环境中,会有

---

① 高文:《维果茨基心理发展理论与社会建构主义》,《外国教育资料》,1999年第4期。

意无意地在思想观念、行为准则、价值取向等方面和编辑部的根本利益发生认同,个人的成长和编辑部的发展相一致,对形成特定的媒介文化和媒介氛围、实现学报编辑与编辑部的和谐统一、学报出版与社会的和谐统一非常有利。

2. 社会环境的最优化

媒介生态学所说的社会环境,是从社会、国家层面出发的。今天,我们生活的社会主义祖国,政治清明,经济发展,物质丰富,精神富足,老百姓安居乐业,这不仅给大众传媒提供了取之不尽、用之不竭的人才和物质资源,还提供了尽可能大的生存和发展空间。特别是党中央提出的科学发展观和构建和谐社会的战略,对媒介作为绿色生态的研究和发展意义重大。《老子》曾说:"万物并作,吾以观复。夫物芸芸,各复归其根。"祥和的环境能使万物生机勃勃,兴旺繁荣,循环往复,生生不息,生死同源,永无止境。

学报作为高等院校出版的学术刊物,"学术乃天下之公器……学报为学术之园圃","学术,学府,学报,一脉相承,代有递进;知新,求新,创新,永无止境,国之灵魂"。① 正所谓"好雨知时节,当春乃发生",时不我待,学报人自当扬鞭奋蹄。

总之,环境作为高校学报生存和发展的基础和条件,作为高校学报系统生态链条中的重要一环,它在一定程度上影响、规定、制约着学报的繁荣与昌盛。我们研究学报的环境,不是要去征服它,人为地改变它,而是要客观地认识和理解它的形貌、特性以及它对高校学报编辑出版的作用,然后尽可能地用绿色生态的视野和和谐发展的理念去审视它、观照它,"顺应天时",取得学报编辑学研究和编辑学实践的新成就。

原载于《河南大学学报(社会科学版)》2010年第3期;《新华文摘》2010年第16期论点转载,《高等学校文科学术文摘》2010年第4期论点转载,《北京大学学报》"文科学报概览"2010年第4期论点转载

---

① 龙协涛:《学报赋》,《苏州大学学报(哲学社会科学版)》,2009年第5期。

传统出版与数字出版

网络时代传统出版业的生存困境与发展出路

刘 捷①

进入新世纪以来,国内外出版行业遭受了以互联网技术、移动技术、数字化阅读技术为代表的信息技术的巨大挑战,呈现出复杂多变的博弈局面,传媒结构发生了微妙的变化。其中,报纸、期刊、图书等传统纸介质媒体在总体产业格局中的比重逐年下降。传统出版业尴尬的生存境地,引起了出版业工作者的急切关注、担心和忧虑,人们纷纷探究数字化背景下出版业发展的新思路、新举措、新模式。有的研究者追溯、研究了美国《读者文摘》破产对我国期刊行业的启示;②有的研究者对"暗流涌动""来势汹汹""咄咄逼人"的新媒体冲击下中国期刊业的"优势消解"进行了分析;③有的研究者提出,在"读图时代"我们更应该"寻找文字的力量","理性看待和正确认识传统阅读和数字阅读的博弈,在网络阅读和传统阅读之间进行合理取舍";④有的研究者提出,数字内容服务是数字出版的基本要求,数字技术应用是帮助传统出版单位顺利开展数字出版业务的支撑系统,是助推出版单位实现从传统出版模式到数字出版模式跨越升级的技术保障,数字出版为传统出版开

---

① 作者简介:刘捷,人民教育出版社报刊社博士。研究方向编辑出版学。
② 周根红:《美国〈读者文摘〉破产对我国期刊业发展的启示》,《出版发行研究》,2009年第10期。
③ 王一粟:《新媒体冲击下的中国期刊业(上)》,《出版参考》,2009年第24期;王一粟:《新媒体冲击下的中国杂志(下)》,《出版参考》,2009年第25期。
④ 常凌翀:《数字视域下网络阅读与传统阅读的博弈探析》,《出版发行研究》,2010年第4期。

辟了新径;①有的研究者认为,尽管数字出版产业发展势头强劲,但无论是新媒体还是传统出版单位的数字化转型,在赢利模式上仍然处于探索阶段,而且,多数传统出版单位对数字出版的认识仍然停留在建网站或与运营商签订各种委托数字化协议阶段,对数字出版本质缺乏认真研究;②如此等等。这些虽然为人们对此问题的思考和行动提供了宝贵的经验,但研究比较零散,缺乏整合,尤其缺少专门对包括报纸、期刊和图书等传统出版业如何应对数字化挑战的系统研究。鉴于此,本文尝试着对网络背景下传统出版业的生存困境和发展出路进行一番比较系统的探究和讨论。

一、网络时代数字出版汹涌而来

在电子计算机和现代通信技术的强力支持下,互联网将人类的文化传播带进了一个崭新的网络时代。人类知识和信息的获取方式正沿着网络系统这个快捷、方便、便宜的新路径迅速扩张,数字出版汹涌而来。人们感受最明显的是,过去通过购买报纸、杂志、图书等纸介媒体获得信息的方式,正在部分地被互联网所取代,数字出版与传统纸介质出版共存的时代已经开启。

一是电子图书增长强劲。纸张百科全书越来越少,字辞典产业遭受到强烈的竞争,许多数据库形式的内容产业已经离开纸质媒体,直接进入了数字时代。与此同时,电子图书总量、电子图书读者总数、电子图书市场销售收入增长强劲。电子阅读器的显示能力和视觉感受几乎与传统图书相差无几,已"成为时下消费电子领域最受关注的产品,2010年更显现出井喷之势"③。

二是电子杂志越来越多。2009年8月,全球发行量位列第三的杂

---

① 苏静:《数字出版为传统出版开辟新径》,《出版参考》,2009年第19期。
② 张立:《我国数字出版产业的发展趋势及对策分析》,《出版发行研究》,2008年第10期。
③ 李淼:《"井喷"之年》,《中国新闻出版报》,2010年3月4日。

志《读者文摘》宣布申请破产保护,在世界范围内引起广泛关注。① 各类传统杂志越做越厚,成本越来越高,价格越来越涨,发行量越来越少,广告收入越来越降,日子越来越难过,停刊、转刊时有发生。与此同时,先是生活类电子杂志、然后是专业类电子杂志粉墨登场,电子杂志的用户数不断刷新,下载量大量增加,广告收入不断增长。

三是数字报纸潜力无穷。一方面,报纸从纸媒转向网络经营,成为互联网时代平面媒体生存空间日益狭小的例证;另一方面,数字报纸(含网络报和手机报)出版潜力无穷。特别是随着手机功能、容量、普及率的不断上升,越来越多的人逐渐习惯于使用手机进行阅读。

四是博客出版方兴未艾。博客作品不断涌现,诸多博客作品开始进入大众视野,人们纷纷触网,博客出版方兴未艾。博客正在一定程度上影响和改变着人们的文化消费习惯。

五是按需印刷发展迅速。随着出版社专业图书数据库的建立,已有越来越多的出版社网站提供数字化的内容资源。不论是一本完整的电子书,或是任由读者自己选取的章节、片断,个性化定制和按内容付费将成为今后出版社网站盈利的模式之一。

此外,还有数据库在线、电子商务等形形色色的出版新形式。很显然,数字出版是出版业的未来和发展趋势。有的信息技术专家甚至预言:到2018年,世界上几乎所有的大报纸都将放弃印刷版本;到2020年,90%的书籍、杂志、报纸等都将以电子出版物形式出版发行。② 这样的结论虽然有些危言耸听,但是现在人们读书、看报、查阅杂志的时间,已经大量转到网络,阅读传统出版物的人数在下降,而阅读网络出版物的人数在增长,电子出版和网络出版成为出版业新的经济增长点,这也是不争的事实。

从出版的角度讲,未来是一个跨媒体出版的时代;从阅读的角度看,未来将是一个多元化阅读的时代。2010年4月,中国出版科学研究所发布的《第七次全国国民阅读调查十大发现》显示数字化阅读方式

---

① 晋雅芬:《〈读者文摘〉寻求破产保护告诉我们什么》,《中国新闻出版报》,2009年9月8日。

② 蒋秀芝:《数字出版汹涌而来》,《出版参考》,2008年第28期。

稳步增长。2009年,我国18－70周岁国民中接触过数字化阅读方式的占24.6%,比2008年的24.5%增长了0.1个百分点,其中网络在线阅读、手机阅读、手持式阅读器阅读是主要数字化阅读方式。与此相反,2009年我国国民报纸阅读率为58.3%,比2008年的63.9%下降了5.6个百分点;国民期刊阅读率为45.6%,比2008年的50.1%下降了4.5原因(68.7%),其次选择数字阅读是因为"方便信息检索"(36.6%)。此外,还有35.4%的人因为"收费少甚至不付费"这一原因而接受数字化阅读方式。数据显示,在接触过数字化阅读方式的国民中,91%的读者阅读电子书后就不会再购买此书的纸质版,只有9%的读者表示阅读电子书后还会购买该书的纸质版。① 以互联网为流通渠道、以数字内容为流通介质、以网上支付为手段的网络出版浪潮席卷而来,数字化阅读、电子信息浏览渐成习惯,网络成为人们获取信息的重要来源。2009年3月17日,具有146年历史的美国《西雅图邮讯报》转变成完全的电子报纸,成为美国彻底脱离纸媒的大型报纸之一。在此报社工作长达25年的编审埃里克森说:"我对报纸停印感到悲伤,这是一个时代的结束。"②

二、网络时代传统出版业的生存困境

人类文明的发展和传播与出版有着不可分割的密切关系。出版介质的演进经历了数千年漫长的历史过程,曾经发生过四次出版革命。第一次为6000年前,人类祖先将语言记录在竹木、泥石、莎草纸、皮革、树皮、甲骨、青铜器等介质上,这是人类首次将声音转化为文字、符号、图形,知识信息传播第一次打破了时空的限制。公元2世纪中国蔡伦造纸术的发明标志着出版进入第二次革命时期。出版传播新介质纸的出现,使大规模出版活动的开展成为可能,成本的降低又使得出版物从少数人享受的奢侈品成为大众生活中的消费品。公元11世纪中国毕

---

① 中国出版科学研究所、全国国民阅读调查课题组:《第七次全国国民阅读调查十大发现》,《中国新闻出版报》,2010年4月24日。
② 《146岁老报纸停了》,《北京晚报》,2009年3月18日。

昇发明印刷术,第三次出版革命开始。印刷术经过德国人约翰尼斯·谷登堡等许多人的不断改进,大大推进了出版业的发展和人类文明的进程。而20世纪中叶以来电子出版技术的应用是出版历史上的第四次革命,它对人类文明进程更是产生了强大的影响,使得大范围、大规模、快速度、生命力持久的信息传播成为可能。① 近些年来,互联网和手机的出现,又为出版介质这个大家庭增添了新的成员,可以说第五次出版革命已经拉开了序幕。回顾出版变革的历程,简策在中国从发明到普及大概用了近千年的时间,纸张用了300年的时间,唱片用了30年的时间,磁带用了20年,互联网不到10年,手机作为出版物到今天不过几年的时间。② 我们处在一个变革的时代,传统的出版工艺、出版介质以及流通方式等受到了空前的挑战,新介质、新的技术手段正在颠覆人们习惯了的一切。报社、杂志社、出版社等传统出版单位面对数字出版显得不太适应。

(一) 机制观念不适应

机制问题在传统出版单位的表现是仍然没有摆脱事业属性和强烈的国企特点,仍习惯于用纸质出版的经营模式、成功经验,甚至是教化方式来经营数字出版,还不适应互联网时代灵活多样、甚至是瞬息万变的经营方式。观念上表现为传统出版单位对数字出版缺乏认真研究,对数字出版的认识仍然停留在建网站或与运营商签订各种委托数字化协议的阶段,不适应数字出版所具有的开放性、交互性等属性。尤其是有些出版单位认为自己是经过国家行政管理机关正式批准的正统出版单位,且有着或长或短的出版历史与一定的文化资源积累,掌握着内容的话语权。事实上,从网络出版产业链角度看,传统出版单位过度集中在内容源头一端,在整个产业链中主要是网络出版内容的提供商,离内容价值最终实现端的距离较远,在整合整个产业链的过程中处于劣势,存在着被技术提供商和作者越过的危险。当前技术提供商主导着我国

---

① 师曾志:《网络电子期刊质量控制研究》,北京:北京图书馆出版社,2007年,第65—76页。

② 张立:《解读数字出版》,《出版参考》,2007年第19期。

数字出版产业的发展,数字出版的业务主体是 IT 企业,如北大方正、清华同方、起点中文、中文在线、万方数据,等等。这几家技术提供商,已将全国 500 多家图书出版社 120 多万种的图书资源进行数字化的整合集成,从而占据了中国电子图书市场 90％以上的份额。① 技术提供商对新技术和行业标准的潜在垄断,给传统出版产业带来了新危机,甚至威胁到传统出版业的生存。一旦这些网络平台运营商不仅做内容数字化的加工者和技术提供者,还要做内容的生产者和原创者,他们就成了新兴的网络出版商或数字出版商,先有网络版、后有纸介版的出版方式将成为可能,甚至将来有可能是传统出版单位向网络出版商要内容。总之,传统出版业如果继续对数字出版业务保持敬而远之的态度,将会与数字出版业务渐行渐远,将可能失去对尚未成型的网络出版产业链的主导权,将会在产业转型中面临种种威胁和壁垒限制,将有可能被新媒体所取代而成为小众媒体,这绝不是危言耸听。

(二) 出版模式不适应

当今,媒体竞争的市场格局使受众在媒体选择上呈现出分众化的发展态势,传统出版单位的原有读者群被其他媒体所吸纳,也很正常。这种变化趋势对传统出版业产生的影响不单是一些受众成为网络媒体用户,更为严重的是现有的和潜在的作者资源遭遇掠夺。以往,作者必须通过有限的出版机构来发表自己的作品,并由于内容品质、市场预测、编辑偏好、印刷成本等多种因素形成了较高的进入门槛。如今,他们找到了几乎没有任何门槛的数字化平台,其自我表达的需求与互动参与的热情得到了无限释放。一旦人们习惯了以各种模式直接在网上发表作品并进行互动阅读,高水平的作者与互联网商业机构寻求到了相应的完善的盈利模式,作者与读者有可能绕开出版机构,从而形成不同以往的网络出版体系。例如,以起点原创文学协会为前身的起点中文网,在 2003 年 10 月开创了在线收费阅读即电子出版的新模式,现在,该网站作为国内最大文学阅读与写作平台之一,创立了以"起点中文"为代表的原创文学领导品牌,进行了大量品牌授权以及自主出版方

---

① 聂震宁:《数字出版:距离成熟还有长路要走》,《出版科学》,2009 年第 1 期。

面的开拓,建立了完善的以创作、培养、销售为一体的电子在线出版机制,已经成为目前国内领先的原创文学门户网站,取得了较大的社会反响。

(三) 营销模式不适应

目前,我国文化出版制度是建立在传统纸介产品的盈利模式之上的,是典型的机械化车间生产经济模式。这种模式将知识创造的利益回报固化在出版产品的单次消费上,产品销售得越多,出版者、作者的回报越大。数字多媒体技术下的出版,以更为丰富、多元的形态呈现,并以网络传播的全天候状态存在。它不是固化在某一产品形态之中,而是流动的、多元的、即时的,突破了用一次性销售来实现出版者、作者利益的桎梏。与之相关联,出版营销理论中占中心地位的 4P 理论已开始向 4C 理论转变,即由营销中以出版物(Product)为中心向以消费者(Consumer)为中心转变;以价格(Price)为中心向以成本(Cost)为中心转变;以传播渠道(Place)为中心向以消费者便利(Convenience)为中心转变;以促销(Promotion)为中心向与消费者沟通(Communication)为中心转变。[①] 当前,无论是新媒体还是传统出版单位的数字化转型,在营销模式上都处于探索阶段,数字出版尚未形成业界普遍认同的商业模式。在产业链上游,数字厂商对数字出版期待过高,传统印刷出版单位态度相对漠然;在产业链的中游,几家大的数字媒体提供商的数据整理存在很大的相似性,开发浪费较大;在产业链的下游,电子图书、数字报刊等的营销过于依赖机构消费者,尚未完全形成市场化。特别是传统出版单位的数字出版在整体经营上尚未找到赢利模式,仍处于投入大于产出阶段。

(四) 从业人员不适应

网络环境下,编辑出版整个流程包括作者投稿、专家审稿、编辑加工、出版发行等都发生了重大的变化。适应这些重大变化,网络时代的

[①] 师曾志:《网络电子期刊质量控制研究》,北京:北京图书馆出版社,2007年,第 197 页。

编辑出版人员,除了要扎实掌握编辑业务基础知识以外,还要具有在各种新型媒体出版中具体运用这些知识的能力。在传统的出版物生产流程中,编辑业务主要是纸介质出版物内容的筛选把关,载体的单一性使得知识内容的筛选把关相对较为简单。网络时代的出版往往涉及多种媒体的互动与融合,一种知识内容可以产生多种形式的出版产品。这就使得编辑业务中筛选把关的要求更为复杂,如出版主题内容的选择要考虑适应多种媒体的要求,而且要按照各种媒体的特定要求进行运作。此外,处于网络时代的编辑人员还要有全方位的市场营销能力和较强的社交公关能力,具备稿件资源的开发能力、稿件资源质量把关能力、稿件资源有效转化能力;具备信息检索能力、计算机操作能力、多媒体转化能力;具备市场预测能力、产品包装设计能力、宣传促销能力;还应有较高的外语水平等。与这些要求相比,现有编辑出版人员的素质和能力还差得很远。

(五)国际竞争不适应

网络技术的发展,将进一步打破出版国界的限制,促进网络化、全球化、多元化的国际出版市场的形成。这种情势,一方面能进一步加强我国对外出版合作与交流,使人才、资金及知识信息在更大范围内、更加合理地进行资源配置,有助于打破封闭、保守状况,提高我国自身信息服务与产业化的创新能力,带动我国出版业的发展;另一方面也有可能造成对我国社会文化环境渐进性的侵蚀,使原有出版企业网络体系的相对稳定性遭受挑战,企业与企业间的竞争加剧,对跨国公司的依赖程度加深。目前的情况是,有的国家已经以其人才优势、资金优势、出版优势以及现代出版管理理念,向我国出版市场逐步渗透。在网络时代的大背景下,任何国家已无法抵御现代信息技术所带来的经济全球化发展浪潮。我国已经加入了WTO,出版业参与国际市场竞争已成为历史的必然,因此,出版界必须从根本上清除守旧、封闭及安于现状的思想,努力占据信息技术方面的制高点,提高自身发展的实力,建立出版企业间有效的产业链关系,形成产业集群,发挥出版行业整体力量,在踏踏实实发展本国出版业的同时,积极参与国际出版市场的竞争,努力开展多方版权贸易,加强版权保护意识,争取使我国出版业处于有利的竞争地位。

人无远虑必有近忧。互联网这个新媒体的诞生带来的是社会各行业的变革,也将彻底改变传统出版业的生存和发展方式。对于以传播思想、普及知识和积累文化为己任的传统出版业来说,要想在网络世界中赢得自己的生存空间,就必须充分利用网络技术的优势,变革其传统的文字载体、编排、出版发行、对外传播、经营管理等一系列运作模式乃至产业格局。

三、网络时代传统出版业的发展出路

下滑、裁员、停印、倒闭……面对种种困难,传统出版业如何才能突出重围,走出困境? 数字出版产业的发展有赖于传统出版业各种要素的介入,以提升内容,优化流程,建立品牌,壮大队伍,形成成熟的数字出版业态。传统出版单位只有不畏痛苦,义无反顾,不断追求,历练自身,提升自我,才能杀出一条血路。

(一) 转变观念,创新机制

新闻出版总署 2010 年的"一号文件"《关于进一步推动新闻出版产业发展的指导意见》,特别强调要"支持新闻出版企业积极采用数字、网络等高新技术和现代生产方式,改造传统的创作、生产和传播方式。加快从主要依赖传统纸介质出版产品向多种介质出版产品共存的现代出版产业转变"。从某种意义上说,新媒体的冲击带给传统媒体的不仅仅是挑战或危机,也是良好的发展机遇。互联网本质上是一个信息传播平台,任何机构和个人都可以通过它提供内容、参与竞争。国内多数出版单位已经在出版的某个环节或环节的某个部分实现了数字化技术的应用,而有的更是走在前列。例如,中国出版集团、上海世纪出版集团、广东出版集团、四川出版集团、人民教育出版社、高等教育出版社、社会科学文献出版社、中国大百科全书出版社等一批传统出版企业,正加快数字化转型的步伐。同时,北大方正、清华同方、中文在线等一批数字技术企业也在加速向媒体公司转型。在互联网、数字化的情况下,传统出版单位应该努力做到以下几点:一是加速体制机制改革,改变原有的

"纸介质＋内容＋印刷"的传统框架,突破纸张对传统出版业在媒介形态上所形成的行业藩篱,凭借对作者资源的掌控、编辑能力的提升与市场运营的强化,适应现在快速变化的形势,形成有效率、有活力、有竞争力的运行机制;二是掌握数字出版的主导权,制定数字出版规划,搭建数字出版平台,实施相应的数字化拓展,采用新技术,改变传统媒体的弱势状态,开拓更为广阔的新兴市场;三是参与研发、制定数字出版标准,借用现代媒体的技术,丰富传统媒体的传播手段和传播内容,包括规范的文献筛选、采集、信息加工、文献整理、内容组织、数字资源管理、阅读技术、电子商务等;四是加强和数字平台提供商及其他各种产品、服务提供商的合作,将传统出版的资源优势和数字出版的技术优势很好地结合起来,利用外部的资金进行新业务模式的探索,并学会在合作中利用双方的优势,取长补短,实现自身价值,实现互利双赢。

(二) 资源整合,深度加工

内容资源是传统出版单位最重要的资源。传统出版单位必须以内容资源为核心要素,使整个运转过程围绕内容资源的创造、转化、更新和增值进行。一是注重资源整合。在内容为王的时代,谁对内容资源拥有更强的集约整合能力,谁就掌握了数字出版的主导权和市场控制权。传统出版单位要想在数字出版领域有所作为,必须加强对出版资源的集约整合,包括多种符号的整合(文字、语言、图形、影像)、多种媒体的整合(视觉、听觉)、多种传播载体的整合(纸、光盘、磁盘、集成电路)、多种传媒形态(图书、报纸、杂志、音像)的整合、多种显示终端和制作技术的整合等,搭建具有一定技术门槛、拥有特色内容的网络出版平台,实施以内容为中心的多媒体经营。例如,人教网于1999年9月正式运营以来,不仅成为人民教育出版社的门户网站,也成为人教社为教师和学生提供增值服务的网站,成为人教社为解决产品使用过程中各类问题而提供的资源服务平台。人教网日均页面点击量200万次以上,日均访问量约20万,人教论坛注册用户数逾73万,日均帖数约

2000条。人教社网站因此两次在全国出版业各类网站中排名第一。①二是加强深度加工。出版资源数字化是报社、期刊社、出版社进行数字出版的基础和前提。从内容和形式的辩证关系来看,数字化产品的形式永远是处于变化当中,将来还会出现更多的载体形态,但是万变不离其宗,其根本仍然是数字化的资源。出版资源只有经过深度加工、分类管理后,才能够充分发挥出现代计算机和网络技术的优势,满足网民灵活、便捷获取信息的迫切要求。例如,中国期刊网收录了近八千种重要期刊,内容覆盖自然科学、工程技术、农业、哲学、医学、人文社会科学等各个领域,成为研究人员必备的数据库,很多人愿意付费阅读其中的内容。"中国学术期刊(光盘版)"(简称CAJ-CD)曾获得国家电子出版物最高奖,为各行各业特别是学术界和教育界所认同。三是建立专业垂直搜索引擎。一些有专业特色、资源优势、技术力量的出版单位可以独自建立专业、精确、垂直、应用性的搜索引擎,利用信息检索、数据库、数据挖掘、动态集群网络等先进技术,把内容资源以搜索引擎的形式展示出来,利用互联网技术提升核心竞争力。例如,商务印书馆的"工具书在线"项目,依托商务印书馆等大社名社的品牌工具书资源,以垂直搜索引擎的形式,向用户提供精准的检索结果,在打造互联网品牌的同时,取得了良好的社会效益和经济效益。

(三)再造流程,打造系统

数字出版本质上是出版流程的再造。数字出版将会对现行的印刷方式、物流方式、销售方式等带来根本性的变革。完整的数字出版产业链应该包括以下方面:(1)创作数字化,即写作多媒体化;(2)编辑数字化,即变革编辑的工作方式,实现无纸编辑;(3)出版数字化,即多元化出版,如电子纸的应用、按需印刷方式等;(4)发行数字化,即实现网上发行,发行不再是过去出版单位向读者的单向流动,而是基于互联网的读者与作者、读者与出版单位的双向多向交流;(5)标识数字化,即实现社会性的标准化与规范化;(6)管理数字化,即流程管理与内容管理融

---

① 《全国出版社网站排名近日揭晓,人教社网站蝉联榜首》,http://www.pep.com.cn/rjjt/rjdt/rjdt/200810/t20081028_525035.htm。

为一体,不仅令出版流程全程可控,而且提升出版质量和效率。目前,大多数出版单位根据各自的业务特点,在不同程度上采用了数字化解决方案,为开展基于数据库管理的数字出版做了相应的准备。不过,只有少数单位按照数字化发展和市场导向的目标,重组业务流程,将自有版权资源全部数字化,实施出版社资源的集成化运营。

(四)创新模式,加大赢利

网络新时代,媒体须创新。目前,国际市场上,新闻集团、贝塔斯曼集团、迪士尼集团等传媒巨鳄均在通过收购、合并等方式向跨媒体领域进发,企图形成统一的、将所有业务整合在一起的跨媒体出版平台。我国出版业未来的发展,应该是包括图书、期刊、报纸等平面媒体以及网络媒体、移动媒体、文化出版、会展经济在内的全面文化经营,传统出版单位要主动向内容服务商转型,同时把自己打造成为数字出版商。为满足消费者的全方位需要,传统出版单位需要主动探索新的数字出版商业模式,细致思考研发模式、生产方式、营销模式、市场流通等各个环节,实现从单一的内容提供商向资源服务商的转型。对于数据库内容销售、广告收入、收益分成等已经被证明行之有效的商业模式,出版单位应积极采用,并探索内容收费模式和广告模式的结合,把传统出版单位的内容资源与互联网上的广告资源相整合。

(五)拓展品牌,增值服务

出版品牌是出版企业的生命。在由传统出版向数字信息服务的转变过程中,应注重数字出版品牌的创新建设,根据传统出版单位的产品特点与实际情况,充分挖掘和利用出版单位的内容资源与品牌优势,巩固并提升核心优势,拓展提供增值服务的多种衍生产品,开拓发展的新空间。例如,清华大学出版集团发挥信息类教材与图书、期刊品种全面的资源优势,将数字出版品牌的建设、经营与发展作为重要的经营策略,制定了相应的教材与学术专著、大众图书、期刊的数字化出版发展战略,并组织力量自主研发了数字教育出版资源平台,以此培育了数字品牌产品,实现了出版品牌的延伸与发展。丰富翔实的数字化教学资源服务成为清华版教材、图书、期刊市场竞争中的新优势,从根本上改变了传统的教材、图书、期刊出版、经营模式,使数字出版成为创新教育出版发展模式的重要手段和表现载体。① 再如,国外数字出版的先行者亚马逊公司推出的大屏幕电子阅读器"Kindle DX",增加了更多辅助教材阅读的功能,如高亮度显示、文字搜索、标注等,非常符合学生阅读教科书的习惯。亚马逊公司称,他们已与培生教育集团等三家主要教科书出版商达成合作协议,后者将其教科书以电子版形式在亚马逊电子书商店销售。② 电子教科书可以为学生提供巨大便利:内容可以不断充实更新;学生们可以随时随地享用;通过动画、音频等手段,电子化图书可以达到更好的教学效果;能使各种各样的资源为学生所参考、使用。鉴于此,人民教育出版社也陆续开发了一些面向未来的网络教材和数字出版产品,如《英语(新目标)网络教材》、人教电子黑板、中国百年中小学教科书全文数据库等,受到中小学教师和学生的关注、赞誉和肯定。③

(六) 强化素质,提高能力

数字出版包括原创作品、编辑加工、印刷复制、发行销售和阅读消费的数字化,涉及出版所有环节。因此,数字出版在知识结构、技术形态、出版形态、出版流程、出版模式、市场营销等多方面都不同于传统出版。数字出版的这些特性对出版人员的专业知识、能力尤其是新技术运用的知识与能力提出了更高的要求,表现在既要精通数字出版物的内容,又要熟识数字出版技术特性,并熟悉出版流程。因之,建设一支既具有过硬编辑业务素质和坚实的专业基础知识,又具有较强的文字编辑能力、敏锐的预测观察能力、熟练使用计算机技能的策划编辑队伍、文字编辑队伍、网络编辑队伍和技术编辑队伍,成为一个十分迫切的问题。出版单位应加强编辑业务和编辑现代化技术的培训工作,促

---

① 丁岭:《技术创新能力与出版企业数字化升级:以清华大学出版社为例》,《出版发行研究》,2008年第1期。
② 李淼:《电子纸普及之路有多远》,《中国新闻出版报》,2009年5月21日。
③ 《人民教育出版社参展第三届中国数字出版博览会多项数字化产品获得参观者好评》,http://www.pep.com.cn/rjjt/rjdt/rjdt/200907/t20090717_578698.htm。

进出版编辑队伍的多面手化,为编辑提供更多的学科与编辑业务学习、计算机技术普及和外语能力提高的机会,使他们在熟悉编辑基本业务和专业基础知识的同时,熟悉编辑业务流程的计算机软硬件基本知识技能、视频音频知识技能、网络语言知识技能,实现编辑技术的现代化。同时,要加强选题策划、出版运作、市场营销、品牌推广等多方面知识与能力的提高。

变则通,变则存,变则进。美国知名行业杂志《电视周刊》于2009年5月底停止发行印刷版,改为完全通过网站提供服务。面对这一严酷的现实,该杂志主管戴维·克莱因说道:"这对出版业来说无疑是一个全新的时代。我们必须适应,为读者和广告商提供最优质的服务。"[1]出版业变革的时机已经到来,媒介数字化和媒介融合是不以人的意志为转移的发展趋势,数字化的智慧型出版正在取代工业化的经验型出版。从世界范围来看,以汤姆森、施普林格、爱思唯尔等为代表的传统出版商,正在借助自身的资源优势,通过对内容资源的深度加工和整合,向新的数字出版巨头转变。我国传统出版业只有顺势而上,主动出击,获得在数字出版中的主导权与话语权,才能在网络时代走出发展的新路来。

原载于《河南大学学报(社会科学版)》2010年第6期,《新华文摘》2011年第6期全文转载

---

[1] 曹卫国:《美国〈电视周刊〉将停止发行印刷版》,《中国新闻出版报》,2009年5月8日。

媒介形态嬗变与出版方式创新

王华生①

近年来,数字网络这一全新的媒介形态带来了社会表达的解放和出版方式的变革与创新,这是数字网络这一新的媒介形态给社会文化出版带来的最大挑战,也是媒介形态发展与变革的必然趋向。到现在为止,通过"读秀中文学术搜索"和"CNKI中国知网"等检索工具和数据库进行检索,还未直接检索到对"媒介形态嬗变与出版方式创新"这一问题的有关研究文献,仅有的相关研究只局限于某种具体媒介如电子互联网与出版等。如威廉·E.卡斯多夫主编:《哥伦比亚数字出版导论》(苏州大学出版社,2007年);陈丹著:《数字出版产业创新模式研究》(科学技术文献出版社,2012年);周蔚华等著:《数字传播与出版转型》(北京大学出版社,2011年);张新华著:《数字出版产业理论与实践》(知识产权出版社,2014年);范军等著:《出版文化与产业专题研究》(华中师范大学出版社,2012年);黄孝章、张志林、陈丹著:《数字出版产业发展模式研究》(知识产权出版社,2012年);张尧学著:《互联网与数字出版传播研究》(中南大学出版社,2014年);陈颖青著:《数字出版与长尾理论》(华夏出版社,2013年);等等。然而,媒介形态理论家有关"媒介形态的社会作用"方面的研究,对这一问题的深入探讨和研究具有一定的启发、指导和借鉴意义。

媒介形态理论(该理论研究的不是媒介传递的具体内容,而是媒介形态塑造社会的预存能力,这种预存能力内含在媒介形态的性质和功能"偏向"之中)对媒介形态变化及其这种变化对社会发展的影响的探

---

① 作者简介:王华生,河南大学学报编辑部编审。研究方向编辑出版学。

讨和研究,内在地蕴含了媒介形态、媒介形态的嬗变对社会文化出版方式的作用和影响这一问题。如媒介形态理论家伊尼斯、麦克卢汉、梅罗维茨和利文森等,他们研究的旨归均是从媒介形态及其变化的角度来解读社会历史的变迁。他们认为人类的一切活动和人类文明的记载、积累和传播,都有赖于传播媒介,传播媒介及其使用状况是人类社会范围内诸种变化的一个重要原因。"传播媒介的性质在媒介的长期使用过程中决定着传播的特征和实际效果,进而极大地影响依赖传播而存在和发展的人类文明。他们推论,在长远的历史时期内,传播媒介本身比传播的内容更重要,对人和社会的影响更深远。伊尼斯在这方面提出了一个基本假设:一种媒介经过长期使用之后,可能会在一定程度上决定它传播的知识的特征。"①因此,"社会主导媒介的偏向性,往往决定这个社会整体的偏向性。所以,社会主导媒介的更迭极易引起社会的震荡"②。麦克卢汉不仅提出了后来成为媒介形态理论标志性的名言:媒介即讯息,而且提出了他的"模式识别法",即他认为不同的媒介形态塑造不同的社会文化,因而必然要有不同的"模式识别"方法。梅罗维茨则开创了他自己独特的分析研究框架。他认为,传播媒介形态的变化在很大程度上改变了社会交往场景内信息的流动方式,信息流动方式的变化又改变了社会交往的场景,交往场景的变化进而导致人们行为方式发生变化。电子媒介模糊了前后台的界限,把场景内的表演暴露给了场景之外的观众,这样势必导致人们行为方式发生变化。利文森被称为是数字时代的麦克卢汉,他更加相信媒介形态的嬗变对社会进步的巨大作用,在其《数字麦克卢汉》一书中他直接宣称"因特网是传播的民主化",在网络传播的"地球村"里,垄断将难以为继,并认为这将是一种全新的生活方式和生活状态。③ 传播的历史是一切历史的基础。媒介形态理论把媒介、媒介形态作为人们认识和理解人类社会

---

① 李明伟:《媒介形态理论研究》,中国社会科学院研究生院博士学位论文,2005年,第12页。

② 李明伟:《媒介形态理论研究》,中国社会科学院研究生院博士学位论文,2005年,第1页。

③ 李明伟:《媒介形态理论研究》,中国社会科学院研究生院博士学位论文,2005年,第34页。

的一把钥匙,以其发展变革的逻辑进程为线索探索和研究人类社会的发展与变革。显然,我们也有理由相信,媒介、媒介形态及其自身的嬗变对人类表达、传播和文化出版方式的影响也是巨大的、根本性的。

一、社会历史变革中的媒介形态

媒介、媒介形态是人类生存方式的重要组成部分,它深刻地制约和影响着人类社会生活的各个方面,并且随着社会生产力的发展和科学技术的进步不断变换自身的存在形态。从本质上讲,媒介是人类器官的延伸,它需要一定的技术基础作支撑。也正是因为如此,媒介、媒介形态、媒介形态的性质及其嬗变过程必然是由社会生产力及其所决定的科学技术发展状况所决定的,并由此决定了其由最初的自由平等交往形态,到控制、垄断、平等的丧失(在此前的一切社会形态中,掌握先进技术的只能是极少数人,这就必然形成垄断),然后再到自由平等交往形态的复归(技术的更大发展和完善最终必然惠及社会大众,从而打破技术垄断)的否定之否定的螺旋式上升过程。这既不是人们主观的臆测,也不是什么神秘逻辑体系的外化与推演,而是社会生产力和技术进步发展的内在必然逻辑。

(一)口语媒介形态的性质决定人类发展早期其交流与传播方式的平等与自由

在人类社会的早期,由于生产力发展极其落后和低下,从社会传播的角度来考察,人类社会还没有条件发展出人类用于传播的辅助手段——其他传播媒介,人们只能用自己最为原始的交流方式和手段——口语,进行面对面的交流和传播。也正是这种最为原始的面对面的口语交流方式和手段(它是人类符号使用历史发展中的第一个阶段,显然也是迄今为止人类所运用的符号系统中最接近人的自然活动形态的一个代码体系,是人类早期一个普遍存在的、自然的、"前科技"状态的人类传播模式),它的纯自然、低技术(无技术)状态使人很难甚至无法对其进行垄断与控制,从而也就自然而然地带来了人类最初交往的平等与自由。正如加拿大著名传播媒介形态理论家哈罗德·伊尼斯所指出的那样：任何特定的传播媒介在时间和空间上均有偏向性，并且，媒介的时空偏向性会在一定程度上决定传播的性质和特点，从而在各个方面给社会文化以重大作用和影响。伊尼斯认为：文化在时间上延续并在空间上延展，"一切文化都要反映出自己在时间上和空间上的影响"①。他认为口语媒介尽管有自身的局限，但却构成了时间和空间偏向上的平衡，不易被垄断，因此有利于自由、平等和民主交流环境的形成。②

但是，正是这种低技术水平上的交流与传播，也自然而然地带来了它的一些不足与局限：由于口语媒介只能在同一时空内进行面对面的交流与传播，这就使其交流的空间范围十分有限，同时，社会文化的保存也只能靠大脑的自然记忆，这就大大限制了社会文化的传承与发展，是早期人类社会生产力发展不足的必然表现。

（二）文字媒介（书写媒介）时代：文明的发展与平等交流传播的否定

随着生产力的发展和社会技术基础的积累与进步，出现了文字和文字书写媒介——竹简、木牍、帛、青铜器和纸。早期文字媒介（书写媒介）是媒介形态的第一次革命性变革。它第一次摆脱了人类大脑自然记忆的控制，是人的自然器官的第一次真正的延伸。它使人类文化得以真正长久地流传下来。"如果说话是对生活中的事件、过程和事物进行符号化的话，那么文字书写就是对说话的再符号化，是有关符号的符号。也就是说，人类试图用图解式的文字符号来表现说话的声音符号。这在某种程度上拓宽了语言的使用。通过书写，说话所引起的声音流动就可以像照相一样被截取并保持静止。由此，人类语言就超越了时间和空间的自然局限。人类把符号粘、刻、印在几乎所有物体的表面以

---

① 哈罗德·伊尼斯著，何道宽译：《传播的偏向》（中文修订版），北京：中国传媒大学出版社，2015年，第175页。
② 哈罗德·伊尼斯著，何道宽译：《传播的偏向》（中文修订版），北京：中国传媒大学出版社，2015年，第103页。

期能永久保存。"①

　　文字(特别是书面语言)是迄今为止人类最伟大的发明之一。它不仅是一套真正外化于人类自身的媒介符号系统,而且是一种最"理性化"的符号体系。它开启并促进了人类的逻辑思维,大大拓展了人类的传播能力。它使完整的信息形态得以穿越时间之维,在历史的长河中漫延存续。"文字记载下、保存着语言,而语言由人的心智组织,于是,文字写作不仅记载着外在事物的形态,而且记载着人类对于事物的认识与思考,写作者总是渴望表现出自己的智慧深度,因此,书写的惯性能把人们的精神引入认识深处。文字作为交流符号体系被广泛地使用,就不断地引导着人类的认识走向理性深度。"②当然,"字符文化有着一个先天的缺陷:它的载体只是一些线状的符号,它缺乏生活与生命的鲜活、形象、生动的特性,它常常把人的精神引向'片面的深刻'……文字语言所必然具有的这种抽象与理性的特点,构成了人类整体地把握大千世界的障碍"③,而这些障碍性因素只有到了媒介形态的更高级发展阶段才能得到消解、克服与完善。

　　不仅如此,与口语媒介相比,文字媒介自身的一些性质和特征(它并非每个人都可以自然而然地获取,而是要经过长期专门的训练和学习。由于文字媒介的高知识含量和高技术含量——它并不是像口语媒介时代那样是每个人的一种自然而然的不需要其他投入就能获得的交流工具),使其成为特殊阶层和阶级的特权,也大大加深了人与人之间的知识鸿沟,进而发展成为阶层和阶级分化与对立的工具。加之,由于当时的书写媒介还局限于竹简、木牍、帛和青铜器等物质材料,这些媒介材料不仅其生产效率极其低下,而且稀少、昂贵,且又主要掌握在统治阶级手中,因此,这个阶段可以说是文化交流和传播的"贵族介质时代"。伊尼斯的研究表明,对媒介的掌握和控制就意味着具有对知识的

---

　　① 李晓云:《试论媒介生态系统的历史演进》,《新闻界》,2010年第1期。
　　② 谭华孚:《虚拟空间的美学现实:数字媒体审美文化》,福州:海峡文艺出版社,2003年,第37页。
　　③ 谭华孚:《虚拟空间的美学现实:数字媒体审美文化》,福州:海峡文艺出版社,2003年,第38—40页。

接近权,而这种对知识的接近权则有助于社会权力和权威的培育和巩固。这样,文字媒介的出现在实现了媒介形态和文化交流与传播革命性变革的同时,也带来了传播观念的第一次否定和颠覆(否定和颠覆了口语媒介时代交流与传播的平等与自由),人们从原来早期的面对面的"交互式"平等交流与对话,变成了一方是高高在上的"传授者",而另一方却成了俯首听命的"接受者""受传者",双方成了泾渭分明、角色清晰的"传"与"受"的对立与"独白"(这在文字媒介特别是书写语言媒介产生以前是完全不可能的)。文字媒介(特别是书写语言媒介)挑战口语媒介成为社会的特别是社会文化形成和传播的主导媒介以后,这种通过外在的传播媒介进行间接地信息传递与发布,并进而实现一部分人对另一部分人的主导与控制就成为社会的一种信息发布与传播的主要方式,社会表达、交流与传播的自由与平等遭到否定与颠覆。

(三) 机器印刷媒介时代:大众传播时代社会上层话语权的高度垄断与一般个体平等与自由话语权利的进一步丧失

开始于 18 世纪的第一次工业革命,开创了以工厂制代替手工工场,以机器代替手工劳动的新时代。它不仅是一次技术改革,而且更是一场深刻的社会大变革,人类社会步入了机械化和流水线大生产时代。特别是机器印刷媒介的出现,有力地推动了一场广泛而深刻的社会文化交流与传播的解放运动。在机器印刷媒介出现以前,由于书写文字极低的书写效率,使得当时的文化出版和传播很难满足普通民众对知识获得的要求,在某种程度上可以说,掌握书写技能和书写工具的人便是社会上层权贵,而书写工具也就成为权力的象征。[①] 机器印刷媒介的出现和广泛应用,使人类文化传播摆脱了"贵族介质时代"的局限,其生产的社会化、批量化和流水线作业方式,迅速将大量低廉的文化产品送到千家万户,促进了普通民众的大众文化消费,使文化传播由原来的"小众传播"进入到社会"大众传播"阶段,也使人类从古代教育和古代文明进入到现代教育和现代文明状态。然而,机器印刷媒介它的生产

[①] 王华生:《自媒体自出版与公民主体的全面自由发展》,《河南大学学报(社会科学版)》,2015 年第 4 期。

线、大资本特征又自然地具有一种极强的权力集中化趋势。通过资本的渗透和一系列议程设置,资本便很快将自己的话语权推向极致,实现了其对社会、社会文化出版和文化传播的更加全面和系统的垄断与控制。并且,从媒介形态的特性来说,印刷媒介特别是机器印刷媒介使传受双方的地位明显地处于不平等状态,即印刷媒介的大资本特性使一部分人拥有对印刷媒介的绝对控制权,而另一些人则只能充当听众、看客和被动的接受者,人们具有完全不同的印刷媒介的使用能力和控制权力。再者,印刷媒介倾向于隔离不同的社会场景,即按照社会学家欧文·戈夫曼的社会场景理论来说,印刷媒介便于区隔和保护前后台的表演,从而有利于维护统治集团的政治权威和政治统治,使其控制更加系统和牢固。事实也正是如此,以大众报纸为开路先锋的机器印刷传媒时代,机器印刷媒介的发展不仅没有带来人们想象中的文化传播的自由与平等,反而将社会、社会文化的垄断与控制发展到登峰造极的地步:普通民众只有言论自由之名,而绝无言论自由、平等之实(因为人们在报纸、书刊上所能够读到的,完全是在资本的控制下通过一系列"议程设置"所设计出来的东西)。这样,印刷媒介就进一步加大了社会特权阶层对媒介和社会舆论的垄断与控制,使人类早期口语媒介时代平等与自由的传播权利进一步丧失。

(四)电子(计算机互联网)媒介时代:自由平等出版传播权利的再造与复归

人类步入 20 世纪,特别是进入 21 世纪之后,社会生产力飞速发展,现代信息技术迅速提高,并逐步惠及普通社会大众。现代信息技术(计算机、互联网)进入千家万户,它不仅在社会文化领域掀起了一场旷日持久的信息技术革命,而且深入到人们的日常生活,极大地改变着人们的生活方式和生存状态。计算机互联网技术的发展改变了过去信息技术和信息传播方式,它的无界沟通、便捷互动、海量空间、低技术成本等特征,从技术手段上真正实现了交流的自由与平等,把话语权最大限度地交给了公民大众。在当代计算机互联网技术条件下,普通公民大众已经不再仅仅是传播内容的被动接收者、使用者,而是已经成为网络信息的发布人和主动创造者,它使社会大众平等基础上的信息生产与发布成为可能。不仅如此,计算机互联网不仅集历史上的一切传播方式(人际传播、群体传播、组织传播和大众传播)于一体,而且还将传统媒介形态中分属于各种不同媒介形态的多种符号系统(文字、声音、图画、影像等)融合于一身,使当代所构建的庞大信息系统成为一个由无数节点所组成的包罗万象、化育万物、变化多端的庞大巨系统,从而极大地改变了人们的生存方式和生活状态,显然也改变了社会文化的生产方式和存在状态。

计算机互联网作为当代信息媒介的最大意义在于,它将人们从大众传播时代带入到了个人传播时代——具有大众传播效果和功能的"个人传播"时代(有人称其为"网众传播"时代)。正如德克霍夫在其《文化肌肤:真实社会的电子克隆》一书中所说:"计算机不是一种大众媒介,而是一种个人媒介。"①它使个人思想找到了自由存在的公共空间,在这个公共空间中,个人的思想不仅仅是作为一种存在,而且由于新媒介的无界沟通、便捷互动、海量空间、低技术成本等特征的存在,还使其获得了充分自由地成长、发展和交流、传播的过程和权利。

从传播学和媒介形态学的视角来看,到目前为止,人类传播的历史大体经历了原始形态的个人媒介(小众传播)—大众媒介(大众传播)—当代高度发展的个人媒介("有大众传播效果"的个人传播—网众传播)的螺旋式上升发展过程,从而实现了人类自由平等交流、传播权利的再造与复归。在人类社会发展的早期,由于生产力和技术基础发展极其落后,人类还没有发展出自身口语传播以外的其他媒介形态,低技术(甚至是无技术)状态直接导致了低水平传播交流的平等与自由——原始状态的平等与自由。文字的出现,文字媒介的高知识含量和高技术含量,使其成为一般平民难以接触和掌握的媒介形态,从而形成并维护了社会上层阶级的优势地位与特权,媒介交流的自由与平等开始被打破,社会文化霸权和文化控制开始形成。机器大工业的发展,机器印刷媒介的出现,使社会传播进入到大众传播阶段。大众传播媒介极大地拓展了传播范围,但是,它的高技术、大资本特性,是一般平民所难以拥

---

① 德克霍夫著,汪冰译:《文化肌肤:真实社会的电子克隆》,保定:河北大学出版社,1998年,第172页。

有和掌握的,其为资本和精英阶层所控制和垄断当是必然的,传播的话语权进一步向社会精英阶层倾斜。计算机互联网是具有开放性的在大众传播媒介基础上"有大众传播效果"的个人传播媒介,它的开放性、互动性、平民性、低成本,是迄今为止最为合理化和人性化的媒介形态。正如媒介形态专家利文森所指出的那样——"因特网是传播的民主化",在网络传播的"地球村"里,垄断将难以为继。在这里,每一个人都可以是传播内容的创造者和制作者,只要你有一台个人电脑外加一根电线,你就可以面对全世界进行信息传播,在这里你就是传播的主人。这是社会生产力发展和社会科技进步的必然。社会生产力的巨大发展,科学技术的巨大进步,最终必然惠及整个社会和社会大众,这是社会生产发展的内在必然逻辑。

二、媒介形态嬗变与表达的自由与解放

媒介是人体的延伸,每一次媒介的发展与变革,都这样或那样地带来人的表达能力的发展,实现着人类表达的解放与自由。

(一)媒介形态的变革与发展必然带来人类表达的自由与解放

前语言媒介形态时代,早期的人类只能用动物似的简单的肢体语言表达自己的喜怒哀乐和个人需求,其所能表达的内容是十分有限的。语言的出现,是人类符号使用发展史上的第一次突破和第一个发展阶段,口头语言因此成为人类信息传播史上的第一套符号系统。口语媒介的应用,使人类的表达能力得到了极大的提升与解放,人们不仅能够"劳者歌其事,饥者歌其食"充分表达自己的实际需要,而且,有了语言也就有了人类社会口头文化的发展与传承。

不仅如此,对于个人表达传播而言,语言在传播内容、传播形式和传播意识上带来了个人表达整体能力的提高与解放,是人类个人表达传播行为的第一次飞跃。它使传播内容从有限具体事物的表述上升到思想和意义的表达,从简单直观的指代叙述和再现上升到抽象概念的表达。特别是书面文字语言的形成,使人类的表达能力得到了进一步的提升,它是最"理性化"的符号体系系统,是迄今为止人类最伟大的发

明之一。它不仅能够使人类将自己的喜怒哀乐、个人需求等充分地表达出来,而且还能够将其表达的信息穿越时间之维,在历史的长河中延展和存续。同时,书面文字语言的线性认知和思维方式还不断地把人的精神引向逻辑分析的发展进路和理性分析框架,从而给人类的表达以质的提升。

印刷媒介改变了人类表达和传播的主要形式与方式(由小众传播发展为大众传播),比书写媒介具有更强的扩展性和革命性。根据传播方式的不同来划分,人类传播的历史大致经历了小众传播时代、大众传播时代和网众传播时代三个阶段。① 小众传播时代包括口语媒介传播、文字出现以后的书写媒介传播。小众传播的显著特征是,人类的表达只能在自身周边狭小的范围内来实现,由于生产力发展和传播媒介以及传播技术基础的限制,人类表达还不能在更为广阔的范围内实现。而印刷媒介,特别是机器印刷媒介的出现,现代报纸、书刊的大量印刷发行,使人类表达和传播进入到大众传播阶段。机器印刷媒介的出现将大量低廉的文化产品送到千家万户,尤其是书刊的刊印和普及,使得个人的思想意识能够以更快的速度在更广阔的范围内得到表达和传播。这就使得个人的思想意识不再仅仅局限于原始村落式的极其有限的狭小的小众范围内,而是在更广大的社会范围内和公共领域得到传播和认同。因此,从这个意义上说,机器印刷媒介改变了人类表达的社会形态,它比书写文字媒介具有更强的革命性。它既是一次广泛的社会文化出版的解放运动,也是一次广泛的人类表达方式的变革与创新。它彻底改变了人类自身表达局限于自身周边有限范围的历史,使人类表达在全社会更大范围内得以实现。②

当然,印刷媒介对表达的解放也有其自身的局限性:一是它的生产线、大资本特征自然而然地具有一种极强的权力集中化趋势。通过资本的渗透和一系列议程设置,资本实现了对社会表达的集权和更加全面和系统的控制。二是从媒介形态的特性来说,印刷媒介倾向于隔离

---

① 谢清果、曹艳辉:《口语媒介的变迁与人性化传播理念的回归》,《徐州工程学院学报(社会科学版)》,2013年第3期。
② 李晓云:《试论媒介生态系统的历史演进》,《新闻界》,2010年第1期。

不同的社会场景,从而有利于维护社会统治集团的表达特权和政治权威,这就使资本、资本特权、资本理念的表达更加系统、完整和充分,从而加剧了资本对个人思想意识的统治和控制。

电子媒介(计算机互联网)是对人的机能的全面延伸,给人类的表达带来了更大的解放与自由。按照马克思的观点,媒介和传播发展的终极目标应当是使人类的表达与传播更平等、更自由、更加人性化,即在实现每个人自由、平等表达权和传播权的基础上的高度自由与互动,其最终目的是实现人的全面自由发展。然而,这一切在此前的小众传播阶段和大众传播阶段(口语媒介阶段、文字媒介阶段、机器印刷媒介阶段)是不可能真正实现的,只有在现代信息技术和电子媒介(计算机互联网)有了极大发展从而真正惠及普通社会大众的今天,才真正具备了现实的技术基础,才有了真正将其变为现实的可能。

广播、电影、电视传播媒介与技术的出现,重新唤醒和激活了人类的敏感听觉系统和视觉系统,使人类的表达与传播在更加系统全面的环境氛围中进行。电脑多媒体和信息网络的迅速普及,更以一种全新的表达方式和传播范式使人类摆脱了传统大众文化传播中单向度传播的模式,使人类的表达与传播更自由、更平等、更加人性化。电子媒介特别是计算机互联网,它所体现的自由、平等和平民化特征以及它的"零序进入门槛""交互式共享",真正体现了它的表达解放的最大特征,标志着个人表达全面解放时代的到来。

网络媒介的兴起,以及它的"零门槛""强互动""低成本",不仅使传统社会相对有限的表达空间迅速膨胀和扩大,而且借助网络媒介这一新的技术平台,原来那些在狭小范围内零散的个人表达,迅速在更大范围内展开,并在社会传播中的"首因效应""蝴蝶效应""第三人效应"以及"群体极化效应"等信息传播趋向和社会心理的作用与影响下,使个人表达迅速在全社会范围内流传、扩张,并在全社会范围内形成一个个巨大的社会舆论圈,从而使公民个体在个人表达和传播过程中具有了一定的主动性和主导权,使社会表达得到空前释放。①

---

① 王华生:《自媒体自出版与公民主体的全面自由发展》,《河南大学学报(社会科学版)》,2015年第4期。

从人的全面自由发展来说,自我表达不仅是人的一种民主权利,而且还是人的本质的根本体现。当计算机互联网这一技术平台让每个人都有自主表达自己诉求的权利以后,大众—网民—写手—作家—政论家的界限便不复存在;传播者—接受者—主体—客体的界限也就日益模糊和消弭。从这个意义上讲,电子媒介(计算机、互联网)使人的表达得到了巨大的解放,是人的本质力量复归。它捍卫了人的自由表达的权利和全面发展的可能性空间,因而对人类来说,具有革命性变革和解放的意义。

这样看来,口语媒介激活了人的大脑,延伸了人的思维,为人的自由表达提供了基础和可能;书写媒介解放了人体有限的脑力记忆,使人的表达得以在更广阔和悠长的时空范围内展现;机器印刷媒介在更大程度上将人从大范围传播的体力劳动中解放出来,使个人表达、小众传播转化为社会的声音、大众传播;而电子媒介(计算机互联网)的发展则全方位地变革了人类的表达和传播方式,使人类自身得到了更大的发展与解放,实现了人类表达在更高基础上的自由和平等的复归。

(二) 媒介形态变革对表达机制的内在作用与影响

技术、媒介技术不仅仅是手段,而且也是一种展开的方式——人类表达机制展开的方式。从媒介形态变革的历史过程中我们不难发现,媒介形态的变革不仅直接影响到社会文化的表现形式和传播方式,而且也会这样或那样地影响到人的思维方式和表达机制的形成。正如传播学技术控制论学派所认为的那样,在每个时代的传播中,由各个时代的媒介技术所制约和支配的信息文本的符号形式与结构形态是基础性的因素,它们往往从最为根本和基础的方面决定着人们的思维方式和表达机制的内在根本特征。

(1) 口语媒介对人类表达内在机制的作用和影响。口语媒介时空性能不佳(转瞬即逝,只能短距离地面对面交流),但也正是这种语音符号的易失性特征,促使人们形成在大脑中进行瞬间编辑,面对面直接交流的表达机制。这就构成了时间和空间偏向上的平衡,从而使交流和表达过程不易被垄断和控制,从而有利于自由平等交流氛围的形成和平等协商、民主参与等社会表达方式的产生。

(2) 文字媒介(书写媒介)对人类表达内在机制的作用与影响。文字是第一套外化于人类的媒介符号系统,也正是这种外化于人类的媒介符号系统的介入,使原始状态人们之间的面对面交流与表达变成了此后"间接"的对话与表达,人们从互动交流式的"对话"变成了传者与受者双方角色清晰的"独白"。这种"独白"方式的形成,进而内化为个体与社会的"间接表达"机制——人们通过外在的媒介将信息传递给受众,由此产生传播者与受众、主导者与接受者——进而影响人们平等地直接自由表达,形成社会文化交流传播过程中的垄断与控制。这既是社会政治统治的结果,又是媒介形态和媒介技术变革的必然。前者是直接政治诱因,后者则是媒介技术基础。试想,如果没有文字的产生,没有文字媒介形态的存在,也就不可能导致"间接表达"机制的产生,显然,此后的文化垄断和文化控制也就失去了其存在的依据和基础。

(3) 印刷媒介对内在表达机制的作用与影响。印刷媒介特别是机器印刷媒介,将语言媒介"间接表达"的功能特性推向高峰,发展到极致。从媒介形态的特性来说,印刷媒介由其间接表达特性所决定,更倾向于隔离不同的社会场景,即按照场景理论来说有利于保护前后台的表演。由此,印刷媒介制造了全面、立体的等级秩序,从而也就有了传播理论中的"枪弹论""沉默的螺旋""议程设置"等理论、现象的出现和存在,使得社会上层统治集团的控制更加系统和牢固。

(4) 电子媒介对内在表达机制的作用与影响。媒介技术是人类表达展开的方式,不同的媒介形态对人类表达方式和表达机制的影响是有所不同的。印刷媒介将文字的间接表达功能推向了极致,因而更有利于隔离不同的社会场景,即更加有利于保护前后的表演;而电子媒介(特别是计算机互联网)它的零门槛进入、交互式共享,以及隐秘性、全方位、多技术表达手段等,则更有利于融合不同的社会场景,即更便于模糊前后台的界限,把场景内的表演暴露给场景之外的观众,由此导致信息的透明化,进而激发人们表达的热情和积极参与的能动性。这也就决定了当代人类表达的自由、平等与民主特性。

另外,计算机的广泛应用,使写作痕迹非物质化,这种写作方式的变革在造成表达文本逻辑性弱化(电脑写作可以轻易进行增删、调整,因此人们没有必要像以前写作时那样进行严密的逻辑构思,从而导致写作逻辑结构的弱化)的同时,还导致了所使用表达语言、符号的无限增殖和扩张,这就在解构了传统表达所追求的超越性意义和隽永价值的同时,有意无意地滋长了漫衍而无节制的表达文风,使宣泄性表达泛滥,进而颠覆传统价值,卸落了主体承担。这样,数字网络媒介与既往电子媒介不同的地方在于,它的影响不仅在写作表达外部环境方面起作用,而且还渗入到表达机制内部,对表达的全过程——包括思维方式、表达形式、承载介质、传播方式、影响范围、文本形态等多方面发生影响,从而对社会表达生态的内部元素和外部环境以及它们之间的关系等多方面全方位发生作用,给人类表达方式的变革以重大影响。

三、媒介形态嬗变与出版方式的变革与创新

所谓出版,"是指通过可大量进行内容复制的媒体实现信息传播的一种社会活动"①。它是人类表达的重要方式和经典形态。因此,生产力的发展、社会的进步必然带来媒介形态的嬗变、表达方式的解放,并进而导致出版方式的变革与创新。

(一)出版自由:人的自由权利的重要组成部分

出版自由既是出版发展的内在逻辑,又是人的全面自由发展的必然要求。"在马克思之前,包括康德在内的近代启蒙思想家都认为,自由是人的天赋权利,是每个人固有的本性,人凭借这种与生俱来的自由,成为自身的主人。"②马克思曾高度赞扬出版自由,他说:"自由的出版物是人民精神的慧眼,是人民自我信任的体现,是把个人同国家和整个世界联系起来的有声的纽带……自由的出版物是人民在自己面前的公开忏悔,而真诚的坦白,大家知道,是可以得救的。自由的出版物是人民用来观察自己的一面精神上的镜子,而自我认识又是聪明的首要

---

① 夏然、张丛丛:《专业出版社数据库人工智能改造》,《科技传播》,2014年第9期。
② 苗贵山:《马克思恩格斯人权理论及其当代价值》,北京:人民出版社,2007年,第53页。

条件。"①马克思一贯认为,全面自由发展是人类发展的方向和终极目标,并认为,出版自由是人的自由发展权利不可分割的一部分。马克思曾说:"问题不在于出版自由是否应当存在,因为出版自由向来是存在的。问题在于出版自由是个别人物的特权呢,还是人类精神的特权。问题在于一面的有权是否应当成为另一面的无权。'精神的自由'不比'反对精神的自由'有更多的权利吗?"②他在抨击普鲁士的专制书报检查制度时指出:"检查官是个别人,出版物却体现了整个人类。"③他赞美出版自由,他说:"出版自由也有它自己的美(尽管这种美丝毫不是女性的美),要想能保护它,必须喜爱它,我感到我真正喜爱的东西的存在是必需的,我感到需要它,没有它我的生活就不可能美满。"④列宁也曾说过:"出版自由就是全体公民可以自由发表一切意见。"⑤人类的全面发展,需要在自由出版中来实现!出版自由是人的全面自由发展的重要组成部分,它同社会和人的全面发展一样,也是随着社会生产力的发展和技术的进步,经历了一个由低技术水平上的自由发展,到相对高技术基础上的出版控制,再到当代现代信息技术基础上的高度自由发展的肯定、否定、否定之否定的辩证发展过程。

(二)否定之否定:出版形态的蜕变和自我发展与完善

媒介形态与出版方式之间存在着内在、本质的必然联系,媒介形态的嬗变必然导致出版方式的变革与创新,即生产力的发展—媒介形态的变换—表达方式的解放—出版方式的变革与创新。而就文化出版内在发展的逻辑进程来讲,它大致经历了如下几个发展阶段,即小众传播时代的自由出版—大众传播时代的出版—控制网众传播时代的自由出版。从具体的编辑形态来考察,也可以说是从文字产生早期的自著、自编、自出版,到机器印刷、编辑职业独立之后的作者创作、编辑把关、社

---

① 《马克思恩格斯全集》第1卷,北京:人民出版社,1956年,第74—75页。
② 《马克思恩格斯全集》第1卷,北京:人民出版社,1956年,第63页。
③ 《马克思恩格斯全集》第1卷,北京:人民出版社,1956年,第19页。
④ 《马克思恩格斯全集》第1卷,北京:人民出版社,1956年,第41页。
⑤ 《列宁全集》第32卷,北京:人民出版社,1985年,第230页。

会文化出版,再到电子互联网时代的自媒体、自出版:自著、自编、自出版。这既是编辑形态的肯定、否定、否定之否定的螺旋式自我发展过程,又是社会科技进步和媒介形态变革的内在必然逻辑。

(1) 书写媒介(小众传播)时代的自由出版。在人类社会发展的早期,由于社会生产力发展水平极其低下,传播媒介的发展还局限于竹简、木牍、帛和青铜器等具体书写介质(贵族介质)状态,工艺相当落后,效率极其低下,而且能够进行这种创作和书写传播的人极其有限,显然,在这一时期,社会文化领域里的社会分工还远未展开。因此,在这一时期具体文化产品的创作、编辑加工和出版传播往往是一体的,即作品的创作者也即作品的编辑加工者和出版传播者。这一时期作者的个人表达和创作劳动直接表现为一般的社会劳动,作者的表达、创作和出版是自由的(没有中间控制环节):自著、自编、自刻;藏之名山,传之后人。如古代金文、石刻以及人工抄写、刻绘书籍等,均属这种书写媒介(小众传播)时代的自由文化出版。造成人类发展早期书写媒介(小众传播)时代文化自由出版的主要原因,一是社会生产力发展极其落后,传播出版媒介和手段极其有限,且仅仅掌握在少数文化精英、社会势力集团手中。二是社会分工远未展开。三是当时能够学习、掌握和应用文字进行写作、表达和传播的只是极少数的社会文化精英、社会势力集团中的上层人士,他们掌握了文化的学习也就自然而然地掌握了文化传播和出版的权利。因此,当时的自由出版是有限的,即极少数文化精英掌握社会文化资源状态下的少数人的有限的自由文化出版,也即自著、自编、自出版的有限个体自由出版时代(见图1)。

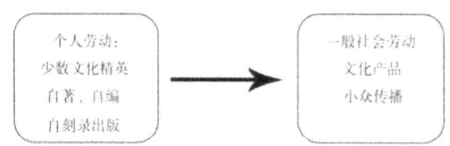

图 1 书写媒介时代的自由出版:作者的个人劳动直接表现为一般社会劳动

(2) 机器印刷媒介(大众传播)时代的出版控制。随着社会生产力的进步与发展,社会进入到机器大生产时代。机器印刷媒介的出现和广泛应用,推动了一场广泛、深刻的社会文化出版解放运动。机器印刷,它的流水化作业、批量化生产,不仅大大降低了书写媒介时代图书刻录出版的劳动强度,而且大大提高了生产效率。因此,机器印刷媒介的出现将大量低廉的文化产品转瞬之间送到千家万户,实现了普通民众的大众文化消费,社会文化出版和传播真正摆脱了书写媒介(贵族介质)时代的局限,是社会文化出版和传播的又一次解放运动。机器印刷媒介的广泛应用,文化产品的大量涌现,流水线作业出版模式的形成,现代化管理和社会分工的加快,必然要求编辑出版成为一个独立的部门,编辑出版很快从其他行业中独立出来,成为一个专门的行业部门。编辑出版作为一个独立的行业部门独立出来具有巨大的社会价值和意义:"一方面,它表现为社会的经济形成过程中的历史进步和必要的发展因素,另一方面,它表现为文明的和精巧的剥削手段。"[1]社会生产力的发展,社会分工的细化,一方面大大提高了社会劳动生产效率,进一步促进了社会的发展;另一方面,随着社会文化生产的发展,和其他部门的劳动产品一样,社会也必须对社会文化产品进行把关和控制。这样,原来的在书写媒介(小众传播)时代形成的"自由出版"就自然而然地转变和让位于机器印刷媒介(大众传播)时代的文化出版控制,即原来表现为直接社会劳动的个人文化生产,现在则表现为间接的社会劳动——个人的文化生产劳动不能再直接表现为一般的社会劳动,而是只有通过编辑的"选择"和"把关",才能表现为一般的社会劳动,其文化产品才能出版发行和传播。加之机器印刷媒介它的生产线、大资本特征又自然地具有一种极强的权力集中化趋势,通过资本的渗透和一系列议程设置,资本很快实现了对社会文化出版和文化传播的更加全面和系统的控制,从此,人类便失去了早期出版传播的自由与平等(见图 2)。

(3)电子媒介(网众传播)时代自由出版的再造与复归。人类社会进入到 20 世纪,特别是进入 21 世纪之后,科技革命迅猛发展,现代信息技术发展日新月异并惠及千家万户。它不仅引发了一场广泛的社会文化领域里的信息技术革命,而且深入到人们的日常生活,极大地改变了人们的生活方式和生存状态。当前社会文化传播和文化出版领域发生的"网纸替代"和"自媒体""自出版"等,是一场全方位的社会文化传播和文化出版方式的大变革。

所谓"网纸替代"即以计算机互联网上的写作和表达(无纸化表达

---

[1] 《马克思恩格斯选集》第 2 卷,北京:人民出版社,2012 年,第 216 页。

和写作)代替传统的以纸笔为工具的写作和表达。"网纸替代"不仅是写作工具和写作媒介的简单的变换,而且通常还会影响到人们的创作逻辑进程和表达方式,它对人们的影响是多方面全方位的。所谓"自媒体"又称"公民媒体"或"个人媒体",它是"私人化、平民化、普泛化、自主化的传播者,以各种手段,向不特定的大多数或者特定的单个人传递规范性及非规范性信息的新媒体的总称"①。所谓"自出版",是指作者在没有第三方介入的情况下,利用多种形式的自媒体出版系统和平台自主出版图书或多媒体产品。在整个自出版过程中,作者个人掌握出版的主动权,包括出版物的选题策划、作品创作、编辑加工、版式设计、出版传播和营销等各个环节。自出版这种出版传播方式的出现,使作者获得了前所未有的出版自由,是社会发展和人类文明进步的产物,是媒介形态嬗变的必然结果。

计算机和数字网络技术的发展必然导致"网纸替代"和自媒体平台的形成,自媒体平台的形成又必然导致自出版方式的产生与发展,它是自媒体功能的一种具体表现。自媒体平台上信息的流动与传播其实就是广义的"自出版"过程:一方面,点对点、点对面的信息传播方式成为主流、常态,使传统出版行为中繁杂的出版流程被简化,成为一种个人化的行为与过程。另一方面,自媒体营造出一种自由的信息传播环境,普通公民可以随时随地地发布自己的作品和信息。自媒体低成本甚至是"零成本"的出版优势,以及分享与链接等现代信息技术的功能优势,使普通公民轻而易举地获得了表达自我、展示自我的机会和能力。通过自媒体平台,每个人都可以自由地推出自己的作品,而不必考虑传统出版行为中可能面临的重重阻碍。总之,只要愿意,不仅人人都可以成为创作者,而且人人都可以成为编辑:自己创作、自己编辑、自己出版,这是数字网络时代公民身份的又一次更变。编辑自己的作品,简单来说就是自媒体时代编辑角色从职业化向公民化的一种转变。自媒体既是现代信息技术发展的必然结果,又是自出版方式成功运作的现实平台。这样,"网纸替代"变革了人们的表达和写作的方式和手段,使其不

---

① 陈小雷:《新媒体环境对大学生思想政治教育的影响与对策》,河北师范大学硕士学位论文,2011年,第9页。

仅极大地便利了人们的表达和创作,而且这种表达和创作极易通过计算机互联网这种现代信息技术进行发布和传播。并且,"自媒体""自出版"还能够将这种表达和创作以极快的速度和极高的效率向全社会发布和传播。电子媒介,特别是计算机互联网使人类迎来了文化出版和传播的春天:自创、自编、自出版,人类文化出版实现了更高基础上的自由与平等的复归(见图3)。①

图2 机器印刷媒介时代的出版控制:作者个人劳动通过编辑把关间接表现为一般社会劳动

图3 网络媒介时代自由出版的复归:作者的个人劳动直接表现为一般社会劳动

四、"强互动":当代自由出版的根本特征和创新发展动力之源

以互联网信息技术为支撑的"自媒体""自出版"系统和平台,表现为极强的双向和多向互动性,"强互动"是当代"自媒体"和"自出版"的根本特征和创新发展动力之源。

(一)"强互动":当代网络媒介时代自由表达和出版的根本特征

当前,电子媒介(计算机互联网)系统在自表达、自出版领域所显示出的"高速度"和"强互动",既昭示了网络媒介传播模式对传统传播秩序中主客体之间施—受关系的否定和对正常科层制运作模式和秩序的颠覆,又是对现阶段现代高技术基础和计算机互联网媒介环境条件下

---

① 王华生:《自媒体自出版与公民主体的全面自由发展》,《河南大学学报(社会科学版)》,2015年第4期。

新的表达方式、出版秩序的重建。①"强互动""文本互动""反馈互动""人际互动"既是当代计算机互联网媒介环境下自由表达和自由出版的基本特征，又是新的媒介环境下出版创新发展的动力之源。按照现代系统论、信息论的观点，社会信息系统和互联网系统都属于开放性的复杂系统，在这样的开放性复杂系统中，混沌与秩序协同共生是其根本特征，而"强互动"则是导致现阶段互联网信息系统混沌日益凸显的根本原因。

混沌与秩序是系统科学理论中的一对重要概念。混沌是指现实世界和其他一些系统中存在的一种貌似无规律的复杂运动状态，其基本特征是原来所遵循的简单物理规律的有序运动状态在某种条件下突然偏离预期的规律而变成了无序的状态。混沌状态可在相当广泛的一些确定性动力学系统中发生。所谓秩序，是系统有条理、有组织地安排内部各构成部分以求达到正常的运转或良好的运行状态。任何系统都必须具有相对的稳定性，和相对固定的系统建构，只有这样才能具有有利于系统稳定运行的状态。因此，"在一般情形下，人们普遍乐于见到社会自身所处的社会系统呈现出有秩序、有规律地运行的'负熵'状态，而拒斥混沌、紊乱和'熵值'不断增加的趋向"②。网络表达和出版中的无序和无政府状态（即对于传统传播秩序中主体与对象之间施一受关系的否定和正常科层制秩序的颠覆），实际上是网络信息系统中的"适度混沌"。有研究表明，确定性的丧失是混沌系统的特征之一，而其中立体的、多维度的"强互动"性是造成这种"适度混沌"的根本原因。从系统论的角度来看，网络表达自由化和网络自出版的高度自主性使社会信息系统正在逐步向高度复杂的状态演化，"若干传统的社会控制手段开始变得无能为力和不合时宜，传统的社会价值观、科层制以及法律和伦理的标准都发生了模糊的变化，个人对组织的归属关系、等级制度和国家权力，作为传统社会基础机制的政治－经济－文化控制，在很大程

---

① 谭华孚：《媒介嬗变中的文学新生态：20世纪90年代以来的数字媒体汉语写作研究》，福建师范大学博士学位论文，2007年，第92－97页。

② 谭华孚：《媒介嬗变中的文学新生态：20世纪90年代以来的数字媒体汉语写作研究》，福建师范大学博士学位论文，2007年，第93页。

度上受到网络自由、虚拟、交互等新型交往方式的冲击,无数出身于不同种族、地域、国家、阶层、社会文化背景的人以匿名状态在网上交往的事实,使传统社会价值等级制度的秩序在许多情况下陷入了'混沌'境界……人们欣喜于网络传播对人类生活产生革命性推进作用之余,又担心网络传播是否会使社会系统'熵'值增大,导致混乱和失控"[①]。总之网络信息系统的"强互动"性使当代自由表达、自由出版出与一种非线性秩序的根本特征。

(二)"强互动":当代网络媒介时代自由出版创新发展动力之源

"强互动"既是当代自由表达和自由出版的根本特征,又是当代自由出版创新发展的动力之源。由于"强互动"因素的存在,互联网信息系统中的自媒体、自出版处于一种非线性秩序的混沌状态。但是,对于互联网系统中自媒体、自出版来说,混沌并非混乱,更非纯粹的负价值,混沌之中也孕育着秩序,混沌状态有其自身的价值和意义。

第一,"强互动"是保持系统的外部适应性所需要的"复杂性的源泉"。混沌和"熵值"的不断增加容易引起系统的混乱和事物的无序状态,但过分地追求秩序也极易导致事物的僵化,使事物难以适应不断变化的环境与形势。无论是社会信息系统或其他任何一个系统,都必然时刻面临其内外部环境的一系列更迭与变化,因而需要不断地进行重组、再造、自我否定和突破创新。在这种情况下,适度的混沌是便于重组、避免僵化、保持系统活力的必要条件。正如社会系统理论家布克里所说,为了使系统更好地适应环境就要向系统内部不断引进"复杂性的源泉"。"实际上,在许多情况下,绝对的秩序化像绝对的混沌化一样,对任何社会系统都是一种灾难。因为它使系统在内部状态和外部环境的变化面前缺少弹性,对于内外变化不是僵固地抗拒,就是因为遭逢'旷古未有之大变'最终陷于崩溃。因此,从复杂性科学理论的观点来看,混沌,对于系统并非纯粹作为破坏性因素而存在。对于一个高度复杂的超大系统而言,当它处于跳荡多变的状态之中时,在混沌的边缘,

---

[①] 谭华孚:《媒介嬗变中的文学新生态:20世纪90年代以来的数字媒体汉语写作研究》,福建师范大学博士学位论文,2007年,第92—93页。

系统自身具有将混沌与秩序纳入某种特殊的平衡的能力。在这种情况下,适度混沌的存在,对于整个系统的变迁提供了必要而强大的动力。由此可见,在特定条件中,混沌对于系统是具有某种良性作用和正价值的动态建构元素。"[1]"强互动"以及由此所导致的"适度混沌"正是这种具有良性功能和正价值的"复杂性的源泉"和必要因素。

第二,网络系统中的"强互动"造成系统内部各要素相互激荡、砥砺,这样有利于新的思想意识和观念的形成,从而促进当代自表达、自出版的发展和创新。网络系统中自媒体、自出版平台上的"强互动"及其所造成的线性秩序的消失,不仅有助于消解大众传播中的固有秩序和话语权控制,使各种信息具有充分被利用的可能(突破原有秩序、议程设置和话语权控制,使原有大众传播和组织传播中不被重视的边角内容重新被发掘和重视并散发其活力),而且还有助于信息的交叉、碰撞及其在此基础上相互激荡和砥砺,从而再造和形成新的信息、观念和文化素质。"很多时候,没有计划和没有秩序,恰恰是发展和创新的动力。科技史上的不少发现和发明,都来源于失误、错误和偶然的灵感。网络的发展并没有计划,而这正是它疯狂成长的原因……几条风马牛不相及的信息罗列在一起,也许就为新的理解、想法和创意的产生提供了土壤。"[2]

第三,由"强互动"所导致的混沌是一种隐匿的秩序,它蕴藏着无限的生机与可能。网络平台上的自表达、自出版是一个介于秩序与混沌中间状态的复杂系统。在这个系统中,既不存在传播者和受众的绝对的两极对立(每一个参与网络信息活动的人都是独立自主的"信息施-受主体",每个"信息施-受主体"都能自由地发表自己的思想和观点),又难以形成传统传播系统中严格有序的科层管理体制和机制。这种情况下"话语狂欢"式的表达与出版,既使表达与出版传播活动变得难以控制(局部范围的表达和出版传播的混沌状态),而"多向度、强互动性"

---

[1] 谭华孚:《媒介嬗变中的文学新生态:20世纪90年代以来的数字媒体汉语写作研究》,福建师范大学博士学位论文,2007年,第96-97页。

[2] 隋岩、曹飞:《从混沌理论认识互联网群体传播特性》,《学术界》,2013年第2期。

又给这种新的媒介环境下的表达和出版传播注入了新的因子和动力机制,从而给这种众声喧哗式的"多向度强互动"状态下的混沌系统带来了新的秩序与动力,使其蕴藏着无限的生机与发展的可能。正如古今中外历史上所发生的任何一次媒介形态的变革,都是在引起一定"混乱"的同时,给社会的表达与出版传播带来了新的变化与解放。如中国汉末魏晋时期的"简纸替代"、18世纪英国印刷媒介的普及等都在给当时原有社会文化秩序造成冲击与混乱的同时,也给当时的文化出版和文化生态带来了革命性的推动与变革,并在此后的变革与发展中重塑了新的社会文化秩序:由新的媒介所导致的新的文化(文学)形态由不登大雅之堂的"浅俗"文化(世俗化与娱乐性的非正式写作如艳情诗赋与小说故事等),逐步转变并上升为社会主流意识所推崇的高雅、主流社会文化。① 这是必然的,是由"强互动"所导致的隐秘与混沌系统中的内在逻辑秩序所必然决定的。

由上分析可知,社会生产力的发展和技术基础的进步必然导致媒介形态的变革,而媒介形态的变革与发展又必然带来社会表达的解放与出版方式的创新。近年来,数字网络这一全新的媒介形态所带来的社会表达的解放和出版方式的变革与创新是多方面、全方位的。在这一过程中,反馈、互动是其重要的内在动因,"强互动"是当代表达解放、出版创新的变革发展的动力之源。

原载于《河南大学学报(社会科学版)》2016年第3期,《新华文摘》2016年第16期论点转载

---

① 谭华孚:《媒介嬗变中的文学新生态:20世纪90年代以来的数字媒体汉语写作研究》,福建师范大学博士学位论文,2007年。

融合背景下中国媒介集团发展的困境与对策

李玉中①

引　言

印刷媒介和电子媒介都在觊觎这个时代。在新媒介技术和媒介资本增值等因素的逻辑驱动下，媒介融合成为媒介发展的自然选择。作为学理概念，"媒介融合"最早由美国马萨诸塞州理工大学浦尔（L. Pool）教授提出，其根据是当代各种媒介，包括传统媒介和新兴媒介之间呈现出的多功能——体化的发展趋势。美国新闻学会媒介研究中心主任安德鲁·尼克森（Andrew Nachison）将之定义为"印刷的、音频的、交互性数字媒体组织间的战略的、操作的和文化的联盟"②，他强调的是传统媒介与新兴媒介组织之间的联盟合作形式。

关于媒介融合，从业界实践情况观察，欧美等国起步较早。坦帕新闻中心（The Tampa News Center）是较多被谈起的媒介融合的成功案例。2000年3月，坦帕的上属公司美国通用媒介公司（Media General）投资4000万美元将旗下三家新闻机构坦帕时报、坦帕湾在线（TBO.com）与WFLA电视台集中到同一大楼办公，以此促成不同媒体公司的合作互动，成功实现利润增长。"2002年，坦帕论坛报的日发行量较前一年增加5.8%，WFLA电视台以12%的受众份额居于坦帕电视市场

---

①　作者简介：李玉中，河南省委宣传部哲学社会科学规划办公室主任。研究方向编辑出版学。

②　Andrew Nachison, *Good Business or Good Journalism? Lessons from the Bleeding Edge*, A presentation to the World Editors' Forum, Hong Kong, June 5, 2001.

的第一位。"①如今,欧美像迪士尼、时代华纳、新闻集团等都已经成为世界500强企业,年营业收入均在300亿美元之上,规模相当可观。

相比而言,我国目前媒介融合发展的状况并不让人乐观。以传统媒体的广告收入数据为例,2014年4月传统媒体广告同比仅增长2.2%,其中,电视增长13.8%,广播增长14.2%,户外增长9.3%,报纸则下降12.1%,杂志下降6.6%。②再如,2013年,我国广告经营额5019.7亿元,同比增长6.8%,③同年国内网络广告市场规模达到1100亿元,同比增长46.1%。④一边是传统媒体在旧有路径上步入生存危机,另一边则是新媒体的快速成长。在这样的情况下,采取行之有效的措施与新媒体联手汇融就成为传统媒体实现自救的基本路径。面对传统媒体在媒介融合背景下突破与自救过程中出现的困境,学界主要从所有权融合、结构融合、信息采集融合、策略融合、新闻表达融合等角度,着重就一些具体的媒介操作实践问题进行过研讨。如喻国明、戴元初以美国电视媒体为例,从项目融合、资源分享、全面合作、融合一体等类型的角度,重点分析了媒介融合的具体方式和媒体在媒介融合情境下的竞争之道。⑤王虎从打造品牌平台、确定目标市场、实现立体化传播、建立产业链接等方面详细分析了媒介融合背景下传统电视与新媒体的整合营销策略。⑥沈兵虎提出建立适应媒介融合可持续发展的制

---

① 陈红梅:《网络环境下的传播行为与传播策略:国外相关研究概述》,《新闻记者》,2007年第12期。

② 央视市场研究媒介智讯:《2014年4月份中国报纸广告市场分析报告》,http://www.caanb.com/portal.php? mod=view&aid=1522,2015年1月20日。

③ 贵阳日报:《我国广告市场已居世界第二 2013年广告经营额逾5000亿元》,http://www.gywb.cn/content/2014-10/26/content_1777103.htm,2015年1月20日。

④ 艾瑞咨询:《2013年中国网络广告市场规模突破千亿大关,达到1100亿元》,http://a.iresearch.cn/others/20140109/224661.shtml,2015年12月9日。

⑤ 喻国明、戴元初:《媒介融合情境下的竞争之道:对美国电视的新竞争策略的观察与分析》,《新闻与写作》,2008年第2期。

⑥ 王虎:《媒介融合背景下传统电视与新媒体的整合营销策略》,《视听界》,2009年第1期。

度体系,加强媒介融合匹配性人力资源体系等具体对策。① 这些既有的研究成果,为本研究提供了重要的文献参考。但他们有的对困境的叙述不够细致,有的对媒体融合的运作机制与策略的探讨不够立体,这也就为本文继续深入的研究提供了空间。

一、融合背景下中国媒介集团融合发展的状况

印刷媒介和电子媒介塑造并强化了大众传播主导的社会传播体系,数字媒介在提高大众传播体系运作效率的同时,也强化了群体传播的社会影响力。新兴的互联网媒介集团以"用户观"替代了传统媒体时代的"受众观",在自身发展壮大的同时,反向改造着传统媒介职能的实现方式。② 比如,亚马逊对出版行业的变革,苹果 iTunes 对音乐发行业的重构,国内的百度文库、多看、当当等,也都在试图改变传统的出版发行行业。与此同时,传统媒体也没有坐以待毙,人民网已经上市,湖南卫视旗下的芒果 TV 视频网站也取得了不俗的成绩,上海报业集团的澎湃新闻和界面等新产品也颇具影响力。其实在体制局限、地域局限、媒介局限之外,中国的媒介集团在融合发展中已然有了许多探索和积累。③

(一)印刷媒介集团融合发展现状

印刷媒介集团主要是指报业集团和出版集团。唱衰纸媒的声音很早就有了,报业整体增长的不景气导致报业品牌价值缩水、人才流失、竞争力下降,出版发行行业也面临着书店关店潮等问题。但从集团层面来看,印刷媒介集团依然有着较强的市场活力和发展空间,报业集团的融合发展在不同层面上有不同的表现:多元经营特别是在会展、活动产业等领域开

---

① 沈兵虎:《媒介融合存在的问题及其破解策略》,《中国广播电视学刊》,2012 年第 9 期。
② 范颖:《媒介技术革新下日本报业的商业模式探索:以〈日本经济新闻〉电子版为例》,《传媒》,2014 年第 16 期。
③ 梁智勇:《媒介融合背景下传媒集团新媒体战略比较:以 CCTV、SMG、凤凰卫视与新华社为例的研究》,《新闻大学》,2009 年第 1 期。

启了新的高速增长点；借助自身强大的城市社区影响力，许多报业集团重点在地产、汽车等行业开展城市营销活动，也取得了不俗的成绩；也有一些报业集团围绕城市生活开发新的移动应用产品，例如《潇湘晨报》开发的有味网等；而澎湃新闻和界面则不仅是上海报业集团面向新媒体平台转型的产品，更是提升内容专业化水平的产品，报业集团提升媒介产品的专业化程度也是面向媒介融合发展的一个探索方向。① 出版集团的转型也比较积极，出版行业一方面在技术层面提升数字化水平、提升行业生产效率，另一方面以版权为中心进入版权交易和版权运营领域，例如作家出版社以其文学版权优势成立新公司进入了影视投资和制作领域。发行方面，传统发行单位积极拓展线上业务，全国 511 家网上书店，大部分为传统出版发行单位开办，四川文轩在线、浙江博库网络两家新华书店背景的网上书店销售额已仅次于传统的三大电商。②

（二）电子媒介集团融合发展现状

传统媒体中依然保持较好的增长水平的就是电子媒介了，广播和电视媒介集团的整合开始得较早，但在媒介融合时代，电子媒介所面临的转型发展压力并不亚于印刷媒介。面对听众规模增长停滞，广播媒介集团重点开发车载用户市场和文娱活动市场，广播媒介的听众市场细分程度较高而且各细分市场内覆盖率较高，因此，在传统媒体中广告增长依然是最快的，同时广播媒介集团开发了文艺会演等新的盈利业务。但在互联网融合发展方面，广播只是借助新媒体平台推广自己原有的生产内容，整个业务生产的变革并不明显。电视媒介集团在融合发展中比较积极，"三网融合"的不断尝试给广电部门带来了极大的压力，各部门在利益博弈的同时也没有停止各自的转型发展。电视媒介集团中走得比较靠前的基本都是以自身强大的内容生产能力换取新媒介平台的成长，比如央视的 CNTV 和湖南卫视的芒果 TV，湖南广电的

---

① 张利平：《新媒体时代传统媒介融合渠道与路径选择：以〈华尔街日报〉为例》，《湖南大学学报（社会科学版）》，2013 年第 1 期。
② 国家新闻出版广电总局：《2014 中国出版物发行业年度发展报告》，http://www.cssn.cn/ts/ts_sksy/201501/t20150112_1474617.shtml，2015 年 6 月 10 日。

"独播战略"保证了平台内容的差异化,同时以自身的优质内容向新的平台导流量,牺牲一时的版权销售损失换得集团发展的未来。

(三)数字媒介集团融合发展现状

从传统互联网到移动互联网①,数字媒介集团将业务渗透到大众的日常生活。印刷媒介提供的图文信息和电子媒介提供的视听信息都可以在数字媒介平台搜获,数字媒介在物联网方向的拓展也让人体会到麦克卢汉"媒介是人的延伸"的现实意义。音乐软件改变了唱片发行规则,视频网站蚕食着电视广告市场,手机夺走了太多的注意力,智能电视也开始强攻家庭的中心——客厅,数字媒介总是以全新的产品形态整合着传统媒体所实现的社会功能。除了产品和业务层面对传统媒体的影响,国内的互联网企业很难在资本层面对传统企业实施兼并收购行为,但不排除有合并资金新设公司开展业务的可能。另外,数字媒介集团虽然很难进入传统媒体的播控平台,而且新闻生产领域也是禁忌,但数字媒介集团已经在影视文娱类产品方面有各种层面的涉足,诸如阿里巴巴和腾讯对华谊影视的参股,阿里巴巴收购文化中国成立阿里影业等,都是数字媒介集团进入传统媒介集团业务领域的一些尝试。新媒介集团进军传统媒介集团的业务范围,作为一种媒介融合的路径,至少说明传统媒介集团在媒介融合的协商过程中有自身的谈判筹码和不可替代的特殊性。

二、融合背景下中国媒介集团面临的困境

中国还没有真正意义上的大型媒介集团,仅有的几个上规模的企业集团也是行政命令的产物,而非市场竞争的结果。中国的媒介集团不仅面临着自身纵向增量成长的内部压力,同时也面临着行业低水平

---

① 严格来说,这一说法并不科学,互联网只一个,无所谓移动与否,该说法只是强调网络终端的差异,传统以 PC 机为主,当下智能手机、iPad 等网络终端有了移动特征,故以此命名以示与传统的区别。具体语用中,有不少学术论文使用这两个命名。

竞争的转型困境,在新一轮媒介融合发展的外部压力之下,传统媒介集团到了内外交困亟待突破的时候。

(一)中国媒介集团缺乏市场内外整合实力

媒介集团的融合发展虽然首先发生在产品层面,但对于市场竞争而言,资本层面的整合才是衡量媒介集团融合方向的关键。与西方大型媒介集团相比,中国媒介集团的力量十分薄弱,《财富》杂志发布的2013年世界500强企业名单显示,仅迪士尼、时代华纳和新闻集团的总营业收入就达1047.13亿美元。[①] 截至2015年1月6日,沪深股市38家文化传媒类上市企业的总市值才938.06亿元。[②] 同时,中国传媒产业布局不均衡,大规模、高水平、产业链完整的龙头企业少,缺少传媒领域的战略投资者和骨干企业。除了行政整合,媒介行业几乎没有真正的市场兼并成功案例,而且兼并整合始终无法跨地域的限制。[③] 这样,媒介集团横向规模的扩张、纵向产业链的扩张则比较受限制。总之,资金规模和整合经验是传媒行业规模之路的两个掣肘因素。

(二)中国媒介集团缺乏有市场号召力的产品和品牌

产品力才是真正的核心竞争力,没有产品力也就没有品牌力。媒介融合时代的突围尤其需要代表性的有市场号召力的融合产品。然而,长期以来,中国传媒行业一直处于低水平行业竞争中,市场化程度有其形式,无其实质内涵,媒介企业的自主创新能力不高,核心竞争力不足,知识产权的作用发挥不充分,企业的创意、研发、制作水平较低,行业整体的体制积弊使得传媒行业中内涵深刻、风格独特、形式新颖、技术先进的精品力作和知名的文化品牌较少。多数媒介集团在媒介融合时代选择将原有媒介产品简单转换形式以应对数字化浪潮。例如,

---

[①] 财富:《2013年财富世界500强排行榜》,http://www.fortunechina.com/fortune500/c/2013-07/08/2013G500.htm,2015年4月20日。

[②] 东方财富网:《板块行情》,http://quote.eastmoney.com/center/BanKuai.html#02,2015年4月10日。

[③] 覃茜倩:《中国传媒产业的媒介融合策略研究》,湖南大学硕士学位论文,2010年。

推出手机报或媒体官方新闻网,面对匮乏的创新能力和融合时代的市场竞争压力困局,广电企业甚至花费高额版权费进行节目生产。这些做法虽然有助于媒介集团积累相应的经验并满足部分市场需求,但也只是一时的防守策略,对于集团整体层面的转型缺乏战略意义。

(三)中国媒介集团缺乏产业生态建构能力

中国目前的媒介集团基本呈现出单领域、单地域的特征,不论在产品形态、业务布局还是资本运作层面,都存在着主业带动力偏弱、副业影响力不强的问题。主业在细分市场中的专业化发展有待提升,副业的战略意义不够充分。纵向来看,媒介集团的产业链把控和整合能力偏弱;横向来看,跨媒介和跨地域的媒介集团还未有雏形。就媒介融合的发展趋势而言,传统媒介集团不善于把自身的内容生产优势转移到适应消费者和新受众需求习性的新平台终端上获取相应的收益,也不善于把握受众的媒介需求特点变化并开发新的媒介服务形态。媒介集团被锁定在旧有的"受众观"思维中,所进行的创新,多数只是对原有媒介服务的升级。在这方面数字媒介所做的创新与传统媒介相比优势是很明显的,比如,蜻蜓FM和荔枝电台等这些广播类互联网产品都不是来自传统媒介集团,特别是荔枝电台以UGC的思维自己发掘和培养DJ,以平台思路构建原创生态,这些创新是传统媒介集团在产品层面所不能及的。另外,中国媒介集团的资本运作在媒介业务生态构建方面的表现差强人意,缺乏技术人才,技术在整个媒介业务生态链中的地位亦未得到清晰的定位。

(四)中国媒介集团缺乏创新的盈利模式

传统媒介集团的盈利模式基本围绕广告、发行这两项因素运转。数字媒介集团的主要盈利同样来自广告商和受众,但新兴媒介以"营销服务"替代"广告投放"的思维,以"媒介生活"替代"受众需求"的理念,以更大的技术创新走进大众的日常生活,在满足其生活需求的同时获取用户规模,进而探索出更多新的盈利模式。近年来,国内的媒介集团亦尝试学习和改变,诸如湖南广电通过芒果TV开始学习美国的Netflix进行内容的会员销售,通过内容的直接销售来获利,但这在国内也仅是个案。不论是内容为王的思路,还是平台之争的路径,传统媒介集团的市场定位和盈利模式都过于僵化①,媒介集团不仅是内容厂商、平台厂商,更是渠道厂商、生态厂商、终端厂商,媒介集团的盈利模式需要在媒介的"受众观"到"用户观"的变化中发现新的变革动因。

三、融合背景下中国媒介集团的发展策略

面对媒介融合的变革浪潮,不是仅靠增设新的媒介产品业务就能跟上时代节奏,媒介集团需要全面完成内容、平台、生态、渠道和终端的融合,而且需要从技术到组织到市场做到新的平衡。一方面媒介集团要在融合发展中处理好自身积弊,另一方面要在引领媒介发展方面有新的革命性举措。媒介产业市场的集中度有待进一步提高,资本运作是捷径,产品变革才是根本性的长久大计。要以产品变革为先导,以新产品打造为引领,塑造新的品牌维度,增强品牌的新时代内涵。业务生态进阶方面,从资本、组织、产品多层面进行业务生态的融合调整,新闻业务、娱乐业务、营销业务、活动业务、广告业务、信息资讯业务以及非媒介业务之间应当强化整合,在做好专业化和多样化的同时,保证各业务部门的协同发展。

(一)多层次多领域展开资本运作

媒介融合时代,媒介集团一方面要提升自身的规模去占领和稳定市场,同时提升自身的抗风险能力和快速进入能力,一方面要多路径进入新的业务形态领域。媒介集团要抓住机会审慎地兼并整合,但扩张规模式的资本运作要适度。偌大的中国市场,完全可以也完全有必要培育成长几个大型的媒介集团,大型的媒介集团在一些大制作上可以形成竞争,而且有利于对外宣传,但大型的媒介集团的出现一定是建立在充分的市场竞争的基础上。另一方面,在跨媒介和跨地域经营方面,媒介集团间也可以开展资本层面的合作。在新产品、新业务开发方面,媒介集团可以以资本入股方式参与其他媒介产品领域。对于新出现的数字化媒介产品形态,传统媒介集团既要以其市场实践为参考,提升自

---

① 韩晓宁、王军:《国际传媒集团经营发展及战略转型分析》,《现代传播》,2014年第6期。

身已有产品的市场需求形态,又可以考虑资本进入,一方面方便进一步观察学习,另一方面方便进退,进可战略合作,退可作投资入股。资本进入可以考虑以媒介集团下的业务公司身份进入,也可以以投资公司的身份进入。

(二)打造专业化媒介产品和多样化媒介服务

媒介的融合不是一个"多归一"的过程,而是一个终端多样、渠道压缩、内容精细的过程,这就要求媒介集团在这个过程中打造更专业化的媒介产品和更多样化的媒介服务,以专业化的产品塑造品牌,以多样化的服务提升产品。以此为目标,媒介集团应当重新梳理内部的组织结构和外部的产业链发展趋势。上海报业集团的"澎湃"和"界面"已经树立了两个比较好的标杆,虽然盈利和可持续发展情况暂时无法得到验证,但内容供应的市场细分和专业化是必然趋势。在细分市场中,占据竞争优势是媒介融合时代的新趋势,同时多个细分市场布局也是媒介集团竞争的整体策略。虽然手机逐渐成为大众个人生活的中心,但智能电视在客厅的家庭聚合功能、平板电脑的休闲扩展功能等生活场景下的媒介需求依然强盛存在,因此,媒介终端的多元化依然是生活需求多样化背景下的必然要求,这就需要媒介集团储备相应技术人才,做好适应多终端的多样化媒介服务的准备。

(三)革新"受众观"为"用户观"

媒介融合不仅是技术主导的渠道和生产方式的融合变革,更是社会性的媒介习性的变革。需求意味着市场,需求是来自人类本身欲望的、是以人的使用为表现的认知需要。"用户"反映的是对所提供产品和服务能够满足一定需求的认知,而"受众"则是大众传播时代强调传者弱化受者的认知,旧的理念无法在新时代获得市场认可,也就无从谈起创新和发展。媒介的接触已经不再那么强烈地受到文化水平、薪资水平的限制,全民皆可为受众,而且受众不再仅仅以信息需求的满足为目的去接触媒介,他们接触媒介的动机来自生活和工作的方方面面。相比传统媒介,数字媒介集团在产品开发方面时刻思考着用户接触媒介时的种种需求,在业务布局方面也基本不受自身媒介形态的限制。因此,媒介集团应该跳脱出"纸媒思考读什么、广播思考听什么、电视思考看什么"的窠臼,树立新的用户及用户需求观,以用户的媒介接触为原点,开展媒介业务的生态构建,尽早尽快调整媒介产业链的布局和相应的市场策略。

(四) 创新盈利模式

成熟的盈利模式意味着对市场领域的有效的理性把握,市场和产品的变革,必然伴随着盈利模式的变革。媒介集团的盈利模式应该是多元化的,传统的"二次销售"观点在新的媒介融合时代已经不再适应。广告业务和发行业务作为传统媒介集团的生存之道,自然是无法立刻全部摒弃的,也不可能完全被淘汰掉。但媒介融合发展之迅猛,以媒介为中心构建起的生活情境,可以探索出许多新的盈利点。因此,媒介集团一方面需要采取防守策略稳定发展原有盈利业务,另一方面要在局部产品形态或业务模式中试点开展新的盈利模式。新的盈利模式应完全摆脱旧有的媒介市场观念,要在满足新的市场需求点的情况下对生产流程和生产组织结构进行重构,在新的融合媒介产品观和用户观的指导下大胆创新、积极探索,在市场模式积累的基础上使新的盈利模式逐渐成型。

结　论

媒介融合,不仅仅是新旧媒介形态的一种历史相遇,更是媒介生活和相应的媒介经济变革的过程,媒介融合除了给中国媒介集团带来竞争压力和转型阵痛外,更多的带来的是变革的机遇。虽然中国媒介集团由于体制、政策、市场等原因积弊较多,市场化程度较低,但依然充满着爆发的潜质和市场活力。中国的媒介集团需要在资本市场、用户市场、技术市场等多个领域内重新定位自身的市场价值,并以此为基础进行业务重构,在中国偌大的媒介市场空间中,伴随着走在世界前列的发达的互联网技术,伴随着政府深化改革系列政策的实施,释放出应有的世界性的影响力。

原载于《河南大学学报(社会科学版)》2015 年第 5 期,《新华文摘》2015 年第 24 期论点转载

撤销论文制度及出版伦理建设问题研究

陈国剑　王振铎[①]

2013年11月28日,荷兰的Elsevier公司发表声明,撤销其麾下期刊《食品与化学毒理学》2012年11月发表的论文 Long term toxicity of a Roundup herbicide and a Roundup-tolerant genetically modified maize。据称,在该论文发表后不久,杂志主编收到了多封读者来信,质疑研究中的数据问题和实验设计问题,甚至有人指控作者欺诈,并呼吁予以撤稿。[②] 为此,编辑部对实验原始数据进行了深入分析,虽然没有发现该实验存在数据造假或学术不端行为,但同行评议认为选取200只SD鼠做试验样本容量过小,且实验用SD鼠本来就是易感癌的品系,不能够获得决定性结论——喂食NK603转基因玉米的SD鼠有较高的死亡率和患癌率。因为论文涉及美国孟山都公司的转基因玉米,所以这一撤销论文案引发了诸多评论。[③] 英国《自然》杂志的网站也针对此事,发表报道说:《食品与化学毒理学》杂志主编曾在月初要求作者

[①] 作者简介:陈国剑,河南大学学报编辑部编审。研究方向编辑出版学。王振铎(已故),河南大学著名教授。

[②] "Elsevier Announces Article Retraction from Journal Food and Chemical Toxicology," http://www. elsevier. com/about/press-releases/research-and-journals/elsevier-announces-article-retraction-from-journal-food-and-chemical-toxicology,2013年12月10日。

[③] 《食物与化学毒理学撤稿行为被指嘲弄科学并屈服于产业》,http://blog.sciencenet.cn/blog-475-747118.html,2013年12月10日。

主动撤回论文，并表示如果作者拒绝，杂志方也将予以撤回。① 该报道还说，论文作者把这一撤稿事件形容为"丑闻"，并声称该杂志任命的一名编委此前曾在转基因农业巨头孟山都公司工作过7年。按照常理，既有的科研成果不能仅靠后来的"分析"而撤销其出版的事实，最多只能再进一步去补充研究、讨论，对以前的结论进行修正。怎么能撤销已发表的论文呢？尤其是在当代网络信息高速而广泛传播的条件下，能撤销论文发表后在读者中已经造成的传播效果或影响吗？这是新媒体时代的新举措，还是原本就有的老制度？从这一编辑出版学案例可透视出一些什么问题呢？本文分而述之。

一、撤销论文制度的由来及作用

撤销论文制度源于1987年，为保证学术文献的可靠性和准确性，国际医学期刊编辑委员会（ICMJE）决定对不宜在文献资源中继续保存的、有错误的学术论文进行处理：或通过发表勘误信息更正论文中的错误，或通过纸质版和电子版发布撤销公告撤销已发表的有问题（包括在同行评议过程中未被发现的各种问题）论文（以下称之为"问题论文"）。② 在此之前，学术论文的出版实行同行评议制度，特别依赖特定领域内少数专家的评审意见，偶尔会出现放过问题论文的现象。③ 这些问题论文一经出版，便如同射出的"魔弹"④难以收回。显然，作为期刊部分内容的论文一经出版便不能用裁割、撕毁等物理手段予以撤销，已经产生的社会效果更是难以根除。就是那些已经出版发行的专著，

---

① "Study Linking GM Maize to Rat Tumours is Retracted," http://www.nature.com/news/study-linking-gm-maize-to-rat-tumours-is-retracted-1.14268, 2013年12月10日。

② 刘红：《预印本库和撤销论文制度：同行评议有益补充》，《中国社会科学报》，2012年8月15日。

③ 吴文成：《学术期刊出版中同行评议制度的不足及其改进》，《中国出版》，2011年第18期。

④ 斯坦利·巴兰、丹尼斯·戴维斯著，曹书乐译：《大众传播理论：基础、争鸣与未来》，北京：清华大学出版社，2004年，第79页。

也只能借助于政治或宗教的力量予以销毁。但事实证明,无论是秦朝的"焚书"之举,还是古罗马教廷的"禁书"措施,抑或是清朝的"毁版"闹剧,都不能完全达到销毁著作的目的。那么,这里所说的"撤销论文制度"还有什么实质意义？有！这一制度可以修正或弥补同行评议审稿制度的失误或不足,它是一道学术伦理防线。尤其是在数据库技术出现以后,撤销论文已成为具体的技术措施,对于数字出版物而言是完全可行的。

20世纪60年代后,随着计算机和数据库技术的迅速发展,一些发达国家的学术机构、图书情报部门将电子数据库运用于收藏文献、编制索引等工作,一些文摘期刊也在发行纸印版的同时发行磁带版。20世纪70年代中期,便出现了联机型检索全文数据库。20世纪80年代初期,随着Internet的使用,一些先驱者在网络上发行电子期刊,联机型电子期刊从以提供书目、索引等二次文献为主逐渐转型为提供全文、数值、图像等信息的大型数据库,并且在20世纪80年代末期出现了单机型光盘读物。20世纪80年代末期可以说是一个纸印版、磁带版、光盘版、网络版期刊或期刊衍生品集合荟萃的时期。其中,纸印版、光盘版一经形成便不可删改,磁带版售出后也不便收回重新录制,只有网络版可以及时更正。所以,ICMJE所提出的撤销论文制度对于纸印版、磁带版和光盘版期刊而言仅具象征意义,对于基于在线数据库的网络版期刊而言才有实质意义。所谓象征意义,就是发布一则撤销声明,宣布某篇论文因何原因而被撤销了出版名誉,并不是真实地将其从已出版的期刊上删除,至多是在以后编制目录或汇编时不再收录该文。所谓实质意义,就是在发布撤销声明的同时,真的将这篇论文从数据库中删除或移至另一数据库中,并在数据库的目录索引中标以"撤销"标志。这或许是撤销论文制度产生于20世纪80年代末的主要原因。

由于撤销论文制度的实施可以保证学术文献的可靠性和准确性,尤其是能够在一定程度上纠正科研道德失范行为,故而被一些学术团体和学术期刊推广、采用。成立于1997年的国际出版伦理委员会(COPE)据此界定了科学出版伦理方面的行为准则。荷兰的Elsevier、美国的Wiley-Blackwell、德国的Springer、英国的Taylor&Francis等均为COPE会员,这些大型出版集团麾下的几千种学术期刊都严格遵守

COPE 制订的行为准则,但是具体的做法不尽相同。例如,Nature 出版集团就明确表示,若发表的论文中出现剽窃、篡改、伪造等学术不端行为时,编辑部将立案调查,一经核实,将通知作者单位和其基金资助单位,严重者将撤销论文。① Elsevier 规定的撤销论文制度颇为完善,分为"撤回"(Article Withdrawal)、"撤销"(Article Retraction)、"删除"(Article Removal)和"更新"(Article Replacement)四种情况或处理方式。② 待刊论文(已经提交出版、但尚未正式发表的论文)或已出版论文,如果存在错误,或发现是已发表论文的意外重复,或判定为违反了学术伦理(如存在一稿多投、假冒署名、剽窃、伪造数据等情况),由作者或编辑部声明将其"撤回"或"撤销";已出版论文,如果存在诽谤或侵犯他人合法权益的内容,或者按照论文中的方法采取行动可能会造成严重的人为社会风险,根据法律的规定将其从在线数据库中"删除";已出版的论文,如果存在瑕疵或不准确数据,据此采取行动可能会造成严重的"健康"风险,可根据原文作者的愿望予以"更新"。撤销一篇已出版的论文,需要经过调查、核实等诸多环节,并采取以下技术措施:(1)在后续的期刊正文页面中发表由作者或编辑签署的标题格式为"Retraction:[articletitle]"的撤销公告,并在目次页中列出;(2)在电子版中设置指向原文的链接;(3)在在线文档前添加一个含有收回公告的界面,读者可通过该界面上的按钮决定是否继续阅读该论文;(4)原文没有改动,只是在 PDF 文档的每一页面上添加了"retracted"水印标志;(5)删去论文的 HTML 文档。由于很烦琐,所以几乎所有的期刊社或编辑部给出的撤销论文制度中均称,只有在"一些极端的情况"下才进行这样的处理。Springer 的出版总监 Tamara Welshot 指出:只有当论文出现了严重的诚信问题,或者是出现了重复出版和冗余出版的情况,出现了剽窃的情况,有严重的利益冲突,或者是涉及不符合伦理规则的研究成果或实践,才予以撤稿;作者的署名有问题但是研究内容是正确

---

① "Corrections, Retractions and Matters Arising," http://www.nature.com/authors/policies/corrections.html,2013 年 12 月 10 日。

② "Article Withdrawal," http://www.elsevier.com/about/publishing-guidelines/policies/article-withdrawal,2013 年 12 月 10 日。

的,文章的小部分数据有问题但无关大局,只有少量的内容涉嫌剽窃而其他部分是没有问题的,通常只予以勘误。①

从上述介绍可知,撤销论文制度是一套关于问题学术著作的出版事后审查、处理规程或行为准则。它作为一道出版伦理防线,可用于弥补学术著作出版事前评审、编校的不足,保证学术文献的可靠性和准确性,纠正科研道德失范行为。由于撤销论文制度是某些学术团体或出版机构所制订的出版行为准则,所以不同期刊撤销论文制度的术语和操作规程并不完全一致。严格而论,就本文一开始所提及的那篇论文是被 Elsevier"撤销"而不是"撤回"。有些期刊可能没有"撤销""撤回"之分,大多数读者、作者、编者和出版者则将其统称为"撤稿"。所有这些术语、概念,连同撤销论文制度的作用与缺陷都是编辑出版学应该研究的课题。

二、在我国引入撤销论文制度的必要性

COPE 目前有会员 6 412 家,其中已有中国会员 38 家,并且在我国早就有撤销论文的事例。例如,2011 年《牙体牙髓牙周病学杂志》就曾郑重宣布撤销论文《根管治疗三年后疗效评价及影响因素分析》,②原因是该文除个别文字和该刊要求作者提供的临床 X 射线图片外,文题及内容均为抄袭。还有,2009 年《中国骨伤》宣布因发现抄袭行为而撤销论文《断指再植中的无复流现象》,③2010 年《宇航学报》宣布应作者要求撤销论文 *Multiple satellite integrated navigation system based on self-adaptive soft-switch technology*。④ 但是,我国大多数学术期刊至今

---

① Tamara Welshot:"Springer:如何防止学术造假与学术不端",中国图书出版网,http://www.bkpcn.com/Web/ArticleShow.aspx?artid=115169&cateid=A21,2013 年 7 月 9 日。
② 《关于撤销已发表论文的公告》,《牙体牙髓牙周病学杂志》,2011 年第 10 期。
③ 《关于撤销乔高山发表在我刊论文的声明》,《中国骨伤》,2009 年第 11 期。
④ 《关于撤销俞晓磊等人发表论文的情况说明》,《宇航学报》,2010 年第 7 期。

尚没有建立起较为明确、细致的撤销论文制度,关于此方面的研究也寥寥无几,以至于许多人听到撤销论文便联想到我国历史上曾经上演过的毁版禁书闹剧,甚至将其附会于我国现阶段施行的出版事后审读制度。所以,Elsevier撤销论文案经我国新闻媒体报道后,引起了社会各界诸多人士的关注,有不解的、有诧异的,似乎大多带着一种抵触的情绪。由此可见,我国的学术著作出版机制尚不健全,亟待开展出版伦理研究与建设。

应该说,"撤销论文"虽与"毁版禁书"有几分相似,但却有本质上的不同。譬如,在20世纪50年代,胡先骕的《植物分类学简编》出版后,北京农业大学的几位讲师、助教致信高教出版社,称之"是一本具有严重政治性错误,并鼓吹唯心主义思想的著作",认为胡先骕"诋毁苏联共产党和政府,反对共产党领导科学","在生物学上,他也是个唯心主义的形而上学的孟德尔-摩尔根主义者","不能容忍这本书继续毒害青年,贻误学界。我们建议立即停止出版胡先骕的著作,收回已售出的书"。① 原因是胡先骕在该书中批评了"一个物种可以飞跃为另一个物种"的遗传理论,认为"李森科'关于生物学种的新见解'在初发表的时候,由于政治的力量支持,一时颇为风行……但不久即引起了苏联植物学界广泛的批评……这场论争在近代生物学史上十分重视。我国的生物学工作者,尤其是植物分类学工作者必须有深刻的认识,才不至于被引入迷途"②。在当时我国自然科学与政治、经济同步向苏联一边倒的形势之下,这些言论被认为是"对米丘林学说采取盲目反对的态度……别有用心地利用苏联科学家们对物种问题的学术争论,利用苏联一些生物学家在物种问题上的不同见解"。因而,胡先骕被扣上了"诬蔑苏联共产党支持错误的思想,暗示科学应该脱离政治,脱离党的领导"的帽子,受到了猛烈批判,未售出的《植物分类学简编》也被全部销毁。1956年之后,李森科的伪科学被剥下了画皮,毛泽东提出了繁荣文化艺术和推动科学发展的"百花齐放,百家争鸣"方针,周恩来指出:"科学是科学,政治是政治……如果李森科不对,我们没有理由为李森科辩

---

① 胡宗刚:《胡先骕先生年谱长编》,南昌:江西教育出版社,2008年,第578页。
② 胡先骕:《植物分类学简编》,北京:高等教育出版社,1955年,第343页。

护,我们就向被批评的胡先骕承认错误。"①然而,我们对于问题著作的处理却似乎一直停留在按政治标准"连人与著作一起办"的意识形态中,而没有认真地改正错误。改革开放后虽然将政治标准更换为了学术标准,但从几则撤销论文公告看,仍留有"连人与著作一起办"的思维。例如,"我刊今后将不再刊登作者本人的任何文章""对作者所撰写的一切文稿二年内拒绝在我刊发表"云云,均不符合 COPE 的行为准则。按照 COPE 的行为准则,撤销论文政策针对的仅仅是问题论文,不主张拒绝涉事作者继续向本期刊投稿。与"毁版禁书"的显著区别就在于,"撤销论文"是一种学术行为,其行为人可以是获得版权的编辑者、出版者,也可以是享有著作权的作者,而不是行政机关或政治团体、宗教组织,所以不受政治观念、宗教信仰或商业利益的影响,其处理对象仅是已出版的问题学术著作,其处理方法多半是象征性的。

作为行政管理机关定期组织的期刊出版事后审读制度自有定位、自成体系,②与撤销论文制度几乎无关。我国现行的期刊出版事后审读制度,重在查处政治、法律和语言文字表达规范方面的问题,基本上不涉及单篇文章学术问题的审查和处理。虽然这一制度的施行,对于我国学术期刊坚持正确的政治方向、保证良好的出版质量起到了积极作用,但对于提高期刊论文的学术质量、抑制学术不端的蔓延却力有所不逮、技术有所不及。与之相比,撤销论文制度关于期刊论文的审查虽然是被动的,但由相关专家学者及时对某一特定论文进行学术再鉴定是极为严肃的,而且对问题论文进行必要的技术处理能够产生实质效果。尤其是随着科学技术的飞速发展,国家间、地区间的学术交流日益频繁,学术著作的出版周期越来越短、传播速度越来越快、影响范围越来越大,为避免问题论文造成严重影响,撤销论文制度便成为国际出版巨头维护出版物质量和出版伦理的必要措施,并且已成为学术著作评价体系的必要组成部分。

---

① 中共中央文献研究室编:《周恩来年谱(1949—1976)》上卷,北京:中央文献出版社,2007 年,第 570 页。
② 刘清海、张楚民:《期刊出版事后审读的定位与审读体系的规范》,《编辑学报》,2009 年第 5 期。

改革开放后,我国的出版业快速发展,至20世纪90年代走上了国际化、多元化发展进程,学术著作的出版量大幅度上升,科技论文的国际影响力不断提高。近年来,我国期刊和学术会议论文集一年能发表130万余篇论文,但造假、抄袭、剽窃等学术不端案例也呈不断上升趋势,学术泡沫、冗余出版已成为影响学术交流质量的主要因素,建设学术出版伦理的重要性日益彰显。然而,我国尚没有真正意义上的学术著作出版事后审评、处理制度,这与我国学术出版的"走出去"战略是不相适应的。为加强国际交流与合作,我国学术出版界有必要引入撤销论文制度,以维护学术活动的严肃性、保证文献信息的可靠性,引导作者自觉遵守学术出版规范。

三、引进撤销论文制度应注意的几个问题

我国学者从1998年起就有关于编辑与出版伦理的介绍和论文发表,①相关部门也曾就学术规范问题展开过研究并提出了一些意见。2003年5月,《科技部、教育部、中国科学院、中国工程院、国家自然科学基金委员会关于改进科学技术评价工作的决定》(国科发基字[2003]142号)明确指出,"坚持'公平、公正、公开'的评价原则,建立与国际接轨的评价制度,规范科学技术评价行为","加强科学道德建设,营造良好的创新文化,坚决反对任何形式的学术不端行为"。之后,教育部、科技部、科协、科学院相继印发了关于加强学术道德和学风建设的意见或办法。尤其是教育部在2006年5月成立了学风建设委员会,并于2007年设立了关于"高校人文社会科学学术规范研究"专项课题。课题组多次深入高校开展专题调研,反复听取专家学者和研究生的意见和建议,数易其稿,最终于2009年6月出版了我国首部《高校人文社会科学学术规范指南》。2010年6月又出版了《高等学校科学技术学术规范指南》。这两个"指南"比较准确地阐释了学术研究规范的共同性问题。

---

① 比如,孙宝寅、金兼斌:《繁荣出版与出版伦理建设》,《科技与出版》,1998年第1期;高平平、黄富峰:《论出版道德》,《中国出版》,2004年第1期;赵东晓:《网络出版对出版伦理的解构与重建》,《出版发行研究》,2007年第8期。

在学术伦理层面,着重说明了学术研究者应具有的基本价值观和职业操守;在技术规范层面,着重介绍了学术研究的基本程序、技术标准和规则;在纪律和法律层面,着重阐释了与学术研究有关的规章制度和法律条文,并针对现实情况预先说明了违法和违规行为将会产生的严重后果与不良影响。因此,对引导高校从事学术研究工作的教师和学生自觉遵守学术规范,加强自律、提高修养具有重要的指导意义。许多高校、科研部门也都依据这两个"指南"制订了自己的学术规范。然而,这两个"指南"及其衍生出的一些学术规范虽与编辑与出版伦理紧密相关,但却几乎不涉及论文撤销问题(《高等学校科学技术学术规范指南》仅仅是点到而已)。它们虽然认为"遏制学术不端行为,必须惩防并举、标本兼治,自律与他律相结合",但强调的仅是学术研究者要提高自身的科学道德修养、增强遵守规范的自觉性,对于学术不端行为的处罚措施只是泛泛而谈。严格而论,编辑与出版伦理不完全等同于学术伦理,撤销论文制度也不仅仅是针对学术不端行为,但是面对愈演愈烈的学术不端事件,我国学术界有必要加强编辑与出版伦理建设,结合现行的学术伦理与规范制定出具有实践效力的撤销论文制度。

撤销论文制度能否在实践中发挥效力,关键在于它有没有可操作性。从现实的角度来说,我国学术期刊撤销论文制度的制定应注意如下几个问题。

其一,作为一种道德调节手段,撤销论文制度具有很大的弹性。COPE是一个独立的国际组织,它所制定的出版行为准则只具有指导性或建议性,因为涉及不同的会员,所以弹性较大,不同的期刊出版机构据此所制定的具体措施没有一致的鉴定标准,而且往往因为没有严格的鉴定方法而在实践中做出牵强的、荒谬的,甚至是违心的、错误的撤稿决定。例如对于抄袭,目前已经可以使用在线辅助工具进行检测,但是这类计算机软件只能对照文字而不能检测公式和图表,仅根据论文之间的文字重复率高低并不能判断是否真的存在抄袭现象。大段的字句重复很可能就是抄袭,但是如果作者获得授权使用了已有研究成果,或者作者在之前研究的基础上进行了新的扩展,那么作者在自己的论文中综述他人的研究成果、引用他人的研究方法和研究材料等,即使重复率很高也不应视为抄袭。少量字句的重复通常不被视为抄袭,但如果重复的是非常关键的内容,即使重复率很低也是抄袭。然而,不少期刊规定了文字重复率的限值,有的是50%,有的是30%,只要文字重复率超过了期刊自定的限值就给论文扣上"疑似抄袭"帽子,实际上却按"抄袭"处理。之所以这样,是因为采用了计算机技术和统计学理论,鉴定的方法和理论都是科学的,省时省力,甚至可以为自己的不当撤稿决定找一个冠冕堂皇的借口。相比之下,数据造假的鉴定要复杂得多。有时数据造假的结果不一定是错误的,只是不完整或不真实,所以很难发现,从而在处理数据造假问题方面也存在着灰色地带。就Elsevier撤销论文案来看,不是因为论文存在数据造假行为,而是因为试验的样本有问题,这似乎与Elsevier的规定有不相符之处,难以让人信服。这一案例之所以引起世界人民的围观,除了该文关乎粮食安全、孟山都的利益外,那就是这一撤稿决定所基于的理论——大数定律①本身也是有弹性的。由于课题的性质不同、研究的目的不同,在具体的统计分析中对样本容量的要求也不相同。例如,采取200只SD鼠做试验,样本容量虽不是很大,但也符合生物医学统计分析的一般要求,②若从食品安全的角度探索转基因玉米对人类健康可能存在的风险或危害,这样的样本容量也足够了。但从生产商的角度看,要证明其转基因玉米具有致癌作用,这样的样本容量肯定是远远不够的。到底选取多大的样本容量才能够获得决定性结论呢?用统计学公式确定的样本容量也可能难以满足要求。所以就此撤稿,难免会有受利益驱使玩弄大数定律之嫌。

其二,作为出版机构自设的行业规则,撤销论文制度的效力有限。原则上对学术不端行为进行调查和处罚是行政管理机关和学术团体的责任,而不是出版机构的责任,而且出版机构本身也可能存在学术不端行为,尤其是在编辑评审与加工环节中出现违规失范现象。所以,这种由出版机构自设的撤销论文制度离开了行政管理部门和学术团体的支持是难以奏效的,有时甚至会引起法律纠纷。几年前就有国内学者在

---

① 徐雅静主编:《概率论与数理统计》,北京:科学出版社,2009年。
② 赵益新、阮晓冬:《生物医学统计分析中样本容量的确定》,《西南民族学院学报(自然科学版)》,1995年第1期。

美国发表抄袭之作而被期刊撤销并勒令发表道歉信的案例,但这些人似乎在国内并没受到任何影响,甚至其工作单位毫不知情,原因就在于国内的行政管理部门与学术团体不了解撤销论文制度,所制定的学术不端惩戒措施与出版部门的撤销论文制度互不关联。近年来国内外经常曝出学术论文造假问题,说明撤销论文制度仍然没有得到行政管理部门和学术团体的完全认可,而且其自身也存在着一些管理漏洞与学术视野的不足。按照COPE的建议,撤销论文需要经过同行举报、编辑调查核实、出版机构认定处理等程序。但是,调查核实是件花费时间、出力不讨好的工作,而且作者和相关研究机构没有法定义务予以配合,调查很难深入进行。即便予以核实查证,如何处理还会受到人为因素的干扰。为减少麻烦,许多出版机构只是在不得已的情况下才执行撤销论文制度,而且所发公告内容较为含糊。应该说Elsevier撤销论文案中所发的收回公告是规范的,但也存在模糊的、矛盾的地方。其中说道:"经过同行评审和数据分析,并没有发现该实验存在数据造假或者学术不端行为,但是试验样本容量存在过小的问题在同行评议中引起了关注,并且实验数据也不足以反映转基因玉米确实存在毒性的明确结论,同时,鉴于该实验中使用的SD鼠品系本来就是易感癌的品系,因此不能排除只是正常情况下引起的癌症,这些问题虽然不是学术不端,但却是作为一篇论文的致命缺陷。最终的结果是,该文章的结论虽然不是错误的,但是也极不严谨,达不到该杂志的发表标准。"先是经过同行评议发表了该论文,后又经过同行评议收回了该论文。既然该论文不存在数据造假或者学术不端行为,结论也不是错误的,编辑部为什么又要纠结样本问题予以收回呢?从整个撤稿公告我们看不出作者的责任、同行评议的责任,更看不出出版者自己的责任,看到的只是编辑部及其出版者为了撤回一篇论文而一直在自圆其说。如果撤销论文制度执行得总是不能让人信服,就得不到学术团体或行政管理部门的认可,当然也就发挥不了太大的作用了。

其三,撤销论文是一被动行为,会给出版机构造成经济损失和名誉损失。如上所述,撤销论文制度是对同行评议审稿制度过失的一种纠正,而且撤销论文的认定处理离不开编辑查证与同行评议,额外付出在所难免。撤销论文也可以说是对出版工作的否定,多数情况下应归因于审稿把关不严,或者是审稿制度不完善,或者是审稿人和编辑不负责任。所以,为避免撤销论文造成的损失或麻烦,最有效的办法还是要加强学术著作的出版事前审稿工作。虽然同行评议审稿制度有不尽如人意之处,但到目前为止,学术界尚没有更好的评价体系来代替它。相比撤销论文制度,学术出版机构更应重视同行评议制度。就 Elsevier 撤销论文案看,并没有达到撤销论文制度之预期效果。至少在中国这个人口占世界总人数20％的国家,打开微博、微信便能读到许许多多的反对转基因食品的帖子,那篇已经被撤销的论文反倒成了转基因食品具有严重危害的一个证据。联系到日本、韩国和中国台湾地区禁止输入美国转基因玉米和牛肉,以及中国退回美国多批转基因玉米的新闻报道,对转基因食品的安全再次成为多个国家和地区民众所关注的一个焦点,甚至出现了对转基因科学研究人员的质疑。在诸多批驳声中,[1]英国洛桑研究所的 Maurice Moloney 教授认为:"虽然这篇论文发表在影响因子大约为3的同行评议的期刊上,但在通篇论文中存在本该在同行评议的过程中修正或解决的反常问题。对于一个潜在有如此重要发现的论文,文中应该更多地运用常规统计分析的方法才能更令人信服。"剑桥大学的 David Spiegelhalter 教授则认为:"在我看来,这篇论文中的方法、数据和结论都与我所知的严密研究的标准相距甚远。实话说,我非常惊讶这样的论文竟然能够发表。"我们也非常惊讶,一个国际知名期刊怎么就没有把好审稿关,所谓的"撤稿"是不是一种炒作?看来,出版事前的编辑审理与同行评议仍然是科技著作出版过程中一个不可缺少的重要环节。而由编辑部或出版社单方面决定撤销一篇已出版的论文,不仅是无视作者的著作权,而且对编辑权、出版权及读者的阅读使用权也是一种伤害。因此,撤销论文制度或许是一把"双刃剑",我们不能不结合中国的情况深加研究、谨慎对待。

我们认为,要使撤销论文制度成为公序良俗,就必须正确认识和处理上述问题。

(1) 应建立统一的指导性原则。这需要首先建立一个类似于

---

[1] 植保(中国)协会农业生物技术快讯《关于抗除草剂玉米引发大鼠肿瘤研究的解读》,http://www.croplifechina.org/download_01.php,2012年9月10日。

COPE 的组织,这个组织应该由学术界推荐的各路学养有素、威信极高、国民认同的专家组成。然后由这一组织负责协同编辑出版部门的各路编审专家,联合制订出一个编辑与出版行为准则。在此方面,我国的医学期刊界已率先尝试。2013 年 6 月,在召开北京国际医学期刊编辑伦理学术论坛期间,为了践行学术期刊的社会责任、规范编辑与出版行为、抵制学术不端、促进医学期刊的健康发展,中国期刊协会医药卫生期刊分会决定成立"医学编辑与出版伦理专业委员会",由该委员会负责制订、传播和实施医药卫生期刊编辑与出版的伦理规则。这种做法可供其他学术团体借鉴,然而建立一个全国性的编辑与出版伦理专业委员会,制订统一的指导性原则,显得更具实际意义。由学术界推荐的专家和编辑出版界的专家联合组成的编辑与出版伦理专业委员会所制定的编审标准与指导性原则,具备更大的代表性、权威性和指导性,更能够得到人们的情感认同和社会的道义支持。

(2) 应有法理依据。撤销论文涉及版权问题,必须遵守国家的出版法规。然而,在我国现有的出版法规中几乎找不到与撤销论文有关的条文。《中华人民共和国著作权法》所称"著作权"被解释为"等于版权",所列举的 17 种权利中有 12 种可以由著作权人全部或者部分转让给出版社。对于学术期刊而言,主要是获取作者转让的复制权、发行权、信息网络传播权、翻译权、汇编权和应当由著作权人享有的其他权利,但可否将"撤销论文"视为"应当由著作权人享有的其他权利"尚不明确。另外,《出版管理条例》规定:"出版物的内容不真实或者不公正,致使公民、法人或者其他组织的合法权益受到侵害的,其出版单位应当公开更正,消除影响,并依法承担其他民事责任。"《期刊出版管理规定》也有相同规定,并指出:"期刊刊载的内容不真实、不公正,致使公民、法人或者其他组织的合法权益受到侵害的,当事人有权要求期刊出版单位更正或者答辩,期刊出版单位应当在其最近出版的一期期刊上予以发表;拒绝发表的,当事人可以向人民法院提出诉讼。期刊刊载的内容不真实、不公正,损害公共利益的,新闻出版总署或者省、自治区、直辖市新闻出版行政部门可以责令该期刊出版单位更正。"其中的"更正"是否包括"撤销论文",则不甚明了。撤销论文可以说是对学术不端行为、错误内容的更正,原因也包括作者自己认识到论文的不足之后的主动要求，更包括因编辑审理不达标或不负责而造成的事故。随着我国学术研究与学术交流活动的日益活跃、出版业市场机制的逐步完善，相应的出版法规应及时予以补充、修改，以满足新的、多方面合理的要求。现行的《中华人民共和国著作权法》中，既没有明确的期刊编辑部这个"中心环节"的法权规定，也没有明确的读者权益的法权规定。关于编辑审理加工的职业主体责任、义务和权益，在法律上是有缺失的。因此，我们建议在法制改革进展中，要努力以公法法理建立中国特色的社会主义的知识产权保护的法权体系，将著作权、编辑权、出版权、读者使用权四法并列，形成统一立法的法权保护系统。只有合法的撤销论文制度才能得到社会的认可，才能产生法律效力，才能正确解决撤销及其前后邻接的诸多问题。

（3）应与学术团体制订的学术规范相互支持。所谓伦理建设就是建设制约人们行为的价值规范和道德准则，并倡导人们自觉地遵守这些规范和准则。然而，要树立新的价值规范和道德准则绝非易事，非引入司法惩戒机制不可。如果没惩戒制度的支持，撤销论文制度只能说是一种作用有限的难以挽回其影响的纠错措施，对于防治学术不端行为而言便无实际意义。目前我国大多数高等学校都依《教育部关于严肃处理高等学校学术不端行为的通知》制定有学术不端行为惩戒措施，但学术不端事件却层出不穷、愈演愈烈，原因就在于内部的惩戒措施与外部已有的撤销论文制度互不关联。如果要使撤销论文制度对遏制学术不端行为产生实际效果，学术出版部门就应及时向作者所在单位通报撤销论文的决定，作者所在单位应根据撤销论文的原因给予作者相应的处分。也就是说，编辑部或出版社所制订的撤销论文制度应该与学术团体制订的学术规范相互支持。

（4）应与国际接轨。制订编辑与出版规范就是要与世界接轨，以有利于学术出版走出国门。虽然具体的出版行为千差万别，出版伦理标准也因时因地而异，但建设出版伦理的根本原则却是一致的，在此基础上不同国家、不同学术出版机构制定的撤销论文制度应该没有根本冲突，为伦理标准所允许。目前，我国所发布的诸多编辑与出版行业标准，大多是对国际性标准的等效采用或不等效采用。这些标准的推广应用，对于书刊编印质量的提高，对于文献信息的交换、处理、检索和利用,已产生了积极的影响,并为文献信息的有效传播提供了保证。由于我国在编辑出版伦理研究和规则制订方面起步较晚,所以也可以引用国际上成熟的研究成果和相关规则,使之一开始便与国际接轨。

  本文虽然仅是以科技学术论文为例研究撤销论文制度与规则的问题,但实质上却涉及人文、社科方面的学术著作问题,也涉及哲学和法制方面的问题。因为一切学术论文所引发的编辑出版学案例,都是社会、人生现实生活的学术表现。英国人维克托·迈尔-舍恩伯格、肯尼思·库克耶合著的《大数据时代——生活工作与思维的大变革》①出版以来,当代世界的社会生活,人们的思想方式、工作方式,尤其是学术研究的方式,发生了更新的变化。20世纪60年代加拿大学者马歇尔·麦克卢汉认为信息交流速度加快,推动人类重新回到"部落时代",整个世界变成了"地球村"。而今,仅仅过去了半个世纪,大数据又使人进入了一个混沌的"大宇宙",好像科学变成了人类的异己力量,一切传统的因果关系仿佛都失去了逻辑,人类患了健忘症似的,忘掉了历史,失掉了伦理,学术著作的作者、编辑者、出版者和读者等各种文化角色都如同野兽各自为其"利益最大化"而拼命争斗。随着数字出版的迅速崛起,多种学术媒体的伦理学建构已显得越来越重要,关于学术著作出版的评审制度建设,无论是在编辑出版实践环节还是在编辑出版学理论研究领域,都是一个重大的课题。

  原载于《河南大学学报(社会科学版)》2015年第5期,《北京大学学报》"文科学报概览"2015年第6期论点转载

---

① 维克托·迈尔-舍恩伯格、肯尼思·库克耶著,盛杨燕、周涛译:《大数据时代:生活、工作与思维的大变革》,杭州:浙江人民出版社,2013年。

提升文化软实力打造出版强国之策略研究

张文彦　肖东发[①]

出版是文化产业中的核心和最基础的部分,与国家的软实力息息相关。作为历史悠久的文化产业,出版业兴隆与衰落交织的变奏历史,总能折射出文化律动所带来的社会影响:出版业的兴盛时期,大多是文化繁荣、百业兴旺的时代;出版业的劫难,则往往与历史的幽暗动荡相连接。书籍是历史变迁的推手,公元前8世纪到公元前2世纪的轴心时代,东西方不约而同地推出一批经典,意味着人类已由敬神的自然崇拜阶段跨入自觉认识自然和人类关系的重民阶段,中国也出现了学术下移,民间著述与藏书兴起,百家争鸣的局面形成;15世纪活字印刷术在欧洲的改进和传播,催生了文艺复兴和宗教改革这样规模浩大的文化变动;清末民国时代,以翻译书为主的图书出版业缓缓推开了中国禁闭已久的文化大门,将西方近代文明各种结晶铺展于知识分子面前,引发了其后一场场剧烈的思想与文化的革命。以商务印书馆和中华书局为代表的民族出版产业加快了中国走向现代化的进程;经历过"文化大革命"时期的"书荒",改革开放之初广大读者对图书的热切期盼、抢购热潮,能让人感受到出版作为一种打破禁锢、启蒙思想的力量而存在。

改革开放后,出版业迎来了日新月异的产业发展时期,但其他媒介的发展尤其是20世纪末兴起的数字技术,很快给出版业带来了一场考验。这个历史悠久的行业,甚至在2008年前后经历了一场是"夕阳产

[①] 作者简介:张文彦,文学博士,青岛大学新闻传播学院教授。研究方向编辑出版学。肖东发(已故),北京大学著名教授。

业"还是"朝阳产业"的纷争。当时的背景是我国国民图书阅读率连年下降,国内外许多书店经营举步维艰,出版库存居高不下,还有3G、电纸书等数字出版技术的发展、普及对纸质书籍带来的挑战等。然而,与考验相伴的是出版业的变革与新生。出版体制改革正走在我国文化产业改革的前列,大刀阔斧地解放出版生产力的种种改革,为其文化软实力的大幅提高提供了一个前所未有的历史机遇。出版软实力是否能够释放与增长,能够有力地参与到中国强国梦想中来,需要改革者的远见与力度,需要出版者的经营理念和文化责任感,也需要科技的发展与学者的创建。

目前,我国学者对于出版文化软实力的研究,已经开始从大量的理论分析或逻辑推演走向实证研究的层面。例如,杨庆国的《出版强国软实力评价指标体系构建及其评价方法》(《中国出版》2010年第24期)从出版强国软实力的角度构筑了三层次八维度的评价指标体系。它通过因子分析的方法得出了软实力评价的20个二级指标和54个三级评价指标,是构建出版文化软实力测量方法的研究。至于出版创新与文化软实力的研究,从出版创新的路径、体制、内容、方法、制度、技术等方面都不乏探讨者。比如,刘伯根的《出版创新的路径与文化软实力的提升》(《编辑之友》2008年第3期)、张伟民的《文化软实力与出版体制机制创新》(《出版发行研究》2007年第12期)、聂震宁的《出版创新为提高国家软实力作出贡献》(《新华书目报》2007年12月17日)、董中锋的《出版业与文化软实力》(《出版发行研究》2007年第12期)、程孟辉的《坚持出版创新 提升文化软实力》(《全国新书目》2008年第1期)、张文彦与肖东发的《从全球出版结构审视中国出版文化软实力》[《江苏大学学报(社会科学版)》2010年第1期]等,都从不同角度、不同层面探讨了出版创新与提升文化软实力的问题。现在恰逢国家"十二五"规划开局之年,距离2020年实现出版强国的宏伟目标尚有10年,笔者愿在以往研究的基础上,结合出版业未来5年及10年间的发展规划,为提升我国出版文化软实力建言献策。

一、充分挖掘文化潜力:打造真正的出版市场主体,激发企业创造性

国家"十二五"规划纲要指出,发展文化事业和文化产业,要"完善统一、开放、竞争、有序的现代文化市场体系,促进文化产品和要素在更大范围内合理流动"①。建设新闻出版强国是提升我国文化软实力的重要组成部分。党的十六大召开以来,党和政府做出了一系列关于发展文化产业的决策和部署,指引和推动着文化产业回归市场主体。出版业的改制则始终走在文化体制改革的前列,它以更加积极的态度融入市场竞争中。2007年底,辽宁出版集团整体上市,2009年"书号实名申领制度"开始试行,在新闻出版总署公布的《关于进一步推进新闻体制改革的指导意见》中,"积极探索非公有出版工作室参与出版的通道问题"被正式列为重大改革措施。② 这一系列深刻的改革,大大解放了出版业的生产力。"十一五"期间,我国新闻出版业实力空前增长,出版物品种和数量创历史新高,累计生产图书135.8万种、338亿册,是"十五"时期的2倍;③报纸年发行量接近500亿份;版权相关产业增加值占国内生产总值的6.4%。"十一五"期间,出版改革让"400多万人砸掉了铁饭碗"。④ 这种彻底的、不可逆转的市场化方向,必将激发无数出版人的创造力,使他们共同投入到出版软实力的建设中来。

2010年,全国所有的经营性出版社都完成了转企改制,进一步在市场竞争中实现了资本重组。市场竞争是实现效率的重要手段,同时也将最大限度地鼓励个体的创造精神。经过资本重组,不同资本之间

---

① 《国民经济和社会发展第十二个五年规划纲要(全文)》,http://www.gov.cn/2011lh/content_1825838.htm,2011年3月16日。
② 张晓明、胡惠林、章建刚主编:《2010年中国文化产业发展报告》,北京:社会科学文献出版社,2010年,第5页。
③ 《柳斌杰:开创新闻出版业科学发展新局面》,http://www.bookdao.com/article/16946/,2011年3月28日。
④ 《柳斌杰谈新闻出版体制改革:400多万人砸掉铁饭碗》,http://www.bookdao.com/article/14663/,2011年2月18日。

纷纷展开战略合作,其中国有出版单位与具有一定规模实力和策划优势的民营出版资本间合作经营成为业界常态,从而实现优势互补和内容资源整合,增强了核心业务的竞争力和图书市场的影响力。正如重庆出版集团董事长罗小卫所说,国企向民营"借观念、借市场、借人才",民营向国企"借资源、借品牌、借管理",双方优势互补,极大地激发了活力。① 合资有利于出版企业管理机制的创新,有利于将出版改革引入更深入细致的具体领域,从而加大出版文化创造力的释放。

展望"十二五"以及实现 2020 年的出版强国梦想,出版业的兼并重组仍然需要政府的支持和政策的保障。只有促进良性竞争市场环境的形成,才能打造可以出海远航的出版传媒"航空母舰",才能为中小型出版企业提供创业机会,为数字出版技术发展提供孵化基地。转企改制后的出版社要真正建立现代企业制度还需要经历一个过程,政府需要尽快转变管理模式,破除一切不利于出版企业发展的障碍,放开书号,扩大准入空间,扶植民营书业,吸引外资,吸引数字技术商的加盟,最大限度地开发出版业的潜力,进而解放大、中、小出版企业的创造力,为文化软实力提供一个尽可能大的成长空间。

二、科学评估软实力:建立评价指标体系,兼顾"硬指标"与"软指标"

在 2008 年美国次贷危机引发的全球性金融危机中,我国出版行业在多方努力下实现逆势增长,2009 年全年总产值增长 20%,突破 1 万亿元大关,相较国内生产总值 33.5353 万亿元,增长率 8.7%,反映了出版业在国民经济中所占比重增加,对国民经济发展的贡献率提高。② 在 2010 年的新闻出版局长会议上,柳斌杰署长代表新闻出版总署提出了到 2020 年中国要实现从出版大国向出版强国转变的宏伟目标。在

---

① 王坤宁:《国有民营书业合作:构建大文化产业链》,http://www.bookdao.com/article/14746/,2011 年 2 月 21 日。
② 郝振省主编:《2009—2010 中国出版业发展报告》,北京:中国书籍出版社,2010 年,第 5—6 页。

这个目标的实现过程中，出版业所承担的文化责任也必将不断加大，国内外的文化影响力也必将不断增强。因此，编制严密、科学的评价指标体系，不仅可以客观、全面地反映出版软实力的发展水平，也将有助于透视阻碍软实力发展的内在因素，对出版发展提出积极建议，寻求我国软实力建设的新突破。

近年来，学者们借鉴经济学、统计学等学科研究方法，对国家、城市、企业的文化软实力建立评价指标，通过量化来更好地计算和衡量软实力的实际影响力。这些探索为出版软实力指标的构建提供了一定的理论基础，但也由于采用的研究方法、研究资料的局限性而引发争议。笔者认为，在建立出版软实力评价指标体系的时候，既需要将出版业每年的各项统计数字纳入其中，作为展现出版业影响力、吸引力、表现力和可持续发展力的表现形式，但在运用这些"硬指标"的同时，也要充分考虑到作者、出版者、印刷者、读者等出版环节各组成部分的"满意度""偏好""知名度"等"软指标"。以人为本，是出版创新的源泉所在，也是软实力产生影响的目标所在。更好地发掘内容制造者的创造力，编辑出版者的文化意识，以及广大读者的需求能力，才能够更好地发挥文化软实力的作用，实现文化软实力的真正"落地"。

"软指标"是"硬指标"建设有的放矢、因地制宜的标尺，也是出版业由"大"到"强"的突破口所在。因此，在"人均宽带拥有量""新闻出版就业人数""营业收入""各级各类出版物获奖数量"等统计数字之外，辅以大规模问卷调查、访谈等方式去研究公众对版权的知晓程度、读者的阅读体验、不同群体对出版市场的满意程度、国外读者的阅读需求、出版者出版服务于社会，推动文化良性发展的目的。

然而，"软指标"与"硬指标"的具体指数，往往受到制定者经验、学科背景以及偏好的影响而带有一定的主观色彩，在由出版大国向出版强国起步的关键时期，由政府尽快组织出版学、经济学、社会学、心理学等学科的学者和专家，共同设计一套公平、公正、科学、全面的测评指标体系，其中既涵盖对"硬指标"中各项数据的获取，也包括对"软指标"的调查设计。在这套指标体系的基础之上，开发出针对国家出版软实力、区域出版软实力、企业出版软实力的不同测评系统，使各个层面的政策规划制定者可以有章可循，将出版的生产力切实转化为影响深远的文化软实力。

三、扩大软实力辐射空间：加快构建出版公共文化服务体系，积极推动国民阅读

对于整个国家而言，文化软实力的根本目的是为了提高国民文化生活质量，在此基础上才能增进国民的文化认同，创造经济财富。对于出版而言，其目的就是为了让广大人民群众能够多读书，读好书。因此，一系列促进国民阅读的文化工程，是推动传统图书阅读以及数字阅读的、拉动出版消费的有效途径，同时也是推动出版文化软实力在更广阔、深远的社会范围内产生效用的有效途径。

国家的全民阅读水平标志着一个国家社会发展的文明程度，文化的传承和传播都离不开读书。对于出版业而言，国民阅读是其产业链终端，国民阅读率的高低、阅读人群的多少，决定了出版产业的市场规模。阅读的特点与倾向是出版生产的风向标，出版企业只有了解阅读趋势，提高国民阅读率，推动书香社会的构建，才能培育并不断拓展市场。良好的国民阅读风气，是行业做大做强、实现由出版大国向出版强国转变的动力所在。

20世纪90年代以来，我国开始重视读书推广活动，但直至今天，我国国民阅读率仍然低于以色列、日本、美国等发达国家。2008年，中国新闻出版研究院课题组开展的"全国国民阅读调查"显示，有超过六成的成年人（61.2%）对自己的阅读情况表示不太满意或很不满意，有65.1%的成年人认为自己的阅读数量比较少或很少。如此比例的成年人都意识到了自己阅读的不足，但为何没能主动去弥补研究其原因，是电视、网络、工作繁忙等因素占据了人们的阅读时间。其实这也只是一方面的原因，另外一项数据表明，63.8%的成年人希望当地有关部门举办读书活动或读书节。可见，积极推动国民阅读、树立"多读书读好书"观念的必要性。国民阅读提升的空间有多大，出版产业的发展空间也就有多大。出版文化软实力与倡导阅读互相促进，互为条件：提升出版业的文化原创能力和吸引力，才能吸引更多的读者阅读；更多的读者阅读，才能拉动出版软实力的持续增长。

近年来，国家领导人和各级政府、出版传媒企业、教育界和公益组织等各方面纷纷采取措施推动阅读。胡锦涛、温家宝、习近平等领导人都公开发言提倡学习、读书，全国各地掀起了一股自上而下的读书新风，每年4月23日"世界读书节"更引发了各地阅读热潮，各种团体、出版发行机构纷纷利用这个契机开展推动阅读的活动。更有嗅觉敏锐、勇于开创的接力出版社、南方分级阅读等出版商开发了"分级阅读"、阅读体验基地等商业项目。云阅读、电纸书、iPad、3G等新科技在一定程度上吸引了许多中青年读者，数字阅读成为潮流时尚，也促使出版商、通讯商、硬件制造商共同开进这一出版新领域……这些新现象在一定程度上带动了群众的阅读积极性。但比起德国、美国、日本、新加坡等国所开展的阅读活动而言，我国的阅读推广仍然缺乏完善机制，有些活动过于形式化，有待更多的出版人和学者建言献策，使全民阅读工程进入到国家战略的层面，成为拉动出版发展的动力，成为出版软实力得以施展的大舞台。

公共文化体系建设不仅包括全民阅读的推广、促进，更包括农家书屋、社区书屋、职工书屋、军营书屋、民工书屋、"东风工程"等基层文化项目的丰富发展，这些惠民工程给出版文化软实力向更远、更广阔的区域辐射带来了新机遇，更多的偏远山区群众、农民工等群体将成为出版文化软实力的受益者。这一切均要求国家进一步加大财政投入，建立科学的监测评估体系，因地制宜，真正能够解决群众"读书难""看报难""看电影难""看电视难""听广播难"等问题，使出版软实力成为推动群众科学文化素质增长的切实动力，确保出版软实力的实际效果。

四、增强国际文化融合力：创造国际化产品，探索国际化运营模式

"中国模式"论的代表性著作《中国震撼》提出，中国的崛起不是一个普通国家的崛起，而是一个五千年连绵不断的伟大文明的复兴，是一个"文明型国家"的崛起，其崛起的深度、广度和力度都是人类历史上前所未见的。作者张维为乐观地认为这种"文明型国家"有能力汲取其他

文明的一切长处而不失去自我。① 值得肯定的是，从20世纪初叶的支离破碎，到21世纪初的引人注目，中国文明的复苏与重建，必将对世界文明作出原创性的贡献。中国文明虽然饱经动荡之苦，但悠久的历史决定着这种文明所带有的具有坚韧生命力的基因，在出版传播过程中，这些基因既带有鲜明的特色，成为中国文化产品的独特标签，又为融入国际市场制造了障碍。与"中餐馆"和遍布全球的"Made in China"产品不同的是，中国出版还远未获得如此广阔的全球市场，更遑论制造《哈利·波特》《暮光之城》这样的超级畅销书了。提升中国出版软实力的全球影响力，则需要国家和出版界投入更多力量、尝试更多的运营方式来实现。

文化软实力的形成并非在朝夕之间，我国出版软实力与西方出版强国软实力仍然存在明显的差距，在西方的话语体系中，制造能够长驱直入、广受欢迎的中国文化出版产品仍有待时日。可以说，我国出版文化软实力的国际影响尚处于初级阶段，在这个阶段就必须尝试"曲线救国"的多种方式：一些集团、公司已经开始了"借船出海"的尝试，比如从单一版权输出转变为与国外出版业联合出版，从版权贸易到建立海外出版公司直接策划外文书，培养海外版权经济人，输送出版骨干赴国外出版学校、国际出版集团学习等，这些已经取得了一些成绩，成为继续扩展业务的着力点。

出版软实力的扩张背后是文化的创新与崛起，出版软实力的核心应该凝聚在中华文化价值观上，它是中华民族在精神和思想上的凝聚力、抵抗力，是缔造综合国力的基础和后盾，是抵御发展过程中逆境和挫折的精神力量，更是一个国家走向世界、影响世界、获得认同的根本力量。② 这种精神力量在紧要关头往往体现得淋漓尽致，例如在民族危亡时刻的万众一心、不屈不挠，在汶川地震时期的团结互助、八方支援等。这些在最普通的中国平民身上都有鲜明表现的优秀品质，只是

---

① 《世纪文景推出〈中国震撼〉》，http://www.cb.com.cn/index/show/gx/cv/cv13426221332,2011年1月7日。

② 张晓明、胡惠林、章建刚主编：《2010年中国文化产业发展报告》，北京：社会科学文献出版社，2010年，第98页。

中华文化价值观的一个部分,全面审视中华民族流传数千年的文化基因,吸收外来文化并有所超越,寻求其中的普世价值,才能够生产出具有适合、吸引更多海外读者的出版物。

在走向出版强国的征途中,国家和出版业需要探索更多国际化的产品模式和销售模式,使"走出去"的出版物不再以高雅的文化符号为主,不再以免费或者薄利交流为主,而使承载着中国文化的出版品能够进入外国人民的日常文化消费领域,祛除出版给海外读者文化入侵的不良印象,化整为零以"润物细无声"的形式"飞入寻常百姓家",让更多的海外读者体会到中国文化的魅力。

五、文化软实力之源：扶植原创,打击盗版,推动文化的多样性

富有朝气、不断创新、丰富多彩的文化内容是出版文化软实力的源泉所在。为了促使文化的繁荣发展,国家可以借鉴美国、德国、法国、韩国等国家促进文化发展的政策,更好地规划和制定一系列文化工程,以保证文化生产的质量和速度与经济发展水平相平衡,并且为国家发展提供健康、积极的导向。这些文化工程应该实现如下目的：提高国民教育水平、保护和发掘文化遗产、提高人民对传统文化的认知、鼓励学术原创和文学原创、促进家庭文化消费、规范和激活文化创意产业园、促进地方文化和民主文化发展、加强文化的交流互动,等等。

在日新月异的数字技术使得盗版防不胜防的今天,盗版的盛行并不能简单归咎于版权管理的漏洞与滞后,而应该在加强法律建设的同时加强版权教育,使版权意识深入民心,这样才能为文化创造力开辟一片净土,最大限度地保护原创者权益。

一部精彩的原创作品会给出版业带来连锁反应式的经济效益和社会效益。在现阶段,我国不仅拥有越来越多的致力于创作、研究的作家、学者,还拥有为数众多、产量丰富的网络写手,虽然后者大部分以"穿越""玄幻"为主,质量不高,但这种"全民写作"的热情是许多国家和地区所不曾有过的。盛大网络文学、新浪原创网络文学、搜狐原创网络文学等数字创作基地成为这些原创作品的摇篮,如何能够在点击率之

外的层面发现人才,给予一定的成长空间和经济支持,实现我国网络文学质的飞跃,使之产生能够走向世界的青春文学,需要网络出版者审慎思考,积极规划,这也是提升数字出版软实力的重要途径。

在中国文化缔造与发展的漫长路途中,无数知识分子以"为天地立心,为生民立命,为往圣继绝学,为万世开太平"为目标而笔耕不辍、焚膏继晷,同样悠久的中国出版文明,成为这些知识分子宏大理想得以实现并流传后世的途径。在出版业资本运作力度日益提高的今天,让中国文化得以"继往开来",传承,创新,传播——这是出版业的灵魂、命脉和首要使命,是出版软实力厚积薄发和绵长恒久的根基所在。建设出版强国,提升出版文化软实力任重道远,还有很长的路要艰苦跋涉。

原载于《河南大学学报(社会科学版)》2012年第2期,人大复印报刊资料《出版业》2012年第5期全文转载